中国科普研究所 | 资助

北极星报告

科技场馆教育活动案例

POLARIS REPORT

CASES OF EDUCATIONAL ACTIVITIES IN SCIENCE AND TECHNOLOGY MUSEUMS

李秀菊　高宏斌
/主　编

李　萌　曹　金
/副主编

社会科学文献出版社
SOCIAL SCIENCES ACADEMIC PRESS (CHINA)

前　言

习近平总书记在中国共产党成立 100 周年大会上提到，"未来属于青年，希望寄予青年"。人才的振兴，是大国雄起的不竭动力。《全民科学素质行动规划纲要（2021～2035 年）》明确提出，"十四五"时期，我国将着力提升基础教育阶段科学教育水平。

馆校结合作为有效拓展学校教育资源、提升青少年科学素质的工作模式和教育理念，近些年来获得越来越多的政策支持。2017 年 4 月，中国科协办公厅、中央文明办秘书局、教育部办公厅发布《科技馆活动进校园"十三五"工作方案》，要求提高科技馆、科技类博物馆和青少年综合实践基地等科普基础设施的公共服务能力。2020 年 10 月，教育部和国家文物局发布《关于利用博物馆资源开展中小学教育教学的意见》，提出进一步健全馆校合作机制，促进博物馆资源融入教育体系。2021 年 6 月，国务院印发《全民科学素质行动规划纲要（2021～2035 年）》，提出要"实施馆校合作行动""建立校内外科学教育资源有效衔接机制"。近期中央发布的《关于进一步减轻义务教育阶段学生作业负担和校外培训负担的意见》也指出"充分利用社会资源，发挥好少年宫、青少年活动中心等校外活动场所在课后服务中的作用"。

在国家政策的推动和从业者的努力下，馆校结合事业在我国繁荣发展，各类校外场馆纷纷加入馆校结合的实践和理论研究工作中。百花齐放之下，中国科普研究所把握国家战略发展方向和实践工作需要，对 20 家科技类博物馆进行深入调研，编撰出版《北极星报告——科技类博物馆教育活动研究（2020）》。该报告从组织、人员、教育、技术四个层面反映我国科技类博物馆教育职能的发挥,在博物馆教育界产生良好反响。2021年初,为进一步深化馆校结合,打造科普高端智库产品和教师交流平台,中国科普研究所面向全国组织开展"馆校结合典型案例"征集活动,并将入选案例编为《北极星报告——科技场馆教育活动案例》,即"北极星报告"系列的第二本图书。

经过初筛和专家评审,共有47个案例入选。编者按照专家研讨会商议的评价维度及其对每一篇案例的深入提炼,将案例分为"馆校结合教育活动模式的探索与实践""馆校合作促进更公平的教育""馆校合作科学教育的创新尝试""校外资源的充分利用为学生提供更广阔的探索空间""为学生提供真实的科学探究和问题解决体验"等五个篇章,每一篇章按照"学段——知识领域(分别为物质科学、生命科学、地球和宇宙科学、技术与工程)"的顺序进行编排。此外,为充分发挥案例的宝贵价值,编者将专家分析的案例优点、特色或不足进行简要整理,作为每一篇章的篇前综述呈现,供场馆教育工作者参考借鉴。

人才强国战略是实现国家强盛的第一战略,提升青少年的科学素质,培育创新后备人才是人才强国的关键。中国科普研究所科学教育课题组将持续关注业界动态和需求,出版"北极星报告"系列丛书,为深化馆校结合事业的发展尽绵薄之力。

编　者

2021年8月

目 录

篇一：馆校结合教育活动模式的探索与实践

海洋教育
　　——为孩子们的成长增添一抹亮丽的蓝色 ……………… 孙　颖 / 005
以职业体验为媒介的馆校结合模式探索
　　——以重庆科技馆"小小科技辅导员"项目为例
　　………………………………… 缪庆蓉　曾晓华　梁娅娜 / 014
生物学科馆校结合助力学生发展 …………………………… 张　帆 / 026
馆校合作二十年　科学教育谱新篇 ………………………… 陈宏程 / 033
"十全大补丸"助力小乡村的科技梦
　　——以前沿科技走进瑶乡为例 …………… 杜　琳　潘　丽 / 042
让贝壳开启海洋科学的大门 ………………………………… 郭　利 / 050
创新"馆校结合"形式，探索运行长效机制
　　——以绍兴科技馆为例 …………………… 陶思敏　尹薇颖 / 062
新课标，新理念，新模式
　　——对于"学校科技馆建设"的思考与实践 ……… 王振强 / 070
共识与行动
　　——馆校合作创新引领校本课程建设 ……………… 徐瑞芳 / 079

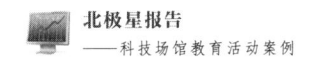

防震减灾科普馆校结合的实践与探索
　　——以北京国家地球观象台为例 ················ 杨家英　王红强 / 087

篇二：馆校合作促进更公平的教育

探究式教学在科技馆教育活动中的应用
　　——以"光的幻影"馆校结合科学课程设计为例 ········ 胡新菲 / 099
基于户外科普场馆资源的"生态文明教育"馆校结合实践
　　·· 洪士寓　白加德　宋　苑 / 111
"蚁我为主"科学教育项目 ···································· 王　翠 / 122
"冰雪总动员"科学冬令营 ···································· 王　翠 / 132
馆校结合背景下综合实践活动与学科教育相结合的实践
　　——以"开国大典"中伟人塑型技术探究为例 ········ 李　滢 / 141
"夺宝奇兵"：电磁大搜索
　　——黑龙江科技馆电磁展区教育活动开发 ············ 梁志超 / 149
巴山"植"旅野外科学考察 ······················ 何　倩　王　剑　林长春 / 161
看不见的"微"胁 ··· 李　今 / 173
大国小工匠
　　——小小造船匠 ·································· 马泽川　梁倩敏 / 189
"追日寻踪"日环食天文主题系列活动 ························ 朱朝冰 / 200

篇三：馆校合作科学教育的创新尝试

一往无前气垫盘 ·· 黄丽琴 / 215
浅析馆校结合教育活动的开发与实施
　　——以南京科技馆"大自然的启示"为例
　　·· 唐倩倩　尹笑笑　许　妍 / 227
古法敬器
　　——儿童科学园项目化课程 ·························· 张自悦 / 234
诗词中的科学系列课程
　　——以"动物的保护色"为例 ······················ 董金妮 / 245

"末日"启示录 ………………………………………… 闫 夏 / 254
馆校结合、互动探究式学习
　　——北京科学中心"火星找水"课程案例
　　　　　　　　　………………… 刘 萍　何素兴　张永锋 / 262
基于馆校合作模式的校本课程实施
　　——以"小小航海家"研学旅行课程为例 ………… 郑志英 / 272
香料之路 …………………………………… 梁倩敏　马泽川 / 284
基于 PBL 教学模式的教育活动
　　——以重庆科技馆"坦克模型 DIY"教案为例 …… 徐晓萍 / 299

篇四：校外资源的充分利用为学生提供更广阔的探索空间

引入 5E 教学模式开发馆校结合课程
　　——以重庆科技馆"呼吸的力量"为例 …………… 刘丽梅 / 311
我的探"蜜"之旅 …………………………………… 王 翠 / 317
馆校合作科学教育活动案例
　　——分类学家养成记 ………………………………… 赵 妍 / 327
基于 NGSS 的在地化研学实践活动探索 ……… 缪庆蓉　曾晓华　方小霞 / 337
嫦娥工程，中国人的探月梦
　　——馆校结合科学教育活动设计与实施 ………… 张安琪 / 345
基于创客教育理念的馆校结合科学教育活动
　　——以神奇的小车为例 ………………… 马 红　王 剑　林长春 / 353
"帮水搬家"
　　——虹吸项目方案分析 ……………………………… 孙 茜 / 363
酷玩电路系列课程
　　——"阻对"电音趴 ……………… 贾惠霞　张梓馨　李 侦 / 375
成都工业文明的传承与创新
　　——讲好东郊记忆的故事 ………………… 罗德燕　张冬梅 / 383

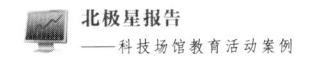

篇五：为学生提供真实的科学探究和问题解决体验

"后视眼镜"教育活动案例
　　——项目式学习教学设计 ················ 张亦舒 / 397
生命的周期 ························ 贺玉婷　袁倩茹 / 405
红树林湿地保护区馆校结合活动设计 ············ 胡张莹 / 416
大自然的恩赐 ························ 于　舰　孙　龙 / 426
以"小球大世界"展示的宏观现象为驱动的科学探究课程设计
　　——以"海水温度知多少"课程为例 ········ 宋男迪 / 432
水有多珍贵 ························· 赵　冉　苗秀杰 / 443
科技馆里的"机械"课 ·········· 范向花　张　卓　赵成龙 / 451
一度电的意义 ························ 贺玉婷　胡心艳 / 467
以 STSE 教育理论探寻水足迹 ················ 赵　茜 / 474

篇一：馆校结合教育活动模式的探索与实践

馆校结合科学教育活动在各地开展得如火如荼，除了常规的科技馆进校园和学校组织学生到科技馆上课外，随着课程开发和活动开展的深入推进，也逐步形成众多创新的馆校结合模式，如场馆特色活动、学科特色活动、青少年科学节、主管部门协同发力、师资培训引领、在线馆校结合活动等模式，为国内馆校结合教育活动提供了参考与借鉴的路径。

《海洋教育——为孩子们的成长增添一抹亮丽的蓝色》介绍了中国农业科学院附属小学作为全国海洋科普教育基地如何与海洋馆、国家海洋预报中心等单位开展馆校结合活动，学校形成了以国家课程为主体的基础型课程和以地方、校本课程为特色的拓展型课程，涵盖五大领域，构建六大类特色精品课程，同时考虑不同学段设计不同的海洋课程，形成了"生长教育"学校课程体系。本案例的课程具有创新性，课程内容具有很强的推广性和复制性，但与合作单位的长期合作关系未能较好地体现出来，对馆校结合课程的内容分析较少。

《以职业体验为媒介的馆校结合模式探索——以重庆科技馆"小小科技辅导员"项目为例》介绍了重庆科技馆以小小科技辅导员为纽带开展馆校结合活动，"职业体验"的选题新颖，另辟蹊径地直接将学生作为主体来主导科普教育活动，突破了以往由教师主导的活动类型，培训层次分明，同时将馆、校、家三方联系起来，形成合作新形态。该馆校结合模式具有较强的创新性和示范性。

《生物学科馆校结合助力学生发展》展示了北京市西城区青少年科学技术馆的生物学科馆校结合活动项目特色，该馆以教委为领导部门，与辖区内学校合作紧密，针对科技示范校和基础薄弱校分别建立基地，同时借助自然博物馆、北京动物园、富国海洋世界等社会资源的支持。该案例模式的可操作性强，对想要开展生物学科馆校结合活动的科技馆和学校是良好的借鉴。

《馆校合作二十年　科学教育谱新篇》提供了博物馆如何走进学校的生动案例，该实践活动的持续时间长、模式创新、效果好，充分展现了博物馆与学校形成的互利共赢的长期合作关系，为馆校结合教育活动的开展提供了有益思路，但缺少案例的理念、机制等内容，譬如如何依托场馆独特资源开发出学校缺少的基于藏品、对接课标的体验型和探究型课程，建议进一步补充完善，以增强案例的全面性和针对性。

　　《"十全大补丸"助力小乡村的科技梦——以前沿科技走进瑶乡为例》介绍了如何在边远地区开展馆校结合活动，有效助力教育公平，展示了科技馆如何从选题沟通、因校制宜改造课程、科技辅导员培训、活动评价等方面开展馆校结合活动，具有较强的借鉴性，同时该项目注重受众特点和感受，教育合作性较强。但该项目根据地域风俗和学校特色开发活动，课程内容的可推广性不强，案例中对课程内容的介绍较少。

　　《让贝壳开启海洋科学的大门》案例建设了科普作者平台，实现了科普作者的多元化，通过建立面向社会的科普作者招募与合作机制，并通过与社会组织联动、开展科普作品征集和创作比赛等活动开发社会作者。在工作机制上，以签订馆校共建协议、举办馆校互动活动、建立第二课堂等方式，加强馆校联系，既有深度融合的对象，又有广泛开展馆校结合活动的对象。在教育活动设计上，构建青岛贝壳博物馆科普知识体系，注重研学课程开发，根据展厅特色设计实施课程。本案例具有较强的创造性和独特性，由于很多馆校结合活动基于馆藏开发，因此推广性不是很强。

　　《创新"馆校结合"形式，探索运行长效机制——以绍兴科技馆为例》详细地介绍了绍兴科技馆的馆校结合模式，在课程开发上契合课标，注重拓宽研发渠道；在队伍建设上选调优秀专业教师，培训并打造教师队伍，加强绩效管理；在机制建设上，由科技馆和市教育局成立绍兴市中小学生科技教育实践基地工作领导小组，实施科学化制度化管理，提供菜单式便捷服务。绍兴科技馆主动作为，不断丰富馆校结合活动形式，创造力强，合作形式和内容丰富，传播效果好，具有很强的想象力和创造力，推广性和实施效果俱佳。

　　《新课标，新理念，新模式——对于"学校科技馆建设"的思考与实践》主要是基于课标的活动开发，在馆校结合课程研发上具有一定参考性，南京晓庄学院附属小学科学工学团致力于推进科技馆和科学课程相结合，针对不同学段设计不同的科技实践课程,其推广的"小先生"制度,是学校解决人才资源不足问题的有效举措。本案例基本具有对接课标与项目开发的理念、思路、机制等"馆校结合"的关键内容,但缺乏一定创新性。

《共识与行动——馆校合作创新引领校本课程建设》整体结构完备,逻辑清楚,具有一定的创造性,教师培训模式具有推广性,可进一步用于欠发达地区场馆教育人员或学校教师培训,但培训内容借助较多硬件资源,可复制性受到限制。

《防震减灾科普馆校结合的实践与探索——以北京国家地球观象台为例》介绍了北京国家地球观象台基于优秀的科普活动,开发了面向学校和科学家进校园两种形式的馆校结合活动。新冠肺炎疫情发生以来,除线下活动,其还采用了科普课程直播、科普活动直播、短视频科普三种线上馆校结合活动形式。活动推广性较好,具有一定的教育合作性,但创新性不强,文章没有探讨如何基于馆方独特资源开发课程的思路和方法。

从上述案例展示的馆校结合模式中可以发现,这些案例在系统性、创新性、推广性、教育性上各有特色,条理清晰地梳理了实践中的馆校结合流程。苦于不知如何开展馆校结合活动或不知如何改善馆校结合活动的单位,可从这些案例展现的模式出发,结合本地特色和实际情况,探索新路径与新方向,创建新的馆校结合模式,为馆校结合科学教育注入新的内生动力。

海洋教育

——为孩子们的成长增添一抹亮丽的蓝色

孙 颖[*]

(中国农业科学院附属小学,北京,100085)

1 校馆合作背景

1.1 时代背景

2006年国务院先后公布了《国家中长期科学和技术发展规划纲要（2006～2020年）》《关于进一步加强和改进未成年人校外活动场所建设和管理工作的意见》《全民科学素质行动计划纲要（2006～2010～2020年）》。科技馆作为综合性科普教育基地，其地位被相关部门高度重视，中央文明办、教育部、中国科协联合下发了《关于开展"科技馆活动进校园"工作的通知》（科协发青字〔2006〕35号），要求把科技馆的展品资源和学校的课标结合起来，联合开展相应活动，提出"科技馆活动进校园"的指导方案。[1]

2017年1月19日，教育部发布了《义务教育小学科学课程标准》，强调科学课可以以体验、探究的方式进行，把孩子们从被动学引导到主动学的层面上，逐渐培养孩子发现问题、分析问题和解决问题的能力。为了更好地提高学生的科学素质，充分发挥校外教育的作用，促进校内正规教育和校外教育相结合，应进行资源共享。充分利用科技馆在提高学生创新性、兴趣度上的独特优势，弥补学校科学教育不完善之处，让科技馆成为学校科学教育的重要补充。[1]

---

[*] 孙颖，单位：中国农业科学院附属小学，E-mail：i5588@163.com。

2019年是中华人民共和国成立70周年，也是中国海军成立70周年。我国是一个海洋大国，维护海洋权益对民族复兴至关重要。党的十八大以来，海洋强国战略被全国上下高度重视，党的十九大更是提出要加快海洋强国建设。随着国家层面一系列重要举措的出台和实施，我国民众海洋意识逐渐加强。《国民海洋意识发展指数报告（2017）》显示，我国海洋意识发展指数平均得分为63.71，北京总指数为84.31，位居榜首。北京不是沿海城市，但是海洋意识总指数最高，这与北京的教育发展水平是密切相关的，学校的海洋教育也发挥了巨大作用。

在2018年全国教育大会上，习近平总书记提出9个坚持、6个下功夫。其中提到"坚持党对教育事业的全面领导，坚持把立德树人作为根本任务"，"在厚植爱国主义情怀上下功夫"。中国农业科学院附属小学（以下简称农科附小）作为"全国海洋意识教育基地"和"全国海洋科普教育基地"，一直以来致力于蓝色海洋教育，以海洋特色课程为载体，设置了海洋特色中队，在落实立德树人、培养德智体美劳全面发展的社会主义建设者和接班人方面，有自己独特的海洋教育优势。

1.2 学校基本情况

中国农业科学院附属小学1950年建校，至今已走过71年的办学历程。学校经过两次合并，目前有5个校区（含一个幼儿园）、120个教学班、300多位教职员工、5000多名学生，是北京市海淀区一所超大规模学校。

"生长教育"是农科附小的办学理念。它把农业的生态属性和教育家杜威的"教育即生长、教育即生活、教育即经验的不断改组和改造"理论整合起来。"生长教育"办学理念的核心价值是关注每个学生每一天的成长。其根本目的在于尊重每一个学生的成长规律，创设适合每一个学生成长的教育环境，激发每一个学生自主成长的动力，让每一个学生每一天都健康、快乐地成长。

1.3 海洋特色课程

在"生长教育"办学理念的引领下，农科附小形成了以国家课程为主体的基础型课程和以地方、校本课程为特色的拓展型课程，涵盖了语言与文学、数学与科技、艺术与审美、体育与健康、生活与社会五大领域，构建了"海洋课程"、"规则课程"、"戏剧课程"、"衔接课程"（入学课程、毕业课程）、"综合实践课程"、"社团课程"六大类特色精品课程，初步形成了"生长教育"学校课程体系。

农科附小毗邻北京海洋馆、国家海洋预报中心，拥有很多海洋展品资源，这也成为农科附小开展海洋课程得天独厚的优势。海洋课程作为农科附小精品课程、品牌课程，其实施路径主要有三个方面：融入课程，知行统一；特色中队，自主教育；文化育人，形成氛围。近五年来，农科附小一直在以海洋意识教育为主题的综合实践课程方面与周边单位合作进行探索与实践，取得了一定的成就。

2 校馆合作的实施

结合北京海洋馆、国家海洋预报中心等单位资源，农科附小根据学生年龄特点，按年级开设了不同的海洋课程。

2.1 低年级——认识海洋

2.1.1 开展海洋科普，提升学生科学素养

素质教育的核心是培养全面发展的人，其可细分为文化基础、自主发展、社会参与三个方面，综合表现为人文底蕴、科学精神、学会学习、健康生活、责任担当、实践创新等六大素养。海洋科普教育在发展学生核心素养方面具有独特的优势。

在实践创新中要培养学生的劳动意识和解决问题、运用技术的能力。要让学生善于发现和提出问题，有解决问题的兴趣和热情；能依据特定情境和具体条件，选择并制订合理的解决方案；具有在复杂环境中行动的能力等。农科附小的海洋科普教育，让学生动手实践、自主探究。

针对低年级学生从认识海洋生物、开展有趣的小实验入手，让孩子们先对海洋产生兴趣，带着兴趣去认识海洋。农科附小利用课后一小时的时间，聘请海洋馆科普部门的老师为一、二年级同学开展海洋科普进课堂的活动，保证每

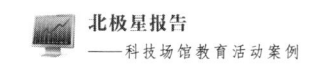

周开展一次海洋科普教育（见表1）。这些课程丰富了学生的海洋科学知识，也提升了学生的科学素养。

表1　农科附小海洋科普进课堂课程

班级 课时	每逢周一			每逢周三			每逢周四			
	学院南路一班	学院南路二班	学院南路三班	政法路一班	政法路二班	政法路三班	气象路一班	气象路二班	气象路三班	气象路四班
1	认识海洋	明轮船	认识海洋	明轮船	认识海洋	明轮船	认识海洋	明轮船	航海密码	明轮船
2	鲨鱼		鲨鱼		鲨鱼		鲨鱼			
3	明轮船	盐水配比	认识海洋	明轮船	虾兵蟹将	认识海洋	明轮船	虾兵蟹将	航海密码	认识海洋
4		虾兵蟹将	盐水配比		盐水配比	虾兵蟹将		刺鲀		小丑鱼
5	小丑鱼	明轮船	小丑鱼	小丑鱼	明轮船	小丑鱼	盐水配比	明轮船	刺鲀	刺鲀
6	刺鲀		刺鲀	刺鲀		刺鲀	小丑鱼		盐水配比	海豚
7	海豚	航海密码	海豚	盐水配比	海豚	航海密码	海豚	明轮船	明轮船	航海密码
8	盐水配比	刺鲀		配比	刺鲀		刺鲀			
9	虾兵蟹将	航海密码	鲨鱼	小丑鱼	鲨鱼	航海密码	小丑鱼	鲨鱼	海豚	盐水配比
10	软体动物		虾兵蟹将	软体动物	海豚		软体动物	海豚		鲨鱼
11	航海密码	小丑鱼	海豚	虾兵蟹将	航海密码	盐水配比	虾兵蟹将	航海密码	虾兵蟹将	航海密码
12		软体动物	软体动物	软体动物	软体动物	软体动物	软体动物		软体动物	

2.1.2　开展年级主题综合实践课程，全员参与整合优化

为了让更多的学科老师投入课程改革中，突出整体育人的理念，自2016年开始，全校以六个年级大组的形式开始主题式综合实践课程研究。我们把教任同一年级的所有教师组织起来，从分析本年级学生特点出发，结合学生的生活实际及其需求进行主题设计。将综合实践活动课程与海洋教育相结合，让学生通过亲历感悟、实践体验、行动反思等方式实现海洋意识教育的目标。

每学期都针对一年级学生开展"我们都是好朋友"主题德育实践课程，"我和海洋动物交朋友"就是其中的内容，让每班学生都去调查研究一种自己喜爱的海洋动物，了解其特点及生活习性。我们前期与海洋馆科普部的老师一起研讨研学手册，并组织学生走进海洋馆找一找他们所喜爱的海洋动物，根据研学手册内容完成此次研学任务，并把研究成果做成绘本故事。在合作学习的过程中，学生既认识了解了海洋动物，又感受体验了与同伴友好交往、团队合作的意义。

2.2 中年级——走进海洋

2.2.1 海洋微课程，面向全校师生重在普及

学校将每天中午的广播做成微课程，其中每周三为海洋知识的广播，所有内容由学校海洋中队承担，设计的板块有海洋动物、海洋植物、海洋环境、海洋气候、海洋国防等，通过学校广播、微信平台、视频等方式向大家宣传相关的海洋知识，号召大家参与各级各类海洋活动。特别是在疫情期间，农科附小与海洋馆联合推出了五期科普小讲堂"海洋神兽小日记"系列，主要讲述的内容是生活在海洋馆的动物。结合疫情将科普宣传做到线上线下相结合，丰富了学生居家学习的生活。

2.2.2 海洋中队走进场馆深入探究

二（19）虎鲸中队举办了"海洋动物大搜索"少先队活动课。上课前，队员们搜索自己感兴趣的海洋动物，并制成精美的课件。在活动课上，队员们边分享边交流自己的研究与收获，很多队员将这种研究海洋动物的兴趣延伸到课后，主动走进海洋馆、博物馆，在浓厚的兴趣下开展更深入的研究。

五（12）中队开展了"科技带来环保 科技保护海洋"主题教育活动。他们在班队会里讨论能做到的力所能及的小事，最后决定利用海洋垃圾制作环保服饰，将环保理念穿在身上，身体力行地宣扬环保理念，开展"关注海洋垃圾"的课题研究。孩子们利用课余时间把家里的垃圾原材料收集起来，做成精美的环保服饰。还把自己制作的环保服饰带到学校，他们呼吁大家以实际行动重视海洋环保，立志要学习科学文化知识保护海洋。学生们通过亲身参与，了解海洋垃圾对环境及海洋生物的危害，积极参与到海洋环境保护中来，并用学习到的知识，以自己的方式宣传给更多的同学和家长，扩大保护海洋环

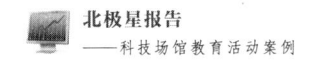

境的影响力，成为真正的海洋环保小卫士。

2.2.3 开展海洋小课题研究，培养创新思维

为了更大化地利用周边友邻单位资源让学生更加深入地了解海洋，农科附小聘请海洋馆科研团队成员带领学生进行小课题研究。海洋馆科研人员与农科附小科学老师一起研讨，开发出适合学生研究的小课题，目前正在开展的课题有：水质化验员，在研究中学生对海水环境、海水鱼生存环境等进行追踪测试；造景缸搭建，了解鱼类生存要素、鱼缸下的鱼只饲养方法，动手搭建水族箱；结合鹦鹉螺的仿生效应，制作水中潜水艇。

海洋小课题研究社团的学生在馆内科研人员的带领下亲自动手制作生态瓶（多样性海洋生态环境），学生自己录制视频，通过自媒体形式的课题报告向全校学生宣传保护海洋环境的重要性，倡导同学们一起保护海洋环境。课题研究中除了知识内容的探索外，还有大量动手制作和团队协作工作，这个过程可培养学生的创造性和团队合作意识。

2.3 高年级——探索海洋

农科附小毗邻北京海洋馆，自2004年起开始和海洋馆合作，其目的就是针对学生的兴趣专项培养，提升教育质量。农科附小充分利用海洋馆资源开设了"红领巾志愿者"社团课程。

2012年起，学校少先队启动了"红领巾志愿者行动"，组织少先队员们走进海洋馆为游客讲述海洋故事，普及海洋知识，宣传保护海洋动物，倡导环保低碳生活。"红领巾志愿者行动"一直是农科附小的精品课程，自开设此课程以来农科附小培养了一批又一批金牌小讲解员，得到了海洋馆广大游客的一致好评。2018年6月8日海洋日当天，农科附小小讲解员参加了海洋馆"罗曼群岛"的开幕式活动，他们声情并茂的讲解是整个活动一道亮丽的风景。

在合作过程中农科附小与北京海洋馆做到了优势互补、互惠互利。学生在志愿服务过程中学到了海洋知识，更重要的是强化了少先队员为社会服务的意识，培养了他们的志愿者精神。海洋馆专职讲解员很少，成人讲解偏向专业化，不会吸引太多游客倾听，而红领巾志愿者服务恰恰弥补了这一不足，学生将自己查找的资料和有关的小故事加工成讲解词，通过声情并茂的讲解吸引了不少游客驻足倾听，得到了很好的科普宣传效果。

自开设此课程以来，农科附小培养了一批又一批金牌红领巾志愿者，每年的海洋日，北京海洋馆都会为红领巾志愿者们颁发荣誉奖牌和证书，这是对队员们志愿者服务工作的肯定，也希望他们能够将此活动一直持续下去，通过他们的努力，提升公众的海洋意识。

2.4 海洋节课程——回馈海洋

每年6月8日"世界海洋日"暨农科附小的"海洋节"，农科附小都会开展一系列丰富多彩的海洋主题实践活动：邀请从事海洋科学研究、海洋科普宣传的专家走进校园举办专题讲座；在各校区举办海洋观赏生物巡展，在巡展过程中每个班级推选出一名小讲解员，向所有同学介绍巡展的海洋生物；邀请海洋馆科普部的工作人员走进校园带来活体海星，让学生近距离地观察了解海星；海洋中队的队员走进国家海洋预报中心，参观观测仪表台和观看海洋灾害展板，了解关于海洋灾害的相关知识。

除了针对各年级与各大场馆合作开展的活动及课程外，农科附小还开展了一系列海洋公益活动和课程，意在培养学生奉献社会、服务他人、提升自我的意识。

2017年11月25日至12月31日，中国航海博物馆推出2017年"感恩季"主题活动。其主题为"守护蔚蓝大海，让海洋污染告别鲸鲨，让爱心图书漂向山区"。农科附小作为全国海洋意识教育基地和全国海洋科普教育基地，应该身体力行积极参与到海洋环保公益活动中去。大队长在全校发出倡议，各班小志愿者利用课间和午休时间将刊物整理归类由各校区学生代表送往邮局。此次爱心公益活动中全校共捐献图书4183本。

四年级开展了"公益，让我们行动起来"综合实践课程。在活动中，四年级的同学参加了"情系蔚蓝 书送希望"北京海洋馆手拉手爱心活动。把沁人书香播撒到偏远角落，让所有孩子都能用知识获得自信，随爱心一起成长。农科附小的两名小代表王梓钧、江欣阳两个家庭，作为全国少年儿童海洋意识教育促进会家庭代表，组成寻访小组，前往河北省沽源县西辛营乡寄宿制学校。回到学校后，向同学们发起倡议：为沽源的同学们做力所能及的事，向他们赠送书籍、学习用具等，用爱架起友谊的桥梁。同学们纷纷响应倡议，积

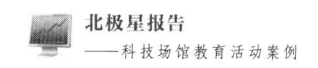

极捐赠,这样的实践体验活动,加强了学生的品德修养,让公益的种子播撒在孩子们的心田。

2019年海洋联合中队的队员们在了解海洋垃圾带给自然界、带给人类的危害后,开展了为期一学年的"蔚蓝海洋守卫行动 海洋垃圾变废为宝"主题实践活动。他们自发收集废旧物品,变废为宝,制作成精美的海洋艺术品,并在海洋馆展出。这次实践活动中全校少先队员全员参与,主题实践活动与美术学科融合,在少先队活动课上队员们交流学习环保知识,在美术课上队员们利用收集到的废旧材料制作精美的艺术作品。低年级段的队员制作纸盘鱼、纸杯鱼,高年级段队员制作珊瑚礁、珊瑚。还有更多对海洋生物感兴趣的队员们与美术老师合作,共同制作完成大型的海洋鱼模型。一个个逼真的海洋动物艺术品的展出,让来海洋馆参观的游客们感到震撼,通过志愿者的讲解了解到海洋垃圾的危害后也发出要保护海洋的心声。

3　校馆合作意义

学校教育不同于科技馆教育,学校教育强调课程知识点本身,看重学生领悟知识点的程度,通常只限于书本知识,容易使学生产生厌学的情绪。而科技馆教育就与学校教育有很大不同,科技馆是以展览教育为主要功能的科普教育机构,主要通过常设展览和短期展览,利用可参与体验、具有互动性的展品及辅助性展示手段,以激发科学兴趣、启迪科学观念为目的,对公众进行科普教育。其从属性上就倡导教育职能,而这种校外教育主要依托能够动手操作且直观的展品,孩子们通过展品体验就可以进一步了解课本内容,还可启发学生们探究展品背后更多的知识。除此之外,学生们还可以参与各场馆组织的各类基于展品的教育活动,以展品为依托,对标学校课程,让学生们在玩的过程中掌握相关海洋知识。各场馆还会开展科学实验、科普表演、互动剧、科学秀等形式多样的活动,激发学生的学习兴趣,掌握观察、探究、发现问题的方法,激发其主动学习、探究学习的热情,在潜移默化中提升其海洋知识素养。所以,各相关场馆教育能够有效弥补学校教育的不足,解决学校教育无法解决的问题,二者应该保持相辅相成的密切联系。[1]

4　校馆合作未来展望

多年来，农科附小与周边相关海洋场馆建立了良好的合作关系，利用其资源开发了很多海洋课程，并逐步完善固化下来，使之成为农科附小在全区乃至全国都享有盛誉的特色课程。农科附小海洋意识教育虽有所成就，但就周边相关海洋场馆可开发利用的资源而言还只是冰山一角，在接下来的校馆合作中有以下几点需要进一步探讨。

第一，校馆充分共享现有资源，找到需求点或创新点开展新的课程研发工作。第二，在课程内容上要合而不同，需在前期开展大量学生调研，双方都要了解学生掌握了哪些知识，还有哪些知识是没有掌握的和可以拓展的，从学生的需求和兴趣出发来开发设计新的课程。

认识海洋、走进海洋、探索海洋、回馈海洋，农科附小在"生长教育"办学理念下，坚守蓝色梦想，立德树人，利用校馆合作大力普及海洋知识，积极弘扬海洋文化，努力强化海洋意识，引导学生了解海洋、热爱海洋、保护海洋，为孩子们的成长增添一抹亮丽的蓝色！

参考文献

［1］王艳丽：《对馆校合作现状和应对方法的探讨》，《文化创新比较研究》2020年第6期。

以职业体验为媒介的馆校结合模式探索

——以重庆科技馆"小小科技辅导员"项目为例

缪庆蓉　曾晓华　梁娅娜[*]

（重庆科技馆，重庆，400024）

随着社会进步，我国日益重视利用科普场馆的教育资源来开展馆校结合实践活动，以有效提升学生的科学素质。《中小学综合实践活动课程指导纲要》，明确提出要坚持教育与生产劳动、社会实践相结合，鼓励广大青少年从自然、社会和自身生活中增长知识、开阔眼界、提升能力，通过考察探究、社会服务、设计制作、职业体验等途径，引导青少年学习科学知识、培养科学兴趣、掌握科学方法、增强科学精神。2020年，教育部、国家文物局联合发布《关于利用博物馆资源开展中小学教育教学的意见》，就推动中小学生利用博物馆资源开展学习，促进博物馆与学校教学、综合实践有机结合提出明确意见。基于此，为拓宽中小学馆校结合实践外延，丰富馆校结合实践活动开展形式，重庆科技馆针对"小小科技辅导员"公益活动从用户对接、项目特色、运作机制等方面进行了深化改革，并逐步与学校达成共识，将这一"职业体验"类实践活动融入日常研学实践活动中，形成了具有"研学特色"的馆校合作新思路。目前，重庆科技馆"小小科技辅导员"项目已累计开展辅导讲解近4000场，线上线下受众累计达80万余人，得到了家长和学校的高度认可和大力支持。

---

[*] 缪庆蓉，单位：重庆科技馆，E-mail：407073447@qq.com；曾晓华，单位：重庆科技馆；梁娅娜，单位：重庆科技馆。

1 前期面临的挑战和问题

1.1 项目定位不够明确

精准的定位是保证项目稳步推进的重要前提。重庆科技馆"小小科技辅导员"项目在成立之初，没有赋予其明确的定位，这就容易导致在项目实际运作过程中出现一种情况："小小科技辅导员"来自学校，但该项目与学校没有实际关联，从而直接影响项目的实施效果。

1.2 覆盖范围受限

"小小科技辅导员"活动在开展初期，因培训方式、上岗方式等问题，导致每年招收人数最大承载量仅为几十人，这一数量问题在很长一段时间里导致该项目仅能针对个别学校、个别班级、个别学生开展，参与人数十分有限。对于一个面向青少年的公益类项目而言，参与人数受限，会大大缩小科普覆盖范围，也会成为与学校开展长效合作的限制性门槛。

1.3 缺乏受众需求分析

"小小科技辅导员"项目的受众群体有哪些？他们的需求是什么？怎样利用科教资源促使用户需求和场馆需求达成共识？缺乏受众分析，导致项目在运作初期无法在场馆、学校、学生之间形成良性的互动，不能有效激发受众参与的积极性，缺乏参与的持久度，进而无法较为系统地实现"小小科技辅导员"的培养目标。

1.4 缺乏配套培训体系

项目运作初期，针对"小小科技辅导员"的培训是散发的、不成体系和不具阶段性的，"小小科技辅导员"的活动范围仅仅局限在"展厅讲解"，虽然可以有效地提升沟通协调、展示表达方面的能力，但是并不足以体现科普场馆的特色，不利于科学素养、综合能力的提升。"小小科技辅导员"项目作为一种新的馆校结合模式，其采用的教育模式、培训体系及发

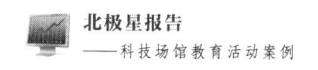

展规划是该项目的核心和难点问题，将对项目的持续发展以及推行质量产生重要影响。

1.5 展示平台欠缺

展示平台是"小小科技辅导员"进行自我展示、成果展现、交流学习的重要方式，如展厅内的辅导讲解岗位工作。通过这些展示平台，一方面小小科技辅导员本身、家长、学校以及社会公众，都可以非常直观地感受到其在参与科技辅导员这一职业的体验过程中所获得的综合能力；另一方面，能够促进馆方、校方等资源的深度融合。

2 设计理念与对策

"小小科技辅导员"项目以核心素养为引导，以"培养全面发展的人"为方向，从学科融合、资源开发、平台构建等基本理念和运作机制方面进行了详细摸索。

2.1 基本理念

"趣味、探索、奉献、成长"是重庆科技馆"小小科技辅导员"项目的品牌要素，我们将项目活动设计、学科学习目标等内容与品牌要素相结合，并融入小小科技辅导员"职业体验"的过程中，以"解决问题"为导向，以"学科交叉"为纽带，以"职能职责"为基石，在实践中促进自我认知、对生活的认知、对世界的认知，增强责任感和主人翁意识，逐步提升发现问题和解决问题的能力，从而成长为全面发展的未来人才。

2.1.1 突出学科融合

基于此，针对不同年龄段的身心发展状况，结合交叉学科教学法，通过项目制、主题式探究等活动，如图1所示，制定教学或活动流程，并逐步形成了"小小科技辅导员阶段性培训体系"。在各阶段、各环节活动实施的过程中，让小小科技辅导员基于真实场景、现实中的问题等开展观察、分析、体验，运用相应的学科知识分析问题，寻求解决问题的方法，在实践中完成跨学科思维的教学目的，提升小小科技辅导员的综合能力。

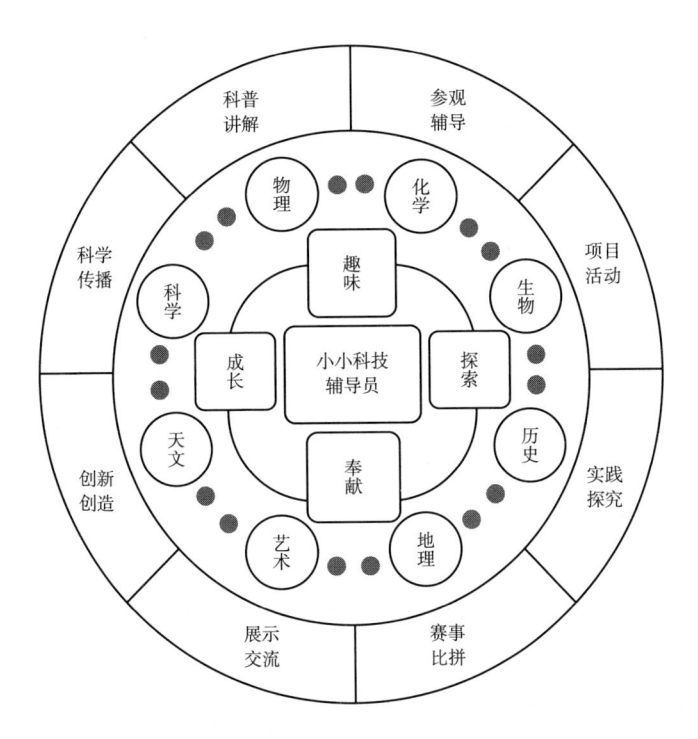

[图示：同心圆结构，中心为"小小科技辅导员"，内含"趣味""成长""探索""奉献"四个关键词；中层学科包括物理、化学、生物、历史、地理、艺术、天文、科学；外层包括科普讲解、参观辅导、项目活动、实践探究、赛事比拼、展示交流、创新创造、科学传播]

图 1　职业体验与学科融合

2.1.2　重视资源开发

一是拓宽实践空间。结合阶段性培训体系内容，为赋予参与者更深刻的体验感、更系统的学习链，我们立足科普场馆自身资源，不断挖掘周边地区资源，将参与者的活动空间从学校扩展到科普场馆，再扩展到人文、自然、社会等与生活息息相关的各个空间领域。二是联合专业资源。在活动开发及实施过程中，尽可能争取高校、科研院所、科普基地等相关领域的专业支持，促进培训内容的专业化、系统化。三是增加馆校合作空间。通过"以点带面"的方式，充分发挥其在时间、空间上的优势，将"小小科技辅导员"活动融入研学实践当中，形成具有特色的"科普研学"思路，有效拓宽馆校合作外延。

2.1.3　搭建展示平台

除常规展厅内参观辅导、专题辅导讲解外，结合"小小科技辅导员"活动特征，搭建"小小科技辅导员挑战赛"等赛事平台，畅通"环球自然日""科技活动周"等科普活动平台，创办"小辅实验室"等主题栏目平台。通过展示平台的搭建，促进解决两个方面的问题：一是以"赛、展"促演练，促进提升青少年沟通协调、展示交流、实践探究、创新发展等综合能力；二是拓展合作交流空间，通过"赛、展"平台，与学校共同开展演练、研讨、创新培育等，促进馆校之间更深入、更广泛地合作。

2.2 执行对策

2.2.1 执行团队

"小小科技辅导员"项目，由科技馆科学辅导教师团队负责整体策划，高校教师、科研院所专家等给予专业领域的支持和辅导，各科普场馆、博物馆等为项目提供场所、活动等专项支持。

2.2.2 执行流程

如图2所示，"小小科技辅导员"项目包含筹备阶段、招募阶段、培育阶段、展示阶段等四个阶段，每年招募一次，招募至展示阶段持续时间为2~4年。

筹备阶段，由科技馆教师团队成员对当年"小小科技辅导员"招募及培育工作进行总体策划，并结合策划内容就资源开发、动员推广等途径和方式提出具有执行意义的策略。与此同时，在整体规划方案形成之后，为保证方案执行效率，须与校方、专家及社会资源等进行充分沟通，听取意见并进行合理化调整后投入实施。

招募阶段包含报名、比赛、评审、公示等四个环节。报名环节包含校区招募和社会招募两个组成部分，校区招募由各赛区学校统一安排报名，社会招募由符合招募要求的小学阶段学生，根据报名要求自主参与科技馆赛区报名，报名成功后按要求参与选拔比赛。为保障评审环节的公正公平，比赛的评审评委由科技馆教师、校方领导及教师、专家等构成，并按照评比规则进行严格评审。

培育阶段分为前期培训、中期培训和后期培训三个部分，每个周期的培训内容基于上一个周期的培训内容，不断拔高，培训重点各不相同。前期培训以团队建设、责任意识培养、基础技能等为主要内容；中期培训持续时间较长，以主题探究类活动、项目类活动以及辅导讲解等内容为主；后期培训围绕成果展示，如科普作品录制、表演剧幕编排以及活动赛前辅导培训等方面内容。

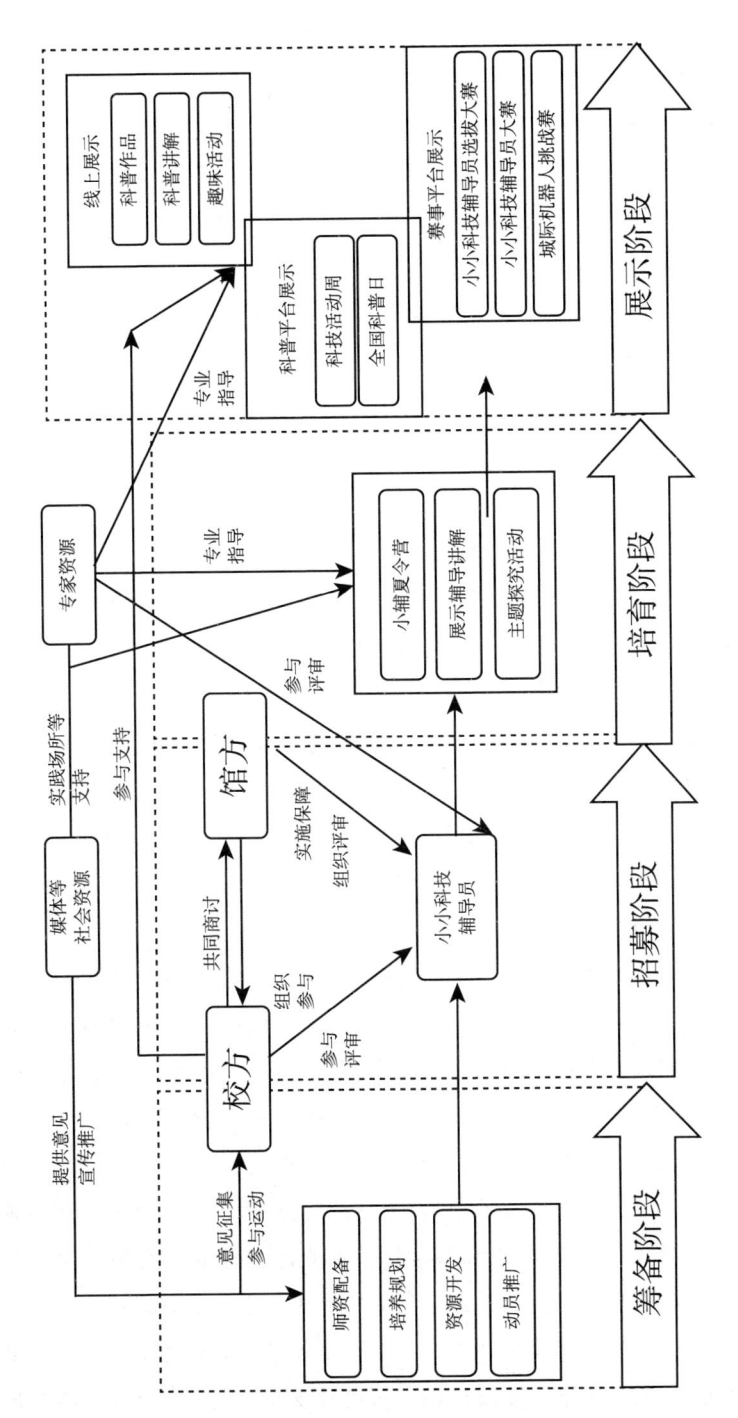

图 2 "小小科技辅导员"项目运作流程

展示阶段则主要表现为,"小小科技辅导员"以良好的状态参与科技活动周、全国科普日等活动及赛事,在活动中展现"科普新声代"的魅力,在赛事中感受创作与拼搏的精神。

2.2.3 执行保障

为保证各个阶段工作的安全有效推进,根据"小小科技辅导员"项目内容,制定了详细的《安全应急管理办法》《招募工作机制》《上岗管理流程》等配套制度,通过制度建设,规范该项目的管理流程。

3 具体做法与实践

3.1 建立专项培训体系,保证项目开展质量

根据"小小科技辅导员"培养阶段与成长特点,结合学校开展研学实践活动需求,我们以激发探究兴趣、体验探究过程、发展探究能力为目标,充分利用科技馆的科普教育资源为青少年提供校外科普教育和综合实践的平台,通过辅导讲解、主题探究、展示表演、赛事拼搏等活动,激发青少年科学兴趣,提高其科学素质及综合实践能力。

如图 3 所示,"小小科技辅导员"培育周期包含前期培训、中期培训和后期培训三个阶段,其中前期培训包含基础培训和职业培训两个部分。

3.1.1 前期培训

阶段目标:通过职业体验、上岗实践等方式,增进对科技馆的认知和理解,激发对科学的兴趣,增强团队协作与沟通交流能力,培养实践探究意识与能力,树立主人翁意识和社会责任感、使命感。

主要通过两项主题活动进行培训,一是"小辅夏令营"活动,该活动以"认识科技馆""认识科技辅导员"为基础,通过展厅特色展品、科学实验、专家联动等方式,增进小小科技辅导员对科技馆的全面认知和理解,增进他们对"小小科技辅导员"团队的认知和理解,在观摩、探究、实践、协作等过程中,激发他们对科学的兴趣和对探索的渴望,树立主人翁意识;二是科普讲解辅导,该活动立足科技馆展厅开展,小小科技辅导员通过对生活科技、基础科学、宇航科技、国防科技、交通科技、防灾科技等六大主题展厅及临时展厅

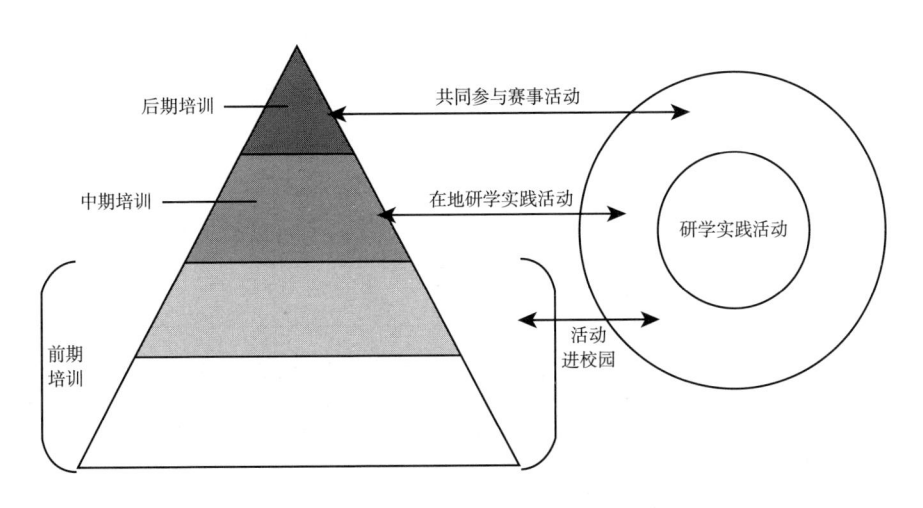

图3　"小小科技辅导员"培训阶段

相关科学知识的学习，利用周末、节假日、寒暑假等课余时间，参与展厅讲解、社区科普等社会实践活动，让小小科技辅导员以"工作"的状态，走进观众视野，提升其沟通交流能力、展示表达勇气，增强社会责任感。

在前期培训过程中，我们将和小小科技辅导员一起，将"科学表演秀"带进校园，进一步扩大"小小科技辅导员"团队的影响力。

3.1.2　中期培训

阶段目标：通过在地研学实践活动，引导青少年"像科学家一样思考"，合理运用观察、分析、实践、探究、总结、交流等方式，培养青少年主动思考和分析问题的能力、运用综合知识制订解决方案的能力、根据方案内容展开实践验证的能力，促进其养成科学思维，掌握科学方法，弘扬科学家精神。

将在地研学实践活动融入中期培训中，围绕在地研学实践活动体系，以"兴趣激发"为切入点，利用场馆资源及地域资源，通过项目式、问题探究式等模式，结合STEM教学理念引导青少年基于"身边的问题"展开深度学习，引导孩子们关注并发现身边的问题，提出并想办法解决问题。与此同时，该项培训在进行教学目标设计的时候，紧扣学校教学目标要求，在保证中期培训效果的同时满足学校对于研学实践活动的需求（见表1）。

表1　重庆科技馆在地研学实践活动（节选）

项　　目	活动名称	受众对象
水下秘密武器	水中千里眼	1~3年级
	潜水艇自由浮沉的秘密	4~6年级
探秘电影	光影"视"界	5~6年级
	"声"临其境	3~4年级
环保总动员	卫生纸是白色好还是黄色好？	3~4年级
	谁是垃圾王？	1~2年级
碗碗制造	土可以变成碗吗？	1~3年级
	碗要"甩"出来	4~6年级
大小有别	时间密码	1~2年级
	尺短寸长	3~4年级
	半斤八两	5~6年级

3.1.3　后期培训

阶段目标：通过赛事及展示交流活动，促进跨学科知识的深化运用，提升人文底蕴，培养学生主动思考问题的意识，提升其解决生活实际应用问题的能力，激发创新创造的思维，增强荣誉感和使命感。

这一阶段的培训将呈现更大的创新性、个性化、成果化特征，联合打造"赛事平台""主题栏目平台""科普活动平台"三大平台，促进小小科技辅导员综合能力提升。以"科学表演"为例，小小科技辅导员将自主进行科普表演剧本编写、彩排演练、舞台表演等具体任务，并在科普辅导老师的辅助和推动下对创新性、科学性、知识性、趣味性等维度进行合理化调整，结合专业团队及专家资源对舞台呈现方式进行指导，最终通过"主题栏目平台"，呈现给家长、学校及社会公众，共同见证"小小科技辅导员"的进步。在传播过程中，"平台"除了能够为"小小科技辅导员"带来展示的机会以外，还能够带动身边更多的人爱科学、学科学、讲科学、用科学。

3.2　建立"馆校家"三方联系机制，形成合作新形态

一直以来，学校是我国科学教育的主要承担者，但是随着社会经济和技术的飞速发展，学校教育中出现的课程资源有限、教学空间受限、学生缺乏实践

等问题，为馆校结合发展提供了需求空间和契机，可通过馆校结合的方式更好地满足学生科学素养的培养要求。与此同时，在学生的成长过程中，家长及家庭环境对学生科学素养的培养也起着不可忽视的作用。基于此，我们尝试以科技馆"小小科技辅导员"职业体验实践活动为纽带，让学校及家长共同参与到实践活动当中，并在不同阶段扮演不同的角色，逐步形成馆、校、家之间的良性互动。

3.2.1 三方需求概述

经过较长时间的磨合，我们将学校需求划分为三个主要方向：一是丰富课程资源、丰富教学形式、拓展学习空间；二是促进学校教学目标的有效达成，辅助取得教学成效；三是合理且充分地利用有限的时间，有效提升学生科学素养和实践能力。

在家庭教育方面，主要表现为家长的需求：一是孩子能够获得综合能力的提升，包括增长知识、开阔眼界、增强勇气等；二是有不同的展示平台，提升荣誉感；三是能够辅助促进学科学习效果提升。

就科普场馆本身而言，随着馆校结合工作的深入推进，场馆科学教育课程也逐渐呈现场馆范围内学习方式和场地模式化、单一化，学习内容碎片化等问题。如何让学生参与科学实践的形式、方法、途径丰富起来，促进他们在生活和实践中真正地主动思考、主动尝试，真正地"像科学家一样思考"，成为我们思考的又一新问题。

3.2.2 三方合作参与途径

基于馆、校、家三方需求，我们根据学校需求及场馆教学实际，尝试将在地研学实践活动融入馆校结合实践当中，并通过"小小科技辅导员"项目试点开展。在实施过程中，采用"学期统一组织＋课外分散组织"的模式，为利用场馆资源及地域资源，引导孩子们在真实的场景中观察、分析、实验、实践，进而提出问题并想办法解决问题，提供时间上和空间上的可能性。

学期统一组织是指，在学校行课期间，根据具体培养阶段内容，由学校和科技馆共同组织或实施选拔比拼、研学实践、赛事交流等活动。

课外分散组织是指，在非行课期间，根据具体研学实践内容，由科技馆和家长共同引导学生参与选拔比拼、研学实践、赛事交流等活动。

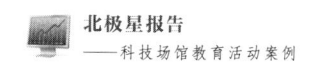

馆、校、家三方的共同参与，为实践活动系统化开展争取到时间和空间上灵活化处理的优势，保证培训各阶段实践活动可系统化开展，为学生开展可持续、有深度、分层次的实践探究提供有力保障。

3.3 搭建展示平台，鼓励创新发展

为促进"小小科技辅导员"在"实战"中检验自己的锻炼成效，重庆科技馆先后整合了科技活动周等平台，为"小小科技辅导员"搭建了三大展示平台。一是以科普活动周、全国科普日等活动资源为主的科普活动平台；二是以小小科技辅导员大赛、城际机器人挑战赛等赛事资源为主的赛事平台；三是以"小辅实验室"为主的主题栏目平台。平台的有效搭建，能够促进青少年获得更多的展示交流机会，鼓励并激发青少年的创新创造思维，同时也能够在展示的过程中带动身边更多的人爱科学、学科学、讲科学、用科学。近两年来，"小小科技辅导员"群体，依托各项展示交流平台，成功录制科普类音视频作品200余项，参与专项直播两项，受众70余万人，参与"全国中小学生创意大赛""城际机器人挑战赛""12320健康科普讲解大赛"等赛事活动，并取得数十项优异成绩。

4 经验与启示

4.1 重视馆校合作，促进形式多样化

通过"小小科技辅导员"这一职业体验类活动，一是为馆校结合提供了新的思考方向，学校可以从教练、评委甚至是观众的角度参与活动，这在很大程度上减轻了学校统一组织外出学习的压力；二是拓宽了常规馆校结合课程的外延，馆校结合的方式并不仅仅局限于一堂课、一次参观，还可以形成长期的、成系统的、有家长共同参与的模式。

4.2 拓展场馆资源，融入研学旅行的特征

"小小科技辅导员"活动的核心目的是提升学生的综合素质和能力，在活动实施的过程中，结合课程或活动目标需要，将文化旅游与学校教育、科学教

育巧妙融合，使得活动和教育更有针对性。基于此，科普场馆需开发更多的教育或学习资源，有效整合资源，加强交流合作，促进专业化、系统化发展。

4.3 注重形式灵活，发挥时间空间优势

"小小科技辅导员"活动强调，通过学校和家长的共同参与，其活动开展相较于仅限于行课期间的学校教育具有一定的优势。可以根据不同的学习或活动内容，选择对应的学习或活动时长和场所，充分发挥时间、空间的灵活性，保证学生在参与过程中能够深入实践，成系统、有针对性地完成某一项探究活动或实践活动。

4.4 深挖课程体系，保证活动质量

作为学校教育的补充，"小小科技辅导员"的培训需要根据各阶段课程节奏设定活动目标，让学生明白学什么，怎么学。而作为一项职业体验类活动，其在课程体系构建时存在比单一课程设计更大的难度，每个单元或每个阶段的课程设计，需保证以前一节课为基础，解决在活动中提出的问题，甚至在解决问题的基础上提出新的问题。此外，在馆校结合科学教育过程中，需不断加强对教师团队的培训工作，为活动的执行提供有力保障。

生物学科馆校结合助力学生发展

张 帆[*]

(北京市西城区青少年科学技术馆,北京,100053)

北京市西城区青少年科学技术馆自1981年成立以来,以生物学科为特色,常年开展"科技馆进校园"项目,致力于从多角度培养注重"内涵型"发展的创新人才,为祖国发展添砖加瓦,从而形成生物学科创新人才基地。

经过多年的努力,本馆在生物学科方面已与多所学校联合开展各种形式的活动项目,并涌现了一批批优秀的教师和学生参与到馆校结合活动中。其中"科技馆进校园"项目——"昆虫总动员""生物创意空间——创建鸟巢 珍爱生命"活动获得全国科普场馆科技教育项目展评国家级奖项。

1 建立馆校合作机制

本馆以西城区教委为领导部门,拉近了与学校之间的距离。在教委的引领下,顺利与辖区内兄弟学校建立密切联系。在开展活动的同时,强化与社会科普教育基地的联系也为项目活动的开展打下坚实的基础(见图1)。

科技馆生物活动形式多样,可借助社会资源对学校开展系列活动,如带学生进入动物园、进入博物馆,也可以将社会单位活动带入学校,构建

---

[*] 张帆,单位:北京市西城区青少年科学技术馆,E-mail:zhangfan.email@yahoo.com。

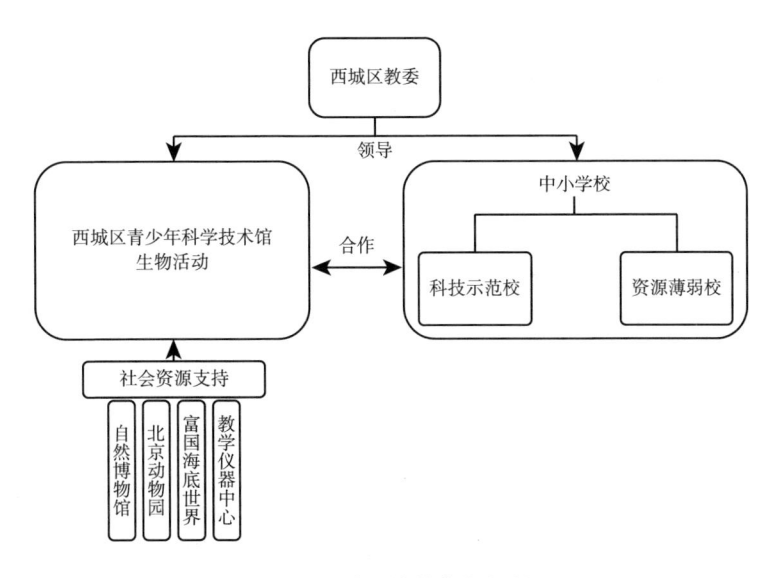

图 1　西城区馆校合作机制

灵活有序的活动形式，拓展了馆校结合的广度，也为馆校进一步合作奠定了基础。

2　搭建平台助力发展

目前中学生物学科处于转型期，近五年中高考生物学科不断变化，随之而来的是教育方式、学习方式的不断变化。2017年教育部提出学生核心素养，生物学科核心素养为"生命观念、理性思维、科学探究、社会责任"，学校亟须搭建学生发展平台，科技馆生物组可为更多学校和学生提供发展和展示的机会。生命观念是生物学科核心素养的核心，也是生物学科的特色，如何将生命观念融入活动中成为我们关注的主要问题。经过不断思考，我们将活动划分为以下几类，力求在其中融入核心素养培养的理念。

2.1　开展特色学科活动

借助西城区科技节及北京市科技活动，我们为区内中小学提供鸟类活动、种植活动以及保护生物多样性海报制作活动，内容涵盖动物学、植物学和生态学等多个范畴。活动形式多样，如鸟类活动分为三个项目——鸟类外形模拟、鸟类生态摄影、实地观鸟活动。从形象、艺术、实践等不同层面开展活动，活动形式多样，内容丰富。活动的成果展现形式也有所不同，外形模拟以网络平台和实物展示的方式进行，学生不仅能在网络上展示活动成果，也能通过网络见到其他同学的作品并给予点赞和评价，达到互相学习、互相评价的活动目标。在制作的过程中培养学生的观察能力、实践能力以及表达能力，从而不仅促进学生综合能力的提高，也促进学生生物学科核心素养的发展。

2.2 不定期举办特色活动

当今社会快速发展的同时也面临诸多突发事件。不论是针对禽流感，还是新型冠状病毒，我们都会进入学校开展相应的专业特色活动，讲解禽流感的"前世今生"、介绍新型冠状病毒的结构和繁殖方式等，这也是学以致用的最好表现，因此得到了学校的认可和欢迎。

科技馆的活动也会根据学校的要求和社会的需求而开展，在丰台区发生鸟巢被拆毁的事件后，为深化学生生命观念以及形成珍视身边野生动物的意识，生物组专门设计了鸟巢制作活动。学生在模拟制作过程中充分感受到鸟类筑巢的艰辛，形成了保护鸟类的意识。

不定期的特色活动既有灵活性，又能在社会需要时对一些错误的言论进行纠正和指导，这也促进了学生生物学科核心素养中社会责任感的提升，用知识解决问题而非盲听盲从，正是"知识就是力量"的表现。

2.3 促进教师的发展

科技馆与学校的合作不仅为学生搭建成果展示的平台，也促进教师队伍建设和学校发展。教师的成长与发展不仅需要其在课堂中不断磨砺，也需要其通过实践、活动等多种形式加以锻炼。短暂而紧张的课堂教学有时对教师而言无法彰显其自身特点，各种活动的开展可以帮助教师熟悉教学过程以及厘清学科逻辑思路，帮助教师与学生建立联系，帮助教师找到并形成个人的教学风格和特色。在学生实践的同时，教师可以从中更好地了解学生学习的过程和感兴趣的方向，也为教师的教学提供辅助。同时，教师可以借助科技馆生物组活动在学校开展特色活动甚至形成学校特色活动模式，北京市学生金鹏科技团的专业特色校建设便是在点点滴滴的教师互动过程中逐步形成的。

3 专业引领指导活动

科技馆生物组具有扎实的专业基础，为多所学校提供专业支持和保障，这也是馆校合作的前提条件。生物组教师在科技馆常年开展动物学、植物学、生态学、微生物学、生物化学、遗传学、细胞生物学、发育学等多个专业学科教学活动，可以从专业角度指导学校开展鸟类学、昆虫学、植物学等多种项目活动（见表1）。

表 1 部分专业学科教学活动

序号	学校	活动
1	多校	生物体中的酶
2	多校	动物的运动和行为
3	多校	细胞的多样性
4	多校	有韧性的 DNA 复制
5	多校	禽流感
6	多校	新冠病毒的传播
7	多校	易混植物的差别
8	多校	生物的遗传并不是那么简单
9	北京市第一六一中学	鸟类学讲座
10	北京市第三十五中学	科学项目研究指导
11	北京教育学院附属中学	鸟类的认知与辨识
12	北京市第一六一中学	昆虫形态模拟
13	北京市回民学校	昆虫知多少
14	北京市第四中学	认识植物的花
15	北京市启喑实验学校	走寻公园中的鸟类
16	北京市第七中学	动物的建筑
17	京师附小	如何开展生物特色活动
18	西单小学	鸟类的外形
19	西城区教师继续教育培训学校	微生物发酵与食品
20	西城区教师继续教育培训学校	植物知多少
21	西城区小学科学教研活动	认识公园中的植物

专业的指导并不局限于学校内部的活动，指导学校开展研究性学习和社会实践也是活动的方式之一。指导学校进入自然保护区、草原、湿地开展研究性学习，学生深入自然进行实践活动和科学探究。科技馆生物组教师因地制宜，根据生物学科背景知识、学生学习基础和当地现有条件设计短期内可实现的探究活动，内容不限于生态环境调查和物种调查，也涉及动物行为学、植物生理学等多学科，不仅开阔学生视野、培养学生实践能力，也开拓了学校举办活动的思路，丰富了活动的形式。

4　深入学校建立基地

馆校结合活动以促进学校发展为目标，因此开展适合的活动、有层次地开展活动有助于提升活动品质，也能将活动效果最大化。根据学校在科技方面的基础情况可以粗略地将其分为基础薄弱校和科技示范校，其中还有一些学校是北京市学生金鹏科技团特色学校。

对于基础薄弱校，通常从广谱型科技活动入手，从科普的角度和社会热点话题相结合，提升学生对科技活动兴趣的同时引发学生对学科问题的思考。在多次活动后，根据学生感兴趣的内容帮助学校逐渐总结和梳理其预期的发展方向。有针对性地深度合作和开展活动，帮助学校进一步形成特色和取得更多成绩，向科技示范校发展。

对于科技示范校，其已有大致的特色和发展方向，下一步的重点在于提升活动质量、提供活动平台、建立更加深入的合作关系。

开展专业特色活动。以社团、小组形式开展目标明确的活动，较高的活动成果或成绩，参与社会中的竞赛或活动，为学生的生物专业发展提供条件，为学校的科技特色专业发展提供保障。如帮助和指导学校形成生物社团特色课程，开展生物社团系列活动，设计生物社团活动手册和专用教材，带领生物社团成员进行探究活动并撰写研究报告，参与市级、国家级或国际竞赛，获得相应成绩，带领生物社团进入大专院校专业实验室学习等。

在特色活动和成果的基础上，学生的能力需要得到进一步提升，科技馆生物组带领学生在北京城市科学节、全国科普周、城市嘉年华等多个活动平台进行成果展示，向社会推广与宣传学生已有成果。活动展示了学生的风采和学校的特色，将馆校合作提升到新高度。为对生物学科感兴趣的同学提供进入大专院校专业实验室学习的机会，并进行前期培训和定期监督。

基地校的建立也为科技馆的发展提供了有力保障。科技馆的学科建设与特色发展需要与基地校开展合作，其新项目可以得到学生、教师、学校、家长等多方面的反馈，为更好地实施活动提供保障，也为科技馆开展更多形式的学科活动奠定基础。

5 合作项目以研促教

在日常联系和活动的基础上，进行深入的教学研究以促进学生发展是目前科技馆的工作思路。一方面，从日常教学的角度梳理生物学科特点和生物学科内部知识逻辑；另一方面，与学校老师共同探讨与知识主题相契合的教学形式，以及如何在活动中促进学生生物学科核心素养的发展。

生物学是一门实验科学，几乎所有的发现都离不开实验的过程，如何将教学、实验与活动相联系，促进学校与科技馆的进一步融合成为主要的研究方向。首先，在学校日常教学的基础上，梳理知识逻辑，充分发挥科技馆的拓展和实践作用，针对当前城市生活中缺乏对生物的日常观察的问题，从认知基础角度为学生提供更多感性认知与感性材料，结合社会资源如动物园、植物园等平台，带领学生开展专业性的认知活动，与通常的春秋游不同，针对生物学问题，带领学生观察与感受。鉴于普惠性问题，根据学校教学中遇到的问题可采用视频、网络等多种形式，达到为更多学生和学校提供支持的目的。其次，与学科前沿相结合，在教学中融入更多内涵丰富的科学进展和实例，引起学生学习的兴趣，也帮助学生体会科学家发现科学原理的过程，如基因编辑发现的过程、人造酵母细胞的研发过程等。最后，与学校结合，根据学生遇到的学习问题共同开发相应的实验，为学校教学改进提供依据和帮助。科技馆生物组近年来开发多项教具和学具，如酶促反应机制模型、鸟类呼吸模拟学具等，同时开发可应用于课堂的拓展性实验，如叶片色素变化影响因素、探究细胞变化与蒸腾作用关系等实验。从教学研究角度探讨不同授课形式对学生学习效果的影响，如微课教学模式对学生生物学习效果的影响，疫情期间线上线下教学模式的学习效果分析等（见图2）。

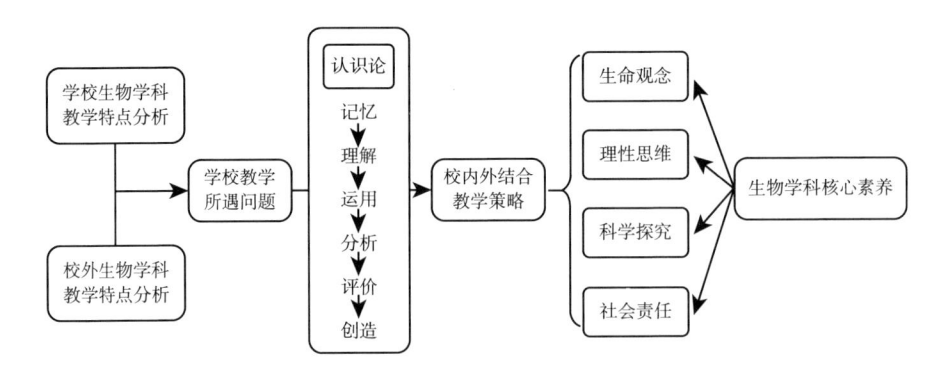

图 2　生物学领域馆校结合

多年来，在领导的支持和关注下、在成员的不懈努力下，生物学科馆校结合项目不断创新、规模逐渐扩大，取得了阶段性成果。当然活动仍存在不完善之处，但是目睹学生经历项目后的个性化成长和丰硕成果，相信在今后的活动中会有更多对科学有兴趣的青少年能够参与到这项活动中，我们也将举办更多丰富多彩的活动，为西城区青少年科技教育事业提供更多力量。

科技教育工作任重而道远，生物学科馆校结合仍有发展空间。我们将在科教兴国、走可持续发展道路的形势下，优化科技教育理念，多渠道实施科技教育活动，挖掘科技教育资源优势，形成科技教育新特色。

馆校合作二十年 科学教育谱新篇

陈宏程*

(北京市育才学校,北京,100050)

北京市育才学校与北京自然博物馆馆校合作二十年,形成了小学科学课、初中生物课和高中生物选修课等课程,小学、初中、高中科技社团长期借助自然博物馆的资源开展教学和科技教育活动。生物课开在博物馆被列入学校计划,并作为促进学校特色发展的规划。学校支持教师,尤其是生物和科学教师把课开在博物馆,科技教师利用博物馆资源和专家指导开展活动,给予经费上的支持与保障。小学科学课中开在自然博物馆的一节科学课,初中生物课中开在博物馆以及科技社团的专题选修课,都形成了体系,相关成果获北京市基础教育成果奖。陈宏程老师和自然博物馆金淼老师开发了自然博物馆生物学探究课程10个专题,已经收入《科普场馆的生物学》(科学普及出版社,2010年5月出版),每个专题栏目有:聚焦问题、学习导图、寻找证据、展品信息、科学实践、科普阅读、科普阅读、学习任务单等,有很强的指导性和示范性。育才学校和北京自然博物馆的合作互动堪称典范,学校上下和家长学生都把自然博物馆当作每个学段必去的场馆,每年11月的科技节都会邀请北京自然博物馆来学校开展"展品进校园"、专家科普报告和初中以下年级到博物馆专题探究等活动,暑假联合进行野外科学考察,全面参加博物馆组织的竞赛,如环球自然日、自然知识竞赛、我眼中的科技北京等,示范带动了"科技馆活动

---

* 陈宏程,单位:北京市育才学校,E-mail:13683169768@163.com。

进校园"的开展。2020年10月14日至16日,在重庆举办的第五届科普场馆科学教育项目展评活动中,北京市育才学校荣获全国首届馆校合作示范校。

二十年坚持做一件事,还要把它做好、做出特色,本身就是值得梳理和分享的。在博物馆上课,开展探究性学习和实践,一直受到国家的高度重视,国家也出台了一系列政策措施。北京市育才学校和北京自然博物馆馆校合作,占据天时,抓住了2001年新课标下的课程改革、2006年"科技馆活动进校园"、2020年实施《关于利用博物馆资源开展中小学教育教学的意见》的契机;地利,学校位于先农坛,与北京自然博物馆距离不到1000米,步行不到10分钟;人和,与博物馆专家结缘,共同秉承"在博物馆探究,在科学家身边成长"的理念,从2001年到2021年,一起走过二十年,取得令同行瞩目、在国内外有广泛影响的成绩。

1 活动背景

把课堂搬进博物馆,在真实情境下探究学习,已成为一种潮流,今天听起来还是那么诱人。放在20年前,在国内还是新鲜事,也没有先例,就是在当下,也充满挑战和面临诸多问题。充分挖掘博物馆资源,借助博物馆平台,在博物馆里上生物课(科学课),开展科技活动,研究开发自然类、科技类等一系列活动课程,一直都需要有人去做尝试。

1.1 国家政策和课程标准要求,为馆校合作提供了有力支撑

从2001年课程标准提出,要整合社区资源,利用博物馆开展科学探究,到2020年教育部、国家文物局联合印发《关于利用博物馆资源开展中小学教育教学的意见》,馆校合作政策越来越好。

2006年,国家有关部门联合开展"科技馆活动进校园"工作,至今已走过15年,大大推动了馆校合作的发展。一些地方也陆续出台政策,支持馆校合作,如2008年北京市政府启动了社会大课堂活动,提升了本地馆校合作的水平。

2014年4月,《教育部关于全面深化课程改革落实立德树人根本任务的意见》提出,"依据学生发展核心素养体系,进一步明确各学段、各学科具体的

育人目标和任务,完善高校和中小学课程教学有关标准"。

《全民科学素质行动计划纲要实施方案(2016~2020年)》明确提出要大力开展校内外结合的科技教育活动。《全民科学素质行动规划纲要(2021~2035年)》进一步提出完善拔尖创新人才培养体系;建立校内外科学教育资源有效衔接机制;实施馆校合作行动,引导中小学充分利用科技馆、博物馆、科普教育基地等科普场所广泛开展各类学习实践活动;推动学校、社会和家庭协同育人。

2019年6月23日,中共中央、国务院印发的《关于深化教育教学改革全面提高义务教育质量的意见》提到,注重加强学生的素质教育,德、智、体、美、劳"五育"并举。强调"全社会共同育人","教育越来越不单单是学校本身的事,而是和政府、社会、社区、家庭有很密切的关联"。文件中提到,利用一些社会课堂,比如文化基地、实践基地等公共文化设施和教育资源来培养学生的综合素养,充分发挥全社会协同育人的作用。

2020年10月20日,教育部、国家文物局联合印发《关于利用博物馆资源开展中小学教育教学的意见》(以下简称《意见》),对中小学利用博物馆资源开展教育教学提出明确指导意见,进一步健全博物馆与中小学校合作机制,促进博物馆资源融入教育体系,提升中小学生利用博物馆学习效果。

1.2 合作单位制度上要有所保障,尤其领导要给予支持

虽然国家着力建立馆校合作长效机制,但在实际操作中,学校重考试科目、重分数,场馆重流量、重项目,这是馆校合作面临的现实考量。2020年北京市正式将生物学纳入中考,也就是说,针对2018年入学的初中生,生物课和自然博物馆结合首先要考虑会不会影响学生的中考,此前虽然需要参加毕业会考,但利用博物馆资源上课,仍有整体规划的空间。现在可能要换一种思路,可以综合实践、选修课、兴趣小组、社团、节假日自由探究等形式进行。

1.3 搭建科技活动平台,吸引学校和学生参加

博物馆、公园、动物园和植物园等是好玩、有趣、有料的去处。如北京自然博物馆为中小学开展科学活动搭建平台。生物课开在博物馆的科学教育,挖

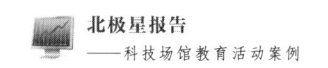

掘馆藏展品资源和发挥专家优势，调动了学生学习的积极性和主动性，探索了在真实情境下的实践路径，形成了馆校合作的模式，搭建了开展科技活动的平台，实现学校认可、教师乐教、学生成长、家长支持。学生在博物馆中探究，在科学家身边成长。

1.4 补齐馆校合作的师资队伍短板

在实际操作中发现，制约馆校合作的痛点在于教师（校外称辅导员）。博物馆内师资（含科技辅导员、科技工作者、科普志愿者等）具备专业知识和能力，缺乏对课标和学生的了解，校内教师具备学科知识和教学能力，缺乏对场馆的了解和对开放空间的把控，这其中的沟通和协作就显得特别重要，有时场馆的积极性要高于学校的积极性，让双方都看到共同成长的前景。

1.5 开发适合中小学的博物馆系列活动课程

科普场馆中藏着大学问。要把博物馆打造成中小学生社会实践大课堂，突出首都特色，贴近生活、注重实践，引导学生积极参加综合实践活动。随着社会的发展和进步，逛博物馆，到博物馆去上课，已经成为时尚和潮流。让展品会说话、学生有收获，真正发挥博物馆的科学教育价值，需要社会各界共同参与开发博物馆系列课程。

1.6 将利用博物馆资源开展教育教学融入教育体系

《关于深化教育教学改革全面提高义务教育质量的意见》强调，充分发挥教育基地和各类公共文化设施与自然资源的重要育人作用。北京市重视发挥考试的教育功能，在各科目考试内容中融入、渗透对社会主义核心价值观和思想品德科目内容的考查。近年来，北京中考选考科目的测试中均含开放性科学（综合社会）实践活动10分。

北京市坚持以传播科学思想方法为主线，以推动科学教育为核心，按照故事线、知识树、发展史、时间轴等主题线索，综合运用互动性体验性展教展项、系统性专业性展教课程、实践式探究式展教活动、讲座式对话式专家辅导等形式，形成集展览展示、科学教育、互动体验、学习交流于一体的主题化系统性研学基地。研学基地面向社会征集，重点扶持具有时代性、引领性、前瞻性的原创方案落地，鼓励科学教育课程及活动的开发与实施，推动首都科普主题研学活动蓬勃开展，打造首都地区科学教育馆展教活动的样板。从 2020 年开始，开展一年一度首都科普主题研学基地建设项目申报，从经费上给予支持。

2　实施思路

2003 年 5 月起，北京市育才学校与北京自然博物馆正式签订了馆校合作协议，初中生物课、小学科学课和高中生物选修课，以及小学、初中、高中科技社团长期借助自然博物馆的资源开展教学和科学教育活动。生物课开在博物馆被列入学校计划，并作为学校特色发展的规划。学校支持教师，尤其是生物和科学教师把课开在博物馆，科技教师利用博物馆资源和专家指导开展活动，给予经费上的支持与保障。

2.1　生物课开在博物馆

将校内外科学教育资源有效结合，使校外科普场所成为中小学生进行科学学习的"第二课堂甚至第一课堂"，以此来提升学校科学教育水平，是当今世界科学教育的主要趋势之一。生物课开在博物馆大致分为四种模式：第一是把班级的生物课长期安排在博物馆上；第二是按教学内容把部分生物课安排在博物馆上；第三是把生物兴趣小组的研究型学习安排在博物馆上；第四是博物馆专家把资源带到学校的课堂。

"生物课开在博物馆"是把一个初中普通班的生物课按课表安排在博物馆里，按课程标准由老师和博物馆专家来授课，使校外资源课程化，实现校外教育与学校教育的整合。

2004 年 11 月，北京市育才学校在课程改革上勇立潮头，首次把生物课搬到博物馆，开了全国先河。学生喜欢，专家认可，媒体关注，充分体现了新课改的理念，生物课真真切切地走进了博物馆。

探索馆校合作长效机制，践行"在博物馆探究，在科学家身边成长"的理念，2007 年 9 月 1 日起，正式启动为期两年的"生物课开在博物馆"实验，新入学的初一两个平行班，一个班（初一 5 班）把初中两年所有的生物课都安排在每周四下午两课时到北京自然博物馆上，另一个对照班（初一 4 班）

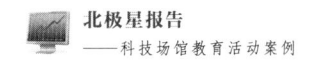

正常在学校完成。科技馆进校园专家团队——北京师范大学伍新春教授团队跟踪评估。从2007年9月到2009年6月，生物课实实在在地开在了博物馆。

2.2 基于自然博物馆平台的科学教育活动

北京自然博物馆给中小学开展科学活动搭建了平台。探索学生"在博物馆中探究，在科学家身边成长"教育模式的同时，通过加强学生动手、动脑的训练，促进科学知识、科学方法和科学能力的提升，全面提高学生的综合素质。

2.2.1 科学教育活动打开学生的眼界

小组课题科学研究。基于场馆资源和专家专场活动，班里42名学生分成6个小组，按照昆虫世界、恐龙足迹、鱼类探秘、植物大观、走进古生物、人体漫游记等，在博物馆专家的指导下，开展小课题研究。其中二道沟摇蚊的暴发及治理、鄂托克旗恐龙足迹等，在北京市青少年科技创新大赛上获一等奖。

野外科学考察。北京自然博物馆和学校定期组织学生到野外进行科学考察，真正体验专家的工作情况，学生特别喜欢，收效也特别大，进一步树立了投身科学的志向。

科学大讲堂。博物馆和学校每学期都会安排知名科学家与学生面对面，讲科学、谈人生、树理想，用科学家精神感召学生。

科学探索夏令营。先后多次开展海峡两岸中学生科技探索夏令营，拓展科技探索活动。

2.2.2 科技创新比赛提供展示平台

北京自然博物馆在北京市科协、北京市教委、北京市科委等的支持下，举办了北京市中小学自然知识竞赛（个人、团体）、"我眼中的科技北京"征文、环球自然日——青少年自然科学知识挑战活动、北京市青少年科技创新大赛生命探索奖等一系列赛事，牢牢吸引大批学校和学生参与。北京市育才学校是其中的核心参与学校，每年都有学生参加，20年来从没间断，一批又一批学生的好奇心得到点燃。

2.3 科普场馆中的生物学课程开发

基于20年的实践经验，2018年6月，应出版社邀请，由笔者牵头组建创作团队，团队由北京市区生物教研员、场馆研究人员和一线生物教师组成，一线生物教师执笔撰写。教研员由北京教育科学研究院特级教师领衔，包括西城、海淀、东城及其他区生物教研员，负责课标内容和核心素养审核；场馆研究人员和科导员，负责展品科学性和活动专业性的把关。一线生物教师由全国十佳科技辅导员和"生物课开在博物馆"课题负责人陈宏程牵头，北京市资深的生物教师团队，所有的主题都是这些老师亲自指导或带领学生亲历过的。《科普场馆中的生物学》在2020年5月由科学普及出版社出版。

北京自然博物馆有10个主题：明星化石——露西；生男生女——性别决定和胚胎发育；人体净化器——呼吸道；讨厌的谜——世界第一朵花；镇馆之宝——恐龙蛋窝化石；你所不知的恐龙有两个"脑"；《冰河时代》动物原型——真猛犸象；蓝色血液动物——鲎；寒武纪时代的"小强"——三叶虫；矛尾鱼。

3 特色举措

3.1 形成一种模式

北京市育才学校和北京自然博物馆合作互动堪称典范，学校上下和家长学生都把北京自然博物馆当作每个学段必去的场馆，每年11月的科技节都会邀请北京自然博物馆来学校开展展品进校园、专家科普报告和初中以下年级到博物馆专题探究等活动，暑假联合进行野外科学考察，全面参加博物馆组织的竞赛，如环球自然日、自然知识竞赛、我眼中的科技北京等，示范带动了"科技馆活动进校园"的开展。在《人民日报》、新华社、中央电视台以及各大媒体平台都有报道。项目得到国家科学教育项目组北京师范大学伍新春教授团队的支持与指导，在2007年9月至2009年7月的两年中，时常得到专家组的评估与反馈，效果显著。

3.2 获得一些奖项

2008年1月，被中国科协、教育部、中央文明办评为"科技馆活动进校园"一等奖，列3个一等奖的第一位，在颁奖大会上进行了展示。北京市基教研中心生物教研室在2008年12月向北京市中小学社会大课堂教学活动案例研究工作与成果大会上推荐，进行成果的展示与交流活动。"生物课开在博物馆"的研究与实践荣获 2009 年北京市教育教学成果二等奖（北京市政府），全国"十一五"教育科研成果特等奖（教育部教师发展中心），第五届科普场馆科学教育项目展评"科技馆活动进校园"工作示范校，写给初中生场馆探究的《科普场馆中的生物学》论文在《无处不在的科学学习：第十二届馆校结合科学教育论坛论文集》上发表，并和北京自然博物馆一起在全国论坛上介绍经验，应邀在 2021 年环球自然日全国启动会上向全国同行分享。

3.3 出版一些书籍

"生物课开在博物馆"是课改的创新模式；开发了初中生物（人教版、北京版）、小学科学生物部分在自然博物馆上课的对接方案和课件；《科普场馆青少年科学教育活动指南》（参与撰写第四章"科普场馆青少年科学教育活动的实施与指导"）于 2020 年 4 月由中国科学技术出版社出版，主编《科普场馆中的生物学》于 2020 年 5 月由科学普及出版社出版；开发适合小学科学课及初、高中生物课进行科学探究的资源包；研究了学校教师、科学家在课程改革实验中的定位。

3.4 带动一批队伍

参与馆校合作的校内外老师，在实践中成长，北京市育才学校陈宏程老师获得全国十佳科技辅导员和全国高级科技辅导员称号，北京自然博物馆金淼老师获得全国十佳科技辅导员称号，高源老师获得全国科普界最高比赛规模的科普讲解大赛全国一等奖以及全国十佳科普讲解员称号。

4 启示

馆校合作是一项符合国际趋势的教育项目，其前途无限光明，但也需要注意以下问题。

教育和科协主管部门、博物馆、学校要提供必要的支持。馆校合作的实质是组织间的合作，因此，寻求相关组织的支持特别重要。在教育内卷日益严重的今天，从课堂中"走出去"，本身就需要勇气。对接课程标准和核心素养，对接课程内容与科普场馆资源，在不增加课时和学生负担的前提下，需要教师下很大功夫。得到方方面面尤其是教育主管部门和学校的支持，就显得尤为必要，可以说是为馆校合作保驾护航。

学生的组织和安全。馆校合作的一个主要工作，或者首要工作是学生的组织和安全，要做好预案，必要的安全措施和学生、家长的知晓不能缺少。可以说，一个好的馆校合作，一定是安全和组织有序的活动。

学生兴趣的持续发展。课程和活动的设计、实施中的引导、项目研究的驱动以及成果展示的平台，都会对学生在博物馆中的学习兴趣有持续的推动作用。

学校教师要提前熟悉博物馆的资源，要对教材内容进行必要的整合；专家要提前熟悉课程标准，对学生的接受能力有必要的了解。笔者从 2001 年开始，一直在利用博物馆资源进行教学和指导学生开展科技创新活动，几乎每两周就到北京自然博物馆进行实地研究展评或与专家交流，自认为是到北京自然博物馆次数最多的生物学老师，与博物馆的专家成为好朋友和伙伴，个人也被评为北京市十佳科技教师和全国优秀科技教师、全国十佳科技辅导员，出版了 7 本相关研究著作。

正如赵占良（时任人民教育出版社生物编辑室主任、国家课标组核心专家、人教版生物教材主编）评价的那样："在博物馆上生物课，使我大开眼界。突出的特点是充分利用了社区资源的有益尝试。我在接受新华社记者采访时说，这种把课堂搬在博物馆里，在全国是第一次。课改要求广泛利用社区资源，本次课开了一个好头，是一种导向。我们的生物教学，要充分利用这块资源。很好地利用专家，是很有好处的。有利于学生的实践能力、创新能力的形成，是利用社区资源的大胆尝试。"

乔文军（北京市基础教育研究中心生物教研员）说："《科普场馆中的生物学》作为送给青少年的礼物，是众多开放性实践课程建设中的一叶小舟，希望能够助力孩子横渡广博的知识海洋；它是越来越受重视的科普教育丛书中的一片飞羽，希望能够让孩子插上理想的翅膀飞向远方。"

"十全大补丸"助力小乡村的科技梦
——以前沿科技走进瑶乡为例

杜 琳 潘 丽[*]

(广西科技馆,南宁,530022)

1 项目背景

乡镇的教育资源比城市匮乏,无论是师资力量还是硬件水平都有一定的差距。由于地理位置偏僻、交通不便等因素,在基层乡镇建设一个规模较大的科技场馆并不现实,从而造成基层乡镇群众获取科技知识相对困难的情况,许多同学接触前沿科技的机会较少,限制了他们的想象力与创造力。为了让山区孩子们未来眼界更广、道路更宽,广西科技馆积极搭建平台,整合资源,携手政府各职能部门,尤其是教育主管部门等,利用科普大篷车、流动科技馆等机动、灵活、便携的特点,将科学知识特别是前沿热门的科技知识送到偏远地区的学校,使乡村学生能亲身接触前沿科技,感受科学技术的魅力,接触更大的世界。

2 项目目标

将前沿科技知识相关的科普展品、科学教育以及科普宣传资料等科普资源带到县、乡镇的学校,与常规教育形成良性的互补,为同学们的发展开阔视

---

[*] 杜琳,单位:广西科技馆,E-mail:1104046604@qq.com;潘丽,单位:广西科技馆。

野，让他们感受世界的辽阔、科技的进步，培育同学们的好奇心、想象力与创造力。

希望农村的孩子们提到科技，提到机器人、无人机，也能侃侃而谈，如数家珍。用科技的力量感染偏远地区的师生们，为他们的未来创造更多可能性，也让教育工作者们对山区学校发展及教育进行新的思考。

通过与学校的学生、教育工作者、管理者互动交流，促进科技馆科普活动的改进与提升，改良"药方"。

3　设计思路

广西地处南疆边境，与越南接壤，与滇、黔等省区交界，拥有漫长的海岸线和边境线，是我国人口最多的少数民族自治区。偏远山村、欠发达的少数民族地区科普资源分布不均，教师、家长、学生的见识、眼界远不及发达地区。为助力偏远地区的学生科学素质的提升，广西科技馆积极加强与学校之间的合作，根据不同地区特别是边境地区及少数民族地区的地方特色、民族风俗，为不同地区的学校制定不同的"补药良方"，借助科普大篷车等"科普轻骑兵"的特殊优势和效能，借鉴教育部、国家文物局联合印发的《关于利用博物馆资源开展中小学教育教学的意见》，将科学教育送到最基层，让偏远地区的学生有更多的机会接触前沿科技等优质科普资源。

4　主要内容

如果把科技馆比作"科学养生堂"，那么科普活动所依托的展品资源就是制药原料，馆校结合项目中的各类科普活动则是"补药"，科技馆到各个学校开展的一日或半日系列活动内容则是一副"药方"，为同学们提供科普活动设计和教学服务的科技辅导员是药师，参与馆校结合项目的学生好比是食客，科普大篷车等流动科普平台好比是药炉，将各类"补药"融合输送到校园。

4.1　好的"科学养生堂"，药品开发是关键

为不断优化药品特色，"药师"们将原料进行深加工，把前沿科技展品展

项与科学教育、专题讲解、实验秀等深度融合,开发前沿科技相关教育活动,或将原有精品活动改造升级,研制独有的特色"补药"。目前的主要药品有"机器狗与激光气球"科学实验秀、VR互动眼镜及讲解、3D打印机及相关科学教育活动、无人机表演、望远镜+动手制作望远镜、水火箭表演、机器人表演、《我的火星梦》科普剧、精彩激烈的机甲大师战队竞赛表演、一起绘制科幻画、声波灭火实验等热门的与前沿科技相关的"十全大补丸"。

"机器狗与激光气球"科学实验秀的主角是一只室外奔跑速度可达3.3m/s,能表演舞蹈、翻滚的仿生机器狗。该狗是国内类似规格奔跑速度最快、最稳定的中小型四足机器人,更加接近科幻设想中机器人的样子。在它的头部有一双非常神奇的眼睛(其实是一台多目智能深度相机),具有人体检测、距离测量、视频传输等功能。利用这双眼睛,机器狗可以在视觉范围内对目标进行导航定位、实时跟随、动作模仿并且能够自主避开障碍物等,可以广泛地应用于快递服务、智能家居及消防搜救等领域。目前机器狗已逐渐运用于变电站巡检、送餐、取快递、安全巡逻、危险环境检查、搜索和救援等领域,未来机器狗可能会走进千家万户,成为人类的好伙伴、好助手。广西科技馆的"药师"将机器狗粘上五颜六色的气球,与激光笔等实验有机结合,配上因地制宜的讲解词,编排成兼具科技感与趣味性的科学实验秀,炼制成一味激发同学们好奇心的"补药"。同理,机器狗也可与别的实验相结合,炼成不同效果的"药品",满足不同顾客的需求。汇聚视觉、听觉、触觉的VR互动眼镜及讲解,让学生带着惊奇和欣喜去体验真实的虚拟世界。3D打印机无须机械加工或模具,就能直接从计算机图形数据中生成具体形状的物体,从而极大地缩短了产品的生产周期,提高了生产率。为了加深同学们对3D打印机的了解,药师们特地开发了相关科学教育课程,该课程深受同学们的喜爱与欢迎。

4.2 奇效良方仰仗量体裁衣

根据各地域特点、特产、节日习俗、风俗习惯等,因校而异,因地制宜地配置不同的"药方"——系列进校园科普活动清单。举例而言,浦北县金浦中学位于钦州浦北县,了解到该校学生对火箭等前沿科技较感兴趣,于是科技馆的"药师"们给该校配置了含水火箭、"火焰掌"等补品的"火箭方",同学们和科技馆的科技辅导员们一起发射他们共同制作的水火箭。当火箭升空,同学们发出了阵阵惊喜的呐喊声。塘莲村教学点位于平果市马头镇，据了解该教学点学生们对太空、宇宙相关知识较感兴趣，于是，科技馆的"药师"们给该校配置了包含系列太空前沿科技知识的"太空方"，药方包含大咖课堂"地球和她的同学们"、"DIY望远镜及配套知识讲解"、科普资源包和科普读物、趣味小实验、放飞纸飞机等与航天、太空领域相关的科普活动。"天文方"现场环环相扣的精彩互动让原本枯燥的理论知识生动呈现，氛围十分活跃。以此类推，根据各地、各校特点和需求，因地制宜，量体裁衣。例如到巴马等地的学校开展科普教育活动，可结合本馆已开发的"巴马神话"等专题讲解，融合相关的前沿科技知识，配制"巴马长寿方"；如到喜爱蜡染地区的学校，可结合本馆已有的"民族蜡染"科学实验，以及相关前沿科普知识，配制"蜡染方"等。

4.3 药师水平的不断提升关系着养生堂的可持续发展

为保证"科学养生堂"的运营提升及可持续发展，项目组不定期地组织"药师"培训，帮助药师提升水平，不断提高科学补药的品质。例如邀请台湾自然科学博物馆的"小天才"科普团队为科技辅导员们讲解示范，学习交流。又如开展"以赛代训，助力科技辅导员成长——科技辅导员岗位技能竞赛"等活动。

4.4 标准化工作流程与工作标准，为"科学补药"的品质保驾护航

从方案的制订、拟函、活动实施到最后的宣传，都制定了标准化的工作流程与标准，并结合活动过程中师生的体验反馈，及时总结经验与不足。不定期地与食客开展深入交流活动，组织药师们走进学校与校领导、教育工作者、学生等进行现场交流，就科普活动设计、组织、展品、道具及活动体验感受等方面进行深度沟通。及时落实改进措施，不断探索优化工作机制，改良工作流程。

5 项目实施

下面以一次科普活动"前沿科技走进瑶乡"为例，简要介绍"十全大补丸"打造小乡村的科技梦项目实施过程。

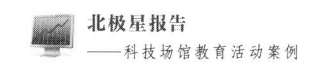

5.1 挑选制药原料

此次定制"科学补药"的顾客是大化县外国语学校,一所以初中为主的封闭式管理学校,位于有着 20000 多座山峰 3300 多个山弄、自然条件恶劣的大化瑶族自治县。

前期馆校等多方经过多次沟通,了解到该校师生们对机器人、人工智能等高科技感兴趣,且科技馆的"药师"们考虑到大化瑶族自治县自然条件较差,水资源匮乏,希望通过人工智能等高科技展品,激发同学们对人工智能等高科技的兴趣,日后能利用高科技改善该瑶乡的缺水状态,于是特地为该地挑选了仿生机器狗、VR 眼镜、机器人等高科技展品展项。

5.2 制作药品

根据挑选的前沿科技相关展品,结合科学教育、专题讲解、舞蹈、当地特色及有趣的科学知识,对展品展项进行深加工。例如仿生机器狗+科学教育,在机器狗身上粘贴五颜六色的气球,让其带着五彩缤纷的气球奔跑、跳舞、翻滚。辅导员们还为机器狗的表演配上幽默的讲解词,一边介绍其特点、功能、相关高科技知识,一边展示其灵活的性能、敏捷的身手、憨萌的姿态,科技辅导员们还用激光笔射机器狗身上的气球,讲解相关科学知识。之前仿生机器狗在表演过程中,虽然最后都备受观众欢迎,圈粉无数,但偶有观众在第一眼看到快速运动的机器狗时,会联想到科幻电影,对其黑色的外表、不停运动的四肢以及发出的机械声音感到害怕。于是针对这次进学校活动,药师们将科技感十足的仿生机器狗与五彩缤纷的"激光气球"科学教育相结合。一是形成视觉对比,给人以视觉冲击,营造高科技离我们的生活并不远的感觉,也让部分同学能更快地喜欢并敢于接近该机器狗。二是借助新鲜的高科技展品展项带出别的科学知识,让此补药更饱满,药效更强。

5.3 配制药方

多款补药加工好后,先与该校团委书记等校领导商量,讨论科普活动清单上的内容、时长、场地等是否与该校匹配。得知该校是封闭式学校,同学们长期住宿学习,娱乐活动较少,于是特地加了科普活动"破冰操"。希望通过

"破冰操"让科技辅导员们与师生一起在科普音乐中做热身运动，更快地打开身心，尽情地享受科普盛宴。此外，校领导表示科技馆这么远进学校，希望能多加几味补药，让半天的科普活动更丰富。由于周末，同学们下午要放假回家，只有半天的时间享用科普盛宴，且该校学生较多，药师们经过商讨，决定增设三个分会场。顾客在科技馆的产品库中挑选了互动趣实验（DIY望远镜）、科幻画绘制"小村庄的太空梦"、科学近距离、垃圾分类等补药。于是科技馆为大化瑶族自治县的同学们配制好了"瑶方"，希望通过此方能鼓励同学们保持好奇心，努力学习，争做瑶乡的科技人才。

5.4　享用科学营养盛宴

科普活动进校园的前一天，广西科技馆的科技辅导员们用"科普大篷车"满载着各种科普仪器、科普活动道具，奔赴大化县外国语学校，将前沿科技带进瑶乡。活动以全体师生一起做热身运动"破冰操"拉开序幕。随后粘贴五彩缤纷气球的两只仿生机器狗亮相登场，它们时而奔跑、跳跃，时而翻滚、跳舞。同学们不时地发出惊叹声与欢呼声，在表演秀中感受前沿科技的无穷魅力。随后广西科技馆的科技辅导员们还为同学们表演了"炙热的火"等科学实验。最后同学们进入活动分会场，一分会场为互动趣实验（DIY望远镜），二分会场为科幻画绘制"小村庄的太空梦"，三分会场为科学近距离（参观科普大篷车）。

一分会场的科技辅导员先讲解"为什么望远镜能观测到远处的事物""望远镜是怎么制作的"等望远镜的相关知识，然后延展到太空相关前沿科技，让同学们震撼于浩瀚宇宙，燃起探索星空的热情。同学们听完都迫不及待地想通过亲手制作的望远镜去看看那浩瀚的宇宙，探索神秘的外太空。随后每位同学利用辅导员给每人发放的制作材料包，在科技辅导员的带领下，动手探索拼装望远镜。一个个简易望远镜成品制作出来后，同学们兴奋地交换体验，并表示对星星、太空的探索和天文学的了解是一个令人愉悦的过程。

二分会场的辅导员在地上铺上了一幅巨大的太空科幻画，火箭、太空、飞行器、树木、花草，同学们趴在长达50米的科幻画卷上，用手中的水彩笔你一笔、我一画相互配合着在画卷上勾勒出一幅幅"太空梦"，用丰富的想象力

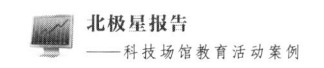

与创造力描绘出各自想象中太空高科技的样子。整张画卷瞬间充满了生机，变成了五彩斑斓的"小村庄的太空梦"。

三分会场的同学们近距离地走进科普大篷车，体验涵盖了光学、电磁学、材料学等学科知识的互动展品，参观融合了虚拟现实技术、智能机器人等的高科技展项。为学生打开"科技之窗"，在全校营造了解科学、感知科学和崇尚科学的浓厚氛围。当地的老师纷纷表示：偏远地区的孩子可能要跑上数百里才能到科技馆参观体验科普展品，如今科普大篷车将科技展品直接运进偏远学校，点燃了同学们探索科学的兴趣和热情。

6 创新性及价值性

6.1 突出特点

针对县、乡镇的优秀教育资源不如城市的现状，以偏远地区的学校需求为导向，重点挑选前沿热门的科技知识等科学营养品原料进校园。

通过馆校的充分沟通商讨，根据每所学校的特点与所在地的风俗特色，量体裁衣，开发多样化的科普活动，制作不同的"补药"。

利用科普大篷车、流动科技馆等流动科普搭建"零距离"体验科学的平台，将前沿科技展品、科普活动等"补药"送进县、乡镇的校园，为乡村的孩子特别是留守儿童打造科技的梦想。

活动过程中，向学校赠送科普资源包、满载前沿科技知识的科普报纸。即使一日的盛宴结束也没曲终人散，师生们还可以通过科普资源包及每月寄到的科普报纸，感受科技的魅力。教师们也可与科技馆的辅导员们紧密联系，通过沟通交流，及时了解更多的科普活动、教师培训等资讯。

6.2 预期教育效果

项目使乡村学生能亲身接触前沿科技，与常规教育形成良性的互补，让他们接触更大的世界，感受科技的进步，培育同学们的好奇心、想象力与创造力。希望农村的孩子们提到科技，提到机器人、无人机，也能侃侃而谈，如数家珍。用科技的力量感染偏远地区的教师们，也让教育工作者们对山区学校的发展及教育进行新的思考，为学生的未来创造更多可能性。通过与学校的学生、教育工作者、管理者的互动交流，促进科普活动资源的改进与提升，改良"药方"。在科技创新教育和科普资源打造上实现馆校共建共享。

让贝壳开启海洋科学的大门

郭 利[*]

（青岛贝壳博物馆，青岛，266555）

青岛贝壳博物馆坐落于青岛西海岸新区美丽的唐岛湾畔，是以贝壳为主题，集贝壳研究、收藏、科普教育、文化旅游于一体的自然类博物馆，面积约2600平方米，并有国内最大的沙滩T台（见图1）。博物馆主要由贝壳标本展示区、贝壳观赏区、儿童互动区、科普区、贝类商品展示区及贝类生物科学研究院六部分组成，展藏来自五大洲、四大洋68个国家的30000枚贝壳标本及化石。在这里既有号称"海贝之王"直径1.3米的大砗磲，也有需用放大镜才能看到的小沙贝，还有来自4.5亿年前奥陶纪的鹦鹉螺化石。青岛贝壳博物馆新馆——东方贝壳文化博览园预计2021年底竣工，届时将展出贝壳标本12000余种，贝壳化石2000余枚，贝壳文物及艺术品1000余件，成为世界上最大的贝壳博物馆。青岛贝壳博物馆始终坚持"探索自然 启迪未来"的理念，在充分展示藏品的同时，积极为海洋科学的普及和研究搭建更广阔的平台。

1 案例背景

1.1 贝壳馆依海而生，以海育人，特色鲜明

党的十九大明确将"建设海洋强国"作为国家战略，习近平总书记对山

---

[*] 郭利，单位：青岛贝壳博物馆，E-mail：guoli2021qd@163.com。

图1　青岛贝壳博物馆（试验馆）

东、对青岛"经略海洋"寄予厚望。建设海洋强国，不仅需要强大的海洋经济、科技、军事等硬实力，更需要海洋意识、海洋文化、海洋文明、海洋教育等软实力的强有力支撑。青岛，依海而生，向海而歌，以海育人，自然而然成为海洋特色教育高地，在海洋教育千帆竞发驶向深蓝的大背景下，青岛贝壳博物馆应运而生，立足具体的可看可摸的贝壳标本，为广大青少年认识海洋打开了一扇窗户，搭建了一座认知海洋的桥梁。小小的贝壳里，藏着大大的世界。

1.2　贝壳具有看得见、摸得着、用得起的教育互动性

在大众的一般认知里，一提到海洋，必会想到沙滩、贝壳，而贝壳作为人类和海洋的媒介是非常亲切、易得的。相较于大国重器的蛟龙号、海洋环境实验室、大型海洋动物等，贝壳作为教具要"平民"得多，看得见、摸得着、用得起，既可以在餐桌上的海鲜美食中见到，又可以从各种各样的工艺品商店里买到，甚至在海滩也可以捡拾一些常见的贝壳。借助这些色彩各异、造型千变万化的小贝壳来进行海洋教育非常便利，甚至可直接作为教具材料带入各种课堂、实验、手工体验课等。

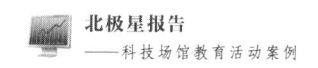

1.3 从自然科学到社会科学，贝壳博物具有广阔的教育延展空间

小小的贝壳，看似简单，却是海洋生物的典型代表。软体动物种类繁多，生活范围极广，纬度上可以从热带到寒带，栖息环境上也可以从浪花触及的高潮线之上到神秘的海沟底部，据统计已记载的就有11万多种，仅次于节肢动物，是动物界第二大门类。就现存海洋物种的数量来说，软体动物的多样化水平是最高的。不同软体动物之间贝壳的形状差异是非常大的，而每种贝壳都是长期历史进化、适应各自栖息环境的结果，因此研究贝壳对于认知海洋很有意义。

尽管贝壳比较常见，但是大众特别是青少年对于贝壳的认知，是熟悉而又陌生的。贝壳不仅外形好看，不只停留在餐桌美食上，细究之下还蕴含着丰富的自然科学和人文科学知识。透过小小的贝壳，可以与天文、物理、生物、数学等30多个学科建立桥梁关系；此外，贝壳还作为人类最早的货币影响着历史文明的进程，在中国汉字的组成中，在西方文艺复兴中，在人类的衣食住行、行医用药中，都可以找到贝壳的身影。贝类的生存状态，贝壳的造型、花纹、质感等记录着丰富的生命信息，带给人类方方面面的启发。因此，贝壳博物，具有广阔的教育延展空间。

2 案例实施

2.1 深挖科普内涵，创新内容研发，打造硬核学科教育体系

青岛贝壳博物馆立足藏品，深挖相关科普内涵，范围涵盖历史、文学、医药、艺术、数学、物理、化学等30余门国家一级学科，进一步丰富了青少年的科普学习体系，为其成长阶段提供更多更系统的海洋科普知识。从人文学科到自然学科，我们希望学生借助贝壳，以小见大，在探究的过程中，培养博物思维，建立科学思考的习惯。学科及科普知识架构具体见图2、表1。

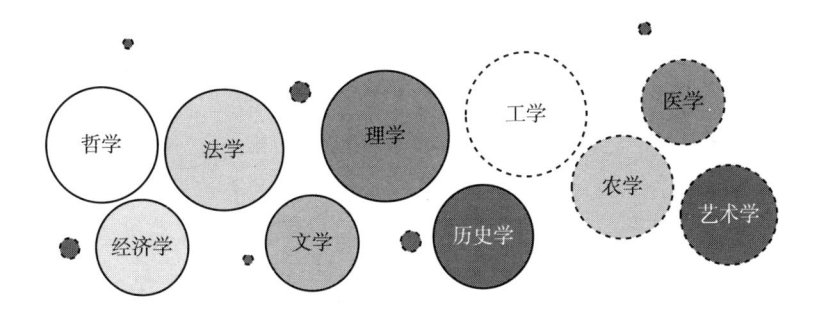

涉及十大学科门类、32个一级学科

参考标准：教育部国务院学位委员会的《学位授予和人才培养学科目录》（最新2011版）

图2　青岛贝壳博物馆科普知识学科体系

表1　青岛贝壳博物馆部分科普知识点举例

序号	贝壳知识点	科学原理	关联学科门类（一级学科）
1	贝壳种类	生物分类	理学（生物学）
2	贝壳命名	林奈命名法	理学（生物学）
3	珍珠	有机物构造、艺术设计	理学（生物学）、艺术学（设计学）
4	海螺生产叶绿素	光合作用	理学（生物学）

续表

序号	贝壳知识点	科学原理	关联学科门类（一级学科）
5	贝类监测海域环境	生态环境	理学（生态学）、工学（环境科学）
6	贝壳化石	古生物考古	历史学（考古学）、理学（地质学）
7	贝壳繁衍	生物繁衍	理学（生物学）
8	贝壳栖息环境	生态环境	理学（生态学）
9	贝壳堤	潮汐作用	理学（地质学）
10	贝壳山	地质运动	理学（地质学）
11	贝丘遗址	考古	历史学（考古学）、法学（社会学）
12	贝币的流通	货币使用	经济学、历史学（考古学）
13	贮贝器	古代贸易	历史学（考古学、中国史）
14	贝壳汉字	汉字"六书"	文学（中国语言文学）
15	贝壳诗歌	文学体裁	文学（中国语言文学）
16	海螺酒杯	结构及美学原理	文学、艺术学
17	螺钿	非物质文化	艺术学、法学（社会学）
18	贝雕	雕刻工艺	艺术学
19	贝壳饰品	美学原理	艺术学
20	鹦鹉螺与潜水艇	生物仿生	理学（生物学-应用生物学）
21	贝壳形的建筑	生物仿生	理学（生物学-应用生物学）
22	贝壳音响	声波振动	理学（物理学-声学）
23	贝壳的螺丝螺母	结构特征	理学（物理学）
24	贝壳与大理石碰撞	矿物桥原理	理学（物理学）
25	贝壳的坚韧性	结构特征	理学（物理学）
26	贝壳粉的吸附杀菌作用（功能）	结构特征	工学（材料科学与工程）
27	贝壳里"大海的声音"	共振、共鸣	理学（物理学）
28	贝壳里的黄金分割	等角螺旋	理学（数学-几何学）
29	贝壳螺旋	阿基米德强线	理学（数学-几何学）
30	贝壳邮票	收藏	法学（社会学）、艺术学
31	耗式楼	贝壳结构	工学（建筑学）
32	贝壳医药	贝壳的药用原理	医学（中医药）
33	贝壳的美食与营养	营养价值	工学（食品科学）
34	贝壳的色彩	美学原理	艺术学、哲学（美学）
35	贝壳的化学成分	微观结构	理学（化学）
36	贝壳复合材料	结构仿生	理学（生物学-应用生物学）
37	贝壳宝石	生物矿化	理学（生物学、地质学、物理学、化学）
38	贝壳矿物桥	贝壳结构与建前	理学（化学）、工学（材料科学）
39	贝类固碳	生物固碳	理学（生态学）

续表

序号	贝壳知识点	科学原理	关联学科门类（一级学科）
40	贝壳的毒性	贝壳毒素的原理	理学（生物学）
41	鹦鹉螺螺线	黄金分割	理学（数学）、艺术学（设计学）
42	鹦鹉螺化石	月球地球的旋转	理学（天文学）
43	贝壳内部螺旋	螺旋上升原理	哲学
44	贝壳外部螺旋	等比数列	理学（数学）
45	贝壳牙齿	生物矿化	理学（生物学、地质学、物理学、化学）
46	贝壳堤坝	海洋生态	理学（生态学）
47	织纹螺毒素	海洋污染	理学（生态学、化学）
48	微观贝壳	机械、仿生	理学（生物学-应用生物学）
49	贝壳瓷	海瓷	艺术学、工学（化学工程与技术）

2.2 注重学科融合，研发沉浸式研学课程

课程在教学活动中始终处于基础和核心的地位。青岛贝壳博物馆在充足的藏品支撑和科普学科架构基础上，非常重视课程的研发。以研学课程为例，青岛贝壳博物馆研学课程主要呈现三个特点。

2.2.1 在跨界学科的操作方法中，追求核心素养发展目标的结合与渗透

根据教育部《中国学生发展核心素养》的内容和精神，青岛贝壳博物馆将研学定位为实现和培养核心素养的综合载体。以汉字主题课程为例，研学目标从科普认知、情感发展、问题解决三个维度展开，同时提出相匹配的核心素养目标——信息意识、乐学善学、问题解决。

2.2.2 打破传统博物馆"不是讲解，就是参观"的活动方式，注重学习方法的习得

以青岛贝壳博物馆为例，在研学初级阶段，以讲解参观为主。尽管出色的讲解是博物馆一大特色，但是一旦受众主体变更为中小学生，由于学生阶段固有的认知心理特点，很容易出现注意力游离现象，兴致勃勃的老师与游离的学生形成鲜明对比，年龄越小情况越突出。缺少课程设计，缺少参与体验，很容易导致走马观花，甚至游而不学。针对于此，青岛贝壳博物馆进行了初步尝试，让研学和讲解参观之间绝对不要画等号，而是利用有限的空间，融入优质的过程设计。比如首先把琐碎的讲解系统化，将讲解词提炼为若干个科普故

事，如《神奇的鹦鹉螺》《海贝之王大揭秘》《蜗牛背上的小学问》等从而达到主题突出、印象深刻的目的；其次，在讲述科学故事的同时，增加趣味互动，陀螺是怎样诞生的，让学生亲自动手拧一拧……通过互动，让学生参与进来，自我探究，寻求答案。

在中小学生的参观过程中，经常听到他们感叹："哇，太美了！""不可思议！"但是感叹之后是否会有更深的思考，离开博物馆之后是否会有学习方法的习得，是一个不容忽视的问题，这是研学旅行区别于旅游之根本所在。在没有科学引导的情况下，部分学生的认知容易停留在表面的、感性的认知阶段，无法上升为深度的、理性的逻辑层面，研学效果容易浮于表面。针对该现象，我们设计了按图索骥的"寻宝游戏"，通过贝壳的轮廓特点、颜色特点、局部特点，引导学生在趣味中去观察，学会从上到下、从近到远、从左到右的空间观察顺序，从整体到部分、从主要到次要、从简单到复杂的逻辑观察顺序。通过过程中的游戏设计，既解决了注意力分散问题，又利用悬念设置调动起孩子的主观探索意识，将我们的理念和思维方法融于不动声色之中。图3为具体实施流程。

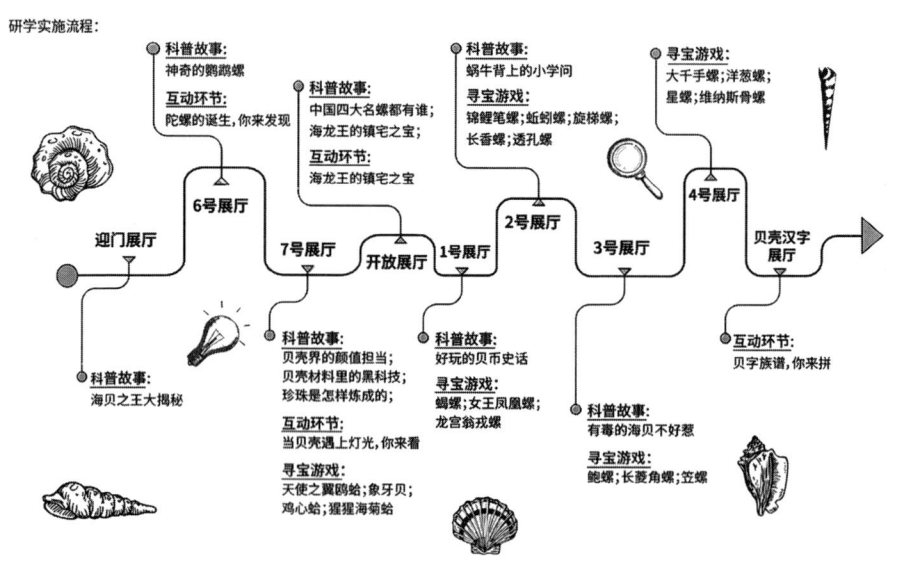

图3 青岛贝壳博物馆研学实施流程举例

2.2.3 遵循"一生二，二生三，三生万物"的内容拓展研发

青岛贝壳博物馆是一家贝壳主题博物馆，但贝壳仅仅是作为自然探索的一

把金钥匙，我们的初衷是希望通过贝壳，探索自然，启迪世界。所以在贝壳研学体系规划上，从贝壳出发，但不拘泥于贝壳。从领域上，由贝壳生发到海洋教育、自然教育等；从学科设置上，打破学科界限，实现跨学科式探索；从主题课程的设置上，一窥究竟（见表2）。

表2　精品研学课程设置清单部分举例

序号	第1课时（科普认知源）	第2课时（综合实践课）	关联学科
01	说文解字，趣解贝壳汉字族谱	我是造字小仓颉	语言文字
02	大海宝贝，寻找自然造物之美	我是贝壳艺术家	艺术
03	自然之光，让贝壳点亮生活	我是生活美学家	自然美学
04	一贝千金，重走海上丝绸之路	我是理财小高手	经济学
05	生生不息，让贝壳回归大海	我是环保小卫士	生态学
06	沧海桑田，穿越亿年海洋时代	我是化石小猎人	历史、考古
07	分门别类，我们是谁家的宝贝	我是贝壳分类家	生物分类
08	巧夺天工，贝壳教我学建筑	我是自然建筑师	建筑仿生学
09	天籁之音，海螺音响大解密	我是声音小捕手	物理科学
10	万物皆数，探究贝壳数学奥秘	我是数学发明家	数学

2.3　立足科普成果，为青少年量身推出丰富的科普读物

博物馆具有收藏、研究和教育三大功能，其中教育功能的主要职责是面向公众开展社会教育，即科普功能。从本质上说，科学普及是一种社会教育。青岛贝壳博物馆自2014年建成以来，以开发原创科普内容为科普工作核心，突破博物馆科普创作的传统模式，采用科普创作多元化模式，提高了科普创作效率，产生了形式多样的科普作品。

科普创作多元化模式的基础和源头是科普作者多元化。青岛贝壳博物馆采取内外并用、相互融合、灵活搭配的方式克服了科普作者"瓶颈"，建设了科普作者平台，实现了科普作者多元化。青岛贝壳博物馆建立面向社会的科普作者招募与合作机制，并通过与社会组织联动、开展科普作品征集和创作比赛等活动开发社会作者，实现作者与作品的同步发现。

多元化的创作者群体产生了多元化的作品形式，各种形式的科普作品在科学性、思想性、艺术性上各有侧重，形成了立体式的"贝壳"主题科普作品

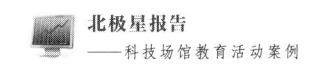

"生态群"。2016~2019 年，青岛贝壳博物馆以内部作者为主并结合专业机构及馆外专家共同完成了《神奇的贝壳启蒙大卡》《贝壳不简单》《神奇的螺旋》《贝壳里的科学奥秘》《让贝壳回家》《贝壳与化石》共 6 部科普图书的出版。

2016~2019 年，青岛贝壳博物馆共产出 630 篇"贝壳"主题原创科普文章，在数量上保持每年 30% 的增长速度，并呈逐年递增趋势。其中，科技应用文章数量占比 34%，科学文艺作品数量占比 66%。该类作品以内部作者和社会作者为主要创作主体，随着社会作者数量的增加，内部作者作品与社会作者作品数量比例随时间有明显变化，其中，内部作者作品数量比例从 2016 年的 89% 发展为 2019 年的 32%，社会作者作品数量比例从 2016 年的 11% 发展为 2019 年的 68%。该类形式作品的特点是体裁广泛，篇幅较小，通俗性与趣味性浓厚，贴近大众阅读习惯。

2.4 扎实推进送科普进校园

近年来，本馆在科普文化传播上，立足于馆内科普的同时，借助社科普及周等科普教育品牌影响力，把科学知识带进校园、走进社区，让社科普及走入社会的最后一站。这一进一出，不但提升了社科基地的影响力，更进一步建立了本场馆的科普公信力。仅以 2019 年为例，科普进校园进社区累计年度公益科普人数达 4587 人次。具体统计如下。

"科普进幼儿园" 7 次，科普人数 514 人，帮助小朋友进行科普启蒙。

"科普进小学" 21 次，科普人数 4284 人，培养小学生的科学兴趣，补充海洋科普内容。

"科普进中学" 6 次，科普人数 1160 人，增加中学生科普知识的深度和广度，培养中学生的科学思维方法。

"科普进大学" 3 次，科普人数 280 人，培养大学生的科普服务意识，树立正确的价值观。

"科普大讲堂" 4 次，科普人数 537 人，培养公众的科学知识，提升公众的科学素养。

2.5 举办中小学生海洋知识竞赛，扩大影响力

为了进一步扩大科普工作范围，提高社会大众尤其是中小学生的海洋科学

知识的基础能力，青岛贝壳博物馆与自然资源部、青岛市文明办、青岛广播电视台、西海岸新区教体局等部门联合推出大型公益活动"让贝壳回家"知识竞赛，西海岸新区中小学生全员参与线上知识竞答和线下现场比拼，科普人数高达 30 余万人次，人均科普时间约 60 分钟，累计科普指数为 30 万小时。

3 特色举措

3.1 把博物馆搬进校园，建立贝壳科普示范学校

2015 年 7 月，青岛贝壳博物馆资助齐鲁第一实验小学建立了国内第一座校园贝壳博物馆。该校内博物馆以贝壳标本、化石、文物艺术品以及科普教育四大板块为依托，为孩子们系统、立体地展示了贝壳文化，将海洋教育融入校园文化，帮助更多同学认识海洋、触摸海洋，让更多的学生知海、亲海、爱海。

3.2 用小贝壳构建校本课程

与齐鲁第一实验小学有经验的老师联合成立校本教材编写组，积极开发"小贝壳、大世界"校本课程，根据不同学段学生年龄特点、认知水平，以"STEM + SA"体系为主，将贝壳知识贯穿于科学、科技、工程、数学、国学和美学六大板块。例如，科学篇的四门课程："贝壳化石""贝壳的物理特征""贝壳的化学特征""贝壳的生物特征"，供学生了解贝壳的生存环境、结构特性和自然世界的客观规律，培养学生的科学兴趣。国学篇的课程内容："汉字起源""贝字族谱""六书七体""中国贝币""贝币计量单位""贝币种类""七万年的贝壳项链""云南贮贝器"，学生通过贝壳的文化现象，了解人类文明的发展历程，结合贝币、汉字等案例培养学生国学兴趣；等等。"小贝壳，大世界"校本课程的开发与运用，既丰富了海洋教育的形式与内容，帮助学生认识了美丽的贝壳，也拓展了与贝壳有关的多维度知识体系，为本馆的研学旅行提供嵌入式的课程支撑，提升了研学旅行的育人成效。

3.3 作为研学基地和优质第二课堂

建馆多年来，青岛贝壳博物馆贝壳专家几乎每周五下午到学校义务为学生

们做贝壳知识讲座，培养了一批小贝壳的爱好者和义务讲解员，并给学校学生提供了诸多参与海洋教育、创新竞赛的实践机会。每学年开展研学旅行之前，学校都会邀请青岛贝壳博物馆工作人员为学生们进行行前研学知识讲座。利用贝壳里的种种奥秘为学生们打造了一个神奇的海洋王国，激发了学生们的探索欲，满怀期待的学生们在顺利完成研学旅行前的知识"热身"后就可以步入青岛贝壳博物馆了。

3.4 助力搭建更广阔的平台

作为研学成果的展示，"海水净化——贝壳吸附过滤重金属实验"也走进了世界水大会的现场，国际水专家对该校学生利用生活中的废品进行科学实验的环保精神大加赞赏。齐鲁第一实验小学连续三年闯入由自然资源部北海局、青岛市广播电视台等主办，青岛西海岸新区教育和体育局等承办，本馆全程支持的"珍惜自然资源，让贝壳回家"青岛西海岸新区中小学知识竞赛，并在2019年的巅峰对决赛上喜摘桂冠。

3.5 开展空中课堂，探索云研学新模式

在疫情背景下，为更好地丰富"互联网+教育"场景内容，青岛贝壳博物馆联合齐鲁第一实验小学探索性地开启了"云研学"平台，为"互联网+教育"助力。全校千余名学生和家长在直播平台上观看了这场直播活动。

除了"云研学"线上课程吸引同学们的目光外，线下的研学实践也同时展开，孩子们纷纷发挥自己的创意，把这次研学活动变得与众不同。通过这次"云研学"之旅，同学们足不出户就可以探寻博物馆里丰富的校外知识，"互联网+教育"初战告捷，也为我们积累了更多的教育方法和思路。

4 经验与启示

建馆7年来，青岛贝壳博物馆在海洋科普教育，特别是馆校合作方面做了稳健而扎实的探索，有经验也走过不少弯路。

加强顶层设计，建立健全工作协调机制。通过签订馆校共建协议、举办馆校互动活动、建立第二课堂等方式，加强馆校联系。在教育系统覆盖上，注重

点、线、面的结合和搭配。既要有像"齐鲁第一实验小学"这样的深度融合，掌握一线教育诉求，也要不断拓展科普覆盖面，由区市辐射周边；既要有幼儿园，又要有中小学、高中甚至大学，辐射各个学段。

在内容挖掘上，除了藏品本身需要"深挖墙、广积粮"外，更要深层次融入青少年教育教学，不断丰富博物馆教育内容。科学兴趣和启发思维重于知识灌输。每个学段需明确不同类型课程的教学目标、体验内容、学习方式及评价办法。

在人才机制上，坚持开放、多元、融合。要善于动员社会力量、馆内专员以及专家学者参与教育项目的研发。利用"科普在行动""科普五进"等项目，经常性地组织开展参与面广、实践性强的教育活动。

在教育活动设计上，要充分考虑青少年教育需求，在逐步完善藏品数字化、智慧博物馆建设过程中兼顾青少年教育功能。本馆在利用现代信息技术建立本区域网上博物馆资源平台和博物馆青少年教育资源库方面，显然还存在很大的上升空间。

安全永远是第一位的。任何教育活动都要注意强化安全管理制度，加强对各类活动的组织管理和安全保障。重要的赛事要制定安全预案，明确管理职责和岗位要求，确保活动安全有序开展。

习近平总书记强调，"海洋是高质量发展战略要地"。实现海洋强国，需要强大的海洋经济、科技、军事等硬实力，也需要海洋意识、海洋文化、海洋文明、海洋教育等软实力的强有力支撑。海洋教育以及科普教育都是面向未来的教育，未来教育也需要从有界到无界、从静态到动态、从当下到长远的海洋思维。如何真正启发科学兴趣，培养融会贯通的科学思维和能力，是在海洋教育中真正需要拾的"贝"。这是青岛贝壳博物馆教育职能需要面对的课题。一沙一世界，一贝一海洋。青岛贝壳博物馆以及即将落成的东方贝壳文化博览园将以平台之力，深潜之心，扮演好"拾贝人"角色，为我国的海洋教育事业贡献一"贝"之力。

创新"馆校结合"形式,探索运行长效机制

——以绍兴科技馆为例

陶思敏 尹薇颖[*]

(绍兴科技馆,绍兴,312099)

2014年底,绍兴科技馆新馆建成开放,政府投入大量资金建馆,如何发挥其社会效益,保持活力并创新工作,这是我们一直思考的问题。习近平总书记在科学家座谈会上指出,对科学兴趣的引导和培养要从娃娃抓起,使他们更多地了解科学知识,掌握科学方法,形成一大批具备科学家潜质的青少年群体。围绕科技馆"教育是第一功能"的要求,利用科技馆科技教育资源,创新青少年科技实践教育,不仅可以实现自身科普功能,也可以为科技馆赢得更多的观众和社会影响力,实现可持续发展。

绍兴科技馆致力于构建校内外科学课程相衔接的有效机制,开展"馆校结合"工作5年来,深受中小学生喜爱,每逢新学期开学,很快预约满额,供不应求,16间教室实现最大化利用,累计接待学校200余所,学生近16万人,影响辐射全省,并多次受邀在全国科技博物馆理论研讨会、科普研学工作会议上做分享。

近日,浙江省科协党组书记批示:"绍兴科技馆多措推进'馆校结合',课程超市、互动体验、探究学习,激发中小学生学习科学兴趣,值得宣传与推广。"同时,将绍兴科技馆"馆校结合"模式列入《浙江省科普事业发展"十四五"规划》。

---

[*] 陶思敏,单位:绍兴科技馆,E-mail:2009554@qq.com;尹薇颖,单位:绍兴科技馆。

1 探索"馆校结合"新模式

随着教育改革的开展,学校对科技教育实践活动的需求也日益高涨,很多学校的师资、设备、场地不能满足科技教育实践需求,学校希望校外机构提供相关的服务。绍兴教育部门对学校开展校外综合实践课提出明确要求,规定小学 3~6 年级学生实践 3 天,初中学生 4~5 天,学校希望通过"馆校结合"的方式,开展青少年科技实践活动,助益学生启迪好奇心、激发创造力。

1.1 科学规划教学实践项目

针对"馆校结合"工作,国家有要求、学校有诉求、科技馆有需求。2016 年全国科技创新大会上,习近平总书记指出,科技创新和科学普及是实现创新发展的两翼,把科学普及提到了前所未有的战略高度。践行发展新理念,摒弃"馆校结合"以组织"春游式参观"为主的旧模式,采用"综合社会实践教学活动,项目式和研究性学习"的新形式。

绍兴科技馆在布展时,在展品周围都预留了空间,以方便集体教育的开展。同时,不惜减少办公室,建设 16 间科学教室,教室建设方面:一是结合学校要求,学校科学课以教学为主,受时间、场地、器材限制动手操作的实践课程较少,开设科学教室开发实验课程,帮助学生强化知识理解,每间教室各具特色,围绕不同主题开展;二是结合科技馆展品和竞赛要求,绍兴科技馆面积 2.5 万平方米,有 331 件展品,有一系列青少年赛事,结合实际情况设计了信息学编程、人工智能、航模探究等专项教室;三是结合先进科学技术,如结合 3D 打印、热转印、VR 等,开设创意设计室、3D 创新实验教室等。做好"馆中建校"规划,力求给每个参与者带去全新的体验。

1.2 学习新课标践行新理念

"馆校结合"是一种独特的科学教育方式,它融合了多学科的知识,是校内教育的有效补充和有机衔接。活动课程要与学科知识高度融合,要符合学生的学情及认知水平,提升"馆校结合"的价值和意义。

以中小学科学课程标准为中心,我们梳理发现"探究"一词在小学和中学科学课标中共出现345次,其中科学探究和探究式学习出现频率很高,科学探究是课程内容和目标,探究式学习是学习方式和理念,这些也是我们开发课程的核心理念。我们把新课程标准作为编写教材的依据,将教学内容、知识点和学校教学相衔接,在形式上强调突出自身特点,进行体验式、发现式、探究式教学。吸收国外先进教育理念,教材的编写整合科学、技术、工程和数学等多个学科,教学方式让学生提出问题和定义问题,分析和解释数据,参与事实论证,科技实践要让学生动手做,还要动脑做,培养学生工程实践能力。

1.3 展教结合促进有机融合

基地活动结合科技实践教学与展厅展项互动学习,一天的实践活动中,半天安排学生在科学梦工场的不同教室进行不同的科技课程体验,寻求与展厅展项的科学知识契合点进行教学,帮助学生拓宽科学知识面。半天进入展厅学习参观,结合展项原理、学科内容,开展"专家进展厅"特别辅导,"神奇的泡沫""手指的魔力"等科学表演,"化石修复""科学解码"等科普实践活动,"爱上科技馆""科普手偶剧""科普涂鸦"等科普项目,科技与生活相连、趣味与知识相融、互动与协作相通,让学生爱科学、玩科学。绍兴市中小学生科技教育实践活动日程安排,见表1。

表1 绍兴市中小学生科技教育实践活动日程安排

	时 间	学生安排
上午	8:00~9:00	专车接学生
	9:00~11:00	学生参加科学梦工场科技实践活动 (内容有:科学探究、人工智能体验、快乐编程、创意设计、播音主持、摄像剪辑、模型创新、思维训练、奇迹百拼和3D创新实验等)
中午	11:00~12:00	中午就餐
	12:00~13:00	报告厅观看科普影片或聆听科普讲座或参观临展
下午	13:00~15:00	学生分组参加展厅互动活动 (内容有:科迷小课堂、讲解展品展项,进行互动体验,参与展教活动)
	15:30	返校

2 多措并举助推"馆校结合"

"馆校结合"项目的实施,我们重点从课程开发、队伍建设、机制建设等三方面入手,并在课程开发上多措并举,实现"合而不同"的目标。

2.1 创新思路研发新课程

2.1.1 梳理知识点契合三维目标

科学梦工场的授课对象是小学 4~6 年级、初中 1~2 年级的学生,熟悉上述年级科学教材,将教材知识点全部罗列梳理,找出适合科技馆开设的课程知识点进行课程开发,课程设计上力求贴近生活,有趣好玩,研发出"快乐多米诺""指纹探秘""谁是 VC 大王"等实践课程,既呼应了课标内容,也能充分发挥科技馆资源优势,激发学生主动学习科学的动机,还使学校和教师看到了不同于学校课堂教学的生动形式与独特效果,实现了"知识与技能""过程与方法""情感、态度、价值观"三维目标,提升了学生的科学素养。不仅满足了学校、教师的需求,使他们产生组织学生来科技馆的内在动机,也满足了社会和学生的需要。

2.1.2 拓宽渠道研发引进课程

实践课程根据年龄特点开展,小学生侧重互动,中学生侧重探寻,循序渐进。形式上主要包含科迷小课堂、科学梦工场和科学快乐学等。课程内容来自三个途径:自主研发、就地取材和引进课程。自主研发:借鉴优秀科学课程,结合科技馆实际,利用馆内展项,自主研发与学生课程知识点相衔接的实践课程,如"我是发电高手",教师提出问题"电是什么?如何发电?"学生通过展厅的人力发电、典型传动机构等展项体验,在教室开展讨论,探究发电的原理和力的传递途径,再通过组装手摇发电机,引导学生理解发电原理。就地取材:科学教材中有很多科学实践课程,学校因为场地和器材限制,有些无法面向全体学生实施,例如初中科学课程标准中有关流速与压强关系的课程,学校大班化教学比较困难,但是适合科技馆小班化教学。引进课程:相关教育机构研发的部分课程比较适合在科技馆开设,我们根据教学时间和学生情况重新改编,为我们所用。目前,科学梦工场已研发开设了 200 余项科学实践课程，分系列、成板块地撰写了各课教案。部分课程开设和开发情况，见表 2。

表 2　"馆校结合"课程超市

课　程	课时量	部分课程名称
科迷小课堂	1 课时	"气压的秘密""五官剧场""星语星愿"
科学梦工场	2 课时	"炫酷的发光衣""谍影重重密码学""智能平衡车"
科学快乐学	3 课时及以上	"岛屿可再生能源开发""恐龙时代""Spike 机器人"

2.1.3　与学校课程"合而不同"

以中小学科学课程标准为中心，根据中小学科学教材，针对不同年龄段学生开发与学校"合而不同"的课程。所谓"合"即结合教材相关的知识点或内容，符合学生的身心发展规律，整合新版科学课程标准。"不同"即不简单重复，借鉴美国的 STEM 教育理念，注重在科学体验活动中解决学习和生活中的实际问题，借助工程、技术、数学等知识的运用，学生在对问题的探索中获得多种能力的发展。如"小空气，大力气""冷暖宝宝""缤纷多彩的肥皂泡"等课程，以"小空气，大力气"一课为例，针对浙教版七年级《科学》"运动和力"单元第七节"压强"，以比比谁的力气大为目标，让学生利用身边触手可及的材料，制作气压装置，探究它们压强的大小，设计属于自己的气压系统，与伙伴比较谁设计的力气更大。

2.2　着力提升师资队伍素养

2.2.1　选调招聘优秀专业教师

基地活动组织由青少年活动部负责，集合了科技馆优秀人才，23 个编制占科技馆 1/5 的人数，6 名教师面向全市中小学公开选调进入，17 名教师经过公开招聘进入，每间教室至少配备 1 名专任教师，每名教师都具有教师资格证或专业资格证。招聘要求除具备学科专业性以外，还侧重组织能力、策划能力以及开发课程的能力。

2.2.2　培训打造专业教师队伍

科技辅导教师的能力和水平在"馆校结合"工作中至关重要，绍兴科技馆通过专业互补、互帮互学、校本教研和其他模式的继续教育，完善相关知识结构，提升教师专业水平和教学能力，并将教师列入主要职称系列，解决教师的职称晋升问题。每周组织老师开展试教活动，定期开发新课程，参加课程相关专业培训，组织绍兴市科技辅导员培训、实验比武、科普讲座等，做到理论与实践相结合，基于地方特色进行科技辅导。

2.2.3 加强绩效管理提升能力

规定每位教师每学期要自主开发 2~3 门新课程，开发课程要突出"整合"和"探究"，鼓励教师自制实验器材和开发学生实践材料，同时专门聘请特级教师、教育研究院专家对新开发课程进行评估。对每堂课的教学情况进行记录，请学校师生填写教学满意度调查表，帮助科技辅导教师总结反思改进，将课时量、开发课程成果、满意度测评与月度考核挂钩，作为员工绩效考核、岗级评定、职称聘用的依据。

2.3 建立运行机制求实效

2.3.1 部门联动建立长效机制

科技馆和市教育局成立绍兴市中小学生科技教育实践基地工作领导小组，规定全市小学 4~6 年级、初中 1~2 年级学生，每一学年至少到基地开展为期一天的科技实践活动。多次召开基地工作推进会，与教育局联合进行 90 学时学习教育活动。与教育局联合下发《关于组织中小学生赴绍兴科技馆参加科技教育实践活动的通知》等文件。建立学校档案，以备下次安排不同课程。

2.3.2 实施科学化制度化管理

学生来基地开展科技实践活动为 1 天时间，上午在科学梦工场开展科技实践活动，中午观看科普电影或聆听科普讲座，下午到展厅参加展教活动。为夯实基地正规化运行机制，由专人负责接送学生车辆、活动开班仪式、中午就餐管理和学生活动引导，并建立值班和安保制度，明确岗位落实责任，从源头上保证车辆和餐饮食品安全。根据基地工作实际，制定了职责范围和内部分工、基地值班、教师教学、教室设备和材料管理、纪律卫生等 7 项规章制度。

2.3.3 提供菜单式便捷服务

基地根据在校学生人数和年级进行班级编排，并提供课程菜单供学校选择，学校学生可事前自由选择"科学梦工场"中的任一教室，然后安排课程，开展对应知识的课程服务，如小学 4 年级，安排"莫比乌斯带"课程，涉及

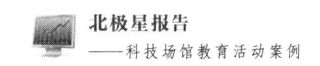

知识点：4年级上册数学广角，有关图形变换知识点。小学6年级，安排"我是发电高手"课程，涉及知识点：6年级上册"能量"单元，第五课、第七课"电能从哪里来"。初一学生，安排"DNA饰品"课程，涉及知识点：7年级上册"细胞"，细胞内有细胞核，含遗传物质DNA。

3 拓展品牌价值外延

"馆校结合"既要加强机制建设和宣传推广，不断扩大社会影响力，又要积极探索活动形式、开展线上教育，展示活动成果，提高参与的深度和广度，体现时代特征。

3.1 融合科技文化，丰富活动形式

依托"馆校结合"课程，绍兴科技馆与当地电视台合作开设了拥有科学探索馆、小飞马俱乐部、彩虹乐园和奇思妙想魔法屋等四个板块的《科学梦工场》电视栏目。在开发的200多门科学课程中精选50个适合青少年的科学实验，汇集出版《小飞马酷玩实验室》一书。

同时开展"馆校结合"征文比赛、科学嘉年华活动，举办青少年科技春晚等各类拓展活动。学生参加"馆校结合"活动后所写的心得体会，可以参加征文活动，获奖征文予以表彰，并在纸媒上刊登。科学嘉年华活动结合科技馆"馆校结合"课程体系，为全市少年儿童打造一场科学嘉年华。省、市青少年科技春晚以爱科学、玩科学、秀科学为主题，分别汇集全省、全市优秀的科技节目，将科普与艺术相结合，让青少年感受到科学无处不在，科学就在身边。两台春晚分别在浙江电视台和绍兴电视台播出。

3.2 开展线上教育，体现时代特性

新冠肺炎疫情突袭而来，打乱了既定的工作计划，也带来了更多的思考，学生是科技馆开展科普教育的服务对象，也是科技馆实现价值内涵的基本要素。紧跟时代特征，通过开放线上沟通与传播渠道，绍兴科技馆开展了面向不同受众的线上教育活动，受到了广泛的关注。为此，我们组建线上科普工作团队，推出爱上科技馆订阅号，坚持每天推送一期节目，节目从策划、拍摄到讲

解、制作都自主完成，很多公众号纷纷转发。为满足青少年的科普需求，开启钉钉、抖音云课堂，推出居家科学实验，让"宅"在家的孩子能够轻松学习和实践科学知识。面对科普资源的稀缺，原有的节目已经不能满足日常更新的要求。绍兴科技馆在二次开发后，挖掘了以往工作成果，丰富了线上科普内容，比如选取青少年科技创新大赛中的优秀作品，解读其中的科学原理。

4　结语

通过主动作为，创新实践"馆校结合"模式，让我们深深地感受到，开展青少年科技教育工作有作为才有地位。目前，国内已有57家科技馆前来学习，陆续也有科技馆在采用我们这样的馆校合作模式，长三角科普场馆联盟计划2021年举办长三角青少年科技春晚，品牌效应逐渐显现。近日，绍兴科技馆与上海科技馆签署了战略合作协议，主要涉及馆校结合、技术研发、资源共享、人才培养等方面，这必将助力绍兴科技馆进一步优化课程体系，丰富"馆校结合"活动形式，完善青少年科普教育长效机制，聚集场馆人气，打响科技馆科普品牌知名度。

新课标，新理念，新模式
——对于"学校科技馆建设"的思考与实践

王振强[*]

（南京晓庄学院附属小学，南京，210000）

我国于 2017 年 9 月 13 日提出了中国学生发展核心素养，包括人文底蕴、科学精神、学会学习、健康生活、责任担当、实践创新六大核心素养，以期促进我国学生的全面发展。[1]2017 年教育部颁布的《义务教育小学科学课程标准》（以下简称"新课标"）第四部分"课程资源开发与利用建议"中提及：①科学实验室的建设；②校园资源的开发和建设；③校外资源的开发和建设；④网络资源的开发和应用。其中校外资源开发中提到要发挥各类科普场馆的功能。

笔者于 2008 年在郑州科学技术馆担任科普志愿者时，已经意识到科技馆对中小学生科普教育的重要性。南京晓庄学院附属小学（以下简称"南京晓院附小"）于 2015 年 11 月率先在学校建立了校内科技馆，并进行实践探索。小学科学是一门基础性课程、实践性课程、综合性课程。"新课标"提出了用"观察、调查、比较、分类、分析资料、得出结论"等方法的教育理念。[2]依托科技馆开发了"晓小科学工学团"项目，开辟科技实践教学区，构建学校科技实践活动与科学课程相衔接的机制。科技馆尝试将科技活动与科学课程相结合，基于课标探索"晓小科学工学团"课程项目学习模式。

---

[*] 王振强，单位：南京晓庄学院附属小学，E-mail：63112981@163.com。

1 对接新课标的必要性

科技馆是进行普及性科学教育、传播的机构。20 世纪 80 年代后，科技馆开始注重科学认识论、方法论和价值观的培养。[3] 2015 年底，南京晓院附小科技馆建成开放，如何发挥效益，如何进行维护和管理，如何把学生评价纳入等，这是笔者一直思考的问题。国务院颁布的《全民科学素质行动计划纲要（2006～2010～2020 年）》要求科技馆"发挥科普教育功能"，"科技馆资源必须与学校科学课程、综合实践活动、研究性学习的实施结合"。笔者意识到：对接小学科学课程标准即为"科技馆资源与学校科学课程结合"的途径，而"综合实践活动、研究性学习"亦是小学新课标所要求的。目前大多数小学科学教师对于"校内科技馆"的最大需求是有助于科学课堂教学；新课标虽然规定了教学内容和目标，但很多小学缺乏满足新课标的教学资源和师资。如果科技馆能够对接新课标，为学校提供这些教学资源和师资，学校的科技馆建设项目就有新的发展动力。

南京晓院附小对学校开展科技实践活动提出明确要求，规定：小学 1～2 年级每年到科技馆参观体验 2 课时；3～5 年级每年到科技馆参观体验 4 课时；6 年级开展科学体验馆研究性学习课程，每学年 8～10 课时。我们通过"科学课和科技馆"相结合的方式，对小学科学课程标准进行教学实践，将学生课堂无法进行的实验通过参观、体验的形式展示出来，来弥补学校科技教育时间、空间上的不足。

两年多的实践让笔者认识到，利用科学体验馆资源对接小学科学课程标准，不仅可以发挥科学体验馆科学教育和科学普及的功能，还能激发学生学习科学的积极性，同时可以培养一批科技馆管理员，进行科技馆的组织管理、科普推广等。

2 钻研新课标，探索新模式

2015 年，中国自然科学博物馆协会科技馆专业委员会课题组编写的《"科技馆活动进校园"基于展品的科学教育项目调研报告》指出：大多数科技馆虽然开展了馆校结合项目,但往往活动内容与方式过于简单化、表浅化,多为组织学校团体到科技馆参观,或是将"流动科技馆"展品送到学校。科技馆方面很少结合教育部颁布的新课标中不同年级的教学目标与内容,为学生设计有针对性的教育活动"菜单",没有很好地与学校需求对接。学校和学生多将参观科技馆视为春游或秋游,走马观花看热闹。[4]作为研究对象的藏品或展品,真正价值并非其材料、造型、工艺、性能本身,而是它承载的见证自然和人类社会生活的信息。特定年代、过程、环境、条件下的自然和人类社会生活信息,以各种形式被记录于藏品/展品之中。从这个意义上说,藏品/展品是一个信息的载体,并使它具有了自然和人类社会生活见证物的作用,具有了研究和教育/传播的价值。[5]根据2010年的调查,各地科技馆中仅有约2/3开展了教育活动。而2014年的调查数据表明有3/4的科技馆开展了教育活动。这与2010年相比,有了一定的提高。据2014年的调查数据,各地科技馆举办的活动中以科学表演、实验室、科技竞赛比例最高,占比超过40%;而基于展品的教育活动或者项目学习比例偏低。[4]"践行新理念"就是要贯彻新课标和科技馆教育的先进理念,摒弃以组织学生"走马观花式参观"为主的"馆校结合"旧模式,采用"综合实践活动、研究性学习"的新模式。

2.1 新课标的教育理念

"科学体验馆研究性学习"课程要满足学校和老师的需求,不仅是在教学资源和师资方面,还应在教学理念上有突破。我们通过研读新课标,发现"探究"一词在新课标中出现了164次。从美国1996年发布的《国家科学教育标准》,倡导"以探究为核心的科学教育",到2011年《K-12科学教育框架》中的STEM教育理念,以及2013年发布的《新一代国家科学教育标准》,其理念进一步发展为"基于科学与工程实践的跨学科探究式学习"。这些重要的教育理念不仅适用于校内的正规科学教育,也适用于非正规科学教育。[2]小学科学课程倡导以探究式学习为主的多样化学习方式。在"科学体验馆研究性学习"课程中不仅要体现学生的探究式学习,还应体现出科学、技术、工程和数学各学科的整合。学生完成实践体验—提出问题—分析问题—探究问题—解决问题的探究过程,重视学生在实践中思考,培养学生分析问题和解决问题的能力。

2.2 展教结合践行新理念

什么样的教学模式能够践行新的教育理念？新课标指出，用"观察、调查、比较、分类、分析资料、得出结论等方法"，[7]在探究式教学中培养学生的创新思维能力，增进对科学探究的理解并提高实践能力。"晓小科学工学团"作为科技教育实践基地，其场地和展厅、展品相当于学校的教室、教具，科技实践活动方案相当于校本教材。仅靠展品并不能充分实现其科技教育功能，还要开发并开展众多的科技实践活动。先参观、体验科技馆的展品，然后针对这些展品在生活中的应用提出问题、分析问题、探究问题、解决问题。运用科学技术知识，提升处理实际问题、参与公共事务的能力，为他人和社会价值服务。孩子在遇到真实情境中的问题时，针对问题的解决提出一般流程。以生活为起点，包括观察生活、提出问题、分析问题、探究问题、解决问题、表达交流、成果展示等环节。例如，如何养出优质的蚕等项目，主要分为以下几个部分：①引导学生观察发现生活中遇到的问题，可以是学习、生活、科学中延伸出来的问题。②针对这些问题，选择一些自己能研究的问题，进行小组讨论交流研究的可能性，即前期的调查。其间可以咨询同学、家长，也可以查阅一些书籍。③选择要研究的问题，制定初步的研究计划，准备采用的研究方法，这里主要引导学生将问卷调查和访谈法、实地研究法相结合。④编写问卷、访谈提纲进行前期测试，根据测试情况进行修改。⑤编制问卷进行发放。⑥统计问卷、分析撰写科学小论文提出可行性建议。⑦分享交流研究成果。

2.3 科学规划科技实践课程项目

科学体验馆资源如何突出自身特点并充分发挥教育功能？学校科学课受时间、场地的限制，南京晓院附小不惜减少科学准备室空间，建设了"科学体验馆"，包括8个展区，分别是序厅、电磁奥秘、声、光艺术、运动旋律、数字科技展区、健康安全展区、虚拟实验室等，共设32个不同展项。结合学校科技节开展活动，围绕"力""声""热""电""光"等不同主题开展活动。把学校科学体验馆、创客教室、未来教室（机器人教室）结合起来，构建参观体验、发现问题、结合生活、动手设计制作、编程控制智能化的完整体系。

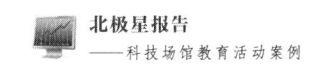

学校依托晓小科学工学团，尝试将"科学"课程与"生活"相结合，研发"体验+创客"课程，推动"晓小科学工学团项目学习法"，促进学生创新能力的培养。

3 "晓小科学工学团"推进科技馆与科学课程相结合

早有国内学者对"做中学"做了深刻解读："做中学"的核心实际上是"间接经验"的"直接经验化"。[8]晓小科学工学团传承陶行知在1928年创办的晓庄联村自卫团，1932年在上海宝山创办"山海工学团"的教育理念。陶行知提出的工学团式，工以养生，学以明生，团以保生。新时代下赋予工学团新的含义：工是实践；学是学习；团是集体"工"以工匠精神为指引，带着思考进行实践。"学"是在真实的复杂的情境中学习知识并加以应用。"团"从两个维度进行阐述。其一是在"物"上阐述：在生活中学习知识综合应用、跨界融合；其二是在"人"上阐述：学生与学生、学生与老师、学生与专家、学生与家长等集体。

另外，结合新时代发展对人才培养的需求：为孩子赋能增值，激发能力、激发动力，把学到的知识实际应用在真实问题中，解决实际生活问题。开展提高学生科学素养的团体性活动，依托"晓小科学工学团"推进科技馆与科学课程相结合。

3.1 研发新课程

3.1.1 梳理知识点指向科学大概念教学

科学14个教学大概念中强调：科学认为每一种现象都具有一个或多个原因。科学上给出的解释、理论和模型都是在特定的时期内和事实最为吻合的。科学发现的知识可以用于开发技术和产品，为人类服务。科学的运用经常会对伦理、社会、经济和政治产生影响。

晓小科学工学团授课对象是小学3~6年级的学生，对知识点进行梳理指向科学大概念教学，结合科技馆展品资源进行课程开发。课程开发来源于学生生活，回归于生活，已经开发出"皮影戏""DIY电影""DIY灯"等。新课程开发重视学生的探究性实践和体验，激发学生参与探究的积极性。

3.1.2 多样化课程开发

晓小科学工学团的科学课程时长不同,课程特点随学生年龄不同也有所不同:低年级侧重体验、科普,中年级侧重兴趣研究,高年级侧重研究性学习(开放性)。课程内容主要来自以下三个渠道。

国家课程校本化。科学教材中有不少实践课程,学校教学受课时、场地、人员的限制,可以在科技馆开展教育活动。例如,小学课标中"酸雨对人类的影响""地震给人类带来的影响"等,可以通过科技馆的展品进行模拟实验,亲自体验感受,获取直接经验。

引进课程。可以引进中国科学院南京分院开发的适合在科技馆上的课程,结合学校情况进行改编,也可以依托高校开展课程实践活动。使学生们获得知识和技能的"直接经验",还将原本抽象、枯燥的"跨学科概念"巧妙地变成可以体验和实践的亲身经历。该项目的全过程从头至尾都充分体现了"实践""探究式学习""跨学科概念""直接经验"要素,是一个完整的"基于科学与工程实践的跨学科探究式学习"过程。例如,本校申请加入东南大学"一带一路课程"实践项目,项目中的"自制望远镜""香料"等课程。

自主研发。通过学生体验不同的实践活动,编写适合学生的课程。例如,编写"体验+创客"课程,荣获全国新教育十佳卓越课程,主要介绍"磁悬浮的奥秘""解密电影"等。

目前,晓小科学工学团已研发20余项科技实践课程。部分课程开设和开发情况参见表1。

表1 晓小科学工学团部分课程开设和开发情况

适用年级	对接科学课教材的知识点	开发课程
小学4~6年级	苏教版四年级"关节""运动方式"、五年级"简单电路"、六年级"神奇的能量"	遥控机器人
小学3~5年级	苏教版三年级"金属""常见材料"、四年级"力"、五年级"导体和绝缘体"	自制电风扇
小学三、五年级	苏教版三年级"塑料"、五年级"光的行进""折射""反射"	皮影戏
小学3~5年级	苏教版三年级"小小科学家"、四年级"运动方式"、五年级"简单机械"	揭密电影

晓小科学工学团课程以科学课程为中心，提倡 STEWAM 教育方式，比 STEM 教育强调艺术，体现科学性的同时，携带丰富的文化信息，体现一定的人文特征，蕴含艺术感、文化性、道德责任，打动学生的心灵，强调"W"写作，会表达。通过项目的研究、表达和交流，解决实际问题，记录学生科学思维的变化，呈现整体性思维、研究过程的缜密性和研究问题的深刻性，不仅体现创新，还体现创意和创作，具有时代意义。

3.2 课程实施路径

学校依托晓小科学工学团，基于学生在真实生活中提出问题、分析问题、探究问题、解决问题等过程，培养学生结合所学知识综合应用到生活中，为人类服务，对社会产生影响。主要从以下六个方面开展学生活动：小讲坛、小论文、小发明、小调查、小竞赛、小答辩。

小讲坛：对已经开展的或已取得一定研究成果的调查、发明进行讲解。目的是提升学生科学素养，增强其参与社会和经济发展的能力。小讲坛主要围绕学生在生活中开展的小调查、小发明等展开。目前已经开展池塘养鱼、校园垃圾桶的摆放、学生食品营养安全、小学生课外辅导班情况等调查。

小论文：在科学活动中进行科学观察、实验或考察后形成书面总结。知道基本的科学方法，认识科学本质，树立科学思想。小论文的主题包括养蚕、养鱼的小学问，水培植物和土培植物的对比，光照对蚕卵的影响，婴儿指甲生长情况，方向盘里的秘密，地板砖防滑研究等内容。

小发明：运用已有的科学技术知识和实际能力，在日常学习、生活中，对那些感到不方便、不称心的东西，加以改进和创新，培养创作能力、思维能力。每年科技节中开展变废为宝、创意花盆、小制作等项目，以及生活中的小发明（磁悬浮风向标、地震报警器、感应哨子）等。

小调查：结合学习与生活实际，对所关注的事物进行实地探访，通过观察、调查、研究，了解和弄清事物的真实状况，引发思考。培养学生通过基本的科学方法认识科学本质，并具备一定的运用它们处理实际问题、参与公共事物的能力。已经开展地铁车厢内增设宝宝安全座椅的调查、校园门口发放宣传单的小建议、南京晓院附小课外书籍的调查、市民公用自行车使用情况小调查、南京晓院附小饮食健康调查、关于小学生使用手机情况调查、关于南京晓院附小家长接送孩子情况的建议、关于校内科技馆使用情况调查等。

小竞赛：以赛促学，鼓励学生参加活动。培养学生的动手能力、创新思维能力。了解科学技术对社会、个人的影响，培养学生发现问题和解决问题的能力。科技节活动：有寻找生活中的科技、我为抗疫支妙招，也有纸飞机、科幻画、小制作、科学小研究等个人项目，还有机器人竞赛、搭萝卜塔等集体项目，针对不同年级学生安排不同主题专家开展科普讲座等（如何发明、创新种植、动物科学、人体科学等）。除此之外，参加省区市组织的各项科技竞赛活动。例如，江苏省科技创新大赛、江苏省校园之间科技竞赛、南京市科技创新大赛、南京市五小比赛等。

小答辩：为自己的研究成果或论文进行解释并答复，对学生进行综合评价、考察，评选出科学小院士。培养学生树立科学思想，崇尚科学精神，敢于公开研究成果，接受质疑，不断更新和进行深入研究。例如，针对毕业班的学生，进行自主选题、开展研究，最终进行答辩活动。

3.3 推广"小先生"制度

南京晓院附小科学教师共 6 名，仅有 1 名专职人员。专职人员要管理科学准备室、科学教学、参加教研、组织科技活动等，再去维护和管理科技馆就显得力不从心。如何才能解决这个问题，并激发学生到科技馆的积极性？笔者发扬陶行知校长提出的"小先生"制度。大力培养小先生，从全校选拔优秀的学生，聘任为科学体验馆工作人员。每学期面向全校招聘 12 名科技馆工作人员，根据人员特点分到不同的部门（组织部、活动部、宣传部、后勤部）。这些工作人员负责带领全校师生参观、外来人员参观等。学期结束，根据工作人员的考勤、讲解等情况评选出 6 名优秀工作人员并颁发校级证书。

4 结语

今后，南京晓院附小科学体验馆将进一步以新课标为基准优化课程体系，将晓小科学工学团的研究性学习项目优秀案例进行整理并编写成书，不断提升、更新学校科技设备，进一步开发完善学校科学体验馆教育资源，培养更多的"小先生"，建立数据平台。加强学校科技辅导员队伍建设，加强科学体验

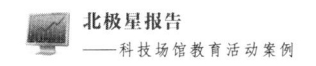

馆科技教育阵地的网络、行知亲子学堂——科学创想家微信公众号、行知少儿科学院 QQ 群、学校陶娃报科技之光栏目等的宣传，进一步提升并最大化地发挥其科技教育功能。

参考文献

［1］核心素养研究课题组：《中国学生发展核心素养》，《中国教育学刊》2016 年第 10 期。

［2］中华人民共和国教育部：《义务教育小学科学课程标准》，北京师范大学出版社，2017。

［3］朱幼文：《教育学、传播学视角下的展览研究与设计》，《博物院》2017 年第 6 期。

［4］中国自然科学博物馆协会科技馆专业委员会课题组：《"科技馆活动进校园"基于展品的教育活动项目调研报告》，中国科协青少年科技中心"科技馆活动进校园"调研项目，2015。

［5］王恒、朱幼文：《以信息论的方法研究博物馆》，《博物馆研究》1998 年第 1 期。

［6］朱幼文：《基于科学与工程实践的跨学科探究式学习》，《自然科学博物馆研究》2017 年第 1 期。

［7］吴式颖主编《外国教育史教程》，人民教育出版社，1999。

［8］江苏省陶行知教育研究会、南京晓庄师范陶行知研究室合编《陶行知文集》，江苏教育出版社，1981。

共识与行动

——馆校合作创新引领校本课程建设

徐瑞芳[*]

（上海科技馆，上海，200127）

1 项目背景与挑战

根据《全民科学素质行动计划纲要实施方案（2016~2020年）》《中国科协科普发展规划（2016~2020年）》等文件精神，我国目前正着力打造普惠创新、全面动员、全民参与的社会化科普大格局。学习行为的发生已经日渐打破时间与空间等因素交织的局限。单霁翔博士认为："将博物馆纳入国民教育体系，推动博物馆与学校教育、社会教育的紧密结合，组成更加健全的社会教育网络，既符合世界博物馆发展潮流，也是博物馆履行教育使命的需要。"各类场馆以其丰富的实物资源、情景化展区以及可操作互动的活动项目为优势，逐渐成为传统学校以外富有生命力的新学习空间，对广大青少年的社会教育功能不容忽视。

近年来，馆校合作项目成为国内各类场馆教育功能拓展的一个全新增长点。区别于国外场馆教育主要涉及应用理论——"该如何做"，国内场馆的研究目前还更多地停留在基础理论上——"该做什么"。想要深度开展馆校合作，离不开政策支持、经费支撑和双方共识，这些对于馆校合作项目的可持续发展都是亟待攀越的大山。学校和场馆都无法踽踽独行。目前馆校合作项目实施往往缺乏系统性和可持续性，呈现短期性（如团队定制活动、研学活动

---

[*] 徐瑞芳，单位：上海科技馆，E-mail：xurf@sstm.org.cn。

等)、单向性(如组织学生直接体验场馆课程、科技馆活动进校园等),且大部分活动对象为青少年群体,针对教师能力、课程开发项目的理论和实践研究较少。事实上,馆校合作最核心、最关键的变量就是学校教师和场馆科学老师,他们不仅是连接场馆与学校的纽带,更是实践项目的参与者和推动者。教师对于项目的理解和利用非正式教育场馆资源的能力至关重要,极大程度上影响着馆校合作的有效性和深入性。校本课程开发更是馆校深度合作的着力点,是馆校双方发展的催化剂。将场馆资源转化为学校课程资源,不仅可以为学校课程建设及学生创新实践活动的开展注入新鲜活力,也能正确引导学生有效参观学习,改变走马观花、到此一游的场馆参观模式,实现馆校协同发展、共同进步。

上海科技馆作为国家一级博物馆、国家级 5A 级景区、博士后科研工作站和全国首批研学旅游示范基地,是一所集教育、展览、收藏、研究、科学普及和文化交流于一体的综合性博物馆。通过反复酝酿、精细调研、爬梳整理,上海科技馆积极联合上海市教委、兄弟场馆、青少年活动中心等进行联盟合作,立足场馆自身特色,在 2015 年底正式启动了"利用场馆资源提升教师和学生能力的'馆校合作'项目",期望摸索建立"馆校合作"优秀工作机制,打造上海市"馆校合作"品牌,鼓励馆校双方教师共同开发校本课程,重点促进学校教师利用校外资源开展探究型、研究型教学,开发、落地一批优秀校本课程方案,持续推进项目长久发展。

当然场馆资源不是专为中小学课程而设置的,直接引入学校课程,难免会有"水土不服"的现象。如何架起场馆和学校课堂的桥梁?如何将场馆资源转化为学校课程资源?这些对于项目而言都是巨大的挑战。

2 项目实施与推进

2.1 推进做法

上海科技馆馆校合作项目以"授之以渔"为指导思想,以"课程建设"为抓手,探索场馆与学校间可复制推广的馆校合作模式。在上海市教育委员会支持下,上海市教育委员会教学研究室组织部分区拓展型、研究型课程教研员及学校教师与馆方专业人士组成"场馆课程"市中心教研组,将场馆校本课程纳入两类课程教研工作的重点视域,与场馆紧密合作。"校本课程"是场馆课程与学科课程之间的有机结合，它是吸引学校参与馆校合作的不竭动力。以场馆为依托，以学校为根本，校本课程开发需要从学校特色和学生需求出发，充分发掘场馆资源，为学生创造"主动式探究"体验，打造优秀的校外第二课堂。

针对馆校双方教师能力提升，项目专门设计规划了"博老师研习会""校本课程开发""馆本课程开发"这三个子项目。其中，以场馆科学老师为主研发的"馆本课程"紧扣展览资源，成为"博老师研习会"的教师培训资料；合格的博老师成为"校本课程开发"的核心力量，三者缺一不可、相辅相成。

2.2 参与主体

"校本课程开发"项目邀请上海市中小学一线教师合作开发、实施基于场馆的校本课程。通过与学校的联合实施，继而总结经验、优化方案，向全市推广。招募范围主要是馆校合作签约学校，项目初期由教师个人自主报名，随着项目的推进优化报名机制，2019年起"校本课程开发"项目建议学校教师以项目组为单位参与，如以教研组为一个项目组，鼓励学科交叉型项目组报名，人数为2~5人。

2.3 政策安排

①项目启动时间为每年3月，场馆牵头举办年度馆校合作大会，大会由教委支持，市区级教研员代表、共建学校校长或教师出席会议，总结表彰上一年度优秀学校、优秀教师和学生，宣布当年各子项目的实施计划，确保教师获得政策和学校的支持。②参与项目期间，教师可获得场馆教育资源相关资料，以及馆内专业教育研发人员的咨询服务。③课程开发阶段，学校教师可免票入馆。④利用场馆线下资源的课程，在试用阶段，教师可以带一个班级以内（50人以内）的学生来馆实施，可免除门票。⑤馆方会根据项目进展组织馆内外专家团队，根据项目的实际进展组织课程开发教研讨论会。⑥教师培训项目作为上海市市级师资培训课程，教师可以在参与培训时同步获取学分。

2.4 工作机制

2.4.1 课程开发基本要求

"校本课程"的开发不限学科、不限长短、不限形式，但需要关注以下三个问题。一是立足学校文化，体现课程功能。必须在深刻理解学校课程文化的大背景下,在厘定课程功能的基础上,基于选定的场馆资源确定"课程目标"、编制"场馆校本课程"。二是关注认知基础,找准资源锚点。必须关注所涉知识与学生知识储备之间的横向关联。场馆不仅有丰富的展品、图文资源,展区景观的氛围、资深的科研人员、科普影视作品、线上科普游戏等也都是课程资源。三是合理设计活动,发挥场馆特色。必须转变设计思路,针对非正式教育环境下的学习更要合理设计活动线路,规划在馆学习任务,为学生设置学习单等工具支架,以保证在馆学习的效益。

课程开发前,教师首先需要参与馆校子项目"博老师研习会"。馆方按照"熟悉科技馆资源"—"明确愿景和难点"—"实践和分享"三个阶段,共设计五项教师培训活动,即"科技馆展教资源概览""基于展览的教育活动体验""拓展类教育课程体验""综合类教育课程解析""学员方案现场分享"(见表1)。馆方邀请市区级教研员专家、高校教育研究专家、馆方教育专家等组成专家团,全程参与培训、讨论、评估等,建立并巩固教师与科普场馆、教师与教师之间友好的长期沟通平台。项目对于因特殊情况无法及时参与的教师还特别开辟"补课制度",确保培训质量。通过集中培训,使得馆校双方在探究馆校共赢的校本课程开发与实施机制的路上又迈出坚实一步。

表1 博老师研习会培训安排

时间	培训项目	培训内容
5个半天 共计20学时	科技馆展教资源概览	(1)项目总体规划与资源介绍 (2)分组参观常设展区,寻找馆校资源衔接点
	基于展览的教育活动体验	(1)参与教育活动——科学列车 (2)参与教育活动——馆本课程 (3)分组设计一次场馆探索活动
	拓展类教育课程体验	(1)参与拓展类教育课程——STEM科技馆奇妙日 (2)教育活动的艺术化呈现——科学LIVE秀
	综合类教育课程解析	(1)讲座:博物馆能为儿童提供什么 (2)讲座:链接馆校资源,开发校本课程 (3)讨论科技馆非正式教育与学校教育两者之间的联系
	学员方案现场分享	(1)优秀活动方案分享 (2)专家点评与指导 (3)综述报告

注:每年内容会有更新与微调。

2.4.2 课程开发主要方法

参与校本课程开发的教师在成为"博老师"后参与专题课程教研活动。校本课程开发形式为教师自选课程主题进行课程开发，主题需基于上海科技馆展教资源提出。"校本课程"的开发归结起来有四种方式，难度层层递进。一是迁移植入，即将符合学校要求的场馆现成课程，直接移入学校课程，直接实施。二是调整改造，即适度调整或改造符合学校需求的场馆现成课程，使其贴近学生现有学习基础和认知规律，再纳入课程体系。三是组合拼接，即根据学校要求，选择适合该年段学生学习基础和能力发展要求的部分场馆课程，补充学校已有课程，使其更丰富。四是自主设计，即依据学校要求，选择贴近学习对象需求的场馆资源，独立设计课程目标、课程内容，这一方式对于教师自身专业要求极高。

2.4.3 校本课程实施方法

场馆校本课程从文本走向实践，其教学过程具有极强的现场性和随机性，学习状态和学习条件会随时发生变化，教师针对具体的学习情境，调整预定教学环节和步骤，选择相应的教学方法和手段，动态形成新的教学方案，这对教师的专业发展水平要求极高。每一门校本课程在正式开课前，可以由学校教师带学生入馆进行小范围的试课，以期发现问题优化方案。在试课过程中，教师对于场馆活动的预估往往比较理想化，针对入馆购票、活动预约场次、展项演示时间、当天场馆参观量等情况往往没有做好充分的预期，因此通过试课环节进行"扫雷"十分必要。针对已开发落地的校本课程，学校教师如需入馆开课，建议提早一周预约。同一学校可以由不同教师实施已开发的校本课程，提高课程利用率，但是课程实施必须基于原方案进行，可以有部分优化，但不能脱离原方案。课程实施后向学校提交盖章版课程实施报告。馆方也会做好课程记录、提供馆内专业教育研发人员的咨询服务，协助团队入馆预约事宜。

3 项目特色举措

3.1 主动出击寻找政策支持，将教师培训项目纳入市级师资培训课程

项目实施过程中，征集多方意见，始终坚持寻求更多政策支持。2017 年，上海科技馆馆校合作项目组正式向上海市教师专业发展工程领导小组办公室递交

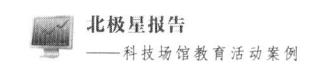

上海市教师培训市级共享课程申请表，将实施优化过的博老师研习会、校本课程开发培训资料进行梳理整合，转化为"上海科技馆教育资源开发与利用"这一师资培训课程，将学校一类、二类课程与场馆展示教育资源有机结合。因此，自2018年起，参与馆校合作教师培训、校本课程开发的学校教师在参与线下培训的同时，可以同步获取学分，这一举措深受教师好评，也有利于吸纳更多教师参与项目。

3.2 因时制宜出台管理制度，授牌办法推动共建关系健康持续发展

项目实施3年后，为推动上海科技馆集群与合作学校的共建关系健康、持续发展，场馆出台了《上海科技馆馆校合作共建学校授牌管理办法》，鼓励合作学校参与本项目的各类子项目，并对积极进行馆校合作的学校予以表彰，学校有意愿就可以向项目组提交授牌申请，完成授牌，让馆校合作共建学校成为教委和场馆官方认定的"挂牌单位"。在管理办法中，授牌指标着重对校本课程做了要求，3年创建周期内共建学校必须承诺同时达到3项评估指标，包括：①选派教师参加"博老师研习会"项目；②参加"校本课程开发"项目并开课至少一次；③组织批量学生来馆参观时向馆方提交学习方案及小结。这一举措既是鼓励也是鞭策，推动教师将已开发的校本课程真正落地，避免束之高阁。

3.3 示范引领搭建展示平台，力争培育一个、带动一批、影响一片

对于校本课程开发教师和开课教师，场馆会进行表彰与奖励，鼓励教师将校本课程从文本引入实践，并将优秀校本课程、精品校本课程编辑入册。不仅如此，场馆打造"教师开放日"专题活动，基于博老师研习会、校本课程开发子项目成果，通过公众展台、专家教研等形式进行课程成果输出、经验分享、教研讨论等，对于优秀教师代表的优秀案例，馆方以展台形式公开进行对外展示，让更多观众了解馆校合作项目品牌，充分发挥项目"培育一个、带动一批、影响一片"的辐射效应。

4 项目经验启示

4.1 加强馆校同频共振，在凝聚思想共识上持续用力

项目实施以来，虽然馆校双方保持了良性互动，但从合作深度上分析仍有

待突破。从学校出发,部分教师仍存在任务主义,他们的主观思想是基于短期内的研学任务或课程需求去寻求场馆的配合与帮助,长期来看缺乏主动性与稳定性。从场馆角度来看,专职负责馆校合作的科学老师较少,伴随共建队伍的扩大,未来可能难以满足学校不断增长的需求。因此,在资源有限、需求无限的前提下,如何建立馆校双方的可持续合作模式是目前面临的挑战,也是下一阶段亟待解决的问题。应馆校协同发挥各自的优势,共同推动课程资源开发和教育计划实施。

4.2 发挥教师积极作用,在课程开发实施上持续用力

校本课程的开发与实施需要馆校双方教师的积极合作,才能打好深度合作组合拳。一方面,课程开发需要充分利用学校教师的教研经验。2019年7月,由经济合作与发展组织(OECD)研发实施的"教师教学国际调查"(TALIS)项目的结果显示,上海教师属于全球最好学的教师群体,不论是教师主动学习的态度,还是学校和教育行政部门为教师提供的学习机会,都远超OECD国家或地区的均值。馆校合作项目中,参与教师大多为中小学学科教师,其中半数教师已具有10年以上教龄,对于学科课程标准有深度的理解,并且能够准确地了解学生的需求,确保课程资源开发内容的适切性和有效性。另一方面,场馆项目参与的科学老师充分掌握场馆教育资源信息,具备丰富的场馆教育活动实施经验。在校本课程开发与实施的过程中,能协助教师做好入馆试课、开课工作,做好资源的有效衔接。因此,馆校合作开发和实施场馆校本课程时,离不开双方教师,必须依靠双方教师。

4.3 加强线上资源建设,在创新课程模式上持续用力

近年来,"互联网+"打造的"云文化"加速进入了大众的生活。实体场馆最大的局限性在于地域的限制,师生可能因地理位置或特殊的不可抗力影响(如重大疫情、闭馆改造等原因)导致无法经常入馆学习。我们要思考如何突破物理限制,掀开场馆的屋顶,创新场馆科学课程形式,丰富场馆线上资源池。如2020年因疫情影响,馆方搭建线上平台开启"云逛展"、看"云直播"、听"云讲座"、上"云课堂",帮助师生了解场馆教育资源。事实上,校本课程等各个子项目都需要适应时代的挑战和要求,充分利用多媒体手段,积

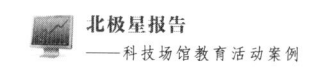

极探索后疫情时代科普工作新的增长点、突破点和发力点，做好线上科普大文章，画好线上线下同心圆。

4.4 搭建多方交流平台，在课程成果推广上持续用力

项目贯彻"请进来"与"走出去"相结合的原则。积极组织推进与科技馆合作的科普场馆和周边学校建立合作共建关系，合作开发课程、策划活动，深化探索更多元的馆校合作模式，积极推动的"一馆 X 校"项目，由馆方培训学校教师、合作单位场馆教育人员使用课程资源包，在学校、合作单位场馆内使用这些课程，减少学生往返的时间成本、交通成本和安全成本。

馆校合作只有进行时，没有完成时。上海科技馆馆校合作项目自 2015 年底启动以来，得到广泛关注，日趋成熟、不断完善的合作平台已经吸引了全市 100 多所中小学校参与合作共建。通过开展常态化的教师培训"博老师研习会"，帮助学校老师熟悉博物馆教育资源，累计培养合格博老师 164 人；通过校本课程开发的合作，联动学校教师与场馆科学老师共同开发校本课程 84 门，累计实施 332 场，参与师生 12024 人次；积极推动学校进场馆开展团队定制活动，累计实施 700 余场，参与师生超过 24700 人次。这种"以课程为依托，以学生和教师为主体的"馆校合作模式已陆续复制至多家场馆。从"馆舍天地"内的孤芳自赏，逐步走向"大千世界"，共识和行动必然是馆校合作项目健康生长、持续发展的不竭动力。

防震减灾科普馆校结合的实践与探索
——以北京国家地球观象台为例

杨家英　王红强*

（中国地震局地球物理研究所，北京，100081）

1　引言

中国是世界地震灾害最严重的国家之一，具有地震频率高、强度大、分布广等特点，因此普及防震减灾意识、知识和技能的重要性不言而喻。

防震减灾科普基地和场馆是传播地震相关知识的重要载体，是防震减灾工作的重要保障[1]，并受青少年欢迎[2]。根据科技部的统计，科普场馆的参访人数逐年增加，科普场馆在各类科普形式中稳步发展[3][4]，2019年包括科技馆与科技博物馆在内的科普场馆共有2.43亿参观人次。2000年以来，科普基地数量逐渐增多，形式逐渐丰富。科普基地除综合性及示范学校外，还出现公园、遗址、名人故里、科研场所、培训中心、公园和公共休憩空间等存在形式[5]。将科研场所开发成科普基地，不仅可以开发一些一流的科研设备开展科普教育，同时可以提高社会影响力，促进资源共享[6][7]。此类科普基地可以为学生提供广阔的视野，帮助学生扩展知识面，提高学习兴趣，但大部分基地与小学、初高中接触较少，合作少，开展稳定的馆校结合存在一定困难。

目前，针对防震减灾科普基地、场馆的研究涉及科普基地、地震台等科研场所的利用等方面，邹文卫等[5]根据实地调研阐述了地震科普基地的现状和存

---

* 杨家英，单位：中国地震局地球物理研究所，E-mail：yangjy@cea-igp.ac.cn；王红强，单位：中国地震局地球物理研究所。

在的问题，并提出了相应的建议。王锐锋等[7]根据地震台站自身特点和优势，阐述了地震台站进行科普宣传工作的意义、内容、现状，并提出了建议。无论是科普基地还是科普场馆，科普方式也从简单的参观向互动转变，并且融合高科技，为公众提供更为直观的体验，从"说教式"转向"体验式"。[8]防震减灾科普的对象很大程度上是青少年，以学生带动整个家庭，提高整体公众的科学素质，因此馆校结合尤为重要，馆校结合的研究也很重要。新冠肺炎疫情发生以来，科普场所的线下活动受限，如何开展线上馆校结合活动也需要实践和研究。目前，针对防震减灾科普基地、场馆的馆校结合研究还较为匮乏。

本文以北京国家地球观象台为案例，阐述科普活动中馆校结合的实践以及实践过程中遇到的困难，总结经验，逐步构建馆校结合长效机制。

2 北京国家地球观象台

北京国家地球观象台（以下简称观象台）位于北京西郊温泉镇白家疃村，隶属于中国地震局地球物理研究所，是国家级地震台站、中国地震局Ⅰ类野外观测台站、国际科技合作基地，具有地震、地磁等多种地球观测项目，以及多种尺度地球物理实验室，可开展主动震源探测实验、岩石力学实验、国家地震台网仪器质量检测实验等。

基于占地100亩的科研环境，观象台开发了地球野外观测仪器的实物科普，例如观察和触碰来自地下200米的岩芯、探秘地震观测井、在实验室里开展可互动的岩石压裂实验等。在多年的科普实践中，观象台开发出"地震在左，灾害在右"等课程，开发出制造地震波、用特制积木搭建抗震建筑并在简易振动台上进行抗震性能检验等互动游戏。此外，观象台还具有一个100平方米的科普展厅，以及地震科普机器人、防震减灾VR软件及配套设备等科普设施。观象台有两名专职科普人才，均为地球科学相关专业博士，其中一人为中国地球物理学会和中国灾害防御协会灾害科普专业委员会会员，中国地震学会地震科普专业委员会委员，从事科普工作多年，主持科普活动逾百场次，现场听众逾万人次，所负责的观象台（野外站）网站、微信公众号、微博、抖音等平台浏览量过百万次。其他兼职科普人才为研究员、副研究员、助理研究员等科研人才，具有非常好的专业素养。志愿者多为所内研究生。科普团队素质高、经验足。

通过多年的积累和较为完备的科普体系，2017年观象台入选教育部第一批"全国中小学生研学实践教育基地"。2019年中国地震局地球物理研究所入选北京市教委初中开放性科学实践活动资源单位，并成为北京科学教育馆协会会员单位，2021年入选中国地质学会第二批地学科普研学基地。

观象台不仅开展日常的科普活动，还在重要时间节点开展集中性的科普活动，如在全国防灾减灾日、唐山地震纪念日、全国科技活动周、全国科普日、国际减灾日等时段开展线上线下相结合的科普宣传活动。2016～2020年，观象台举办过近160场共计5000多人参与的防震减灾科普活动，网上科普宣传内容的受众超过百万人次，受益群体包括社会公众、全国中小学生、大学生、研究生等。

3 馆校结合的科普实践

3.1 线下科普实践

线下科普是观象台科普活动的重要部分，馆校结合主要有两种形式，一种为基于科普基地面向学校开展科普活动；另一种为科学家进校园活动。

基于科普基地的科普活动由参观、实验互动、游戏互动和讲座等组成，内容非常丰富，旨在激发学生兴趣，开拓思维。平均每场三四十人，最多时可达百人。为确保每位参观者都能有效地获取科普知识、参与互动，每场活动对人数有一定限制。每场活动持续大约2小时，包括观察地下200米岩心、观察地震观测井里的地震仪、人工制造地震、岩石压裂实验、地震知识讲堂、搭建抗震积木、避震演习几个部分，参与活动的学生可以从多个层面了解地球科学以及防震减灾的相关知识。

每年参加观象台线下科普活动的有小学、初高中及各大高校等，年龄间隔较大，观象台根据预约情况提前做内容调整。针对小学和初高中的科普重点在于开阔视野、激发兴趣，科普活动以互动为主，例如学生在户外看过从200米深度钻出的岩芯之后，回到实验室，利用一些真正的科研使用过的样品进行岩石压裂实验，每个人动手操作，再观察压裂之后的岩石，高中生根据所学的物

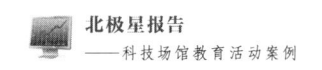

理基本原理计算岩石压裂时的压强（抗压强度）。最后在科普讲座中开展岩石小讲堂对以上内容进行总结和延拓。

除了科普活动外，科学家进校园也是观象台线下馆校结合的方式之一。每年受邀到不同的学校开展讲座，时长大约一小时，听课学生为邀请学校的整个年级或整个学部，数量可达几百人，有时候可达一两千人。讲座内容融合观象台日常开发的科普课程，并根据学校和学生情况进行一定修改。目前观象台正在研发一些进校园讲座中可开展的互动游戏。

3.2 线上科普实践

新冠肺炎疫情发生以来，线下活动较为受限，越来越多的科普活动采用线上模式，馆校结合的线上活动主要有三种，一是科普课程直播，二是科普活动直播，三是短视频科普。

从小学开始，学生便对地球有了基本认知，随着对自然科学的学习，对地球的认识逐渐清晰，而高中地理，较为详细地介绍了地球的基本情况，包括岩石圈、地球构造、板块运动等内容，这些都为开展防震减灾科普提供了一定的知识基础。基于这些基础，开发科普课程对于学生来说具有非常大的促进作用。科普课程是观象台线上馆校结合的主要形式，由观象台科普专职人员制作，因他们均为地球科学相关专业博士，具有开发防震减灾科普课程的专业背景和素养。参与线上课程的学校有些为主动联系，有些为部分公益活动面向的农村学校，有些为其他单位推荐学校，包含小学和初高中各年级。科普课程的主题根据最新的科学进展以及初高中生的课标进行选择和制作，课程设计过程中要从学生角度出发，考虑他们的接受度的同时帮助他们开阔视野，此外还要保证专业性以及趣味性。一门课程需要反复推敲和修改，并根据学校和学生情况进行适度调整，才能面向学校开展科普课程的直播或者录播，每次网课的时间持续大约一小时，学校多以一个学部开展网课学习，例如整个初中部或高中部，数量可达一两千人。同时网课在直播前也会做一些宣传，欢迎对该课程感兴趣的同学一起学习。将经过多轮直播后反响较好的课程开发为精品课程，录播保存。

科普活动的直播也是线上馆校结合的一种方式，内容与线下科普活动类似，同样基于观象台的科研设施，包括介绍地下200米岩芯、介绍地震观测井里的地震仪、演示岩石压裂实验、展示和解说科普展厅展品等。相对于线下活动，互动少讲解多，但活动直播没有人员限制，有兴趣的学生都可以通过网络观看学习，了解地球的观测方法、基本结构等内容。对于不能亲自到观象台的学生来说是非常好的机会。

除了直播课程和活动外，科普短视频也是线上正在进行和尝试的方法。这些短视频均为原创，包括对一些仪器原理的讲解、科普活动的剪辑、观象台宣传短片等内容，每个短视频大约几分钟，适合利用碎片时间获取知识的群体。将几个短视频一起看，可获取较为完整的知识。受众不仅包括学生，还包括一些关注的公众。较为精彩的短视频也会被选入科普课程向学生展示。

4　实践中遇到的困难

在几年的工作中，观象台在防震减灾科普馆校结合方面积累了一定的经验和资源，但仍然在实践中遇到一定的困难，以下几个方面存在不足。

4.1　尚未构建馆校合作长效机制

作为一线科研场所，观象台与北京大学、中国科学院等院校构建了较为稳定的合作关系，每年会有学生到观象台参观、交流和座谈。而与小学及初高中还没有构建类似的合作关系。目前还不能和初高中一起设计线下科普活动，每次来参加科普活动的学校也具有随机性。对于线上课程，目前上课的学校大多通过公益组织或者其他单位推荐，开课时间不能自主把握，有时候非常集中，有时候较为分散，不利于课程设计和规划。目前还没有和中小学校构建直接的合作关系，而实际上绝大多数学校需要这样的科学课程开阔学生视野，需要国家级科研单位提供支持，尤其是较为偏远的地区，更加缺乏类似资源。

4.2　接待量和人员受限

观象台线下活动以团体为主，为保证参观学习质量，一次活动接待量一般为三四十人，最多不超过100人，很多小学及初高中希望一个学部可以一次性地完成参观和学习，数量达到几百人，远远大于观象台可承受的范围。另外，虽然有两名专职人员和兼职研究生参与科普工作，但总人数还是太

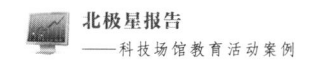

少，很难定期开展科普活动。参观时间方面，日常工作时间各实验室要进行科学实验，不能安排参观，很多科普活动安排在周末，这就对科普人员提出了更高的要求。

4.3 地理位置相对偏远

观象台作为科技部评定的优秀的国家级野外科学观测研究站，主要服务于科研。为了提高观测质量，观象台建台时选址远离市区，地处海淀西北角，目前与最近的地铁还有3000米的路程，多数参观者为自驾，或者学校派车接送，一定程度上限制了线下科普活动的开展。

5 提高馆校结合程度的可行性探索

经过多年的实践，观象台的科普活动和科普课程等逐渐完善，馆校结合取得一定进展。未来可在以下几个方面进行更加深入的探索，不断构建馆校结合的长效机制，克服现有的困难，让更多的学生可以获取防震减灾科普知识。未来可在以下几个方面加强工作，提高馆校结合程度。

5.1 加大宣传力度

无论是开展线上馆校结合活动还是线下馆校结合活动，学校都需要先对观象台有一定了解，对观象台的活动和课程有所了解，因此加强宣传是提升科普效果和馆校结合程度的前提。目前观象台开设了公众号、抖音、B站等平台，并不断利用新媒体开展科普宣传，在未来的几年里将不断加强建设，提高观象台知名度，逐步开通网上预约通道，逐步实现科普活动的稳定和常态化，为馆校合作提供基础支撑。

5.2 深入研究馆校结合模式

科普场馆和学校之间有多种合作方式，加强对馆校结合模式的研究，可以进一步探索出更加适合观象台的合作模式。与此同时，参与馆校结合相关论坛和研讨会等，提高对馆校结合的认识，了解全国馆校结合的情况，为进一步提高馆校结合程度提供参考。

5.3 加强与其他单位的合作

地震是自然灾害的一种，同时属于突发事件，防震减灾科普也属于应急科普的一种，随着国家对应急科普的重视，应急科普场馆、基地等得到一定的发展。加强应急科普相关场馆、基地的合作，扩大朋友圈，不仅可以让更多单位了解观象台，也可以学习其他单位的馆校结合优良做法，加强自身建设。

5.4 培养更多科普志愿者

在提高馆校结合程度的同时，观象台还要提高接待学校师生的能力，因此要解决人员的问题。研究所的研究生是协助开展活动的有生力量，他们可将自己所学的知识直接应用到科普活动中，从而进一步理解自己所研究的问题。加强本所研究生的培养是可行的方式之一。另外，可利用志愿北京等平台，招募志愿者，通过培训让他们可以在周末辅助活动的开展。在日常活动中，鼓励对地球科学以及防震减灾感兴趣的初高中学生，来观象台锻炼，组建一个兴趣组或者科学社团，参与科普活动的开展。

6 结语

2008年汶川地震之后，我国防震减灾科普逐渐被重视。观象台在多年的探索中，科普框架逐渐构建起来，软硬件也逐步完善，馆校结合不断向前发展。防震减灾场馆的馆校结合并没有模板，观象台作为防震减灾科普基地在馆校结合方面进行了实践与探索，但仍然面临困难，存在不足。通过案例分析，总结经验，期望为提高防震减灾馆校结合程度提供一些可能，为其他单位开展防震减灾科普的馆校结合活动提供一些参考。

参考文献

[1]"应急科普能力建设研究"课题组：《应急科普能力建设研究报告》，载《科技馆研究报告集（2006~2015）上册》，中国科学技术馆，2017。

［2］周维丽：《科普基地对小学生科学素养影响的调查》，《上海教育科研》2013年第4期。

［3］Jiaying Yang, Nian Zheng, Peixiao Qi, Han Zhao, *Development of China Seismological Science Popularization in Digital Transformation*, PICMET 2021（EI）（In press）.

［4］杨家英、赵菡、郑念：《中国应急科普场地发展分析》，《中国高新技术》2020年第6期。

［5］邹文卫、张英、周馨媛、郭心、杨帆：《防震减灾科普教育基地发展新模式研究》，载《全球科学教育改革背景下的馆校结合——第七届馆校结合科学教育研讨会论文集》，2015。

［6］凌辉、周勇义、张嫒、黄凯：《北京大学科普教育基地工作的探索与实践》，《实验技术与管理》2016年第10期。

［7］王锐锋、陈鲁刚、马利军、宁海雯、韩和平：《地震台站如何做好防震减灾宣传科普工作》，《防灾科技学院学报》2006年第3期。

［8］何国家：《"说教式"转向"体验式"让安全教育深入人心》，《中国安全生产报》2017年8月18日，第006版。

篇二：馆校合作促进更公平的教育

"更好更公平的教育"，是我国新时代教育公平的核心，也是新时代教育建设的根本遵循。2018年9月，在全国教育大会上，习近平总书记指出"把教育公平作为国家基本教育政策"。推进教育公平是一项系统工程，关系到国家发展大计和全体人民的幸福生活。馆校结合作为一种挖掘校外教育资源，紧密服务学校的教育模式和理念，在促进公共教育服务水平提升、缓解教育资源分配不均衡上具有独特优势。本篇的10个馆校合作案例在示范性、推广性上表现突出，是促进教育公平的良好参考。

内蒙古科技馆开展的"光的幻影"科学教育活动，以馆内的展品为核心，介绍彩色影子的原理。案例设计科学、完整，既有对接课标和场馆主题，又有学情与对象分析，同时兼顾了趣味性和知识性。除此之外，教学内容是对相关知识的深度挖掘和系统构建，具有一定的可持续性。总体来看，案例选题新颖，可推广性较强。在探究活动的设计和实施中，可减少结构性预设，设计更多的真实情境，给学生提供主动解决问题的机会。

北京南海子麋鹿苑博物馆开展的《基于户外科普场馆资源的"生态文明教育"馆校结合实践》是特色自然教育类的优秀案例，教学目的、内容、方法、评价等环节连贯，受众明确，活动趣味性强。除此之外，能将学校学习、校外场馆学习、生活经验等不同的学习场景较好地结合在一起。总体来看，案例逻辑完整，内容详尽，且能在一定程度上帮助学生形成生态文明的价值观。麋鹿作为少见的教育主题，对于学生具有独特的吸引力，可通过优化环节设计增加亮点，增加案例的趣味性。另外需要注意的是，需要增加探究活动中的逻辑性。

黑龙江科技馆开展的《"蚁我为主"科学教育项目》，案例主题与学生生活密切相关，在精细的设计中让学生通过对生活中常见动物蚂蚁的探索，感受大自然的奥秘。案例对接学校课程，在科学的编排中实现学生的综合发展，具有较强的示范作用。总体来看，活动设计细致扎实，主题具有较强的吸引力和一定的示范性，但推广可行性存在一定缺陷——若其他场馆缺少相关资源，则在活动迁移时会遇到困难。但也对其他场馆建设具有借鉴意义，如在展厅建设时可以设计特色主题展区，在活动设计时重复利用馆内特色。

黑龙江科技馆开展的《"冰雪总动员"科学冬令营》，以"冰雪"这一北方学生经常接触的物质为主题，兼具科学内涵和地方特色。活动关注到学生主动参与的重要性，在活动设计中融入取样、观察、比较等科学探究的方法，注重向学生传输科学精神，有利于激发学生参与科学的兴趣和热情。教学活动以一系列问题为线索开展，连贯统一。但以冰雪的性质为逻辑设置问题的同时，如何兼顾所设置的问题对学生当下生活和未来生存产生的现实意义，以及如何将场馆资源更多地融入活动中，是进一步优化活动需要思考的问题。

利用中国电影博物馆资源开展的《馆校结合背景下综合实践活动与学科教育相结合的实践——以"开国大典"中伟人塑型技术探究为例》活动，主题明确，逻辑清晰，馆校之间分工明确、合作深入，活动互动设计合理。该案例是对专题类博物馆特色资源的充分利用，可推广性稍弱，但设计思路值得借鉴学习。总体来看，案例将科技与人文相结合，其所呈现的博物馆与学校之间合作的切入点十分具有新意，但探究环节中以资料搜集为主的教学方式无法有效培育学生的探究能力，建议在探究部分可继续深化。

《"夺宝奇兵"：电磁大搜索——黑龙江科技馆电磁展区教育活动开发》既描述了教师的设计思路，又呈现了学生的活动流程。聚焦科技馆常见的"电磁"主题，构思巧妙，将黑龙江科技馆二层的电磁展厅充分利用起来，同时很好地处理与课标、学情之间的关系，使得受众能充分挖掘馆内电磁知识，具有较强的示范性与可推广性。案例融入项目式学习的方法进行活动设计，总体来看，活动结构清楚，形式丰富，充满趣味性和学理性，符合教学对象的心理特征。可深化之处是加强探究活动，增加观众的探究性和体验性。

《巴山"植"旅野外科学考察》是一个将学生、校外资源（自然保护区）、学校（课程和校园科技节）很好地联系起来的馆校合作案例。案例在充分把握学生学情的基础上，挖掘和利用自然保护区的硬件资源，并与国家课程标准紧密结合，开发系列完整的科学教育活动。活动中采用5E教学法，鼓励学生主动发现问题、自主探究等，能有效地提升学生探究能力；活动中渗透的环境道德教育思想，符合环境教育的一般规律，能有效地向学生渗透保护自然的观念。活动的开展形式和工作方法对其他机构开展馆校合作起到良好的示范作用。如果能在评价部分更详细地展开叙述，相信会对本案例集的读者提供更多帮助。

在新冠肺炎疫情肆虐的背景下，上海科技馆开展的《看不见的"微"胁》，以病毒细菌为主题，既传播核心科学概念，又密切联系受众的防疫生活，具有很强的现实意义。这一点上，该案例可供其他场馆借鉴学习。案例面向全年龄段的观众设计和开展活动，受众面广，极好地推动了疫情防控的科学传播，但具体如何面向不同类型的受众及时评估总结，调整实施策略，仍存有疑惑。另外，目前案例主要是在科技馆中开展，如何与学校合作，使更大规模的学生受益，仍需在进一步的工作中落实。

在国家海洋博物馆开展的科学教育活动《大国小工匠——小小造船匠》，与"海上丝绸之路"等国家战略相呼应，较多地利用场馆资源，将历史文化、科学技术融合在一个学习主题之中，具有一定的跨学科性。跨学科教学应从主题切入，深入分析其所蕴含的不同领域知识技能的内在联系，聚焦核心概念开展教学设计与实施，引导学生在参与中学有所得，要注意避免被既定的知识框架和场馆资源影响，造成活动设计的分离和割裂。

《"追日寻踪"日环食天文主题系列活动》案例面向全年龄段受众，采用直播的形式进行教育活动，对其他场馆有一定的借鉴价值。加强整体规划和对科学活动的反思总结，在内容丰富的基础上增加教育性，是整个活动优化迭代的方向。

上述案例在投稿时，并未预料到"教育公平"将作为本次案例征集的一个评价维度，但在本次征集的案例中均或多或少地体现出教育公平思想，这也从实践层面印证了馆校合作活动的开展与教育公平的实现之间具有契合性。不得不说，固定的校外资源对于教育公平的实现有利有弊，活动设计者确实需要把握活动的推广性与资源利用之间的平衡。

探究式教学在科技馆教育活动中的应用
——以"光的幻影"馆校结合科学课程设计为例

胡新菲[*]

（内蒙古科技馆，呼和浩特，010010）

当前学生获取科学知识的途径主要有两条：一是正规科学教育，即从书本中学习，获得的是"间接经验"；二是非正规科学教育，即从实践中学习，获得的是"直接经验"。科技馆是非正规教育的重要组成部分，科学教育活动的特色是将模拟再现科学家们以科学研究为目的的探究过程，转化为学生从实践中以学习为目的的探究过程，从而使学生获得"直接经验"，建立起更加完善的知识结构，还能提高其科学论证能力。作为非正规教育场所，科技馆为推动馆内探究式教育活动有效实施，有必要与学校之间建立起长期联系与合作关系。[1] "馆校结合"集正规科学教育和非正规科学教育于一体，要想充分发挥二者优势，应满足三个基本要求：对接课标、发挥科技博物馆资源优势与教育特征以及体现当代科学教育先进理念与发展趋势。[2]

1 活动设计思路

1.1 设计背景内容

本活动依托 2005 年世界物理年的话题，与内蒙古科技馆"探索与发现"

---

[*] 胡新菲，单位：内蒙古科技馆，E-mail：huxinfei1017@qq.com。

展厅中的展品"影子摩托车"相结合,通过来自普林斯顿的神秘邮件,引出"光的幻影"教育活动。影子既是一种科学现象,也可以说是我们的好伙伴,通过探究实验,引导学生掌握影子形成的三个条件。在活动过程中注重学习、探究以及发现过程,以锻炼学生思维能力,提升自主学习能力。让学生通过提出假设,有目的性地进行动手实验,分析原因,以事实为依据得出彩色影子的形成因素,激发学生对于探究式学习的乐趣,在寻找彩色的影子过程中增强对于自己能力与信心的肯定。通过一系列探究实验,进一步挖掘影子的相关特点:影子的位置,随光源的位置改变而改变;具有颜色的影子与彩色光源之间的关系。在活动最后设计并制作光影创意秀,培养学生的创新精神与实践能力。开展以观众自主探究为主的科技馆教育活动,对实现科技馆的科普功能、推动科技馆的可持续发展、提高青少年的科学素养有着重要的意义。[3]

1.2 教学对象和学情分析

教学对象:本次教育活动针对的具体教学对象是小学5~6年级学生,适宜的学生人数是15~20人。

学情分析:5~6年级的学生在原有生活基础上对影子有一定的认识,他们知道影子的产生必须要有光和物体,影子随着光的改变而改变等。但是他们的这些认识还比较模糊,对相关问题之间内在联系的认识也不足。学生在生活中并没有接触过与彩色影子相关的东西,对彩色影子并不了解,在固有认知中,影子只有一种颜色。因此,活动从光、影之间的关系开始,利用光影之间的关系继而阐述把不同颜色的光混合投射时影子所发生的变化,引发学生对于科学多面性的思考。通过科学探究实验,去观察、整理、发现、总结光和影子颜色之间的规律。激发学生对于学习的热情,增强了学生"研究"科技馆展品的独立思考性、系统学习性以及参观目的性。

1.3 活动表现方法

1.3.1 设置任务情境,导入活动主题

兴趣是学习的第一老师,提出"让我有个彩色影子"的任务情境作为活动开始,在营造的虚拟环境中体验学习。彩色影子在日常生活中并不常见,与

学生固有印象的单色影子产生认知冲突，可以调动学生参与活动的积极性，激发学生对探究后续环节的冲动和欲望。

1.3.2 探究式教学模式贯穿活动始终

以基于实践的探究式学习为核心的科学教育，是新时期科技馆教育活动开发设计的基本方向。[3]在活动第二、三、四环节中，探究式教学模式贯穿始终，教师提出问题，同时注意到一些令学生感兴趣、觉得惊奇或有疑惑的现象，让学生大胆假设，并根据自己的设想动手参与、互动、探究整个实验过程，引导学生在探究的过程中验证自己所提出的假设结果。设计类似于科学家做科学实验一样的学习情境，[5]避免让学生按照固定套路、规定动作进行科学实验，被动接受科学知识的"填鸭式"教学，促进学生在疑难情境中发展批判思维、创新思维（见图1）。

1.3.3 以科普长图文的方式延伸活动内容

"馆校结合"集学校教育与科技馆教育于一体，但在整个大的教育活动中，家庭教育也是不可或缺的重要因素。在以往开展的活动反馈中，发现很多学生愿意将自己在科技馆课程中所学到的知识描述并演示给父母，但在家中重复所学到的实验时会有遗忘的现象发生。为了让学生彻底掌握所学知识，绘制科普长图文《让我有个彩色的影子》，以学生喜闻乐见的形式，通过人物阿呆与影子风趣幽默的对话，带领学生在家里也可以还原实验过程。

2 教学目标及教学内容

2.1 教学目标

科学知识：行进中的光被阻挡时，就形成了阻挡物的阴影。知道影子的产生必须要有三个条件，光源、遮挡物和屏；行进中的光遇到物体时，会发生反射现象；影子的位置随着光源位置改变而改变；影子的颜色与增加带有颜色的光源有关；彩色影子的大小与遮挡物和光源之间的距离有关。

科学探究：探究在光的照射下影子的变化规律实验中，能将观察结果用图画准确、规范地记录下来，并利用记录结果，进行分析、推理，找出光源、遮挡物和影子之间的关系。

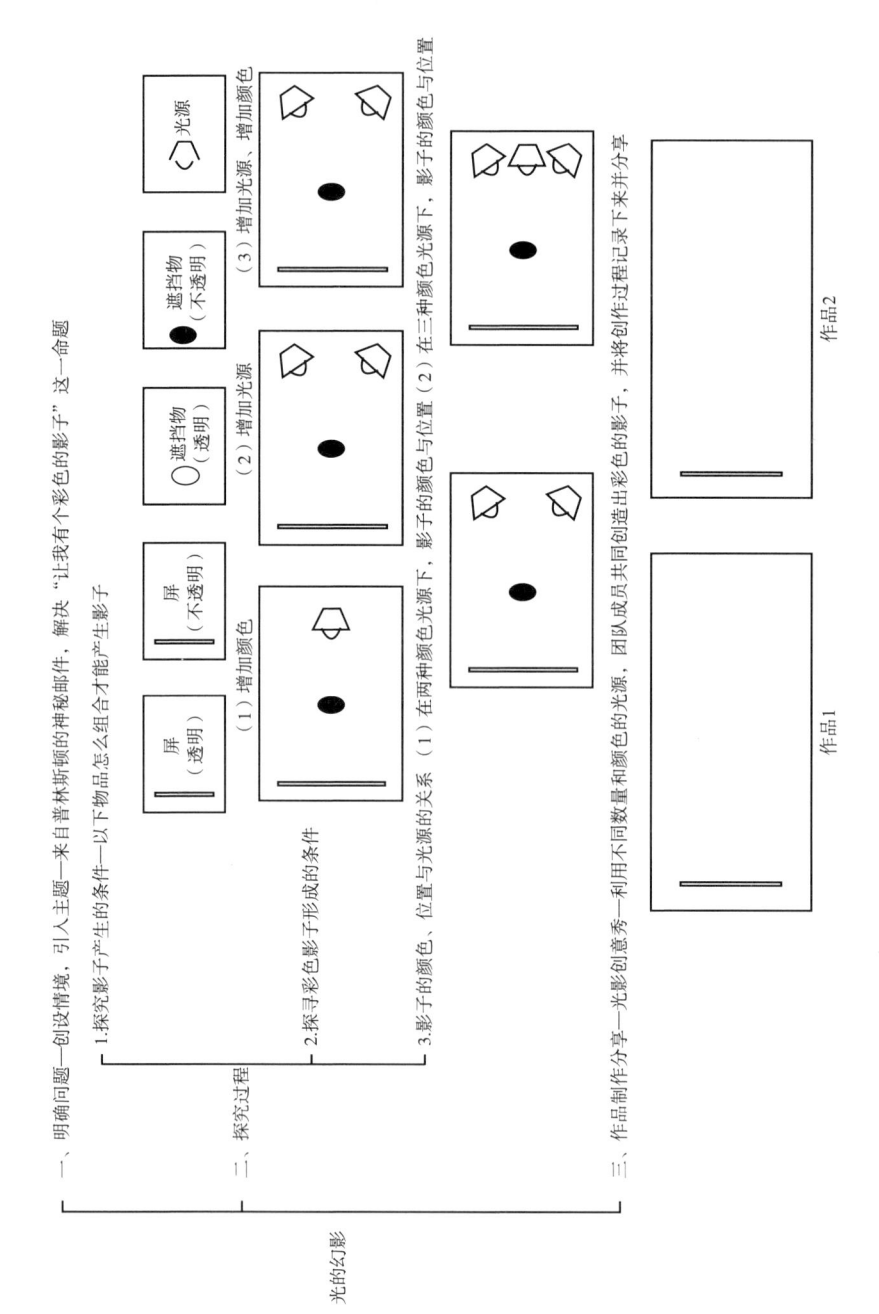

图 1 "光的幻影"导图

光的幻影
- 一、明确问题—创设情境，引入主题—来自普林斯顿的神秘邮件，解决"让我有个彩色的影子"这一命题
- 二、探究过程
  - 1. 探究影子产生的条件—以下物品怎么组合才能产生影子
  - 2. 探寻彩色影子形成的条件
    - （1）增加颜色
    - （2）增加光源
    - （3）增加光源、增加颜色
  - 3. 影子的颜色、位置与光源的关系
    - （1）在两种颜色光源下，影子的颜色与位置
    - （2）在三种颜色光源下，影子的颜色与位置
- 三、作品制作分享—光影创意秀—利用不同数量和颜色的光源，团队成员共同创造出彩色的影子，并将创作过程记录下来并分享
  - 作品1
  - 作品2

科学态度：培养学生探究学习的能力，认识到结果固然重要，但探究发现的过程更重要。在与同伴合作、交流与解决问题的过程中，培养学生动手动脑、解决实际问题的能力和团结协作精神。

科学、技术、社会与环境：了解科学技术对人类生活方式的影响。通过加色法的原理了解人类的好奇心和社会的需求是科学技术发展的动力，技术的发展和应用影响着社会的发展。①

2.2　教学重难点

教学重点：形成影子的三要素，光源、遮挡物（不透明物体）、屏（不透明承截面）。

教学难点：光源对影子的位置和颜色的影响。

2.3　衔接学校知识点及拓展知识点

衔接学校知识点：6.2.2 光在空气中沿直线传播（行进中的光遇到物体时会发生反射，会改变光的传播方向，会形成阴影）。

拓展知识点：加色法。

2.4　知识原理

形成影子的三要素：光源、遮挡物（不透明物体）、屏（不透明承截面）。

行进中的光遇到物体时，会发生反射现象（对接 2017 年小学科学课程标准中 6.2.2 光在空气中沿直线传播，行进中的光遇到物体时会发生反射，会改变光的传播方向，会形成阴影）。

光源对影子的位置和颜色的影响。

加色法：把不同颜色的光混合投射，生成新的色光。

2.5　教学场地、教学准备、活动时间

教学场地：科技馆展厅、教室、实验室、表演台、影院、科普报告厅、户外、校园、社区、科研机构等。

---

① 以上目标维度参考中华人民共和国教育部发布的《义务教育小学科学课程标准》。

教学准备：显示器、教学活动材料（见表1）。

活动时间：本教育活动适宜在科技馆所有开放日开展，总时长45分钟。

表1 "光的幻影"教育活动清单

序号	物品名称	数量	序号	物品名称	数量
1	手电筒	20个	7	彩笔	5套
2	屏（透明）	5个	8	燕尾夹	一盒
3	屏（不透明）	5个	9	不透明物体	5个
4	红色PVC（透明）	5个	10	透明物体	5个
5	蓝色PVC（透明）	5个	11	科普图文	20份
6	绿色PVC（透明）	5个	12	"光的幻影"实验记录单	20份

3 教学过程

3.1 第一阶段：引入活动——寻找彩色影子

阶段目标：提出问题，引入主题。

设计意图：从神秘的邮件开始，设置任务情境以"让我有个彩色影子"主题为基础，明确本次活动要达到的目的。调动学生的积极性，让学生踊跃发言，积极讨论，增强参与活动的自信心，同时对影子的形态有深层次的认识。

学情分析：学生对影子有一定的了解，但对影子具有的颜色并不了解，当教师提出彩色影子时与学生的原有认知产生冲突。

教学策略：通过神秘的邮件吸引学生的注意力，激发其探究兴趣。

教师活动：在活动开始前，给学生一封来自普林斯顿的神秘邮件，并介绍邮件背后的故事，引出"让我有个彩色影子"的话题。现在就让我们一起来寻找彩色的影子吧。教师引导学生观察"影子摩托车"这件展品，并向学生提问，我们的影子有没有颜色？生活中有没有彩色的影子？要了解生活中有没有彩色的影子首先就要了解什么是影子？影子长什么样？影子的产生需要哪些条件？

3.2 第二阶段：探究影子产生的条件

阶段目标：了解光、遮挡物、屏（承载面）三者之间的关系。

设计意图：通过探究活动，让学生了解光、遮挡物、屏（承载面）三者之间的关系。让学生通过记录探究过程，了解光被阻挡时就形成了遮挡物的阴影。将影子形成原理与条件清晰地验证出来。

学情分析：学生对影子有一定的了解，但是不能将影子形成的条件准确地表达出来。

教学策略：通过任务驱动让学生在完成任务的过程中能够推理、归纳并总结。

教育活动脚本：在日常的生活中，影子与我们形影不离，但是大家对影子的认识又有多少呢？

教师活动：引导学生观察展品"影子摩托车"，同时提供材料，提出问题，利用下面的材料能制造出影子吗？引导学生利用提供的材料制造出影子。

学生活动：思考形成影子必须具备哪些要素？如何形成影子？通过对影子的观察与了解，做出哪些推理，并预测哪些结论？

3.3 第三阶段：探寻彩色影子形成的条件

阶段目标：验证假设，通过动手实验，得到彩色影子。

设计意图：学生通过动手操作，循序渐进地增加光源及增加光源颜色。针对问题提出假设、设计方案、验证假设、记录并观察影子颜色的变化，以及影子位置的变化，了解探究过程，培养学生推测、设计和验证等科学探究能力，发展科学思维能力，逐步巩固彩色影子的概念。

学情分析：通过探究实验，发现学生只重结果、忽略过程，缺乏对彩色影子的深入理解。

教学策略：在学生提出设想、观点、预判和进行讨论时，教师不做评价，而是通过后续实验的实际结果证明其设想、观点、预判的对错。

教育活动脚本：每个人都有独一无二的影子，在印象中影子的颜色只有一种——黑色。那么针对邮件中所说的彩色的影子，我们能不能通过今天的实验得出来呢？世界上真的存在彩色的影子吗？它到底是怎么实现的呢？

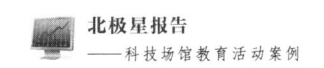

教师活动：曾经有很多人研究了彩色的影子，你是否也能设计出一个彩色的影子？引导学生思考形成彩色影子必须具备哪些要素以及如何形成彩色的影子。

学生活动：大胆地说出产生彩色影子的假设，根据教师的提示，分别添加颜色，添加光源，探究彩色PVC放在光、遮挡物与屏（承载面）之间的哪个位置才可以出现彩色的影子。观察结果并完成实验记录，总结观察到的现象。

3.4 第四阶段：影子的颜色、位置与光源的关系

阶段目标：主动得到探究的结果，发现影子的颜色、位置与光源之间的关系。

设计意图：设置具体问题情境，通过教师提出的问题，吸引学生的注意力，让学生推测导致影子颜色各种变化的因素，激发学生探究知识的欲望，让学生像科学家一样通过观察、动手实验，在探究的过程中获得"直接经验"，了解影子的颜色、位置与光源之间的关系。在此环节，锻炼学生发现问题、找到问题答案并解决问题的能力。同时延伸加色法在生活中的应用，让学生能够了解所学的科学知识在日常生活中的应用。

学情分析：分组进行实验探究，学生对不同光源照射遮挡物所产生的彩色影子能够积极参与探究并讨论，自由地表述自己的观点，对于其他人的观点也可以提出疑问。

教学策略：通过讲授法对知识难点进行补充解释，但更多的是让学生在实验中将自己所获得的"直接经验"进行梳理、归纳、总结，鼓励学生有意识地进行反思。

教育活动脚本：通过上一环节，我们已经得到了具有一种颜色的彩色影子，不同颜色的光源、影子的颜色和位置是一成不变的吗？

教师活动：引导学生将光源、遮挡物、白屏依次放在桌面上。点亮光源，让遮挡物的影子出现在白屏上。指导学生把不同颜色的光源混合投射，再次观察影子的变化，探究影子的颜色与光源之间的关系、影子的位置与光源之间的关系以及光的反射现象，在白屏上画出不同光源照射遮挡物的影子。移动遮挡物，观察彩色影子大小及影子彩色的数量，引导学生在白屏上画出不同光源照射遮挡物的影子，并记录观察到的现象。

学生活动：通过动手实验发现彩色影子的颜色、位置以及大小有了变化，动手操作推测并总结这些变化可能与光源的颜色、光源的方向、光源照射的角度、遮挡物与光源的距离和遮挡物侧面的形状等因素有关。

教师活动：教师让学生对观察到的现象进行总结，引导学生通过实验，认识加色法这个概念，并了解加色法在生活中的应用。针对每组的不同情况给予一定的引导，并指出验证过程中常识性的错误。在引导学生得出正确答案的同时，对他们提出的奇思怪想保留意见，要鼓励学生的奇思怪想，开拓思维的发散性，并把有新意的点子及时记录下来，总结反馈给学生。

学生活动：在活动过程中探究影子颜色的变化，并能说出影子的颜色是通过哪种颜色混合形成的。通过教师的讲述了解加色法在生活中的应用。

3.5 第五阶段：光影创意秀

阶段目标：交流、分享彩色影子的创造过程。

设计意图：回顾所学知识，设计出属于自己的彩色影子，检验学生对彩色影子的掌握情况，并对设计彩色影子的过程进行分享。

学情分析：运用所学到的知识，创造属于自己的彩色影子。

教学策略：帮助学生巩固已学习的知识。

教育活动脚本：运用所学的知识，利用不同数量和颜色的光源，团队成员共同努力创造出彩色的影子。并将彩色影子的制作过程进行交流分享，了解在日常生活中，只要用科学的方式思考，"我们每个人都是爱因斯坦"。

4 教育活动评估方向

为了解"光的幻影"课程开展的情况，促进"馆校结合"课程设计的改进，指导课程设计的发展方向，应清楚地了解场馆与学校结合开展科普工作中的不足。"光的幻影"教育活动以形成性评估和总结性评估为主。

形成性评估也叫过程评估，就是在课程编制、教学和学习过程中使用系统性评估。在本课程评估中通过对学生填写的实验记录单、图示、课堂发言以及学生在课程中的表现进行观察，及时了解课程开展的效果，给予学生即时反馈，以便调节、修正学习过程，更多关注的是通过本次活动所"直接"

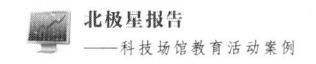

获得的知识。

总结性评估是在某一项活动告一段落时，为了解其成果而进行的评估。在课程第五阶段中，让学生动手设计展示光影创意秀，在展示过程中分享团队设计思路，教师可以通过学生的分享了解其教学目标达成度。还可以让学生填写问卷调查反馈表，体现本次课程对学生产生的影响，其中问卷调查反馈表涉及的问题分类为：①本次活动能收获的知识程度。②活动形式新奇有趣程度。③活动形式有无需要改进的环节。④辅导员辅导过程的满意度。通过及时有效的反馈信息，总结、分析并积累活动经验，找出自身薄弱环节，发挥优势弥补不足，提升"馆校结合"课程设计水平。

5 计划与实施情况

5.1 第一阶段

为保证项目知识的准确性、科学性和趣味性，收集并查找有关光与彩色影子的相关文献，确定活动目标，结合场馆内相关展品，开始准备工作，2020年6月初完成。

5.2 第二阶段

编写教育活动方案初稿，根据活动设计环节动手实验，还原实验步骤，保证实验设计的准确性，2020年7月完成。

5.3 第三阶段

对"馆校结合"教育活动"光的幻影"进行试讲，邀请呼和浩特市教育局小学科学教研室老师就教育活动课程设计进行点评，根据提出的意见进行改进，2020年7月末完成。

5.4 第四阶段

绘制科普长图文《让我有个彩色影子》还原教育活动环节中的实验步骤，作为配合活动的辅助材料，2020年8月完成。

5.5 第五阶段

在内蒙古科技馆二层"光影之绚"展区进行教学实践的试验运行,并不断加以完善和改进,2020年11月至今已经基本完成,活动仍在进行中。

5.6 第六阶段

将开展活动的实际情况进行教育活动评估,根据实施效果调整方案,撰写评估报告。

教育活动课程设计不是一蹴而就的工作,需要经历三个阶段:前期大量的准备工作、中期活动实施、后期的评估,不论哪个环节对于科普教育活动而言都是重中之重。

6 活动特色

本活动在设计过程中不但注重与科技馆实际情况相结合,而且教学目标对接《义务教育小学科学课程标准》,发挥了科技馆教育资源优势,课程在知识结构和要点上对接学校课程标准,在教学模式和方法上避免与学校同质化。符合学生身心发展规律,注重科学探究实践,解决实际生活中的问题。活动环节设置上以探究式方法和情境教育为理论基础,创设包含真实事件的情境,学生在探究问题的过程中主动地理解知识、学习知识。教育活动中的知识原理源于生活,从实际生活出发,通过探究式学习,利用内蒙古科技馆的设施和活动资源,引导受众在情境中主动探究和学习,只有把知识带回到生活中形成知识迁移,学生才会真正地掌握所学知识,进一步激发其学习的兴趣。主动贴近学生的心理需求,利用当下流行的科普长图文,绘制卡通人物代入情境,具有很强的吸引力。图文内容有趣且生动,情节性强,探究式学习贯穿始终,还原教育活动中的实验步骤,在图文中将简单的光、影、影的颜色等科学内容进行融合。本活动中所运用的材料简单、易操作、安全性高,方便在场馆内、学校、社区等地方开展,弥补了只有来科技馆才能做活动的缺憾,使科技馆的馆内和馆外活动资源得到最大化利用。

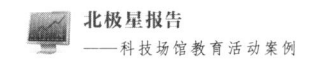

7 结语

在"光的幻影"教育活动设计实施的过程中,笔者深刻地感受到要时刻与学校进行沟通,了解其需求,通过尝试将探究式学习应用在"馆校结合"教育活动中,营造让学生自主实践、探索的学习情境,对培养学生的科学素养、探究实践能力和创新精神具有重要作用。因此,科技馆在教育活动设计和实施过程中,要强调通过"实践""探究"获得"直接经验"的过程和由此得到的能力培养以及科学素养的提升。[6]吸引广大青少年参加科技馆教育活动,以满足学校、家庭、社会不断增长的科学教育需求,搭建学校与科技馆之间的学习交流平台。

参考文献

[1] 张云飞、竺大镛、胡玺丹等:《馆校结合中展教资源的开发和利用》,载《中国科普理论与实践探索——公民科学素质建设论坛暨第十八届全国科普理论研讨会论文集》,2011。

[2] 朱幼文:《"馆校结合"中的两个"三位一体"——科技博物馆"馆校结合"基本策略与项目设计思路分析》,《中国博物馆》2018年第4期。

[3] 邱也:《科技馆教育活动的开发思路和教学设计探究》,载《全球科学教育改革背景下的馆校结合——第七届馆校结合科学教育研讨会论文集》,2015。

[4] 陈闯:《"分解—体验—认知"——探究式展品辅导开发思路》,《自然科学博物馆研究》2016年第4期。

[5] 祝辉:《情境教学研究》,上海师范大学硕士学位论文,2005。

[6] 张彩霞:《STEM教育核心理念与科技馆教育活动的结合和启示》,《自然科学博物馆研究》2017年第1期。

基于户外科普场馆资源的"生态文明教育"馆校结合实践

洪士寓 白加德 宋 苑[*]

(北京南海子麋鹿苑博物馆,北京,100163)

    随着科普场馆在传统教育中承载着愈加重要的责任,越来越多的学校将之纳入学生的非正式学习场所,以科普场馆特色结合学校教育而开发的课程、活动不断出现在全国的博物馆、科技馆中,对学生的辅助教学产生了巨大作用。目前,我国馆校结合主要以"提供者与接受者模式"和"博物馆主导的互动模式"两种方式进行,绝大多数科普场馆以自身功能特色与学校对接。如何充分发挥科普场馆自身特色,是馆校结合成功开展的重要课题。

    北京南海子麋鹿苑博物馆简称麋鹿苑,是国家二级博物馆,还被称作北京麋鹿生态实验中心和北京生物多样性保护研究中心,是一个集室内和户外于一体的湿地生态博物馆。目前麋鹿苑以鹿类动物为主,展示了半散养的麋鹿、牙獐和圈养的梅花鹿、黇鹿、马鹿等大型哺乳动物。散养的孔雀、东方白鹳、灰鹤、小天鹅等鸟类与绿头鸭、苍鹭、灰椋鸟、达乌里寒鸦等 200 余种野生鸟类在这片"湿地博物馆"中和谐共处,营造出一幅美好的"生态博物馆"场景。

    多年来,麋鹿苑作为全国科普教育基地、中国生物多样性保护示范基地、北京市科普教育基地,一直深耕生态科普教育领域,开展各类科普活动上千场,

---

[*] 洪士寓,单位:北京南海子麋鹿苑博物馆,E-mail:hsy@milupark.org.cn;白加德,单位:北京南海子麋鹿苑博物馆;宋苑,单位:北京南海子麋鹿苑博物馆。

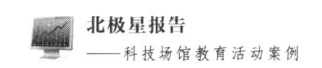

受众人数达百万人，积累了大量科普教育经验，建立了独特的"户外生态博物馆科普教育体系"，与北京市中小学校开展了十余年的"馆校结合"教育合作。

目前，很多学校和校外教育机构都在开展关于自然体验教育的实践活动，随着生态文明建设成为中华民族永续发展的千年大计，麋鹿苑充分发挥户外生态科普场馆及城市湿地的自身特色，以馆方视角推广自然教育的探索实践，研发了一系列科学性强的馆校结合综合实践课程，为北京市中小学生态文明教育提供了独具特色的校外综合实践课程方案。课程内容如下。

1 目标：科学探究湿地生态系统结构，牢固树立学生生态文明理念

充分发挥本馆户外湿地生态博物馆的特殊价值，利用室内展教资源和户外生态环境优势，通过探究麋鹿与湿地等综合实践课程，让学生科学认识湿地生态系统的结构及其在城市生态环境中的重要作用。并通过一系列科学实践活动，牢固树立学生的生态文明理念。

生态文明是以人与自然、人与人、人与社会和谐共生、良性循环、全面发展、持续繁荣为基本宗旨的社会形态。党的十八大明确提出"大力推进生态文明建设，努力建设美丽中国，实现中华民族永续发展"，因此如何培养学生的环境认知，提高学生生态文明整体意识成为当下我国教育面临的课题。本馆在针对学校的课程开发设计中，注重培养学生对自然的关爱之情，树立和谐的生态文明理念。通过在自然中探索湿地物种结构，激发学生在实践中创新、探究自然的兴趣。锻炼学生的观察力、表达能力和团结协作的能力。启发学生以兴趣为接入点，从感知自然到热爱自然最终萌生关爱自然、保护环境的生态文明价值观。

2 内容及实施过程

2.1 设计思路

针对当下科普场馆对接学校科学教育时存在的脱节问题并充分对接课标，

以为学生提供体验科学探究过程及实践运用科学方法解决实际问题的场所为主要手段。特别是针对生命科学领域的教学内容，包括了解生物体的主要特征，知道生物体的生命活动和生命周期等教学目标，利用本馆展厅及户外湿地生态教育资源，采用以综合实践为主的 STEM 教学理念补充课堂教学方法，开发能培养学生科学精神的探究式学习活动。

2.2 主要内容

2.2.1 概述

针对小学科学课程中生命科学领域的教学内容，以"探究麋鹿与湿地"为主题，综合利用本馆麋鹿保护区、科普教育设施及世界鹿类展厅的鹿角大观、互动合影墙等展教资源，以"基于实物的体验式学习，基于 STEM 的探究式课程学习"为教学理念，以故事性带入学习、情境式模仿学习、调动多感官学习和创意 DIY 为主的教学方法，以麋鹿保护区探秘、展厅参观、实物鹿角调查及鹿角发卡制作的活动形式，配合《鹿王争霸》纪录片及以《鹿王的荣耀》动画视频为辅助教学技术手段，最终达成《义务教育小学科学课程标准》中规定的"能根据某些特征对动物进行分类、列举我国的珍稀动物、举例说出动物在气候/食物/空气和水源等环境变化时的行为"等教学目标。

2.2.2 教学对象与受众分析

活动对象：本项目教学对象为 8~12 岁即小学 3~6 年级的学生。

受众分析：学生在进入 3 年级后，积累了一些必要的生活经验，具备旺盛的好奇心和求知欲。这个阶段的儿童开始具有逻辑思维和真正运算的能力，认知方面逐步从具体运算发展到形式运算阶段，对事物的感知能力逐渐从整体精确到部分。在生命科学领域，已经具备了认识周边常见动物、植物，能简单描述其外部主要特征的能力。能够意识到保护环境的重要性，珍爱生命，保护身边的动植物。

2.2.3 教学内容

本项目利用麋鹿保护区的场地资源、世界鹿类展厅资源等，融合了小学语文、数学、美术等学科的内容。

校内课堂教学内容（3 课时）：麋鹿与麋鹿苑、身边的自然——植物篇、身边的自然——鸟类篇、湿地生态系统、守护绿水青山。

基地实践体验内容（7课时）：了解麋鹿故事、探索麋鹿世界、体验湿地景观、研究鹿角标本、制作鹿角发卡。

2.2.4 教学目标

科学知识方面：认识以麋鹿为主的我国珍稀鹿类动物，能根据鹿角的分叉特征识别麋鹿角。能够举例说出麋鹿适应湿地生活的形态特征。认识芦苇，了解芦苇叶片的特点。初步了解麋鹿和芦苇的相互关系等。

科学探究方面：让学生体验到从提问、分析到达成共识的科学探究过程，解决头脑中与"探究麋鹿与湿地"主题相关的问题。

科学态度方面：保持探究麋鹿苑动植物的好奇心，能够与小组成员合作完成数据采集，并基于数据进行分析讨论，形成结果和推论。

科学、技术、社会与环境方面：能够意识到人类发展对麋鹿种群数量变化的影响，能够感受到随意投喂对野生动物行为的影响。愿意向他人介绍麋鹿，保护苑中的野生动物，愿意劝阻家人或游客的不当投喂行为。

2.2.5 教育项目总时长及主题

课程实施总时长为10课时，共计450分钟（见表1）。

表1 相关课程时长分布

序号	课程内容	教学地点	课时（45分钟）
1	麋鹿与麋鹿苑	校内课堂教学	0.5
2	湿地生态系统	校内课堂教学	0.5
3	了解麋鹿故事	基地实践体验	1
4	探索鹿类世界	基地实践体验	1
5	身边的自然——鸟类篇	校内课堂教学	0.5
6	身边的自然——植物篇	校内课堂教学	0.5
7	体验湿地景观	基地实践体验	2
8	研究鹿角标本	基地实践体验	1.5
9	制作鹿角发卡	基地实践体验	1.5
10	守护绿水青山	校内课堂教学	1

2.2.6 实施过程

表2　第一阶段：认识麋鹿与湿地

教育活动脚本	设计思路
阶段目标：利用课堂教学与展厅参观的结合，激发学生探究的兴趣，引入教学内容	
教学内容：麋鹿与麋鹿苑、湿地生态系统、身边的自然——鸟类篇/植物篇 时间分配：课堂学习90分钟，室内展厅参观90分钟 教学方法：情境学习、基于问题的学习 活动方式：观看纪录片、接龙游戏制作名牌、体验与不同的鹿角合影等 教师活动： 借助PPT课件讲授麋鹿与麋鹿苑、湿地生态系统、身边的自然——鸟类篇/植物篇四部分内容，将麋鹿自然史、麋鹿的发现、灭绝、重引进历史，麋鹿的形态学特征，南苑文化等内容介绍给学生，从而对世界鹿类种类与分布、鹿类起源与进化、鹿角标本、鹿与生态有一定的了解。 带领学生参观本馆"世界鹿类""麋鹿传奇"展厅，引导学生观察鹿角的提点，区分展窗中不同的生态环境中鹿类动物的不同。引发思考麋鹿与湿地是如何联系在一起的。 指导学生给自己起一个自然的名，通过接龙、分类游戏和角色扮演的方式帮助学生创设一个湿地动植物生态的情境。 引导学生思考：麋鹿生活在什么样的环境中？麋鹿是如何适应湿地环境的？南苑皇家猎苑是什么地方？麋鹿在哪些国家生活过？为什么要物种重引进？鹿角都长在头上吗？所有的鹿都长角吗？长颈鹿是鹿吗？不同生态环境下生活的鹿一样吗？鹿角有什么用途呢？ 学生活动： 1. 在课堂上给自己起一个与湿地相关的自然物的名字，并制作名牌，向同学介绍自己。 2. 按照老师的要求表演自己自然名代表的内容。 3. 参观展厅，体验展厅里的互动展项，观察鹿角的丰富形态，不同环境下生活的鹿类有什么区别和规律。 4. 思考老师提出的问题，并在参观过程中寻找答案	◆设计意图 本阶段教学要使学生关注湿地的动植物种类、体验湿地环境的物种多样性、发现不同环境下鹿类动物的形态有区别。 以"麋鹿传奇"展厅为依托，可以引导学生了解麋鹿自然演化、科学发现、种群变迁的历史，了解麋鹿保护的现状。可以通过"麋鹿之最""湿地精灵"等互动展项，发现麋鹿物种的独特特征，并思考麋鹿与其他鹿类动物的区别。 ◆学情分析 本阶段学习需要学生记住以下内容： 1. 鹿喜欢在温暖潮湿的地方生活。 2. 麋鹿通过向后分叉的鹿角、长长的脸型、宽大的蹄子和灵巧的长尾巴来适应湿地的生活。 3. 皇家猎苑是饲养皇帝喜爱的珍禽异兽的地方。早在元代，南苑地区就被列入了皇家猎苑的范围。 4. 麋鹿是中国特有的鹿类动物，被法国人介绍到欧洲，英、法、德等多个国家的动物园从中国引进了麋鹿。 5. 麋鹿本是中国特有动物，却在中国本土灭绝，它们灭绝的原因与人类的活动相关。 6. 鹿角并非都长在头顶上，奇角鹿的鹿角就长在鼻子上。 7. 不是所有的鹿头上都长角。一般是公鹿长角，母鹿不长。牙獐的公鹿和母鹿都不长角。 8. 长颈鹿不是鹿，它是长颈鹿科动物。长颈鹿头上的角终身不脱落。 9. 马鹿喜欢生活在森林，白唇鹿则生活在高原，驯鹿生活在北极苔原地区，麋鹿喜欢生活在湿地。 10. 鹿角是公鹿之间比拼力量的工具。人们则用鹿角入药。 由于不同学生的关注点和兴趣点并不一样，内容较多可能导致学习懈怠，能真正记住的内容较少，影响教学的效果。

续表

阶段目标:利用课堂教学与展厅参观的结合,激发学生探究的兴趣,引入教学内容	
教育活动脚本	设计思路
器材与媒体运用: "麋鹿传奇"展厅中设有麋鹿之最、湿地精灵等互动展项,有助于吸引学生在"玩儿"的过程中掌握与麋鹿的形态、行为相关的科普知识点	◆教学策略 在上述学情下,为实现阶段目标,需要老师利用好本馆的资源优势,通过带着问题看展览的方式,分小组、分批次地进行学习探究活动,完成每一部分内容的学习后,要及时巩固知识点。可以通过小组汇报、快问快答的形式巩固教学成果

表3　第二阶段：探究麋鹿与湿地

阶段目标:通过实践体验,引导学生探究麋鹿是如何适应湿地生活环境的	
教育活动脚本	设计思路
教学内容及时间分配: 体验湿地景观90分钟 研究鹿角标本90分钟 教学方法: 探究式学习、体验式学习、多感官认知、基于问题的学习 活动方式: 观察湿地景观、操作望远镜、触摸测量鹿角、采集植物标本,统计并分析数据 教师活动: 1. 给学生讲解麋鹿生活环境、苑中麋鹿采食的植物、湿地常见的鸟类及分类、湿地常见植物种类及识别、鹿角与牛角的区别、鹿角的生长过程、鹿角的功能、鹿角的形态特征等内容。 2. 带领学生在文化墙、科普栈道等设施中观察湿地动植物,感受湿地生态环境。记录鸟种数量。 3. 分小组采集芦苇等湿地植物标本不少于5种,测量并统计叶片面积。 4. 分小组观察鹿角、牛角实物标本不少于4件、测量分支与总长的数据。 5. 引导学生思考:麋鹿适宜生活在什么样的环境中？麋鹿会游泳吗？麋鹿喜欢吃什么？喜欢湿地生活的鸟类有哪些？分别属于哪个类别？麋鹿苑最常见的湿地植物是什么？动物与环境有什么关系呢	◆设计意图 本阶段教学要使学生关注在湿地环境中生存的生物的多样性、学会借助望远镜观察远距离的动物,掌握游标卡尺的使用方法,发现测量方法对数据产生的影响,体会分工合作,统一标准后得出最终数据的过程。 本课程实践中,可以选择湿地鹿类、湿地鸟类、湿地植物等主题,引导学生观察记录麋鹿的行为,观察记录湿地鸟类的数量,采样调查湿地特有植物的特征。启发学生思考动物与其生活环境的关系。 通过观察鹿角标本,测量鹿角的长度、粗细、重量等信息,激发学生对鹿角的兴趣,获得对鹿角的直观感受。通过与牛角、羊角等标本的对比了解鹿角的构造。对比不同年龄段麋鹿角标本的形态,启发学生对鹿角生长状态等问题的探究和思考。 ◆学情分析 在本阶段的学习内容、学习方式下由于学生远离教室和严肃的课堂模式,可能产生"撒欢"的心态,在老师引导的过程中不容易集中精力,可能导致学习困难、抓不住重点、完不成任务等影响教学效果的情况。另外,部分鹿角标本由于分叉顶端比较尖细,容易在使用过程中造成标本损坏和误伤。 本阶段学习需要学生记住以下内容: 麋鹿适合生活在湿地水边,会游泳

续表

阶段目标:通过实践体验,引导学生探究麋鹿是如何适应湿地生活环境的

教育活动脚本	设计思路
学生活动: 观察湿地环境,记录看到的天鹅/鸿雁/绿头鸭/苍鹭等鸟类的数量。 观察麋鹿群的行为,采集芦苇、柳树叶等植物的叶片标本,并思考如何计算叶片的面积。 观察鹿角与牛角在材质、重量、形态等方面的区别。 测量不同鹿角标本分叉的长度和角度,记录数据并进行分析。 思考老师提出的问题,小组讨论后给出统一的结论。 器材与媒体运用: 设备方面,本馆可以同时提供8×15双筒望远镜10台、8×20双筒望远镜15台、8×42双筒望远镜15台、20~60倍单筒望远镜1台供学生及教师观测动物时使用。还准备了植物采样袋、标本夹、放大镜、昆虫观察盒等工具为学生开展探究活动提供便利	麋鹿喜欢吃苜蓿草,也吃黑麦草。 喜欢湿地生活的鸟类有绿头鸭、鸿雁、天鹅,它们属于游禽。还有苍鹭属于涉禽。 动物离不开必要的生活环境,栖息地遭到破坏,动物数量会大量减少。 ◆教学策略 在上述学情下为实现设计意图需要老师在户外活动特别是小组活动的过程中,提前布置好任务,明确探究目标。 本馆馆藏鹿角标本资源丰富,种类多样。不仅可提供麋鹿角、马鹿角、白唇鹿角、狍子角、驯鹿角等骨质标本,还有水牛角、羊角等角质标本,教师还需要特别强调并要求学生爱惜标本,保证安全

表4 第三阶段:守护麋鹿与湿地

阶段目标:引导学生分享探究结果,并进行归纳总结,引导学生将学到的鹿角形态知识应用到制作鹿角发卡的过程中。能够从麋鹿的角度思考,呼吁人们保护环境

教育活动脚本	设计思路
教学内容及时间分配: 制作鹿角发卡45分钟 守护绿色青山45分钟 教学方法: 体验式学习、多感官认知、情境带入式学习等 活动方式:分组讨论、观看科普剧、制作手工、角色扮演等 教师活动: 1. 引导学生将探究结果进行归纳总结,并在小组讨论后给出统一结论,进行交流分享。 2. 指导学生回顾麋鹿角的生长形态,利用所学的知识制作鹿角发卡。 3. 通过播放《麋鹿苑的夏天》科普剧片段引导学生思考:如何与野生动物和谐相处?联想在游览麋鹿苑时看到的不文明现象	◆设计意图 本课程实践中,引导学生学会运用所学的科普知识指导实践活动。鹿角发卡DIY活动可以加深学生对鹿角的功能、特征、形态知识的认知。 ◆学情分析 在本阶段的学习内容、学习方式下小学生动手能力水平不一致,特别是男生容易不细心,女生容易追求美感影响制作速度,进而影响教学进度。 阶段学习需要学生记住以下内容: 1. 鹿角与牛角不同,是实心的骨骼。 2. 每年冬至节气前后麋鹿开始脱角。 3. 一般情况下鹿妈妈头上不长角。但是驯鹿妈妈头上会长角。 4. 脱角是鹿类动物正常的生理现象,所以不会很疼。

续表

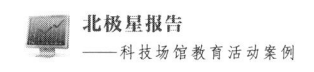

阶段目标:引导学生分享探究结果,并进行归纳总结,引导学生将学到的鹿角形态知识应用到制作鹿角发卡的过程中。能够从麋鹿的角度思考,呼吁人们保护环境	
教育活动脚本	设计思路
4. 引导学生思考:角中心是空的吗?麋鹿每年什么时候脱角?鹿妈妈头上长角吗?鹿角脱落的时候会很疼吗?麋鹿角和其他鹿角的区别是什么? 5. 指导学生替麋鹿发声,分小组编写《我和麋鹿有个约定》文明游园守则。 学生活动: 分享小组讨论后得出的探究报告。 制作麋鹿角发卡,并进行"倒立"检验。 观看科普剧,并思考剧中"小园长"为什么会好心办坏事儿。 佩戴鹿角发卡,扮演麋鹿,从麋鹿苑中动物的角度思考,体会动物不愿被打扰的内心感受。 思考老师提出的问题,分组完成游园守则。 器材与媒体运用: 四不像教室拥有投影、音响、舞台、操作台等硬件设备,有利于开展课堂形式的室内教学或观影	麋鹿角和其他鹿角的区别在于麋鹿角的主叉向上,分叉向后生长,可以倒立放在平面上。 ◆教学策略 上述学情下为实现设计意图要求教师对制作麋鹿角发卡的操作要尽量熟练,简化步骤,可以适当配备教学助手,协助指导学生完成手工制作。为了安全,热熔胶在使用时尽量由老师操作,避免烫伤学生

3 创新性及价值性

3.1 创新性

3.1.1 创新点1:场馆资源的充分利用

场馆教学内容基于展品资源设计,在生命科学领域,动植物自然生长状态的展示受到空间、时间的限制。相比学校教育,让学生置身生态博物馆中感受真实自然环境,在认知的体验感和丰富度上仍有本质差别。而学校教育,是基于教材的以课堂为主的教学,学生更多通过间接经验获得知识。本项目创新之处是利用场馆的户外生态资源优势,以系列课程的形式,对接小学校内社团活动,将课堂教学和实物体验、实践探究有机结合,可操作性强。本项目充分挖掘了本馆的户外生态资源优势,为学生提供沉浸于自然环境的条件,弥补学生对生态环境缺乏感知的不足，帮助学生重构与自然的联结。不仅在科学知识层面实现了让学生了解生物体主要特征，知道生物体的生活和生命周期，认识生物体与环境的相互作用的总目标，更是在行为、意识层面引导学生从了解生活中的自然，保护环境、爱惜资源开始，逐步具备生态环境保护意识，达到提升学生科学素养的目标。

3.1.2 创新点2：以实践加深生态文明道德教育效果

《中小学德育工作指南》中明确将开展生态文明教育列为德育内容的一个重要部分。本项目能够很好地引导学生树立尊重自然、顺应自然、保护自然的发展理念。以学生社团项目的形式开展校馆结合科学教育活动，有利于校方统筹安排，以此为学校活动育人、实践育人的重要抓手。

3.1.3 创新点3：融入自然教育理念，提升学生综合素养

习近平同志"让文物活起来"的重要指示，对博物馆深入发掘和利用馆藏文物资源提出了具体要求。而本馆的优势正是生态展示，将有生命的动植物作为"展品"和"学材"，课程实施过程中特别是基地实践部分的内容充满生机和活力。该课程设计融入了自然教育的理念，为缺乏自然联结的学生创造直接接触自然的机会和沉浸式的探究学习体验，促进学生的全面发展，在提升学生科学素养的同时，提升学生的生态素养。

3.2 教育效果

我们针对参加过该系列科普活动的学生进行问卷调查，并归纳统计（见表5）。

学生对该系列课程"很满意"的人数比例为80%，"满意"为15%，总体满意率达到了95%，说明该系列活动对大多数学生受众具有很强的吸引力。66%的学生表达了我要保护麋鹿更要保护湿地环境的感受，证明该系列课程对小学生树立生态文明理念起到了实际作用。另外，在对学生感受的收集归纳中，62%的学生认识了麋鹿角的外形识别特点，鹿角的识别具有一定的专业性及科学性，学生通过该课程学习对动物的形态学建立了科学的认识。67%的学生在亲手制作了麋鹿角形态的鹿角发卡后，表达了"鹿角发卡的样式新颖独特，戴上感觉棒棒哒"，同时认为提高了动手能力的人数占8%，说明该课程通过动手的过程让学生增强对麋鹿角科学形态的认知，达到预期效果。

表5 该系列科普活动的调查结果

单位：%

年龄		B 满意	15
7~12岁	100	C 一般	5
性别		D 不满意	0
A：男性	51	E 非常不满意	0
B：女性	49	合计	100
合计	100	感受	
了解方式		A：要保护麋鹿更要保护湿地环境	66
A：现场活动预告	0	B：鹿角发卡的样式新颖独特，戴上感觉棒棒哒	67
B：网络或媒体宣传	0		
C：路过偶遇	0	C：认识了麋鹿角的外形识别特点	62
D：团体预约组织	100	D：体验的时间太紧了	48
E：参与者的推荐	0	E：DIY制作提高了动手能力	8
F：其他	0	F：其他	3
合计	100	合计	100
满意度			
A 很满意	80		

还有48%的学生认为体验时间太紧了，在授课实践的过程中，部分学生也表达了希望减少在教室上课的次数，多组织到麋鹿苑实践的意愿，反映出该课程通过自然体验教育的方式有助于建立儿童与自然之间的联结。

生态文明教育在我国还处在探索阶段，随着"美丽中国"建设被纳入国家现代化目标，如何实际提升生态文明教育效果，是每一个科普工作者的责任与义务。本馆利用自身户外生态博物馆的特色，为北京市小学生态文明教育提供了一套独特的馆校结合实践方案。

参考文献

［1］ 蔡黎明：《场馆非正式学习中的科普教育活动——以上海自然博物馆为例》，《科协论坛》2018年第4期。

［2］ 戴崝：《校外科普场馆中生物学课程资源的开发利用》，载《创新科学教育内容的实践探索》，2013。

［3］潘丽：《突破传统科普教育模式的思考》，《广西教育》2018年第45期。

［4］张秋杰、鲁婷婷、王钢：《国内外科普场馆馆校结合研究》，《开放学习研究》2017年第5期。

［5］徐凤雏：《重建儿童与自然的联结——自然体验教育的理论与实践研究》，华中师范大学硕士学位论文，2020。

"蚁我为主" 科学教育项目

王 翠[*]

(黑龙江省科学技术馆,哈尔滨市,150018)

1 项目设计思路

蚂蚁是地球上数量最多的一种社会性昆虫,它们适应环境的能力强,然而我们对于它们了解得并不多。蚂蚁有家庭成员吗?蚂蚁的家什么样呢?蚂蚁洞口小土堆是哪来的呢?蚂蚁那些神奇的地方我们都知道吗?黑龙江科技馆拥有以蚂蚁为主题的展区,有着蚂蚁活体生态箱、人机对话的蚂蚁知识多媒体、蚂蚁口器模型等展品。为了更充分地利用展品资源和科技馆及附近的自然资源,同时基于《义务教育小学科学课程标准》中"生命科学"领域涉及"生物和环境之间存在着相互依存的关系"相关教学内容,将科学探究作为获取科学知识的主要途径的目标,我们设计了此活动。

"蚁我为主"项目采用体验式学习、探究式学习、多感官学习等教学理念和方法,让孩子们在真正的大自然环境中进行科学探究,辅以实验室和科技馆展厅的学习和家庭的后续延伸,以蚂蚁为切入点,了解生物在身体结构和生理特性方面是如何适应环境的,树立人与自然和谐相处的理念。本项目在第五届科普场馆科学教育项目展评活动中脱颖而出,荣获一等奖。

---

[*] 王翠,单位:黑龙江省科学技术馆,E-mail:wangcui7@163.com。

2 教学目标

科学知识目标：了解以蚂蚁为代表的昆虫的身体结构特征、生理生态特点、居住环境特征、巢穴功能，了解它们是如何适应环境的，以及环境的变化会对它们产生怎样的影响。

科学探究目标：了解以科学探究方式获取科学知识的主要途径，能运用感官并选择恰当的工具仪器观察、测量、描述观察对象的特征和现象，运用科学的方式搜集、记录、整理信息，与人交流，学会通过控制变量进行实验，展示探究结果，做出自我评价并调整。

科学态度目标：对于自然保持好奇心和探究热情，能基于证据和推理发表见解，合作分享，尊重他人的情感和态度。

科学、技术、社会与环境目标：了解人类活动对蚂蚁以及它们生存环境的影响，热爱自然，即使蚂蚁再微不足道孩子们也要尊重和珍爱生命，具有保护环境的意识和社会责任感。

3 活动内容及实施过程

3.1 活动对象与受众分析

3.1.1 活动对象：小学3~4年级学生

3.1.2 受众分析

学习者年龄特征分析：原有生活经验和情感因素，从心理和认知发展规律来看，3年级是低年级向高年级的过渡阶段，具有一定的观察和操作能力。

学情分析：从知识方面来看，该阶段学生具有一定的阅读能力、分析能力和思考能力，小学3年级学生经过1~2年级的科学课学习，对于生物有一定了解，已经认识了周边常见的动物和植物，能简单描述外部特征，但是没有把生物放到环境中去定位。

能力分析：在教师指导下经历过科学探究过程，刚刚尝试制订简单探究计划。

心智发展分析：好奇心强，思维活跃，按照皮亚杰的认知发展理论，9~

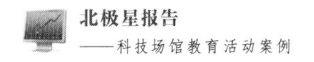

12 岁的儿童已从具体形象思维向抽象逻辑思维过渡，但在一定程度上还需要借助具体形象的支持，仍习惯于模仿实际动作。加强启发式教学，有利于发展学生的逻辑思维和类比推理能力。

3.2 与课标的联系

对接《义务教育小学科学课程标准》中生命科学领域描述科学知识的学段目标：初步了解植物体和动物体的主要组成部分，知道动植物的生命周期；初步了解动物和植物都能产生后代，使其后代相传；了解生物的生存条件、生物和环境的相互关系。让孩子沉浸在大自然的体验过程中，用眼睛去发现生命的奥秘，用心去感受动物和环境之间不可分割、相互依存的关系，爱护生命，保护自然。

3.3 教学场地与教学准备

3.3.1 教学场地

活动主要在两部分场地开展：①黑龙江科技馆二层半蚂蚁主题展区，同时也是开展活动的青少年科学工作室所在地，配有实验设备（体式电子显微镜）、多媒体教学系统等，适合开展活体生物研究项目。②黑龙江科技馆室外的院落内，以及太阳岛风景区的树下路边（科技馆处于太阳岛风景区，自然环境优越，人为影响较少）。

3.3.2 教学准备

桌子、凳子、计算机、网络、投影机、操作系统、应用软件、电子显微镜、智能手机、可调温电冰箱、土壤取样器、活动手册、学习单、评价表等。

3.4 项目实施过程和实施策略

3.4.1 Part1：野外观察日志（室内导入＋室外探究观察）

阶段目标：能综合利用感觉器官去感知观察蚂蚁；了解蚂蚁的身体结构、取食方式，能够"背负"重量的生理特性，利用多种方式记录蚂蚁生活的环境；正确借助工具完成测量任务；知道蚂蚁洞口"土堆"的形成原因，探究土堆颗粒和内部土质的关系。

活动时间：10：00～11：00，1 课时，共计 60 分钟。

活动地点：室内＋室外。

教学方法：提问引导、探究体验、野外观察、动手实践、归纳总结。

活动方式：教师，引导、提问、鼓励、提示、教授；学生，动手、体验、实践、探究、交流、分享。

活动材料：盒子、小铲子、放大镜、笔、卷尺、温度计等。

辅助材料：电子天平、照相设备、土壤取样器。

（1）主题一　记录蚂蚁的生存环境

利用展品导入。老师带领同学参观科技馆二层半展厅的蚂蚁主题展区，观看生活在模拟巢穴中的蚂蚁，使学生处于情境中，对蚂蚁的样子和生活环境有了大体的认识。老师利用问题引导，"大家已经看到了蚂蚁在科技馆的家，那么大家想不想去野外看看蚂蚁在大自然中的家是什么样呢？"自然而然地引发学生室外探究意愿，为下一步的野外探究打下基础。

在老师讲解室外活动注意事项之后，同学们一起排队来到科技馆室外去寻找蚂蚁的家。由于他们是带着明确问题出来的，很快就发现了蚂蚁的踪迹，跟踪一只蚂蚁就会发现它钻进了一个洞口。

老师提出探究问题：如何判断你找到的就是蚂蚁的家呢？会不会这只蚂蚁只是偶然进入觅食？你发现的洞口会不会是其他小动物的家呢？学生们说出自己的想法，通过讨论头脑风暴使思路越来越清晰，最终得出答案，有很多只蚂蚁进进出出的洞口才是蚂蚁的家。

了解蚂蚁家的周围环境。使用多种工具尽可能详细地记录，完成观察记录表格。可以文字、绘画、相机、手机等方式记录蚂蚁生活的环境，学习用工具测量，比如用温度计测量气温、简单的气象观察，用尺子测量蚂蚁的土堆，用温度计测量蚂蚁巢穴的温度，还可以采集标本进行粘贴。

此处结合的小学科学课标：能描述生物和特征。动物通过不同的感觉器官感知环境。动物维持生命需要空气、水、温度和食物等。运用感官和选择恰当的工具、仪器，观察描述外部形态特征及现象。了解动物的生存环境。记录整理信息，陈述证据和结果。用气温、风向、降水等描述天气。

（2）主题二　揭开蚂蚁洞口小土堆的奥秘

这个部分是好玩有趣的探究环节，教师只是活动的引导者，学生们才是探究的主人。老师抛出一个个逐级深入的问题引导学生进行一步步的探究，解开关于蚂蚁洞口小土堆的一些秘密。

蚂蚁洞口的小土堆是如何形成的呢？风吹来的，环卫工人扫来的还是其他小动物搬来的呢？为什么不同蚂蚁洞口小土堆的土质有所不同呢？有红色的、棕色的，还有黑色的？蚂蚁洞口小土堆土粒的颗粒大小与蚂蚁的身材大小又有着怎样的联系呢？一连串的问题引发同学们的猜想、假设和讨论，并进行取样分析去验证自己的猜想，以此来了解蚂蚁洞口土堆的一些特点，发现蚂蚁在身体结构和行为方面与环境之间密不可分的关系。

（3）主题三　蚂蚁搬运工（室外）

老师播放一段准备好的蚂蚁手拿肩扛运输食物的动画片引发学生的思考：蚂蚁真的像一些动画片里那样用肩膀扛食物吗？它们究竟是用什么部位携带物品呢？它们搬运的物品都有什么呢？

大自然是最好的老师，学生们最终发现蚂蚁并不是手拿肩扛，而是用前面的一对大夹子拿物品。这部分学生们除了耐心的观察和守候，还可以用文字、图画、拍照、录像等形式把看到的记录下来，互相分享。

最后进行一个有趣的小实验，利用电子天平分别测量发现的蚂蚁和重物的重量，利用倍数这个判断方式感知小蚂蚁的大力气，学生们还会和自己的力气进行一个比较，感慨小蚂蚁大力士的神奇伟大。

3.4.2　Part 2：蚂蚁生存日志（室内活动）

阶段目标：了解蚂蚁巢穴结构及功能；根据蚂蚁个性和生存特征设计蚁巢；了解温度变化对蚂蚁生存的影响；知道蚂蚁是如何过冬的；了解人类活动对蚂蚁以及它们生存环境的影响，热爱自然，尊重生命。

活动时间：13∶00～15∶00，2课时，共计120分钟。

活动地点：科技馆室内。

教学方法：提问引导、探究体验、动手实践、归纳总结。

活动方式：教师，引导、提问、鼓励、提示、教授；学生，观察、动手、体验、实践、交流、分享。

活动材料：盒子、放大镜、温度计。

辅助材料：电子显微镜、控温冰箱、智能手机。

（1）主题一　蚂蚁研学小课堂

深化室外观察，将感官认识上升到知识理解层面

观看展厅内立体蚂蚁模型加深对蚂蚁身体的认识。通过显微镜观察和老师讲解更全面地了解蚂蚁微观结构，明确蚂蚁身体各部分名称，知道蚂蚁负责搬运和战斗的重要器官大颚之所以强壮与对环境的适应是息息相关的。

这部分承前启后，将先前已有的零散的蚂蚁知识和前面几个活动中观察探究所获的新知识进行系统化梳理，串连成线，形成知识脉络。进一步发现哪些现象可以用学到的知识解释，哪些知识需要补充。

此处结合的小学科学课标：科学探究学段目标，选择恰当的工具、仪器，观察并描述对象的外部形态特征及现象。

难熬的冬天

同学们经常在参观中提问很多关于蚂蚁生活的问题，这些也是我们设计活动的灵感源泉。比如他们经常问：蚂蚁怕冷吗？它们冬天还是和夏天一样跑来跑去找吃的吗？因此我们设计了这个环节，让学生们了解低温环境下蚂蚁的反应。

我们将蚂蚁和手机直播设备放入冰箱，通过控制变量在不同的时间梯度和不同的冷冻温度下对蚂蚁的活动情况进行直播观察，同学们在教室内通过另一部手机直播同样可以看到冰箱内的真实情况。当然，要充分确保蚂蚁的生命安全，老师对于时间和温度的梯度设置要提前进行大量实验，做到心中有数。最终学生们发现，随着温度的逐渐下降，蚂蚁的活动能力减弱直至丧失，在同等低温环境下所处时间越长活动能力越弱，所以在冬天我们看不到活动的蚂蚁，它们都钻到地下去过冬了。

本环节让学生更深刻地了解蚂蚁对于环境变化的反应，蚂蚁在冬季如何过冬。了解动物会对外界环境的变化和刺激做出反应，这是生物适应环境的结果。我们不要破坏动物的生存环境。

此处结合的小学科学课标：动物通过皮肤等接触和感知环境。动物适应季节变化的方式；这些变化对维持动物生存的作用。了解动物适应环境的方式。了解人类的生活和生产可能对环境造成的破坏，具有参与环境保护活动的意识。

（2）主题二　深入地下之城

蚂蚁的家

自然界中真实的蚁巢虽然不能在外部观察到，但是可以借助科技馆的蚁巢展品来了解。学生们观看科技馆内的弓背蚁沙巢，了解它们的功能分区。分析

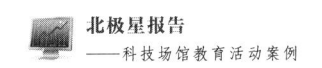

蚁巢内各部分小室的作用（放置卵、幼虫、蚁粮、存放粪便垃圾）与弓背蚁喜欢生活在湿润通风的环境里、胆子小、爱干净的个性和生活习惯是有关系的。再次让学生了解到生物与它们的生存环境息息相关。

此处结合的小学科学课标：科学探究学段目标，能依据证据运用分析、比较、推理、概括等方法，分析结果，得出结论。

领养一只蚁后

符合条件的同学可以在科技馆领养一只蚁后回家精心饲养，并举行领养仪式。①

3.4.3　Part 3：蚂蚁家族日志

阶段目标：了解蚂蚁是社会性昆虫，它们通过身体结构和生理特征来进行分工；初步了解婚飞的概念；知道蚂蚁从卵到成虫的生长过程；了解弓背蚁的饲养方法；并通过饲养过程完成观察记录表，饲养观察结束放回大自然。

活动时间和地点：回家自主完成，合理安排观察探究时间。

教学方法：线上指导、饲养、动手实践、归纳总结。

活动方式：教师，引导、帮助；学生，动手、体验、实践、交流、分享。

活动材料：试管巢、弓背蚁新后等。

（1）主题一　小蚂蚁诞生记

学生带着学习活动手册回到家中，根据链接的音视频资料，了解蚂蚁婚飞的时间、环境和意义，知道蚁后的"身世"。

精心饲养在科技馆领养的蚁后，观察记录第一只小蚂蚁从卵到成虫的发育过程，完成观察记录表。

学习饲养蚂蚁的方法以及蚁后产卵的照顾方法和小蚁的饲养方法。并实际观察蚁后产卵的过程、卵的形态，以及从卵、幼虫、蛹到成虫的发育过程。

此处结合的小学科学课标：初步了解动物能够产生后代，使其世代相传。

---

①　领养说明：①本人有意愿领养蚁后；②征得家人同意；③完成领养考核表，只有在知识和情感方面达到考核要求后，方可领养一只蚁后；④饲养观察结束后，将它们放回大自然，那才是它们最好的家。

(2) 主题二　蚂蚁女王与小蚂蚁们

在饲养蚁群的过程中，观察记录每一只小蚂蚁的"工种"，以及蚂蚁家族发生的一些有趣的事。例如小蚂蚁出生的第一天就立刻进入工作状态，开始照顾卵及幼虫；有3只左右蚂蚁出生的时候它们就会自觉分工，有的取食，有的育卵。

鼓励学生记录自己发现的特殊情况，分析各种情况出现的原因，在自己的精心照顾下慢慢壮大蚂蚁家族，完成蚂蚁饲养报告。在饲养过程中科技馆老师进行线上跟踪指导，最后将自己的收获同参与活动的同学进行交流和分享。

4　项目成果及评估

蚂蚁主题活动是黑龙江科技馆的经典教育活动，然而，蚂蚁这个项目并不是原封不动地以原来的面貌再次呈现在大家的面前，经过多年活动的积累，深入挖掘，结合大量的调查问卷和学习单，经过评估，并且研究最新版本的小学科学课程标准，针对学生最喜欢什么、哪些方面亟待提高等问题，有针对性地设计了本项目。项目围绕"蚂蚁和环境"的科学概念，让孩子在大自然的体验之中，发现生命和自然之间的和谐关系。

项目深受孩子们的喜欢，参与人数达数百人，得到媒体的关注，新华社播发通稿聚焦课程，浏览量达到110万次。

我们设计了学习单、观察记录表，制作了活动前和活动后的问卷，以此为判断孩子们参与效果的评价手段之一（见表1）。当然参加自然体验的活动中，孩子们现场的表现就是最好的活动说明，我们有目的性地提问和观察，也发现了活动存在一些需要改进的地方，比如在野外观察蚂蚁的时候，存在学生们思维过度发散、秩序不好管理等问题，针对这些方面我们仍然在整理和制定教学策略，希望让活动效果达到最好。

表1　项目评估情况

评估方向	评估方法	具体方式
科学知识目标	问卷调查	活动手册中的客观题
	汇报展示	知识树的绘制

续表

评估方向	评估方法	具体方式
科学探究目标	行为观察法	行动观察表
	问卷调查	活动手册中的主观题
科学态度目标	行为观察法	行动观察表
科学、技术、社会与环境目标	访谈法	学生自述
	问卷调查	领养考察表
	过程性综合评估	饲养报告

5 项目特色分析

5.1 与《义务教育小学科学课程标准》紧密对接

在项目每个环节都体现了课标的具体融合点，包含课程内容、核心科学概念、教学方法等的运用。通过控制变量、测量、观察等方法，使学生逐步培养科学思维。比如，通过视频直播冰箱内不同温度和时间梯度处理蚂蚁的操作，让学生们学会科学思维、科学的实验设计，通过看到蚂蚁在低温下的"痛苦"，知道生物和环境的关系，更了解了人类对于生物生存环境产生影响，我们要保护小动物。

5.2 基于展品设计完整的学习闭环

本项目的三个主要模块都紧密结合科技馆的蚂蚁主题展区，以"野外发现—工作室探究—家庭延伸"为项目框架，以"引入—发掘—拓展"形成完整的学习闭环，项目结束后参与者把获得的信息带回家，在家庭延伸环节有的放矢地进行应用，很大程度上促进了信息的深化和保护小动物的情感目标的达成。

5.3 多种教学方法

本项目是以观察和实践为主的探究式学习，以体验式学习、多感官学习、在真实环境下的情境式教学为主要教学方法。改变以往学生接受知识的被动状态，辅导教师是引导者，学生是活动的主体。

5.4 特色优势明显

以活体生物为实验对象,而活动内容的设计着重避免了活体生物的不易操控性。在回归大自然的过程中学习到以往晦涩难记的生物学知识,从而产生对于大自然的热爱,将遥不可及的生态学理念发挥到最大。

5.5 利用数字化技术

将我们平时常用的手机微信视频直播引入科学探究中,新颖、趣味性强。让学生了解到科学技术的重要性,不仅可以丰富和方便生活,更可以为科普教育服务。通过网络引入(数字科技馆、蚂蚁相关资料的视频链接),将课堂延伸到家庭中,丰富教学手段。

5.6 活动评估更加立体化和多层次

从教学目标入手,分别对科学知识目标,科学探究目标,科学态度目标和科学、技术、社会与环境目标进行评估。

"冰雪总动员"科学冬令营

王 翠*

(黑龙江省科学技术馆,哈尔滨市,150018)

1 活动背景

"冰雪总动员"科学冬令营是黑龙江科技馆设计开发的,面向小学 3~5 年级学生的科学冬令营项目,项目以北方冬季特有的气候气象资源——冰雪资源为主题。在内容和难度的把握上参考了小学科学课科学知识学段目标,项目以"野外发现—实验室探究—家庭延伸"为框架,以基于实践的探究式学习为教学理念,以体验式学习、多感官学习、情境教学和玩中学为主要教学方法,以展览参观、野外观察、科学探究、室内实验、小组探讨、动手制作和游戏娱乐相结合为活动形式,采用多角度评估的方式,将置身于大自然中的赏冰玩雪和室内的科学研究实验相结合,体现出玩中学的教育思想。让孩子能够真正地了解身边的自然资源、爱上我们的家乡,最终树立人和自然和谐相处的理念。

2 活动设计思路

我们认为开发项目最重要的,就是设计人员头脑中一定要有一个清晰

---

* 王翠,单位:黑龙江省科学技术馆,E-mail:wangcui7@163.com。

的脉络。就冰雪项目而言，我们整合活动资源，选定活动主题，设计丰富活动内容和多样活动形式，一切的选择和设定都是为实现活动目标而服务的。

2.1 挖掘可用的资源

我们在设计项目时，充分挖掘项目团队人员的专业背景，辅导老师均具有生物学、生态学的专业背景。发挥人员优势，在项目设计的过程中，将气象学、有趣的气候小实验、小学科学课教学案例以及生态学作为参考资源。

科技馆场内场外资源丰富，而且距离冰雪大世界和太阳岛雪博会、冰灯雪雕展等景区资源非常近，几分钟路程，更能方便活动的顺利开展。

科技馆的设备资源丰富，拥有先进的莱卡显微镜、电子天平、低温冷冻等设备资源。这些资源，大大地保障了活动的顺利开展。

2.2 为什么要选择以冰雪为主题

冰雪是北方特色之一，在北方街头巷尾处处可见冰灯雪雕。同时，冰雪项目又能够体现容易被忽视的"地球科学、气象气候"知识，既能弘扬冰雪文化，又能学习与冰雪有关的科学知识。

2.3 精心设计的活动形式和内容

活动形式多样化，比如通过科学实验、角色扮演、看一看、做一做等形式让孩子们更好地了解活动主题，参与活动，达到最佳的活动效果。比如"我是雪天气象观测员"活动，通过角色扮演，增强孩子们的语言表达能力，敢于在公众面前表述自己的想法。

孩子们通过"摸冻梨——感受冻梨在不同水温下的融化情况——观察温度计变化——品尝冻梨"的一系列实验过程，实现从感性认识到理性认识的转化过程。孩子们参加科学实验，大多是被动参与，我们的活动改变以往孩子们被动的参与模式，同时提倡养成记录的好习惯，将科学实验中的变化或者观察到的现象用文字或者影像的形式记录下来。以图文并茂的形式记录事物，以精确的语言描述事物。

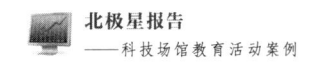

3 活动概况

3.1 活动路线

黑龙江科技馆室外园区—黑龙江科技馆室内工作室—太阳岛雪博会场地—黑龙江科技馆室外园区。

3.2 活动课时

1天。

3.3 活动目标

3.3.1 认知与技能

自然科学和社会科学知识方面：了解气象气候相关知识，四季更替，降水形式，降雪量和积雪深度，降雪分类，气象要素，等等；哈尔滨冰雪文化、冰雪艺术等社会知识；冬季生活常识中的科学。

实践能力和动手能力：通过多感官综合作用，主动参与知识的形成过程。重视工具的学习和使用能力，提高借助外力解决问题的能力；锻炼设计方案、寻找途径方法的创造性思维；数学计算和数字比较的能力。

3.3.2 情感态度价值观

增强学生的情感体验和价值认同，让孩子能够真正地了解身边的自然资源，热爱家乡，提升对家乡冰雪文化的认同感和自豪感。增强生态意识、保护环境的社会责任感和团队协作的合作意识。

3.3.3 行为与表现

将平时容易忽视的生活常见现象以实验的形式呈现出来，学生通过参与活动尝试利用科学知识解释生活现象，引发学生们查找科学知识去解开自己的疑惑，团队合作意识增强，行动力增强。

3.4 要点解读

"冰雪总动员"科学冬令营研学活动的重点是探究冰和雪的特性，如何使学生产生自己想去探究的内在驱动力,利用真实情境和问题的一步步引导,循序渐进地让孩子了解不曾知道的冰雪的性质。活动难点在于教师如何在有目的的引导下,使得学生学会观察思考,探究过程更加合理,发现问题更加准确。学生要设计活动方案,自行寻找并选择活动材料进行探究环节,锻炼学生们设计方案、寻找途径方法的创造性思维。教师在活动的执行中不必拘泥于程序模块,利用情境和问题一步一步引导,从而顺利完成项目的实施。

4 活动流程

4.1 活动一:我是雪天气象观测员

4.1.1 导入环节

活动地点:科技馆青少年科学工作室。

活动目标:了解降雪是一种自然现象,掌握测定降雪量的方法。

情境导入:辅导老师播放一段提前准备好的气象主播播报天气预报的视频,进入情境。

教师活动:辅导老师趁热打铁,利用问题进行引导"大家想不想也当一次气象小主播,像电视里那样去播报气象预报呢"?同学们欢呼雀跃高兴极了,然后老师引导同学们捋顺进行气象预报需要做的工作内容:气象观测研究、记者采访、气象主播播报等。

学生活动:学生分组,进行角色分配。

教师活动:讲解一些外出活动要注意的事项。

活动守则:营员们遵守纪律,一切行动听从辅导教师的指挥。更换场地的过程中紧跟队伍,不打闹,不掉队。在使用工具和仪器设备的过程中,要安全使用,注意操作规范。在旅游景点参观过程中要注意安全,不得随意破坏公共财产,爱护公物,不要随意离开。在冰雪娱乐环节,文明待人,注意安全。

4.1.2 百变大咖秀

活动地点:科技馆室外。由于哈尔滨冬季的雪比较大,科技馆室外院落无

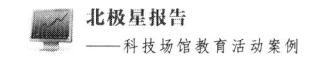

人处会保持比较完整的雪后自然景观，适合活动的开展。

学生活动：学生分组，装扮成气象观测员、科研人员、气象主播、小记者的角色。

气象观测员要学习并利用设备自己亲自测量气温、温度、风向、风速等冬日里的气象要素。然后要研究"积雪深度"这个气象要素，学生要像科研人员那样利用"试验地样方"去进行测量，进行数据分析。

最后扮演成小记者和气象主播的同学拿着之前同学们测量得到的气象数据进行天气预报采访和播放秀，大家都兴奋极了。

教学方式：情境教学、探究式学习、角色扮演。

4.2 活动二：研究雪的特性——进一步解开关于雪的谜团

活动地点：科技馆室外院落。

活动目标：探究雪的一些相关特性。

4.2.1 雪是什么样子

教师活动：通过一些问题循序渐进地引导"雪究竟什么样呢，有什么特性呢"？

学生活动：借助放大镜、电子天平、温度计等工具进一步观察和探究，了解雪的颜色、形状和状态，进行小组内的交流和分享，并记录在学习单上。

活动目的：学习借助工具，对雪的一些物理方面的性质比如外形等有所了解。

4.2.2 探秘雪温

教师提问：雪融化成雪水的温度，和雪的温度相比较哪个更低？学生进行猜想并说出自己的理由。

学生活动：学生开展实验去验证自己的猜想，可以利用温度计分别测量雪的温度和雪融化成雪水的温度，并进行对比分析。

学习温度计的使用和读数方法，测量雪的温度以及雪融化成雪水的温度。练习用电子天平测量雪的重量以及雪融化成水的重量。学习求和与求平均值。全程观察的环节提供放大镜和显微镜进行细致的观察。

活动目的：培养学生对工具的学习和使用能力。重视工具的学习和使用能力，提高借助外力解决问题的能力。这个过程会了解获得科学数据的方法。测量中采样至少选取三个点，每个点测定三次，以减少误差和偶然性。

4.2.3 采集雪样

学生活动：采集一些雪的样本，了解取样的重要性，以及科学取样的方法，为回到室内工作室进行接下来的探究做准备。

不同颜色的标记笔就代表不同的取样地点，孩子们将在不同地点采集的雪样装到对应号码的采集瓶里，回到室内工作室进行对比研究不同采样地点雪的酸碱性区别，让他们了解科学的严谨和培养正确对待科学的态度。

活动目的：了解选取试验地的意义、样方的设立方法等。注重培养科学的方法，为以后的正规科学研究奠定基础。

4.2.4 雪是纯净的吗

活动地点：科技馆青少年科学工作室。

教师活动：引导学生观察室外的雪，提出问题"雪是白色的，雪是纯净的吗？雪水能喝吗？"你能设计一个实验证明你的想法吗？

学生活动：老师提出的一连串问题引发同学们的猜想、假设和讨论，利用上一个环节在室外取得的雪标本，孩子们利用多种方法进行尝试。诸如吸水纸、加热蒸发等方法，亲自验证自己的猜想，最终得出结论：雪最初看上去是白色的，貌似纯净的，但是观察融化之后的雪水会发现里面有很多杂质，所以说雪并不是纯净的，是不能饮用的。

活动目的：培养学生发现问题和寻找答案的能力。实验也将我们平时容易忽视的生活常见现象以结果的形式呈现出来，引发学生们查找科学知识去解开自己的疑惑，提高发现问题和查找答案的能力。

4.2.5 探究雪的酸碱性

活动地点：科技馆青少年科学工作室。

教师活动：拿出准备好的纯净水瓶，上面标注着酸碱性。大家是否留意过平时喝的水是有酸碱性的，那么"雪是酸性还是碱性的"？

学生活动：学生们进行猜想，讨论用什么方法证明雪是酸性还是碱性的呢？

教师活动：介绍PH试纸的作用，教给大家使用方法。

活动目的：培养观察细节变化能力、色彩观察和比较能力。培养学生记录过程变化的习惯。

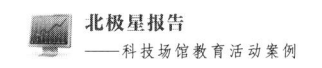

4.3 活动三：研究冰的特性"神秘任务：冰中取物"

活动地点：科技馆青少年科学工作室。

学生活动：观察并利用老师准备好的材料和工具，如吹风机、剪刀、锥子、热水、凉水等，自行设计实验方案，取出冰块中的神秘字条，完成以下任务。

任务 1：冰和冰融化成水后的重量，哪个重（了解物质的存在性）？

学生活动：利用老师提供的工具仪器比如电子天平，分别测量。最终得出结论，冰和它融化成水后虽然在外形特点上有所改变，但是重量是相等的。

任务 2：在冰箱冻透的冻梨，用热水解冻快，还是凉水解冻快呢？

学生活动：学生进行探究实验，分别把冻梨放到盛有热水和凉水的杯子中，进行时间监测，最终发现放在凉水杯子中的解冻快。并讨论生活中还有什么类似的应用呢？

老师活动：老师简单解释这种现象。

任务 3：为什么冬季家长叮嘱大家不能用舌头去舔室外冷冻的钢管类物品，比如门把手。

教师活动：提示注意安全，讲解活动中蕴含的科学原理。

活动体验：通过实践解冻冻梨和模拟舌头舔冰，使学生直接体验知识来源于生活，又服务于生活，真正经历、感受、探索科学知识的发生、发展、形成和应用的整个过程，是对物理知识和自然科学知识的有效整合。

活动目的：培养学生的创新和实践能力，"冰中取物"考验学生如何在所提供的工具范围内，自行设计最快取物的实验方案的能力。

4.4 活动四：参观太阳岛冰灯雪雕+DIY 小制作

活动地点：太阳岛雪博会场地或者冰雪大世界场地。

大家一起来到距离科技馆不远处的太阳岛雪博会场地，观看工匠们设计雪雕和冰灯的过程，特别邀请一位冰雕工艺师向大家介绍雪雕和冰灯的制作过程，讲述其中所蕴含的科学知识和文化理念。

冰雕师：关于作品的设计很多情况最开始只是灵光一现，自己觉得作品完成后画面一定会显得"很酷"，于是开始一次一次地实践。很多时候要经历尝试—失败—再尝试—再失败的过程,最终才能得到满意的作品。并且在工作过程中还要经历严寒的洗礼,对于个人意志也是一种考验。但是看到作品成功的那一刹那,觉得特别有成就感。

教师活动:引导学生们体会冰雕师的工匠精神和"不经历风雨哪能见到彩虹"的精神。

学生活动:体验制作冰雕的过程,感受冰雕师的工作。

教师活动:问题引导,你们喜欢家乡的冬天吗?为什么呢?大家讨论冰雪能为我们城市生活带来哪些好处。

学生活动:学生讨论家乡的冬天和南方的区别,增加对于家乡的热爱之情,领悟冰雪带来的社会性收益和为人们带来的快乐。

学生活动:利用身边的废旧材料DIY制作彩色小冰灯。进行一个小小的"冰雪展",比一比谁的雪雕、冰灯作品最有创意。

活动目的:在制作冰灯环节,我们提供身边常见的废旧材料等物品,比如蔬菜、废旧丝带、心愿卡等让孩子应用在自己的冰灯设计中,小小的环节无处不体现出孩子们的创意和我们的良苦用心。

4.5 活动五:嗨玩冰雪

"赏冰"之后的"玩雪"环节,学生们分组进行冰雪娱乐,堆雪人、打雪仗让学生置身于冰雪娱乐的世界,大呼过瘾。最后,大家拿着活动的条幅,大喊出活动口号:欢迎大家到哈尔滨做客!我爱家乡!

收获:通过前面对于冰和雪的了解,让孩子们切实体会做中学和玩中学的乐趣。感受大自然给予我们的独特乐趣,我们一定要保护环境、爱护自然,长大为家乡出力、为祖国建设添砖加瓦。

5 活动评价

项目围绕"冰雪"的概念,让孩子们在大自然的体验之中,发现人和自然之间的和谐关系。经过多年活动的积累,深入挖掘,结合大量的调查问卷和研学评价单,针对学生最喜欢什么、哪些方面亟待提高等问题,有针对性地丰富完善本项目(见表1)。使其既符合学生认知规律,由浅入深,循序渐进,层层深入地引导学生探求知识、巩固知识,又更好地与学校教育相互衔接,体现出科技馆和学校教育的紧密结合,深受孩子们的喜欢。

表1 研学评价

单位:分

评价	评价项目	关键评估要素	分值
过程性评价	时间观念	能够做到守时,没有无故缺席、迟到现象	10
	专注学习	态度认真,按时完成研学手册	30
	纪律意识	自觉服从老师管理,听从指挥,维护大局	20
	文明礼仪	注重礼仪规范,严于律己	20
终结性评价	效果与表达	主动分享,有创意,有见解	5
	学习方法	是否用到哪些科学研究方法?	5
	学习态度	是否认真完成?积极参与?	5
	探究成果	是否能自主设置问题和设计活动?	5

馆校结合背景下综合实践活动与学科教育相结合的实践

——以"开国大典"中伟人塑型技术探究为例

李 滢[*]

(北京学生活动管理中心,北京,100061)

1 活动依据

1.1 科学教育与探究式学习方式

科学教育是立德树人工作的重要组成部分,从小激发和保护孩子的好奇心和求知欲,培养学生的科学素养、科学精神和实践创新能力,改变学生的学习方式,达到实践育人、活动育人目的,为他们继续学习成为合格公民和终身发展奠定良好的基础,同时也是提升全民科学素质、建设创新型国家的基础。

科学实践活动是一种综合性、实践性的活动,探究学习是科学教育中重要的学习方式,在教师的指导、组织和支持下,以学生为主体,从熟悉的生活出发,主动参与、动手动脑、积极体验。探究式学习的要素包括:提出问题、作出假设、制订计划、搜集证据、处理信息、得出结论、表达交流、反思评价。围绕提出的问题设计研究方案,通过收集和分析信息获取证据,经过推理得出结论,并通过有效表达与他人交流自己的探究结果和观点,运用科学探究方法解决比较简单的日常生活问题。

学生进行探究的主要目的是学习、理解科学知识的方法,培养进行科学探

---

[*] 李滢,单位:北京学生活动管理中心;E-mail:shehuidaketang@126.com。

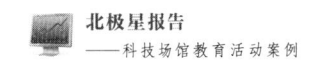

究所需要的能力，了解科学探究的具体方法，获取科学知识，培养科学态度，学习与同伴的交流、交往与合作。

1.2 馆校结合

科学教育是学校与社会的共同责任，馆校合作科学教育是科技馆和科技类博物馆与学校形成一种相互合作的关系，基础教育与科技馆、博物馆等社会科普场馆共同构成完整的科技教育体系，让学生进行丰富的有意义的学习，促进科学素质的提升。学校结合学科教学、综合实践活动、研究性学习、社会志愿服务、主题教育活动等各类教育活动，与科普基地真实场景、动手体验相结合，结合形式包括共同开发校本课程、单项活动体验、共建科普展厅或实验室、引进科技师资力量、志愿者团队服务、职业岗位体验等，创建协同育人的培养模式，通过自主、合作与探究获得知识与技能，并让学生进入真实的社会情境解决问题，从而将其转化为素养和能力，提升学生的科学素养和核心素养。

2 活动设计

2.1 活动对象

本次教育活动对象是小学六年级学生，每班约 30 人，全年级 5 个班，约 150 名学生参加。

部编版语文六年级上册第二单元主题是"重温革命岁月"，其中第 7 课是《开国大典》，记叙了 1949 年 10 月 1 日在首都北京举行开国大典的盛况，揭示了中华人民共和国成立的伟大历史意义。通过语文课上的学习，学生对开国大典及伟人领袖有一定的了解，但仅是从课文及插图中了解这一重大历史事件。

六年级学生对周围世界具有强烈的好奇心和求知欲，喜欢集体活动又有竞争意识，具有较强的认知能力、收集和处理信息的能力。针对此年龄段学生的科学教育适宜开展综合性、实践性活动，适合采用小组合作探究式学习方式，让学生观看电影、走进电影博物馆，创设真实的学习环境，提供自主选择的学习空间和机会，促进其主动探究，培养提出问题的能力、获取新知识的能力、分析与解决问题的能力、交流与合作的能力，从而有助于培养学生对科学的兴趣、正确的思维方式和学习习惯。因此设计组织本次科学教育主题的综合实践活动，将科学教育、语文课、综合实践活动相结合。

2.2 活动目标

科学知识目标：通过观看三部跨越40年的包含"开国大典"场景的电影，对比电影中领袖人物形象，了解电影特效技术和人物塑型化妆技术，塑型时应用的新型材料，看到我国电影技术的进步。

科学探究目标：通过对三部电影中人物形象的变化对比，提出假设和可探究的科学问题，通过已学知识、参观博物馆、查阅资料等方法获取信息，对问题进行调查，并对获取的资料进行整理、分析，得出结论。采用不同方式展现探究过程和成果，与同学交流分享，在与同学的互相评价和教师的指导下，对活动进行反思和调整，完善探究报告。

科学态度目标：对发现的问题保持好奇心和探究热情，乐于参加集体活动，能够在活动中克服困难、完成任务，能够基于材料和推理发表自己的见解，乐于倾听不同的意见和理解别人的想法，能够和多人进行合作、沟通，形成集体观点。了解技术能够推动人类社会的进步和发展，人类的好奇心和社会的需求是科学技术发展的动力。

2.3 活动重难点

活动重点：学生对比跨越40年的三部电影中"开国大典"场景和伟人形象，感受我国电影特效技术和伟人肖像塑型技术的进步。采取小组合作探究式学习的方式，让学生学习探究的方法，而不仅仅是知识习得。

活动难点：探究人物肖像塑型技术的知识、技巧，通过多种材料和化妆方式尝试体验人物塑形。

2.4 资源分析

电影作为一种当代最具受众基础和传播效应的大众艺术形式，传播着时代思想意识和价值态度。爱因斯坦认为，"电影作为一种对人类精神幼年时期的教育方法，是无与伦比的"。中国电影博物馆是目前世界上最大的国家级电影专业博物馆,是展示中国电影百年发展历程、博览电影科技、传播电影文化和进行学术交流研究的艺术殿堂。其中"改革开放新时期的中国电影"展厅和电影技术博览区的"电影美术""传统电影特技""数字特技"展厅,适合本次科学教育活动主题,中国电影博物馆社教部老师进行讲解和人物造型化妆展示,带领学生动手体验。环境安全无隐患。

2.5 活动准备

综合实践活动教师准备:①电影《开国大典》《建国大业》《我和我的祖国》中"开国大典"片段;②到中国电影博物馆了解与活动相关的展厅内容,记录参观线路和重点展厅,与中国电影博物馆教师共同备课;③确认活动场所安全;④准备学生活动手册、活动安全预案、应急预案。

中国电影博物馆教师准备:①展厅讲解重点;②给学生演示模拟化妆的肤蜡、胡子眉毛及相关工具。

3 活动实施

表1 活动实施具体情况

活动阶段	教师活动	学生活动	教育意图及思路
第一阶段:学校课堂学习 第一周 语文课(2课时) 第二周 综合实践活动课(2课时)	▼语文课学习课文 语文教师带领学习《开国大典》课文,介绍开国大典历史 ▼综合实践活动教师播放电影《开国大典》(1989年)、《建国大业》(2009年)、《我和我的祖国》(2019年)中"开国大典"片段,通过直观光影描绘开国大典一幕 ▼引导学生对比我国电影发展40年间的特效技术变化,对比三部影片中的伟人形象,展示扮演者的照片,激发学生兴趣 ▼介绍探究式学习方法:提出问题、作出假设、制订计划、搜集证据、处理信息、得出结论、表达交流、反思评价	▼学习《开国大典》课文,了解开国大典历史 ▼观看《开国大典》《建国大业》《我和我的祖国》电影片段,对这一重大历史时刻有更真实的感受 ▼对比三部电影中开国大典场景特效及伟人形象,对电影特效技术及人物塑型化妆产生兴趣	从语文课文引出活动对象 ▼激发学生兴趣,引导学生产生探究欲望 ▼让学生了解探究式学习方法,了解活动步骤,明确活动任务

续表

活动阶段	教师活动	学生活动	教育意图及思路
第一阶段:学校课堂学习 第一周 语文课(2课时) 第二周 综合实践活动课(2课时)	▼介绍中国电影博物馆基本情况,介绍活动形式和内容,明确活动任务:围绕伟人肖像造型主题 -分研究小组合作学习 -思考感兴趣的题目 -活动前进行假设和资料收集准备 -在展厅内进行探究 -交流分享成果收获	早期电影需要寻找外形非常相近的演员,后期演员没有那么像,通过进步的塑型化妆技术达到更好的造型效果 ▼按照兴趣自行结合分组,6人一组,分为5组(此处以一个班人数为例)	
第二阶段:参观博物馆 第三周 (3课时)	▼综合实践活动教师带领学生走进中国电影博物馆,介绍活动要求和安全注意事项:严守活动时间,注意安全,遵守公共场所行为规范,要求学生做好资料记录 ▼博物馆教师带领学生参观电影《开国大典》场景 讲解四层电影技术博览区"电影化妆""传统电影特技""数字特技"展厅 ▼博物馆教师介绍我国影视特效化妆中材料的应用变化 86版电视剧《西游记》-硫化乳胶 当代《西游记》-硅胶假体 新型材料:发泡乳胶、藻酸盐、铂硅胶等 ▼博物馆教师展示利用肤蜡和硫化乳胶进行塑型化妆,介绍取脸部石膏模、反制阳模、用美工泥雕主体造型、倒阴模、倒入共聚物、干后刷粉等塑型化妆步骤,在学生脸部模拟高颧骨、皱纹等,带领学生进行简单体验	▼参观中国电影博物馆电影技术博览区展厅 ▼听博物馆教师讲解,随时提问 ▼拍照片或录像记录探究过程,收集相关资料 ▼记录感兴趣的问题和疑问 ▼在老师的指导下,动手用肤蜡体验简单的特效化妆	▼学校教师与博物馆教师共同授课,引导学生了解电影特效及人物塑型化妆技术,使学生产生探究欲望,利用博物馆资源自主学习 ▼现场展示并指导学生动手体验,增强活动趣味性,让学生有真实的感受
第三阶段:自主探究 第四、第五周	▼引导学生分工: 组长:查找资料、绘图、造型、分享等,明确每个角色的任务和要求 ▼引导小组制订研究计划 ▼引导学生收集、整理资料,介绍研究方法 -参观博物馆时看展板、听讲解的记录资料 -访谈、提问 -查阅书籍及网络资料	▼经过假设和参观博物馆,再次研讨确定本组主题,形成可以探究的问题 ▼制订研究计划、确定组内分工、研究方法、分享方式、化妆人物、造型材料	▼指导学生开展探究式学习

续表

活动阶段	教师活动	学生活动	教育意图及思路
第三阶段：自主探究 第四、第五周	▼明确学习要求、时间要求、结果要求，任务清楚、分工明确 －各小组围绕《开国大典》电影特效技术和伟人肖像塑型技术，选择自己感兴趣的问题，形成探究主题，通过多种方式开展探究，进行交流分享，每组选择一位领袖人物塑型化妆，并讲述人物背后的故事 ▼引导学生进行交流分享，形式包括：手绘海报、PPT 演示、小论文、表演科普剧等		▼教师引导学生提出自己感兴趣的问题，大胆思考，积极讨论，形成可研究的问题，引导学生学习探究方法，并根据特长进行多种形式的交流分享
	▼以学生为主体，老师对学生在探究中出现的问题给予适当的指导和提示，鼓励学生大胆尝试	▼按照小组分工和探究主题，进行小组合作，自主探究 ▼通过多种方式收集并整理材料 ▼收集多种假设可用于造型化妆的材料，尝试各种材料的优缺点 ▼准备分享，制作分享材料	探究合作、任务驱动，以学生为主体开展探究，教师给予指导，引导学生选择适合的方法，分工合作，提高合作探究能力和材料整理能力
第四阶段：交流分享，展示探究结果 第六周 （2课时）	▼综合实践活动老师引导学生小组分享学习成果，进行拓展延伸 ▼分享内容： 1. 探究主题 2. 如何分工 3. 探究过程、方法 4. 取得的探究结果 5. 现场塑型化妆一位领袖人物 ▼博物馆老师对学生的探究结果和化妆技术进行点评和进一步细致讲解 ▼小结与延伸： 1. 对整体活动进行总结 2. 组织学生进行自评和互评 3. 收获：了解电影特效化妆技术，了解"开国大典"历史，尝试用生活中可见的多种材料进行造型化妆，认识到科学技术可以推动社会进步发展	▼各小组分享自己的探究过程和成果 各组现场给一位同学塑型化妆，介绍塑型用到的材料、技术，介绍人物背景故事 ▼小组探究主题： 1. 领袖人物如何进行肖像化妆（塑型化妆技巧、绘画化妆技巧、毛发造型技巧） 2. 塑型化妆的材料和方法（材料：共聚物、肤蜡等；步骤：贴发片、眉毛、鼻尾等，调色打底，化细妆）	1. 学生交流分享探究成果，用科学语言与他人交流和沟通，现场化妆，增加知识性、趣味性 2. 鼓励学生大方交流，完整表述，培养语言表达能力 3. 引导学生学会在反思中成长，在互评中学会欣赏和客观评价

续表

活动阶段	教师活动	学生活动	教育意图及思路
第四阶段:交流分享,展示探究结果 第六周 (2课时)	4. 希望学生学会探究式学习方法,多走入社会实践体验,利用博物馆丰富资源自主学习,将学校所学与生活相结合	3. 生活中有哪些材料可以进行塑型(尝试使用多种材料做一颗仿真"痣") 4. 当今有哪些新材料可以用在影视特效化妆中(发泡乳胶、藻酸盐、铂硅胶等),有何特点和经典形象,与传统材料进行比较	

4 活动效果检测

通过多种评价方式,包括教师评价+学生自评/互评、成果评价+过程性评价,认为达到了活动预期效果。

表2 活动评价

教师评价	学生评价(学生自评/互评)	成果评价	过程性评价
综合实践活动教师/中国电影博物馆教师 1. 对每组探究的科学知识正确性进行评价 2. 对学生参与科学探究活动的积极性、分工合作态度、交流分享语态进行评价 3. 对每组塑型化妆成果进行评价	学生自评: 是否有强烈的学习动机和足够的努力,学习方法是否合理,是否满意自己的学习效果 学生互评: 对本组同学和其他组同学进行评价,对方有哪些地方值得自己学习借鉴	1. 每组是否形成探究主题并形成探究结果,结果是否正确 2. 采用的科学探究方法是否准确 3. 每组人物造型化妆是否突出人物特点且精致	1. 观察学生行为,整个活动中认真、积极、主动,小组分工明确、合作顺畅 2. 分享成果时语态清晰、大方,能够讲出参加活动的感受和收获 3. 学生能基于收集的信息发表自己的见解,乐于表达、乐于倾听、尊重他人不同意见,了解科学技术可以推动社会发展进步

5　活动价值与反思

本次活动从六年级语文《开国大典》一课展开，通过三部电影《开国大典》（1989年）、《建国大业》（2009年）、《我和我的祖国》（2019年）中"开国大典"场景的对比，激发学生兴趣，带着好奇心和探究欲望走进中国电影博物馆，在博物馆老师的讲解下，参观"电影美术"等展厅，了解关于领袖人物肖像化妆技术，现场看老师演示用多种材料进行简单的化妆造型，并动手体验，让学生了解40年间我国电影特效及化妆技术的变化。引导学生进行小组合作探究，在学习特效化妆技术的同时，了解在第一代革命领袖带领下中国人民进行社会主义革命和建设的坚强决心和豪迈气魄，感受伟人的情怀，了解革命领袖们领导中国革命和建设的伟大历程。

本次活动是一次综合性、实践性的馆校结合活动，将语文课、综合实践活动与科学教育相结合，由语文课文引出学习内容，采用探究这项科学课和综合实践活动最重要的学习方式，学习探究方法、掌握科学知识、提升科学素养的同时，针对该年龄段学生课本中出现且较熟悉的事件，对新中国史中"开国大典"这一重要历史时刻有了更详尽的了解，激发学生爱党爱国情怀。在建党一百周年之际，活动值得推广。

活动通过学课文、看电影、参观博物馆、体验人物塑型化妆，体验科学探究方法，学习科学知识，并亲手给同学化妆，整个过程充满了趣味性，充分激发和保护了学生的好奇心和求知欲，推动学生科学学习的内在动力，对其终身发展有重要作用。活动兼顾学校、学生、社会三者的需求，将科学知识、科学方法等学习内容镶嵌在学生喜欢的主题中，创设愉快的教学氛围，引导学生主动探究，了解科学技术对社会发展的影响。

"夺宝奇兵"：电磁大搜索

——黑龙江科技馆电磁展区教育活动开发

梁志超[*]

（黑龙江省科学技术馆，哈尔滨，150028）

1 设计背景与思路

1.1 设计灵感与意图

"第四届全国科技馆辅导员大赛"主题式辅导引发了笔者对电磁展区的思考，在北部赛区预赛第三环节"紧张的头脑风暴"中，产生了一个简单的教学活动雏形。将电磁学科知识融入游戏，借由学生试做达成"做中学"的教育目的。

电磁展区作为科技馆的一个经典展区，本身知识结构不易改变，在展品体验上并不像力学、声光学那样具有直观的现象反馈，普通公众停留时间短暂，很少有意愿深度了解相关知识。项目式教学从解决实际问题出发，通过创设情境打造沉浸式学习环境，促使学生参与，运用科学方法获得知识，以及提升学习能力、调动积极性，打破固有印象。

1.2 教学对象与学情分析

教学对象：本活动受众群体定位在初中一年级以上的科普爱好者，这一类学生都已经掌握了一定程度的自然科学知识，包含电学、磁学、简单的地图认

---

[*] 梁志超，单位：黑龙江省科学技术馆，E-mail：yussen@qq.com。

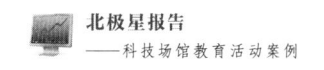

知，具备一定的学习能力、独立的社交能力和团队意识，可以做到发现问题，自主解决。单次服务公众20人，单次开展时间45分钟。

学情分析：电与磁是一对好朋友，因为电这一物质的特殊性，学生们往往只知其一不知其二，对磁充满了兴趣，却对电望而却步，也无法用本身的知识结构解释生活中的电磁现象。在小学高年级科学课和初中物理课中，已经学习了制作指南针，做实验验证了电能生磁、磁能生电，形成了初步认识，但对指南针为何有指向，以及地球磁场的演变、电与磁之间的内在联系并不是很了解。

2 教育目标

2.1 理论知识

2.1.1 科学知识

学会如何看地图，掌握地图三要素；掌握金属磁化的方法，了解指南针工作原理；了解地球磁场的存在，并认识地球磁极存在的演变；了解电磁感应效应及原理，知道电与磁的相互作用；了解电流的产生、生物电原理及静电屏蔽原理。

2.1.2 科学方法

通过提出假设—实验验证的方法，采集和分析各个环节提出的问题，培养学生的探究精神；经过推理得出结论，并相互交流自己的观点和探究出的结论，培养学生的合作精神和团队意识；从初步发现问题到解决问题的过程都依据实验操作完成，培养了学生动手操作能力；整个活动的全过程，都在引导学生掌握正确的思考步骤与方法，培养学生的创新意识；活动中制作指南针等实验内容，从实际问题出发，提高学生解决和解释实际生活中遇到的问题的能力。

2.2 科学素质

2.2.1 学习习惯

情境式教学能焕发学生的活力，实施探究性教学，最大限度地减少教师的讲授内容，从而最大限度地满足学生自主发展的需要，尽可能地做到让学生在"活动"中学习，在"主动"中发展，在"合作"中增知，在"探究"中创新，调动学生参与教学的积极性，养成好的学习习惯。

2.2.2 科学与技术、社会与环境

将陌生的成员集合到一起，相互协作，直接沟通，让学生在健康的团队中成长。探究式教学更有利于学生科学精神的培养，让学生领会科学家研究自然界时的科学探究过程，从而使学生养成尊重客观事实的科学态度和习惯，养成敢于怀疑和坚持真理的精神，养成锲而不舍的科学探究精神。磁能生电，电气时代推进了人类文明的进程，了解社会需求是推动科技发展的动力，也是经济发展的燃料。

3 内容及实施过程

3.1 教学准备

（1）教学场地：黑龙江省科学技术馆二层电磁展区

（2）辅导教师人员

主持人一名：负责全场秩序的指挥与调度。流程清晰，现场思维敏捷。

协助教师兼关主两名：负责开场物料分发，活动中的现场秩序维护，并轮流充当关主。

（3）辅助教具

教学活动脚本（见表1）、寻宝图纸、寻宝护照、获胜礼品、指南针的制作道具。

表1 夺宝奇兵——电磁大搜索活动脚本

前期准备	寻宝图纸（每人一张）、寻宝护照（每组一张）、桌子×1、奇异的图案×10、指南针制作道具若干套、关主印章
关卡	人物	主持人一名、关主两名
规则宣布	关主B	·首先欢迎各位同学报名参加，各位同学彼此都不认识，现在就请每一位同学做一下自我介绍，接下来向各位同学介绍一下游戏规则，我会将所有报名的同学分成两组，每组选出一名夺宝小组长，同学们可以互相商量一下，并且给自己的小组起一个名字 ·现在分组结束了，小组长也选好了，我现在要说说咱们怎么参与整个游戏（说明整个活动流程规则、相关知识、各关关主，分发寻宝图纸、寻宝护照，学生准备一支笔开始闯关。最先集齐所有关主印章并抵达终点的小组为获胜小组，另一小组获得参与奖，其间每位关主负责引导和讲解展品相关知识，并为回答正确的小组在其寻宝护照上盖上通关文牒，判断标准以每关关主的国王印章为准）

续表

关卡	人物	主持人一名、关主两名
第一关 制作 指南针	主持人	·各位夺宝奇兵大家好，欢迎参加这次探险之旅，我是你们的士官长——小超老师。我将率领大家开始今天的夺宝，现在请各小组长向我报告组员出席情况（各组长汇报，检查手中装备是否齐全） ·各位士兵看一下手中的装备：寻宝图、护照，各位士兵告诉我就凭这两件装备能找到宝藏吗？对了，少了指南针。那现在我就要教大家在艰苦的环境下如何自己制作一个简易指南针（协助教师分发指南针制作道具） ·首先各位同学要向小瓶盖中倒入一半的水，不能溢出来，也不能太少；接下来同学们会看到每组同学都有一根我们见过的，冰淇淋吃完剩下的杆，现在请把它剪成大约瓶盖直径三分之一的长度，并且竖着剪掉一半，让它能在瓶盖中自由地旋转；最后最重要的步骤，把你们手中的大头针磁化成小磁针，就是快速地让它和磁铁摩擦，直到两个小伙伴的大头针可以相互吸引，最后把它和刚才修剪完成的小木杆粘到一起，这样一个指南针就制作成了（同学们尝试看指针是否有变化，协助教师可以适当指导） ·怎么样，每个小伙伴手中的指南针是不是都指向相同的方向了，可是究竟哪个方向是南呢，现在就请同学们根据手中的地图找到答案 ·那现在问题来了，我聪明的夺宝奇兵们，你们知道为什么指南针永远指向南方吗？现在拿好地图和指南针，请听指令"请向你们的北偏西45°方向走十五步，再向正东方向走十步"，找到能揭晓谜底的展品，并写在护照上，开始闯关吧
第二关 地球 磁场	关主A	·关主A为找到目标展品并写在寻宝护照上的小组盖章，并准确记下时间，当两组都通过后集结同学们，化身为哥伦布为同学们解释问题原因 ·同学们大家好，欢迎来到我的地盘，你们呢猜猜我是谁？对，我是老师，但今天啊我是哥伦布，你们认不认识我啊？这位同学说对了，就是发现新大陆的人，一说起这事我就非常羡慕你们，你看你们现在又有导航，又有GPS，我那时候什么都没有，就有个指南针，现在我就告诉大家这指南针为什么永远指向南方 ·同学们看展品主体是一个被大量小磁针围绕的地球模型，小磁针的指向就代表了地球表面的磁力线方向。滑动滑竿选择不同年代，地球模型上指南针发生变化，这就是模拟地球磁极反转的过程（带领同学们操作） ·我们在磁铁周围放置小磁针，小磁针的排列情况用一些带箭头的曲线画出来，可以方便、形象地描述磁场，这样的曲线叫作磁感线。通过实验，我们可以看到磁体外部的磁感线都是从磁体的N极出发，回到S极的。所以这就是为什么指南针永远指向南方的原因了（关主可适当介绍应用） ·这次我相信大家都明白了，如果你们想解决护照上的问题：电与磁之间有着什么样的关系呢？请听指令"请你先向正南方向走五步，再向正东方向走十步"，开始下一轮的闯关吧

续表

关卡	人物	主持人一名、关主两名
第三关 电磁感 应摆	关主 B	· 关主 B 为率先抵达目标展品并写在寻宝护照上的小组盖章,并准确记下时间,待两组都通过后集结同学们,化身为电磁感应国王为同学们解释问题原因 · 首先欢迎各位勇敢的夺宝奇兵来到我的电磁感应国,我是国王,想知道电与磁之间究竟是什么关系请同学们看一下这件展品,两个线圈分别放置于马蹄形磁铁的南北磁极间。同学们可以任意拨动其中一个线圈,就会惊奇地发现另一个线圈也会随之摆动起来 · 其实这是因为,当其中一个线圈在外力作用下在磁极间摆动时,由于电磁感应,在回路中产生感应电流,另一个线圈在磁场中受到安培力的作用,于是也会随之摆动起来(展品辅导部分教师可以自行发挥) · 这就是电磁感应,你们都听明白了吗,接下来护照上的问题你们想知道答案吗,我就给你们一条线索,"请向你们的南偏西方向走十五步",开始下一轮的闯关吧! 欢迎下次再来电磁感应国参观,祝你们好运
第四关 手摇 电池	关主 A	· 关主 A 为找到目标展品并写在寻宝护照上的小组盖章,并准确记下时间,当两组都通过后集结同学们,化身为生物电教授为同学们解释问题原因 · 大家好,我是生物电教授,首先恭喜各位勇敢的士兵们,马上就要完成全部的关卡了,但到我这里我也要小小地为难大家一下,我们都知道有一种鱼类可以在遇到危险情况的时候释放出电流击退敌人,那你们说我们人类是不是也可以这样呢? 请看我们眼前的这件展品,有两个小手形状的金属板,还有一块电流表,同学们就来试一试它是干什么的吧。怎么样,电流表的指针发生偏转,证明有电流产生,把手拿开又没了,这是怎么回事呢 · 其实啊我们人手上带有汗液,而汗液是一种电介质,两个金属触板产生电位差,从而产生了电流,寻宝护照上是我给你们出的三个问题,现在以小组为单位进行实验,开始吧(辅导教师协助进行探究并讲解) · 看来同学们都很认真也很聪明,把我的问题都答对了,我就告诉大家丰厚的宝藏在哪吧! 宝藏的位置就在你们的北偏东 30°方向,勇敢的夺宝奇兵们,向终点进发吧
第五关 法拉 第笼	主持人 关主 A 关主 B	· 恭喜各位勇敢的夺宝奇兵已经完成了所有护照上的问题,那么胜利就在眼前,现在我们来到的就是与胜利一墙之隔的勇敢者之路法拉第笼,丰厚的礼物就在其中,现在请两位关主示范如何操作法拉第笼(主持人统计两组小分队中耗时最少的一组,此组为获胜组) · 一道道闪电是不是让各位勇士望而却步了呢,现在我宣布获胜的小组是××组,但最后的考验是,小组里必须每一位同学都要经受得住法拉第笼的考验,也就是说必须每位同学都要参与,否则就失去冠军资格(请冠军组同学们进入笼体内),开始操作 · 主持人介绍原理,两位关主操作,它为我们展示的是静电屏蔽原理,看似惊人的电火直接施加到笼壁,事实上电流已经被笼体的接地线导入大地,这就是为什么同学们安然无恙的原因了

续表

关卡	人物	主持人一名、关主两名
颁奖仪式	主持人	·现在请冠军组的同学们从笼中出来，站成一排，请现场的观众给勇敢的夺宝奇兵掌声鼓励，并送上精美礼物，合影留念 ·但我们也不会忘记，和冠军就差一点点的另一小组，也请他们进来体验，结束后同样送上礼物 ·关主A：电磁学还有好多丰富多彩的知识 ·关主B：就等着同学们细心去发掘 ·合：感谢同学们的配合，谢谢大家，再见

3.2 活动设计架构

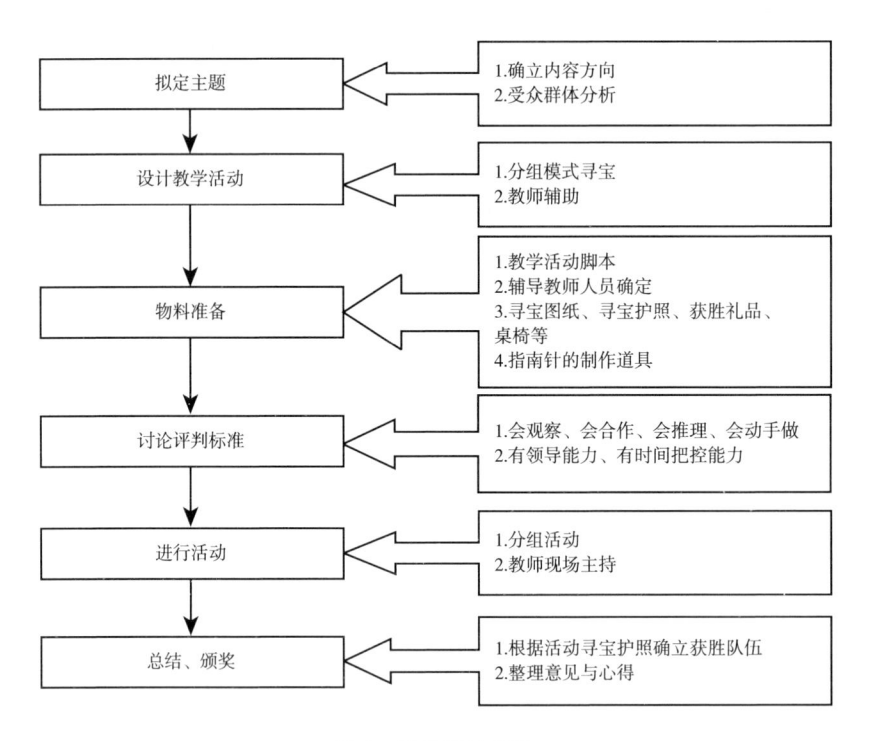

```
拟定主题 ← 1.确立内容方向
           2.受众群体分析
   ↓
设计教学活动 ← 1.分组模式寻宝
              2.教师辅助
   ↓
物料准备 ← 1.教学活动脚本
          2.辅导教师人员确定
          3.寻宝图纸、寻宝护照、获胜礼品、桌椅等
          4.指南针的制作道具
   ↓
讨论评判标准 ← 1.会观察、会合作、会推理、会动手做
              2.有领导能力、有时间把控能力
   ↓
进行活动 ← 1.分组活动
          2.教师现场主持
   ↓
总结、颁奖 ← 1.根据活动寻宝护照确立获胜队伍
            2.整理意见与心得
```

图1 活动设计架构

3.3 教学过程

按关卡、步骤分析：寻宝团队合理利用寻宝图和寻宝护照的线索找到最终宝藏。最先集齐所有关主印章并抵达终点的小组为获胜小组，其间每位关主负责引导和讲解展品相关知识，并为回答正确的寻宝护照上盖上通关文牒。

3.3.1 第一阶段：导入情境的制胜法宝——寻宝图

阶段目标：学生们通过藏宝图学习如何看地图，了解电磁展区概况，为闯关打好基础，掌握地图三要素，比例尺、图例和注记。

学情分析：在宝藏和寻宝闯关的包装下，学生的参与性和新鲜感很强，但拿到手的圆形寻宝图，丝毫没有指向性，凭借自己的经验无法判断具体方向，对通关密语中的东西南北无从下手，对地图和方向的判断仅停留在书本的间接经验层面。

设计意图：从一张无从下手的圆形地图出发进入情境，通过悬念和好奇心激发学生探究的欲望，驱使学生主动参与，调动参与热情。

教学策略：通过实践发现，只依靠圆形地图，是无法结合通关密语进行闯关的，在活动初期就遇到了困难，通过挑战和认知冲突进行问题导入，使学生融入自己的身份，在创设的情境中模仿和尝试。

教师活动：①公布通关密语，邀请参与者大胆寻找。②思考为什么有清晰的地图依然无法找到展品定位。③引导回忆生活经验中一张完整的地图都需要哪几个因素，检验和巩固学生地理常识性知识。

3.3.2 第二阶段 动手探究的经典实验——制作指南针

阶段目标：通过辅导教师的引导，根据手边的原材料制作简易指南针，了解磁铁对金属的磁化现象，并且知道如何检验和思考。

学情分析：经过第一阶段的活动，兴奋之余掌握了地图三要素的重要性，亲手制作指南针更是对第一阶段的巩固，也是学生参与积极性的高潮。

设计意图：根据现有线索推理出指南针的南北极，演示摩擦的方法并让学生说方法，以及让学生展示等，用实验的方法形象地证明地球磁场的存在。

教学策略：根据摩擦的过程进行深入探究，多次实验后得出结论，在实验道具上也可设计不同形状、材质的物料并进行对比分析。

教师活动：①过程中利用问题引导，如摩擦磁铁的次数与指南针的指向效果是否有关联？如何找到地图上缺失的方向？②指导全体学生完成指南针制作。③根据客观经验，黑龙江省科学技术馆的行政区划与哈尔滨一江两岸的独特人文历史，观察松花江南岸/北岸，并得出指南针指向，在地图上标记。④此时寻找通关密语的目标展项，并提出问题，指南针为何永远指向南方，随即寻找下一站。

3.3.3 第三阶段：验证学习，"闯"中学——地球磁场、电磁感应摆、手蓄电池

阶段目标：通过第三阶段的活动设置，让学生清楚与生活息息相关的通关问题。①认识地球磁极和地球磁场的存在；②了解电与磁的相互作用；③正确认识汗水和电解质导致的人身体带电。

学情分析：学生通过角色扮演和动手制作已经深入情境，但前两个阶段的知识性不够强，需要将电磁展区的碎片化知识进行串联，形成脉络，进一步利用学到的知识解释生活的现象，对原理加以巩固。

设计意图：角色扮演＋做中学＝"闯"中学，地图和指南针贯穿活动始终，逐步夯实，层层叠加。该阶段选区的几件展品也是层层递进，抽丝剥茧，足以代表电磁学发展史和人类发现电磁学的历史进程，将生活中的"似曾相识"转化为"原来如此"，而每一关的关主进行解释的过程也是探究和实验的过程，并不是浅层的被动说教。

教师活动：①问题提供的线索指向地球磁场展品。待学生找到后，辅导教师引导学生观察展品小磁针的排列情况，化身哥伦布的口吻，用一些幽默的语言，形象地描述磁场。通过实验，我们可以看到磁体外部的磁感线都是从磁体的 N 极出发，回到 S 极的。地球就是一个大磁铁，于是地球周围便形成了磁场，即地球磁场。完成了第一关卡闯关，也解决了关主提出的问题。②电与磁之间具有怎样的关系？线索指向下一个关卡——电磁感应摆。学生动手推动两只悬挂单摆，会发现另一只不自主地摆动，通过教师引导发现两个线圈通过导线形成闭合回路，两个线圈分别放置于马蹄形磁铁的南北磁极间。从而当其中一个线圈在外力作用下在磁极间摆动时，由于电磁感应，在回路中产生感应电流，另一个线圈在磁场中受到安培力的作用，于是也会随之摆动起来。解释了电生磁、磁生电的转化，辅导教师再介绍生活中的相关应用，比如发电机，告

诉学生们生活中的电从何而来。③我们人的身上会有电吗？通过该问题引发学生思考，引出手蓄电池展品，让每小组学生参与探究，将双手分别放置于金属板上，同学们发现电流表指针偏转，人身上的确有电。教师解释原因，人手上带有汗液，而汗液是一种电介质，两个金属触板产生电位差，从而产生了电流。教师还可以提出更多问题吸引学生体验，并填写学习单。

3.3.4 第四阶段：勇敢者的拓展与奖励之路——法拉第笼

阶段目标：知识拓展，了解静电屏蔽现象，以及对整体活动进行总结梳理。

学情分析：学生们对地图、指南针、地球磁场、电磁感应现象、伏打电池的相关知识点已经有了详细的了解，对电磁学的应用和历史脉络也有了一定的印象，但在电磁家族之外还有一位不速之客——静电，经典知识的加入能让整体活动的知识链更加丰满，令学生更感兴趣。

设计意图：经典对大家来说既陌生又熟悉，随处可见但又不真正了解，又爱又恨，既带来了很多新鲜的自然现象，又不安分地闯下许多大祸。通过法拉第笼的绝佳展示效果，让学生对科技与自然的博弈印象深刻，更能用辩证的眼光看待科技与自然的关系。

教学策略：作为探险的最后一个环节，我们将丰厚的纪念品放置于法拉第笼中，只有进去体验的勇敢者才可以获得最终的奖励，教师先解释其静电屏蔽原理，笼体直接接地，将电流导入大地，笼中的参与者完全不会受到影响。最后一个环节是挑战同学们胆识和毅力的环节，成功不仅要有智慧，更要有担当、有责任感。

教师活动：辅导教师通过讲解、故事、多媒体等形式介绍静电现象并轮流体验法拉第笼。参与体验完成后，走出法拉第笼，全场响起掌声，为勇敢的淘金者祝贺。最后进行颁奖，活动到此结束。活动奖励不必局限于获胜的小组，奖励不是目的，每一个参与的同学都会获得奖励。

3.4 实施流程

（1）预告活动与闯关地点（1分钟）

提前十分钟左右，通过馆内广播简要预告活动名称与报名地点。待筛选完报名观众后，人数满足条件即可开始。

（2）讲解活动注意事项与奖励规定（10分钟）

①主持人首先将人员分成两组，每组选出一名夺宝小组长。分组结束后，说

明整个活动流程规则、注意事项、各关关主，分发寻宝图、寻宝护照，学生准备一支笔开始闯关。最先集齐所有关主印章并抵达终点的小组为获胜小组，另一小组获得参与奖，其间每位关主负责引导和讲解展品相关知识，并为回答正确的小组在其寻宝护照上盖上通关文牒（判断标准以每关关主的国王印章为准）。

②首先由主持教师带领开场，讲解如何合理利用寻宝图和寻宝护照的线索找到最终宝藏。根据已知条件同学们会找到缺少的必要工具——指南针，此时协助人员分发准备好的备品，待人手一套的时候，开始带领制作指南针。再根据科技馆的地理位置推理出指南针的南北方向，即可开始寻宝。

(3) 闯关开始（30分钟）

①关主此时已就位完毕，主持人引领同学们共同解答寻宝护照上的第一个问题：指南针为什么会永远指向南方？

此时由主持人带领，按照寻宝图上的方向向同学们给出指令，保持身体与指南针方向一致（如请同学们向正北方向走十步，再向北偏东方向走五步），抵达展品区域，由同学们自行商量与谜底相关的展品，正解：地球磁场。如果选择正确则在寻宝护照上填写展品名称，此时地球磁场关主出现，化身哥伦布为同学们讲解答案缘由，并在寻宝护照上盖上"通关文牒"。

讲解完毕后拿问题牌：电与磁之间存在什么关系？并给出方向指令，同学们利用地图和指南针前往下一关，关主退场。

②同学们按照方向提示再次抵达展品区域，讨论后得出谜底展品，正解：电磁感应摆。填写寻宝护照，关主此时出现，自称"电磁感应国王"，为大家讲解电磁感应摆相关知识，请同学们亲身体验电生磁、磁生电的奥秘，并为护照盖上"通关文牒"。

讲解完毕后拿问题牌：我们人身上会有电吗？并给出方向指令，同学们利用地图和指南针前往下一关，关主退场。

③同学们按照方向提示再次抵达展品区域，正解：手蓄电池，待同学们讨论后得出谜底展品，确定并填写寻宝护照。此时关主便出现，化身为"生物电教授"，首先介绍生物电的伟大历史，让同学们边操作边由关主解释原理，并提出几个合理设想，和同学们一起探究答案，完毕后为护照盖上教授印章。最后关主直接指向勇敢者之路，告知丰厚的宝藏就在那里，请各位夺宝奇兵出发。

④此时所有夺宝奇兵齐聚法拉第笼前，两位关主和主持人已经到位，主持人介绍规则，两位关主进行放电演示，主持人进行原理解释。率先到达的小组在两位关主的帮助下走进笼中进行体验。

（4）整理寻宝护照表与颁奖（3分钟）

最后一关结束时，辅导教师收回寻宝护照，开始统计分数（关主印章是否齐全，根据总耗时判断获胜小组）；宣布获胜小组并开始颁奖，为同学们发放奖品，活动到此结束。

4 创新性与推广价值

4.1 特点和创新性

4.1.1 自主探究是科学学习的源头之水

活动设计跳脱出以往教学活动看似学生做主角，但实际上仍然是辅导教师"领着走"的模式，情境式教学方法，以"寻宝"的形式开展，为参与者创造沉浸式的学习环境。活动中大量的时间留给学生自己寻找答案，辅导教师不引领、少提示，采用学生自主、教师辅助的形式，穿插小实验与小游戏，活学活用。

4.1.2 跨学科融会贯通着眼于生活

科技馆作为学生的第二课堂，也要完成巩固学生在学校学习的知识的使命，但不可以向学生施加额外的压力。活动设计中除了必要的电磁学原理，以及电磁发展史的基础知识外，兼顾地理学相关知识、制作指南针等生活常识和技能，不拘泥于书本教条，更注重生活应用的实用性教育。

4.1.3 充分发挥科技馆的独特资源优势

探究性学习的教学方式是指在教师的启发诱导下，以学生独立自主学习和合作探讨为前提，以学生周围世界和生活实际为参照对象，为学生提供质疑、探究、讨论问题和自由表达的机会，让学生通过个人、小组、集体等多种形式的解难释疑活动，将自己所学知识应用于解决实际问题，充分体现学生学习的自主性；借助教师的引导，规律让学生自主发现，方法让学生自主寻找，思路让学生自主探究，问题让学生自主解决。

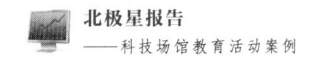

4.2 示范推广

电磁展区作为科技馆一直以来的常设展项有着不可替代的作用,对公众而言对电磁学知识点的掌握有着一定的必要性。从内容上讲,本案采用展项均基于科技馆展区内经典展品,确保每个科技馆都具备先天的硬件条件;从形式上讲,本案操作模式清晰,主线明了,利用探究性教学、角色扮演的方式,打造了一个沉浸式学习的最佳环境,整个思路完全不受展品限制,即便是摆脱了相关展品,也可以通过改变个别项目,进行替换;在设计思路上,本案不局限于展区,其他任何知识点都可以通过本案方式呈现出来,有着极强的可操作性、可实施性。本案游戏活动不能设计过多子项,预期学生会产生弹性疲乏,缺乏新鲜感,所以建议使用时,主持教师应适时进行引领。至于场地安排需考虑宽敞与安全性,避免学生闯关活动时互相干扰与行动间带来的摩擦。

巴山"植"旅野外科学考察

何 倩 王 剑 林长春[*]

(重庆师范大学,重庆,404100)

1 活动背景

让学生走进大自然,亲近大自然,去感受生命的真谛。[1]义务教育阶段的生物课程目的是展示生物科学的基本内容,反映自然科学的本质。它既要让学生获得基础的生物学知识,又要让学生领悟生物学家在研究过程中所持有的观点以及解决问题的思路和方法。[2]对于绝大多数学校来说,知识的掌握、能力的提升以及情感态度价值观的培养局限于教室内完成,而缺少了让学生面对更多现实情境的机会与挑战,学生难以将自己所学的知识运用于生活。

本项目结合身边的资源——重庆缙云山国家级自然保护区(以下简称缙云山自然保护区),追求"双课堂模式"教学。首先学校教师在教室内组织学生完成授课任务,以分享、交流、归纳、总结的方式进行教学。其次是实践课堂,利用缙云山自然保护区丰富的植物资源、真实的自然环境为学生创设学习情境,并由园区讲解员、中小学教师和生物学方面专家组成的教师团队引导学生完成寻找、发现、探究过程。在探究式学习过程中培养学生科学的观察方法与思维方式,提升学生发现问题与解决问题的能力,同时将自然教育、生命教育相结合,强化敬畏自然、尊重生命、爱护环境的理念。

---

[*] 何倩,单位:重庆师范大学,E-mail:827211495@qq.com;王剑,单位:重庆师范大学;林长春,单位:重庆师范大学。

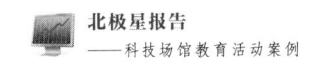

针对人教版初中《生物学》第八章"植物的多样性"的教学内容，以巴山"植"旅为主题，综合利用缙云山自然保护区等教学资源，以"基于实物的体验式学习、基于实践的探究式学习"为教学理念，以体验式学习、多感官学习和情境教学为主要教学方法，以五感体验、动手实践等活动形式，来达成《义务教育生物学课程标准（2011年版）》[3]的课程目标。

2 受众对象及分析

本次科考活动适用于8年级学生。一方面，8年级学生在认知结构及思维过程上，能较为熟练地运用假设、抽象概念、逻辑法则以及逻辑推理等手段，提高了解决问题的精确性及成功率。另一方面，这一阶段的学生已经学习了生物圈的"绿色植物""生物与环境"等内容，进而对于植物在社会环境以及自然环境中起到的重要作用有所了解，因此可以利用大自然的实景、实物让学生更直观地认识多种植物，自主地探究并解决问题，把感性认识提升为理性认识，掌握系统知识的同时引导学生感受与环境的依存关系，进行爱护环境、保护植物的情感教育。

3 活动目标

3.1 知识目标

了解缙云山自然保护区中生活着各种各样的植物，可以根据特征将植物进行分类，能区分裸子植物和被子植物。

了解多种珍稀植物的形态结构特征、生活习性、珍稀原因及保护方法。

3.2 能力目标

学会收集、鉴别、利用课内外图文资料及其他信息的方法。

掌握生物科学探究的一般方法，培养学生提出问题、作出假设、制订计划、实施计划、得出结论、表达和交流的科学探究能力[3]，在科学探究中加强合作，自如地进行展示交流。

3.3 情感、态度、价值观目标

了解家乡（缙云山自然保护区）的生物资源状况，培养家乡情结。
乐于探索生命的奥秘，具有实事求是的科学态度、探索精神和创新意识。[3]
热爱自然，珍爱生命，感受人与自然和谐发展的意义。

4 活动要素

4.1 考察时间及地点

时间：利用周末时间开展。
地点：重庆缙云山国家级自然保护区（实验区）。

4.2 考察路线

4.2.1 去程路线

第一条路线：乘坐公交到达缙云山站，用时约45分钟（费用：2元/人）。
第二条路线：乘坐公交或者步行到达缙云山索道站，再乘坐索道到达缙云山实验区入口，用时约25分钟（费用：30~32元/人）。

4.2.2 考察路线（见图1）

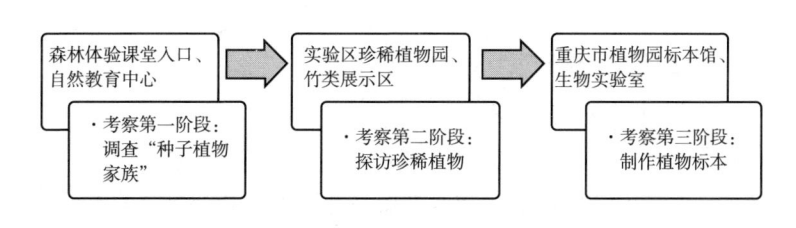

森林体验课堂入口、自然教育中心	→	实验区珍稀植物园、竹类展示区	→	重庆市植物园标本馆、生物实验室
·考察第一阶段：调查"种子植物家族"		·考察第二阶段：探访珍稀植物		·考察第三阶段：制作植物标本

图 1　考察路线

4.3 组织与管理

此次考察的组织形式是班级集体活动。以班级为单位，班级组织管理，由生物老师指导。班级里由学生自行组成小组，每组成员以6~8人为宜，并推

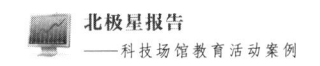

选出 1 名组长，既有利于分工合作以及帮助老师进行管理，又便于协调活动时间、地点等。

由指导老师带队前往缙云山实验区后，老师强调注意事项，各小组在保证安全的情况下，自行分散探究，开展活动。

4.4 注意事项

➢事先解决好个人问题，晕车的同学提前向带队老师报备并服用晕车药。

➢乘坐公交时，注意秩序，排队上车，听从带队老师的安排，不得在车厢嬉闹或随意离开座位。

➢进入园区，无条件服从带队老师的安排指挥，不得擅自离开集体，不得单独行动，如遇上厕所等问题需请假。

➢禁止进入不被允许进入的区域。

➢观察过程中，不得随意采摘、破坏园区内植物。

➢不得随意丢弃垃圾，做到爱护环境和公共设施。

➢牢固树立时间观念，在规定的时间内到指定的地方集合。

5 活动实施过程

5.1 准备阶段

（1）活动地点：学校教室、师生活动中心

（2）活动时间：考察前三天

（3）活动过程

学习八年级上册《生物学》第八章第一课"根据生物特征进行分类"，回顾初一所学的各种植物形态结构及特征，并在此基础上进一步学习鉴定植物的方法，学生可在校园试着进行植物的识别。学习第二节课"认识植物的多样性"，教师提出野外科学考察的活动任务（区分裸子、被子植物，寻找珍稀植物，制作植物标本），学生自行搜集缙云山资料，包括缙云山地理环境、植物种类等，针对学生由此产生的问题，教师进行简要分析，鼓励学生实地考察时具体解决。

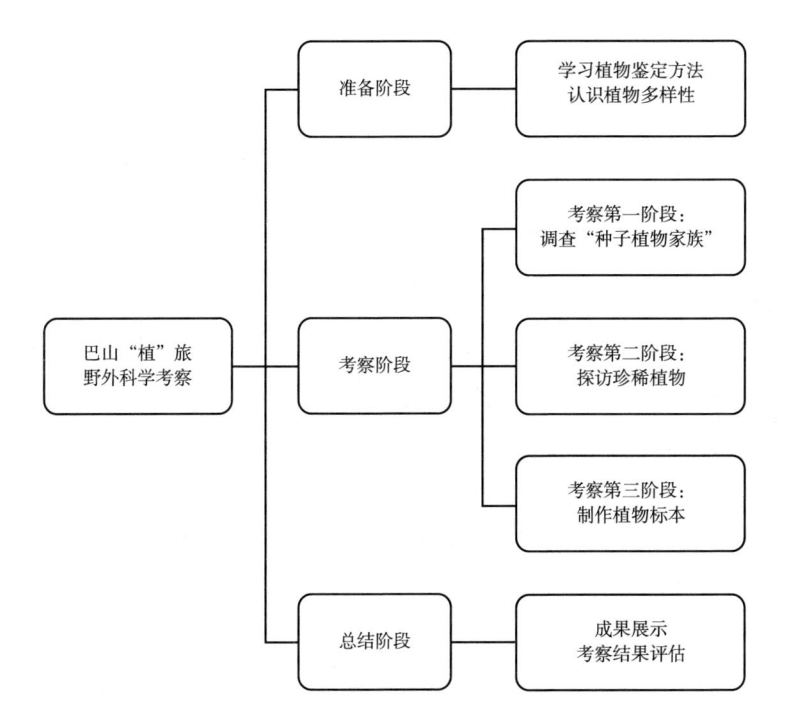

图 2　活动实施过程

（4）设计意图

①学生虽然有可能去过缙云山实验区，但只是抱着游山玩水的心态，并没有研究和学习的想法。所以在考察前会先让学生搜集缙云山实验区内相关珍稀植物的资料，并对缙云山实验区的环境有基本的了解。

②学生能够在交流、提问、尝试解决后，带着问题进行接下来的具体考察，体现了新课标提倡的"自主学习、合作学习、体验学习"理念。

（5）考察携带物品

教师：搜集的资料、相关教材、照相机、卷尺、放大镜等。

学生：考察记录本、笔、水壶、手机或照相机。

（6）实施建议

①明确裸子植物和被子植物的区别。

②明确缙云山主要珍稀植物类型，包括名称、植株特点、分布和生活状况。

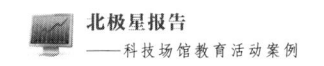

5.2 考察阶段

5.2.1 考察第一阶段：调查"种子植物家族"

（1）活动地点：森林体验课堂入口、自然教育中心

（2）活动建议时长：2小时

（3）活动过程

"种子"搜寻

- 学生凭借有关裸子植物与被子植物的信息，在森林体验课堂区域找寻这两种植物（这期间可借助植物识别软件）。
- 记录：将找到的植物名称填入考察记录本内，并拍照或录像。
- 学生回到森林体验课堂入口，教师对每个小组的成果做简要点评。
- 教师协助学生归纳两种植物的差异，引导学生探究裸子植物与被子植物最本质的区别。

"种子"观察

- 教师出示提前制作好的园区内常见的裸子植物（松树、银杏）种子标本，让学生进行观察。
- 学生可借助放大镜对提供的种子进行观察对比，将种子的特征记录在考察记录本上。

差异原因探秘

- 学生思考裸子植物与被子植物产生差异的原因，并列举证据，在"种子植物发展史"科普讲堂中得到解答。

畅所欲言

- 说一说种子植物与我们的联系（种子植物的作用：食用、绿化、入药、木材、纤维等）。
- 思考人类活动对植物的影响（教师可举出例子，如20世纪90年代初，野生红豆杉大树被大量砍伐制作成各种器具进行销售，面临灭绝的危险[4]）。

（4）设计意图

①课标及教材解读：根据初中生物课程标准二级主题"生物的多样性"中，"尝试根据一定的特征对生物进行分类""概述植物的主要特征以及它们与人类生活的关系"内容[3]，设计了植物识别、观察种子等活动，旨在让学

生认识到可以根据特征将生物进行分类,并掌握区分裸子植物与被子植物的方法;设计"种子植物发展史"科普讲堂,帮助学生形成重要概念——"生物的遗传变异和环境因素的共同作用,导致了生物的进化"[3],理解被子植物比裸子植物进化程度更高的原因。

②本固枝荣、学以致用:学生在考察前阶段已经学习了考察的具体方法,因此在搜寻种子植物活动当中可以学以致用,教师也可直接评价学生知识与技能的掌握情况;在揭示裸子植物与被子植物差异原因的"种子植物发展史"科普讲堂里,学生可将知识融会贯通。

③活动衔接:通过畅所欲言环节,学生能够将观察到的植物特征与植物用途相结合,体悟人与植物、人与自然的共生关系,在此基础上了解人类活动可能会对植物生存造成影响,即珍稀植物濒危的原因之一,为下一阶段珍稀植物保护活动做铺垫。

(5) 实施建议

①教师应将考察内容着重放在裸子植物与被子植物种子的比较上。

②教师应把控好学生搜寻植物的时间,并强调安全的重要性。

5.2.2 考察第二阶段:探访珍稀植物

(1) 活动地点:缙云山实验区珍稀植物园、竹类展示区

(2) 活动建议时长:3小时

(3) 活动过程

①教师准备一个清单,包括6种缙云山珍稀植物的名称、特征特点、形态、种类等信息。

②学生根据此清单在缙云山实验区珍稀植物园和竹类展示区寻找珍稀植物并拍照记录,借助放大镜观察该珍稀植物的形态特征,结合老师讲述的知识,分析其珍稀的原因,并在清单上做好相应记录,约90分钟后返回集合点。

③教师根据学生填写的清单内容,针对性地介绍这些珍稀植物的保护方式,学生做好记录。

④邀请缙云山实验区专业讲解员带领学生参观缙云山实验区珍稀植物园和竹类展示区,强化学生对珍稀植物的概念,明白植物的可贵,增强学生对植物的保护意识。

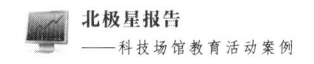

（4）设计意图

①课标及教材解读：根据初中生物课程标准二级主题"生物的多样性"的具体内容，关注我国特有的珍稀动植物和说明保护生物多样性的重要意义[3]，拟定一份缙云山珍稀植物清单，让学生去探究，不仅能在考察过程中更好地对珍稀植物形成充分的认识，更能在认识过程中体会到其珍贵的方面，认识到人类对生态系统的破坏所产生的后果，从而产生一份保护珍稀植物的责任心，明白保护生物多样性的重要意义。

②活动衔接：学生在认识裸子植物和被子植物的区别基础上（前一阶段的学习），对种子植物的种类有了较清楚的认识。在这样的条件下，学生已经初步感受到绿色植物的奇妙，在给予清单后，学生能对考察产生一定的兴趣，能更好地完成考察活动，有利于学生对珍稀植物产生保护感，符合课程目标中情感态度价值观里的"热爱自然，珍爱生命，理解人与自然和谐发展的意义，提高环境保护意识"[3]。

（5）实施建议

①考察时学生应注意不要破坏珍稀植物，应只进行形态特征等外观的观察。

②所选珍稀植物应当包含特征鲜明和形貌普通的种类（常见种类），学生因此能够认识到珍稀植物不能以常见或不常见来划定。

5.2.3 考察第三阶段：制作植物标本

（1）活动地点：重庆市植物园标本馆、生物实验室

（2）活动建议时长：4小时

（3）活动过程

参与

- 教师简单介绍世界几大植物标本馆；讲解植物标本的类型、作用、价值和意义，重点介绍压制标本和浸制标本。

探究和解释

- 学生近距离观察压制标本和浸制标本的实物，比较并设计表格记录总结两种标本的异同点。
- 学生以小组为单位，合作查阅压制标本和浸制标本的制作方法，讨论交流后选择其中一种方法，并列出具体的制作步骤。

- 学生根据所列步骤完成压制标本和浸制标本的制作,基本步骤包括以下两方面。

压制标本:采集较完整的植物[除根、茎、叶外,还应有花和(或)种子],完成现场采集记录表;将标本整形,压制在旧报纸上,用绳子固定好旧报纸,放入烘箱烘干标本;用气熏消毒杀虫或-40℃低温杀虫,装帧在台纸上;制作展板并展示。

浸制标本:采集较完整的植物,并完成现场采集记录表;配制保存液(福尔马林、酒精、蒸馏水);将标本置于保存液中,保证其主要特征都能在广口瓶外清晰可见;密封瓶口,在瓶身贴上标签,避光保存。

精致

- 教师启发学生围绕"如何同时保存标本的颜色和形态"这一问题继续展开探究。
- 学生改进浸制标本的保存液,自浸制第三天起每天进行观察,比较不同保存液中植物原色的保留情况以及形态的变化,记录实验结果,分析实验数据,撰写实验报告,在全班进行展示汇报。

评价

- 教师综合课堂表现和任务完成情况进行评价、同伴互评、学生自评。

(4) 设计意图

①课标解读:根据初中生物课程标准倡导探究式学习的课程理念,探究实验能激发学生学习兴趣,培养学生的动手能力、创造能力和合作精神[5];浸制标本相较压制标本制作更为复杂,对学生动手能力要求更高,基于压制标本进一步制作浸制标本,锻炼和提升了学生的动手操作能力;本活动以探究实验为主线,通过实验帮助学生初步形成科学概念,进一步熟悉和学习探究性实验基本步骤和原则,在实验过程中学会分析并解决问题,培养合作能力和交流能力。[6]

②STEAM理念架构:植物标本的采集和制作,是初中生学好植物学最有效的方法之一。"植物标本制作"活动采用"5E教学模式"将科学、技术、数学和艺术等学科有机结合,引导学生在"跨学科"的过程中丰富自己,锻炼动手实践能力,提升科学、技术和艺术素养,培养创新精神和实践能力。

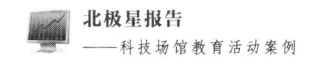

（5）实施建议

①制作完成的压制标本应妥善保存在标本柜里（标本柜要求结构密封、防潮），否则易被虫蛀、发霉等。[7]

②教师在探究实验前会强调注意事项（如采集标本时不能破坏周围环境，正确使用烘箱防止烫伤，实验完毕及时清洗双手等）。

5.3 总结阶段

5.3.1 成果展示

（1）出谋划策

展示地点：标语牌展示地点不限，小组分享地点在教室。

展示时间：考察结束后的第二周。

主要内容：每位学生在第二阶段的考察结束后，根据自己在这次考察中学到的知识结合自己的感悟撰写一条植物保护标语，并展示分享（选作标语牌）。

（2）标本评选

展示地点：校园科技节展示平台。

展示时间：校园科技节。

主要内容：第三阶段最终成果包括压制标本和浸制标本，学生可凭借两种标本参加学校科技节的展示评选，同时向参与科技节的老师和同学们介绍这些常见植物的结构特征，吸引更多人了解身边的植物，关心周围的自然环境，提升对生命的认识。

5.3.2 考察结果评估

本次考察将综合使用问卷调查法、表现性评价、课程总结会等进行评估。课程的问卷调查可以反映出学生对户外探究式课程的喜欢程度，以及他们是否希望再次参加此类课程，了解学生通过这种探究式学习是否可以获得更多的知识，是否能够激发学生学习兴趣，是否有利于学生对知识的理解与掌握。

在整个考察过程中，通过表现性评价可以判断学生是否能进行沟通交流达到团结协作；是否能与小组成员进行分享、讨论；在整个探究过程中是否能充分自由表达、质疑、讨论问题，是否积极认真地完成老师布置的任务。在学校的总结课上也可以评价缙云山的探究课程是否能够有效激发学生的学习兴趣，学生是否能够自主地进行资料查找，组队讨论学习，最后完成此次科考课程的一系列考察内容和任务。

从整个项目来看，虽然探究式学习以学生为主，但对老师有更高的要求，除了负责创设问题情境、引导学生探究、课程控制、课程评估等各项工作外，该考察项目涉及多个学科知识，老师不仅需要专业知识，还需要掌握科考程序和实验的操作、资料收集与分析的方法、科学语言的表达等内容，才能指导学生科学有效地学习。

6 活动创新及价值

6.1 优越的科学学习环境，渗透自然教育理念

2013 年，缙云山自然保护区成为首批全国中小学环境教育社会实践基地之一[8]，在科学普及和环境教育功能上发挥着重要作用。[9]缙云山自然保护区内植物及动物资源十分丰富，有国家级珍稀保护植物珙桐、银杉、红豆杉、桫椤等 51 种，国家级珍稀保护动物草鸮、红腹锦鸡、雕鸮等 13 种[8]，向学生展示了丰富、形象、生动的学习内容，它是学生开展科学学习、获取科学知识的"活课堂"。近几年，以"春之萌动、夏日缤纷、秋叶私语、冬之愿景"为主题的自然体验活动在保护区开展，效果斐然。大自然对学生生命教育的熏陶远胜于学校或书本，那是因为大自然知道有多少河流必须跨越，有多少小径必须重新走过，它能让成人与学生有更正错误的时间、克服偏见的时间，学生可以掌握他们呼吸的韵律，重塑自己、同伴、家长、教师和这世界的形象。[10]与自然亲密共处的实践值得我们深入思考和借鉴，孩子们真正需要的是融入自然，而不仅仅是了解它。科学考察活动给了那些天生好奇、好问、好探究的学生一次真正走进大自然去感受、去体验的机会，它带给学生的影响是其他教学或游戏活动所无法替代的。

6.2 激发学生的探究兴趣，提高科学学习效益

兴趣是最好的老师，是学生知识、能力、情感发展的原动力。学生的科学学习不应只是求取知识的掌握和能力的发展，而要以培养科学学习的兴趣为目的。自然界中花草树木、山水田园、鸟兽虫鱼以及四季更迭，都能引起学生的

好奇心，给他们带来极大的惊喜，野外科考活动无疑是一种理想的学习方式，为学生带来了惊喜，创造了乐学的体验，让学生们在好奇心的驱使下探索自然，感受科学之魅力。同时，这种"真实体验"的学习往往符合学生的认知发展规律，正如"听过的我会忘记，看过的我会记住，做过的我会理解"。可见，野外科考活动摒弃了传统教学"去情境化"的弊端，通过直接感知、亲身体验、实际操作，帮助学生理解、掌握及应用所学知识，其学习效果远胜过灌输式学习，更能提高学生科学学习效益。此外，通过这种实地考察的方式，学生能够亲自体验科学研究的过程，与生物学专家、保护区工作者面对面地接触，了解他们的真实生活和工作，这对于学生形成对生态保护的正确认识，并提高自身科学素养具有重要的意义。

参考文献

[1] 贾洪涛：《去北极，像科学家一样科考——记北师大二附中北极科考活动》，《知识就是力量》2014年第2期。

[2] 生物学课程标准修订组、刘恩山：《倡导主动探究学习　凸显重要概念传递——生物学课程标准修订说明》，《基础教育课程》2012年第Z1期。

[3] 中华人民共和国教育部：《义务教育生物学课程标准（2011年版）》，北京师范大学出版社，2012。

[4] 中国科学院昆明植物研究所：《云南的珍稀濒危保护植物》，http：//www.cas.cn/kx/kpwz/201603/t20160324_ 4550670. shtml，2016年3月24日。

[5] 刘路路：《"生态系统的结构"一节的建模式教学设计》，《生物学教学》2018年第3期。

[6] 卢钟玲：《融入STEAM理念的"植物标本制作"主题活动课》，《生物学教学》2020年第4期。

[7] 《压制标本的制作方法和意义》，http：//www.weikekejiao.com/，2018年9月28日。

[8] 左永、刘玉芳：《在这里，可以和大自然亲近个够——记全国中小学生环境教育社会实践基地、缙云山国家级自然保护区》，《环境教育》2015年第10期。

[9] 薛达元、蒋明康：《中国自然保护区建设与管理》，中国环境科学出版社，1994。

[10] Edwards C.，Gandini L.，Forman G.：《儿童的一百种语文》，罗雅芬等译，心理出版社，2000。

看不见的"微"胁

李 今[*]

(上海科技馆,上海,200127)

1 方案陈述

1.1 主题

病毒与细菌。

1.2 科学主题

帮助观众正确认识细菌、病毒,以及认识它们与人类生活的关系。让公众养成良好的卫生习惯,做到科学认识,有效防控。

1.3 相关展品

上海科技馆生物万象展区"微观世界"展项。

1.4 传播目标

第一维度,激发学习兴趣。在展区观察"微观世界"展品,结合时事热点新型冠状病毒,通过显微镜的由来了解科学家列文虎克的故事。

---

[*] 李今,单位:上海科技馆,E-mail:lijin13b@126.com。

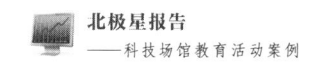

第二维度，理解科学知识。能根据图片及模型区分细菌和病毒。描述细菌或者病毒的特点，了解细菌和病毒在自然界起到的作用、与人类的关系。通过解析不同口罩的区别，介绍医用外科口罩的分层及其防护功能。

第三维度，从事科学推理。通过分类活动让观众自己归纳出细菌的形状特点。从结构、大小等方面推理发现病毒和细菌的区别。再通过对疫情的真实感受，引导观众说出病毒与人类的关系。通过观察洗手前后的细菌数量，得出洗手对于抑制病菌传播的有效性。

第四维度，反思科学。反思自己日常生活中哪种行为能阻止病菌传播，掌握正确戴口罩、消毒、洗手的方法，以防"病从口入"。反思病毒和细菌是否对人类都是有害的。

第五维度，参与科学实践。观众现场参与用显微镜观察细菌，并用免洗洗手液操作，引导观众掌握正确的洗手方法。通过比赛互动，正确掌握口罩的脱、戴方法。

第六维度，发展科学认同。学习列文虎克、巴斯德等科学家严谨求实的科学家精神。能正确认识病毒和细菌。让公众养成日常良好的卫生和健康习惯，以积极乐观的心态迎接新冠肺炎疫情挑战。

1.5 组织形式

活动形式：现场演示、互动实验。

活动受众：全年龄段，根据受众年龄对课程内容进行及时调整。

活动时长：30分钟左右/场。

1.6 对应课标

"细菌"是生物学八年级上册第五单元第四章第二节的内容，属课程标准十大一级主题之一"生物的多样性"中的内容。本章教学内容是按照宏观到微观的顺序呈现的。同时本节内容也涉及前面学过的显微镜、植物细胞的结构等知识，根据课标要求，学生应能够描述细菌的主要特征以及它们与人类生活的关系。

"病毒"是生物学八年级上册第五单元第五章的内容，属课程标准十大一级主题之一"生物的多样性"中的内容。教材依次安排了三部分内容：病毒的种类、病毒的结构和繁殖、病毒与人类生活的关系。根据课标要求,学生应能够描述病毒的主要特征以及它们与人类生活的关系。

2 实施内容

2.1 活动实施思路

通过教师讲解,结合道具演示、动手实践、游戏比赛等趣味方式,探究性质,总结规律,引发观众思考,让观众在轻松愉快的氛围中掌握科学知识,享受学习的快乐,并在后续的参观中进行更深入的学习。

让观众先观察病毒和细菌的放大版模型,描述其特点,并对常见的病毒和细菌模型进行区分。老师讲解细菌和病毒的基础知识,并请观众总结推理出它们的区别。然后从新冠肺炎疫情谈起,请大家分享所见所感,哪种行为利于病菌传播,怎么避免?比如洗手,具体介绍洗手的正确步骤,并用免洗洗手液洗手,然后再次观察手上的细菌。比如戴口罩,讲述口罩的正确佩戴方式,通过解析不同口罩的区别,介绍医用外科口罩的分层及其防护功能。最后介绍病毒和细菌与人类生活的关系,并缓解观众对于疫情的紧张情绪。

2.2 运用的方法和路径

通过观察展品、教师讲授、教具演示、类比、实验互动、游戏比赛等形式,逐步引导观众观察、参与、互动、讨论及反思。

2.3 活动流程指南

2.3.1 活动前期导入

①让观众观察"微观世界"展品,描述见到的细菌或者病毒的特点。根据模型区分细菌和病毒,并通过分类活动让观众自己归纳出细菌的形状特点。

细菌是个体微小的生物,为单细胞个体,有球菌、杆菌、螺旋菌,许多细菌可以连接成长链或成团,但每个细菌都是独立生活的,由细胞壁、细胞膜、细胞质等构成,但无成形的细胞核。有些细菌还有荚膜、鞭毛、芽孢等特殊结构(见图1、图2、图3)。

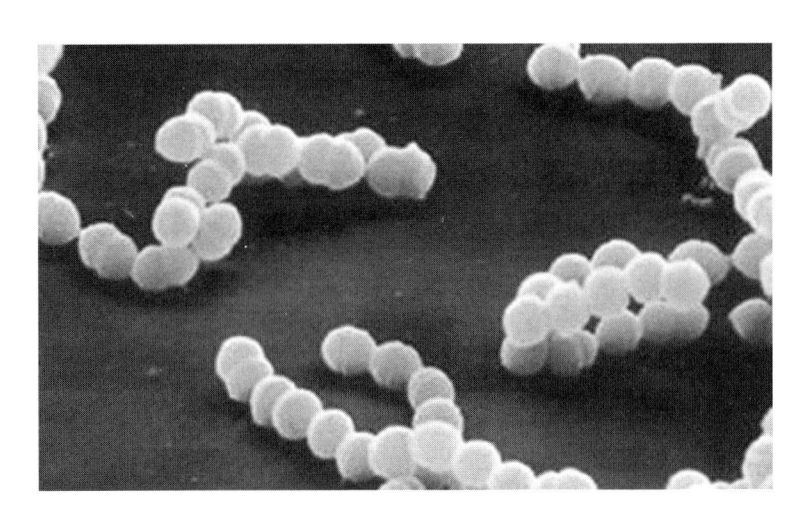

图 1　金黄色葡萄球菌

注：其是常见的食源性致病菌，广泛存在于自然环境中。金黄色葡萄球菌在适当的条件下，能够产生肠毒素，引起食物中毒。

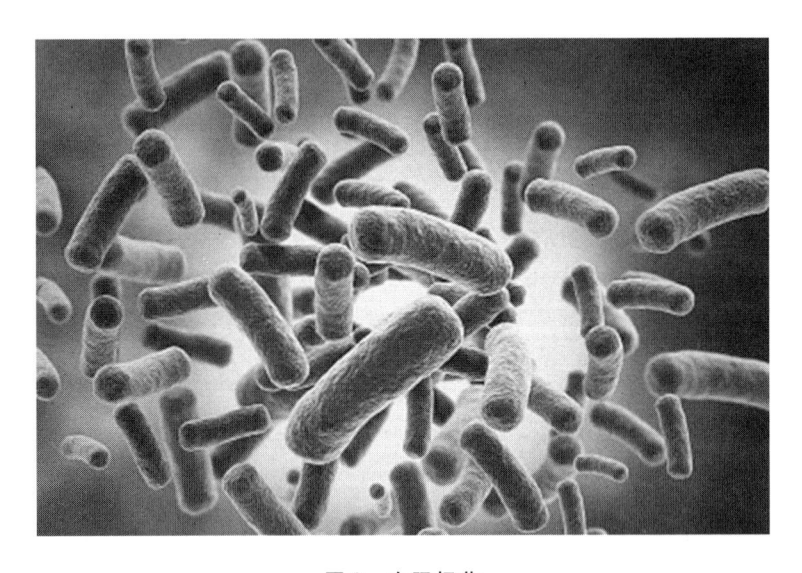

图 2　大肠杆菌

注：其是条件致病菌，在一定条件下可以引起人和多种动物发生胃肠道感染或尿道等多种局部组织器官感染。

而病毒体积微小、无细胞结构，只有寄生在其他生物的细胞中才能进行生命活动，植物、动物、细菌都有可能被病毒寄生。

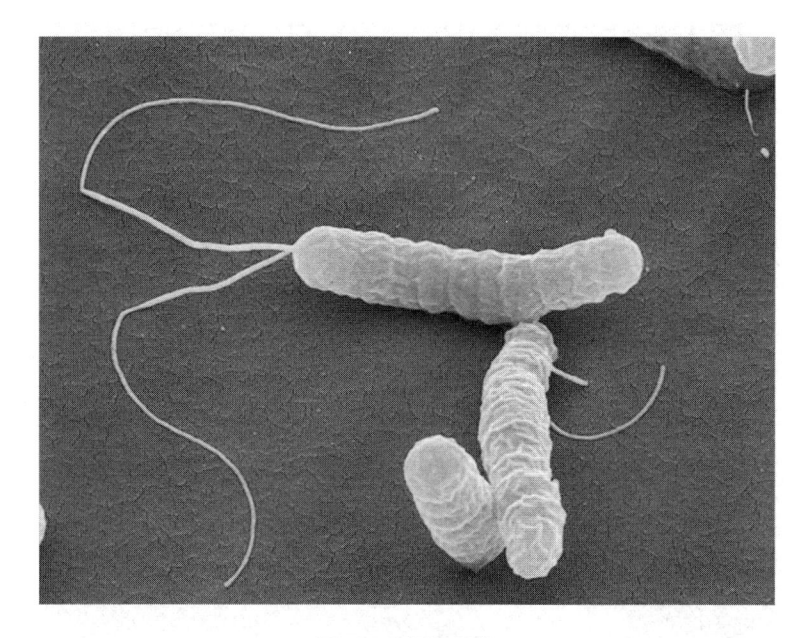

图 3　幽门螺杆菌

注：幽门螺杆菌感染可引起胃炎、消化道溃疡、淋巴增生性胃淋巴瘤等。

然后拿出病毒和细菌的模型（或者图片）让大家根据已有知识推测分别是什么？

2.3.2　活动过程中

②详细说明病毒是什么？

病毒是一种没有细胞结构、以复制进行繁殖的一类非细胞型微生物，由蛋白质和核酸组成，只有用电子显微镜才能观察到（见图4、图5、图6）。病毒本身无法传代，为了自己的繁衍必须感染新的目标。

但是，只有一部分病毒能感染人。病毒具有自己特定的宿主，如烟草花叶病毒和噬菌体等，这些病毒都对人体没有特定的致病性，因此可与人类和平相处。

③提起病毒很多人就会想起同样也是看不见摸不着的细菌，那细菌又是什么呢？它和病毒有什么区别？

细菌是所有生物中数量最多的一类，最早是被荷兰人列文虎克在一位从未刷过牙的老人牙垢上发现的，但那时的人们认为细菌是自然产生的。直到后

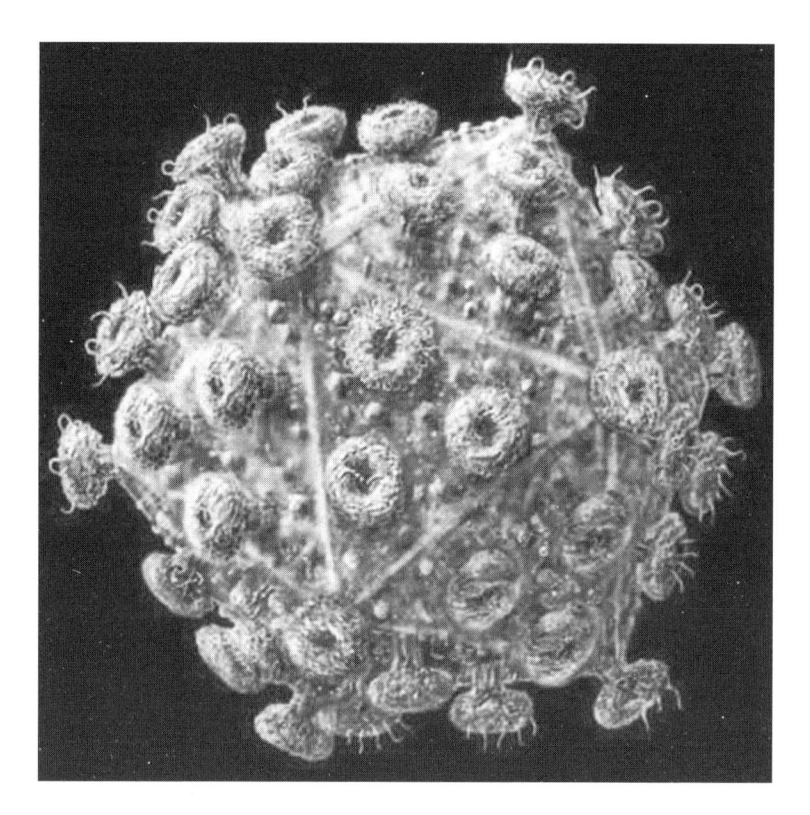

图4 人类免疫缺陷病毒（Human Immunodeficiency Virus，HIV）

注：即艾滋病（AIDS，获得性免疫缺陷综合征）病毒，是造成人类免疫系统缺陷的一种病毒。

来，法国的路易·巴斯德用鹅颈瓶实验指出，细菌是由空气中已有细菌产生的，而不是自行产生的，并发明了"巴氏消毒法"，被后人誉为"微生物之父"。

细菌和病毒同属于微生物，只有在显微镜下才能看到。但两者是截然不同的东西。病毒比细菌小得多，病毒不能独立生活，必须寄生在其他生物的细胞里。

首先，它们的大小有差别。细菌个体往往比较大，通过普通的光学显微镜，我们就可以轻松地观察到它们。而与之相比，病毒则会显得"娇小"一些，我们需要借助放大倍数超过万倍的电子显微镜才能揭开它的面纱。究竟有多小呢？如果说人是一个细菌，那我们面前的一座大山就相当于是一粒大米，

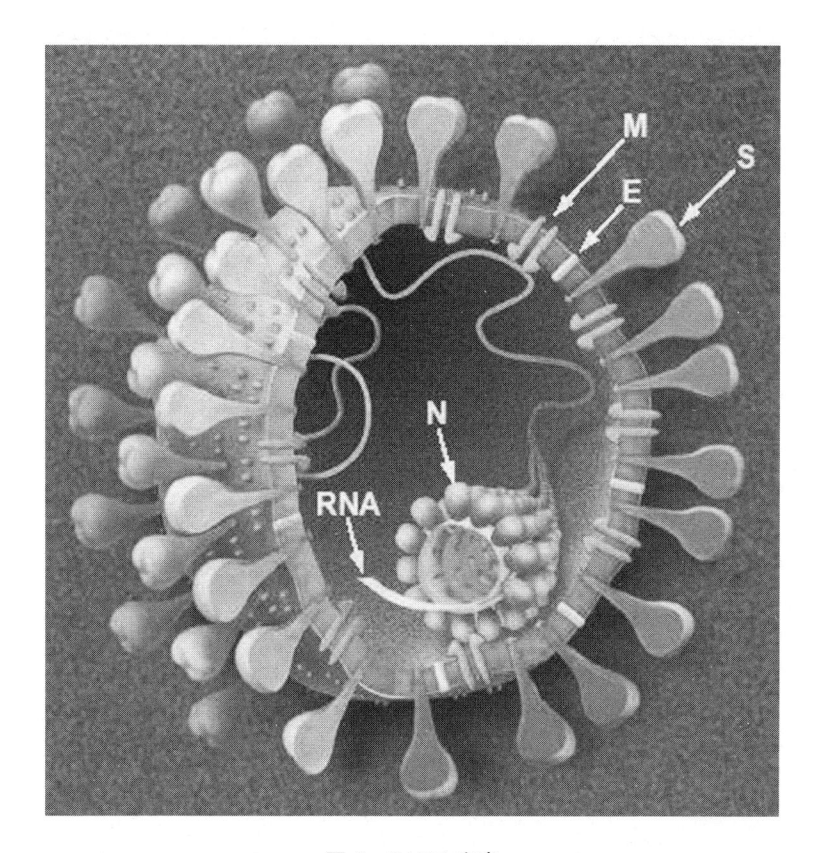

图 5　SARS 病毒

注：引起的疾病是传染性非典型肺炎，又叫严重急性呼吸综合症。它是一种传染性疾病，主要是经过呼吸道飞沫以及密切接触或者接触患者的分泌物而传播的。

而我们手中的手机就相当于病毒。

其次，它们的细胞结构也有很大区别。细菌是由单细胞或多细胞组成的简单生物，并拥有细胞壁（见图7），而病毒并不存在这种细胞结构。

④那什么地方最容易接触细菌？反思自己日常生活中哪种行为能阻止病菌传播，掌握正确洗手的方法。并用显微镜进行观察，同时对细菌的大小有所感受。

1平方厘米的手掌，能聚集3500~4500个细菌，包括大肠杆菌、沙眼菌、伤寒菌、痢疾菌等二三十种病菌；每个指甲缝内有4.5万~5万个细菌，而人平均每1小时接触眼睛、鼻子或嘴巴3次。

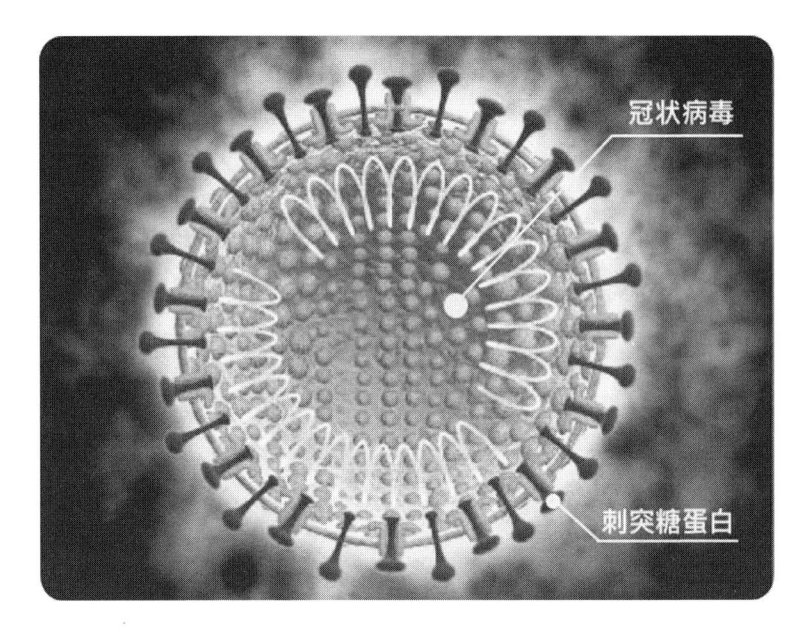

图 6 新型冠状病毒（2019–nCoV）

注：已知可引起感冒以及中东呼吸综合征（MERS）和严重急性呼吸综合征（SARS）等较严重疾病。新型冠状病毒是以前从未在人体中发现的冠状病毒新毒株。

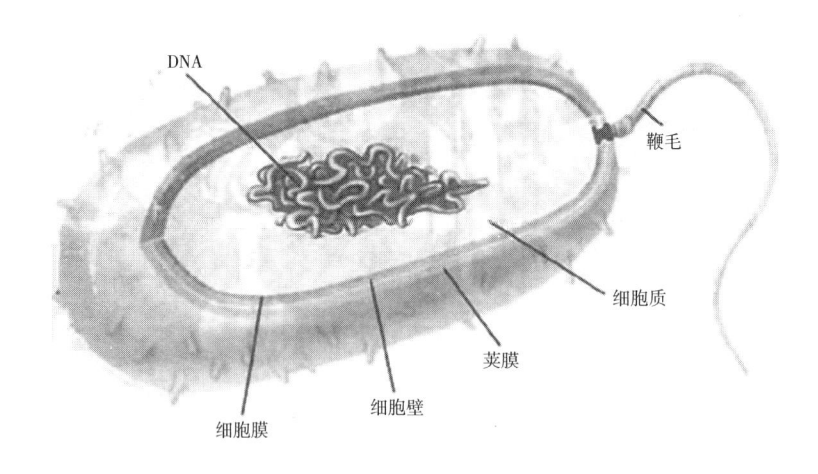

图 7 典型的细菌结构

资料来源：人教版初中生物教材。

还可以用显微镜分别观察这些地方的细菌。观众通常能意识到细菌是很微小的，必须借助显微镜才能看到。那细菌到底微小到什么程度呢？可以借助头发丝来说明，120 个大肠杆菌"肩并肩"紧挨在一起，刚抵得上一根头发丝（60 微米）那么宽。1500 个大肠杆菌头尾相接"躺"成一列，也只有一颗芝麻（3 毫米）那么长。

对于细菌，要科学认识，有效防护。在日常生活中最常见、最有效的措施就是洗手，在大多数情况下，用肥皂和流水洗手是消除病菌的最好方法。如果没有肥皂和水，可以使用酒精含量至少 60% 的免洗洗手液。

通过视频配儿歌的方式讲解正确的洗手方法（七字诀），并通过免洗洗手液带领大家正确洗手，强调一定要够 20 秒才能有效冲掉细菌（可以儿歌计时，音乐停才能停），洗手后再次通过显微镜观察细菌的数量，不方便的话也可以通过观看视频（见图 8）。

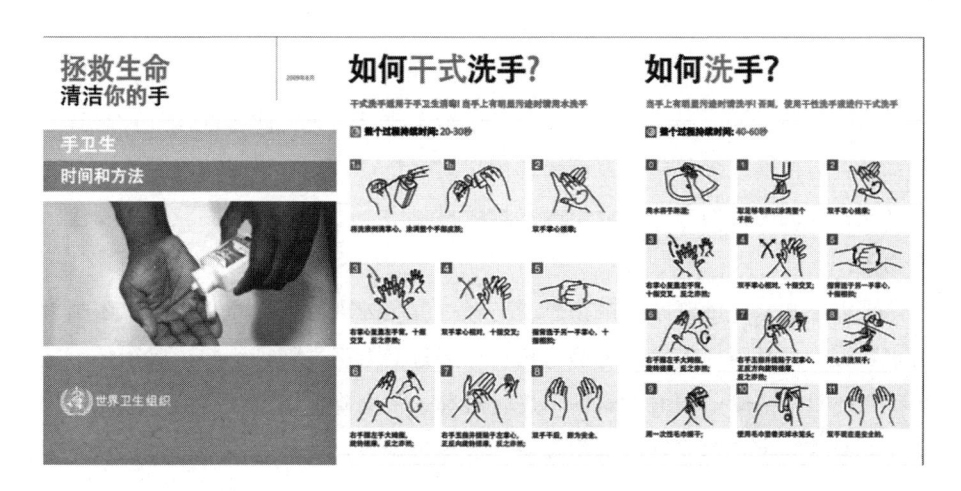

图 8　正确的洗手方法

最后得出结论——通过洗手可以有效减少细菌，减轻小朋友对于细菌的恐慌心理。如果观众年龄较小，也可以将讲解洗手的环节改为播放动画视频，吸引他们的注意力。

⑤**2019 年新冠肺炎疫情暴发，为了阻断病毒传播，我们会佩戴口罩。介绍常见的三类口罩，并配合剪开的口罩展示和讲解口罩的分层。**

口罩对进入肺部的空气有一定的过滤作用，在呼吸道传染病流行时或是在

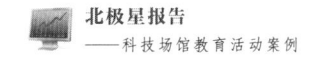

粉尘等污染的环境中作业时戴口罩具有非常好的作用。主要介绍生活中常见的口罩：纱布口罩、医用外科口罩、医用防护口罩（N95）。

● 纱布口罩。优点：保暖，可重复清洗使用。缺点：纱布要达到较高的阻尘效果唯一的方法就是增加层数，但过厚会让使用者感觉呼吸阻力变大，不是很舒适，且面部密合性差，防毒效率低，不能作为医用个人防护用品使用。

● 医用外科口罩。优点：透气舒适，具备一定病原体过滤作用，安全系数相对较高，是最常使用的口罩。缺点：防水性及颗粒过滤效能还不够，当近距离接触病人，尤其是有咳嗽、打喷嚏等症状的病人时，保护效能大打折扣。

● 医用防护口罩（N95）。优点：微尘过滤效果好，密封效果好。可以预防由患者体液或血液飞溅引起的飞沫传染，飞沫的大小为直径1~5微米。缺点：发闷不舒适，在剧烈运动时不适合使用。此外，心肺功能较弱的人或低龄儿童不建议佩戴。

向观众展示三种不同类型的口罩剪开的横截面，可以看到医用外科口罩面体分为内、中、外三层，内层为普通卫生纱布或无纺布，能排湿透气提高舒适度；中层为单层或多层超细聚丙烯纤维熔喷材料层，具有良好的吸附性，过滤性极佳；外层为无纺布或超薄聚丙烯熔喷材料层，用于过滤大颗粒物及粉尘污染物。

可以请观众仔细观察并触摸感受。经过静电处理的无纺布不仅可以阻挡大粉尘颗粒，而且附在其表面的静电荷可以通过静电引力将细小粉尘吸附住，达到很高的阻尘效率。同时滤料的厚度也很薄，大大降低了使用者的呼吸阻力。

⑥**教授如何正确穿戴和摘取口罩，并进行游戏比赛。**

首先，分清楚里面、外面和上下面。

从口罩皱褶来看，皱褶处往下就是外面，皱褶处往上的就是里面。口罩的外面主要是阻水层，能防止外来的飞沫、液体喷溅，而里面主要为吸湿层，可以吸收我们佩戴时在呼吸、说话时产生的水蒸气。如果将口罩戴反，口鼻呼出的气体不能被有效吸收，口罩容易潮湿，就失去了防护作用。有金属软条的一侧永远都是在上方。

其次，佩戴方式。

戴口罩之前请先把手洗干净。佩戴方法如图9所示，佩戴后如果从鼻梁附近有风漏出来，就需要调整鼻夹，如果是两侧有风，就需要调整橡皮带的松紧。

佩戴方法

WEARING A METHOD

❶ 面向口罩无鼻夹的一面，两手各拉住一边耳带，使鼻夹位于口罩上方。

❷ 用口罩抵住下巴。

❸ 将耳带拉至耳后，调整耳带至感觉尽可能舒适。

❹ 将双手手指置于金属鼻夹中部，一边向内按压一边顺着鼻夹向两侧移动指尖，直至将鼻夹完全按压成鼻梁形状为止。仅用单手捏口罩鼻夹可能会影响口罩的密合性。

图9　口罩的佩戴方法

再次，摘取方式。

手不要接触口罩对外的一面，如果是系带的口罩要先解开下面的带子，再解开上面的带子，用手指捏口罩的带子丢到垃圾桶，丢掉口罩后务必再次洗手，做好清洁防护。

最后，更换口罩。

通常情况下，一次性使用医用口罩和医用外科口罩均为限次使用，累计使用不超过8小时；职业暴露人员使用口罩不超过4小时。活性炭口罩一般可使用2天，医用防护口罩N95可使用一周。出现以下情况应及时更换口罩：口罩有破损或损坏；口罩受污染（如染有血渍或飞沫等异物）；曾使用于隔离病房或与病患接触；口罩受潮；口罩内有异味；呼吸阻力明显增加；口罩与面部无法密合。

【游戏比赛】根据实际情况讲解完毕后，进行实际操作的比赛，看看哪一组佩戴得更好（可将双手盖着口罩尝试吹气，检查是否有空气从口罩边缘外漏）、佩戴及摘取方法更科学正确，并颁发小奖品——科学列车徽章，激励观众积极参与，也增强互动性和趣味性。

⑦我们应当从两方面看待事物，细菌和病毒只会给我们带来危害吗？引导观众思考它们与人类生活的关系。

细菌能用于食品的制作和保存，能用于疾病的防治和环境保护等。比如通常用酵母菌发酵食物，再比如在醋的传统制造过程中，就是利用空气中的醋酸菌（Acetobacter）使酒转变成醋。其他利用细菌制造的食品还有奶酪、泡菜、酱油、醋、酒等。根瘤菌是与豆科植物共生的细菌，它能产生氮肥，就像化工厂一样，对农业和自然界都很重要。腐生细菌会让食物腐败，但又可以用来降解湿垃圾；部分抗生素的制造、废水的处理也依靠细菌。

病毒会危害人体健康，也可用于制造疫苗来预防和治疗相应的疾病，还可用于生物防治和基因工程。病毒的寄主如果是人、农作物或牲畜就是有害的，但如果寄主是农业害虫，对于人类就是有益的，可以利用病毒防虫害。

2.3.4 活动小结

通过阐释展品、剖析疫情的传播，帮助观众正确认识细菌、病毒，培养良好的卫生习惯并缓解观众对于疫情的紧张情绪。在新冠肺炎疫情背景下，个人防护物品必须得到重视，除正确洗手外，随着口罩的普及使用也需要让观众更全面地了解口罩，并掌握正确的佩戴方式。本次活动通过丰富多样的展示形式，为参与者创造科学实践的机会和思考空间，有效地帮助公众理解科学知识，增强个人防护意识。

2.4 科学内容补充

①科学家列文虎克的故事（人教版小学三年级语文上册《玩出了名堂》有提及）。

安东尼·列文虎克（Antony van Leeuwenhoek，1632年10月24日至1723年8月26日），荷兰显微镜学家、微生物学的开拓者。由于勤奋及本人特有的天赋，他磨制的透镜远远超过同时代人。他的放大透镜以及简单的显微镜形式很多，透镜的材料有玻璃、宝石、钻石等。其一生磨制了400多个透镜，有一架简单的透镜，其放大率竟达270倍。其主要成就：首次发现微生物，最早记录肌纤维、微血管中血流。

列文虎克16岁时就失去了父亲，被迫退学后来到荷兰首都阿姆斯特丹一家杂货铺当学徒。在杂货铺的隔壁有一家眼镜店，列文虎克有空就会到眼镜工匠那里学习磨制玻璃片的技术。当他听说用上等玻璃磨成的凸透镜能放大身边的小东西许多倍，他便渴望用自己双手磨出光匀透亮的镜片，带领他进入人类用肉眼永远看不到的奥秘的微观世界。不知过了多少个夜晚，列文虎克忘记白天店铺里学徒生活的劳累，一心扑在磨制镜片上，很快便掌握了磨制镜片的技术。一天，他终于磨制出一个直径只有3mm，却能将物体放大200倍的镜片。他把镜片镶嵌在木片挖成的洞孔内，用来观察微小的物体。他几乎不敢相信自己的眼睛，在他的镜片下，鸡毛的绒毛变得像树枝一样粗，跳蚤和蚂蚁的腿变得粗壮而强健。

结束了学徒生活的列文虎克最后在故乡德夫特定居下来，从事市政府看门人的工作。他每天把工余时间花在用显微镜观察自然现象上。1674年，列文虎克发明了世界上第一台光学显微镜，并利用这台显微镜首次观察到了血红细胞，从而开始了人类使用仪器来研究微观世界的纪元。

列文虎克这种执着、创新、求实、求真的态度就是科学精神，是值得我们学习的地方。

②居家消毒主要会用到75%医用酒精和84消毒液两种消毒剂，这两种消毒剂可以混在一起使用吗？

酒精与84消毒液混合不会得到氯气，但不建议混合使用，因为混合反而会减弱消毒能力甚至产生一些有机氯化物。

84消毒液的主要成分为次氯酸钠（NaClO），有效氯含量5.5%～6.5%，是一种高效消毒剂，具有刺激性气味，具有一定的腐蚀性和挥发性。酒精，学名乙醇，在常温常压下是一种易燃、易挥发的无色透明液体，其蒸气比空气重，能在较低处扩散到较远的地方，与空气形成爆炸性混合物，遇明火、高热能引起爆炸燃烧。

如果将酒精和84消毒液混在一起，会发生化学反应，乙醇和次氯酸钠都被反应掉了，生成了没什么用的乙醛，不过幸好这个反应的速率很慢很慢。值得注意的是，理论上讲生成的乙醛有可能会被过量的次氯酸钠氧化成乙酸甚至会发生氯仿反应，生成有毒的有机氯化物。

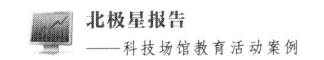

③免洗洗手液很方便，它可以完全替代用肥皂和流水洗手吗？

在多数情况下，免洗洗手液可以快速减少手上的细菌数量。但免洗洗手液不能清除所有类型的病菌。当手明显不干净或油腻时，免洗洗手液可能没有效果，而且它可能无法清除农药和重金属等有害化学物质。

2.5 任务卡

活动结束后，发放任务卡，可以让观众对活动内容印象更加深刻，并让观众带有目的地参观展区。

设想如果未来课本上记录新冠病毒这件事，你会选择哪一张配图？为什么？①著名人物的照片，如钟南山；②病毒的照片；③新闻事件的照片，如疫情下空城的武汉；④疫情影响范围的地图，深浅颜色代表不同国家的感染人数；⑤图标类，各类数据直观对比。

请大家利用网络资源去搜寻一位抗疫人士的经历，了解他们背后的故事。也可以在现场进行分享。

展区里面展示好多种细菌，请大家再次回去参观，指出微观世界中的四大种群有哪些（单细胞原生生物、细菌、病毒、单细胞藻类）？

2.6 注意事项

①用显微镜观察细菌时，注意维持现场秩序。
②看护好实验道具，防止课程参与者擅动误拿。

2.7 学生手册

①认真听讲解，积极参与互动，了解病毒和细菌的相关知识。
②仔细观看教师演示口罩的正确佩戴方式，并主动思考口罩的分层。
③根据探索任务卡，在展区进行展品的再次观察和思考。

2.8 材料清单

显微镜；电子设备 iPad；免洗洗手液；口罩，纱布口罩、医用外科口罩、医用防护口罩（N95）；病毒、细菌的相关图片和视频。

3 创新性及价值性

3.1 选题具有现实意义

在选题上本案例充分挖掘科技馆的展品资源,结合当前抗击新冠肺炎疫情的情况进行相关知识的普及教育,贴近受众生活,容易激发受众兴趣,有着很好的现实意义。

3.2 基于科技馆的资源,凸显非正式教育的特色

科技馆利用自身的展览教育资源开展科学教育,有助于提升公众科学素质,激发公众崇尚科学的热情,强化公众参与科学实践的愿望与能力,但科技馆作为非正式教育的场所与学校老师在课堂中的授课有很大不同,科技馆在课程设置上应当多鼓励参与者去观察、分析、推理、归纳、探究。树立"科技馆不是教授知识的场所,而是播撒好奇的种子"的意识,鼓励学生去思考,让学生获得探究解决问题的方法,得出科学结论,从而培养对科学自发探索的兴趣,形成正确的科学态度。

本案例通过展示模型、图片、视频等资料帮助学生理解,通过精心设计的问题引发观众思考,通过课程前参观—参与课程—根据任务卡完成巩固学习,形成教学闭环。在活动中运用计算、分类、类比等各种方法提升观众的生物学素养。并通过介绍列文虎克和巴斯德的故事,在科学知识之外也对观众进行情感教育,传递科学家在科学研究方面严谨求实的精神。

3.3 案例开发紧密贴合中学课程标准

教育部、国家文物局在 2020 年联合印发《关于利用博物馆资源开展中小学教育教学的意见》,对中小学利用博物馆资源开展教育教学提出明确指导意见,要着力拓展博物馆教育方式途径。要求创新博物馆学习方式,以促进学生学习为中心,增强博物馆学习的趣味性、互动性和体验性。

本案例对应课程标准十大一级主题之一"生物的多样性"中的内容,结合中小学生认知规律和学校教育教学需要,将病毒和细菌作为科学普及教育的

切入点。观众对于病毒和细菌在自然界中普遍存在是有一些了解的，但是它们是看不见摸不着的，因此就需要通过与生活相联系，采用现场演示、互动实验的形式，使得大众了解和正确认识病毒及细菌在生物界属于微生物的类群，只有在显微镜甚至在电子显微镜下才能看清它们的真实面貌。二者区别很大，知晓病毒没有细胞结构、以复制进行繁殖而且有很强的传染特性，懂得大部分病毒对人类的生命是有害的。要防御致病的威胁，就要牢牢守住人类的"城墙"。反思自己日常生活中哪种行为利于病菌传播，以及学会正确戴口罩、消毒、洗手，以防"病从口入"。通过阐释展品、剖析疫情的传播，帮助观众养成良好的卫生习惯并缓解观众对于疫情的紧张情绪。

大国小工匠

——小小造船匠

马泽川　梁倩敏*

（北京师范大学教育学部，北京，100091）

1　活动名称

大国小工匠——小小造船匠。

2　活动主题

观历史，畅未来，玩科学，动手脑，争做大国小工匠。

3　实施背景

响应天津市教委等七部门研究制定的《天津市中小学生素质拓展课外活动计划》，落实 2020 年 10 月 12 日教育部和国家文物局联合下发的《关于利用博物馆资源开展中小学教育教学的意见》，加强馆校结合，推动博物馆教育资源的开发利用。

贯彻落实建设海洋强国和 21 世纪海上丝绸之路等国家战略，普及海洋知识，弘扬海洋文化，提升海洋意识。

---

* 马泽川，单位：北京师范大学教育学部，E-mail：mazechuan2000@ mail. bnu. edu. cn；梁倩敏，单位：北京师范大学教育学部，E-mail：cham_ min@ 163. com。

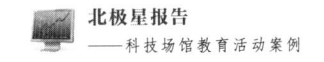

4 目标受众分析

目标受众：天津市某中学8年级学生，按照班级开展，每班40人。
受众分析：包含生理特点分析、心理特点分析和学习起点能力分析。

4.1 生理特点分析

8年级的学生正处于少年期和青年前期。由于内分泌中生长素的作用，中学生的骨骼肌肉等发育极快，逐步趋于成熟，促使身高体重猛长，脑发育的诸多指标已达到成人水平。

4.2 心理特点分析

8年级学生的生理发展为心理变化提供了必要的物质基础。

初中生心理变化除了表现为动力系统的个体意识倾向性和个性心理特征外，还表现为心理过程的认识、情感、意志、行为都迅速趋于成熟。

认识：感知觉包括视觉、听觉提高迅速，空间、时间知觉已成熟，有了较强的目的性、精确性、概括性；注意力的有意性、选择性、稳定性有很大发展；记忆的领域扩大，技巧多样，效率提高；思维由具体形象思维向抽象逻辑思维过渡，具备初步的辩证思想；想象乃至幻想空前发展，为创造性的发挥、创造能力的培养开拓了广阔天地，心理上产生成人意识，自我意识直线上升，自我形象骤增，有强烈的欲望。

情感：日益丰富、复杂、深入，精力充沛富于朝气，向往豪爽不拘小节，社会情感进一步发展。但自控力、平衡性、稳定性较差，情绪易波动、浮躁，有时偏激，惑于假象，有时半外露半隐蔽，导致矛盾心理。

意志：逐渐坚定时而脆弱，易受外界影响时冷时热，既能自觉养成一些好习惯，又常被坏习惯左右。由于自我监督能力欠缺和思想方法局限，办事易走极端或半途而废或中途易辙，耐力和韧性不足。

行为：由于自信、自尊、自立、自强的心理活动，行为的自觉性有所增强，自主意识逐步发展，但愿望与能力存在矛盾，渴望独立，又难独立；想成为一个大人，但社会还把他当成学生看待，因而在实际生活中往往与成人产生对立情绪，采取不合作态度，出现"代沟"，对外界事物非常敏感。

4.3 学习起点能力分析

8年级学生处在"心理性断乳期",具有叛逆性,易受外界影响从而导致成绩两极分化。同时也具有可塑性、主动性和独立性的特点,因此此阶段也是思想态度塑成的关键阶段。

认知结构分析:他们已有一些关于海洋的常识,但是对关于海洋的资源、人文等缺乏系统的认识。

认知能力分析:他们正处于形式运算阶段,不仅会利用语言文字,还可以概念、假设等为前提,进行假设演绎推理,得出结论。

学习态度分析:他们具有较强的思维能力、自主学习能力和协作学习能力。

学习动机分析:内部动机方面,学生处于好奇心强烈的阶段,对于未知事物有着强烈的求知欲,而且形象思维能力强。

5 活动内容

学生在科学教师及场馆展教人员的带领下,参观国家海洋博物馆相关展厅;学生结合已有经验和所学知识,在教师的指导帮助下进行沉浮的探究,并在理论知识支持的基础上进行DIY船模的制作。

5.1 活动设计背景

海洋是地球的主要部分,也是全球生物的起源之所。早在春秋战国时期,国人的海上活动就已经见诸史籍。明朝初年,社会经济繁荣,国力强大,手工业较前代有很大提高,尤以造船、航海业最为明显,当时我国航海技术处于世界领先地位。朱棣即位后,为扩大与周边国家和亚非各国经济文化交流,派郑和率领庞大商队下西洋。郑和自永乐三年至宣德八年曾七次下西洋,每次出航,船只多达百余艘。由多船种混编而成的船队,包括大号宝船、中号宝船、粮船、坐船、战船、水船等。随行人员达28000人,到达30余个国家和地区,这在世界航海史上是仅有的。

在国家海洋博物馆"无界·海上丝绸之路的故事"展厅正当中有一艘格外引人注目的船只模型,这就是仿制郑和联合舰队中帅船的郑和宝船模型。明

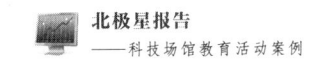

代的《瀛涯胜览》中记载，郑和帅船"长四十四丈四尺，阔一十八丈"，差不多船身总长为125.65米，总宽50.94米，排水量14800吨，载重量7000吨。

穿越千年时光，让我们回到当今的21世纪。2013年10月，习近平总书记提出共建"21世纪海上丝绸之路"重大倡议。自此，这条古老的航路被赋予了时代新内涵。2015年9月12日，以我国著名航海家郑和名字命名的18000标准箱的超大型"海上巨无霸"集装箱船在上海完工。与千年前开辟海上丝绸之路的郑和船队相比，以"郑和"号为代表的第七代超级货轮充分体现了21世纪中国制造的强劲实力和超高水平。制造并推广这样的超级货轮也是以实际行动支持共建"21世纪海上丝绸之路"。

实现造船强国梦，就必须坚持对产品精雕细琢、精益求精的精神理念，这也是一种大国工匠精神。制造"郑和"号这样的巨型货轮就体现了新时代一种做事专注、认真、坚持、精益求精的大国工匠精神。船模的完整制作过程与造船类似，从设计、制作再到完善、改进，同样需要学生精雕细琢、精益求精。亲自动手制作船模的过程既能够促进学生动手动脑、全面发展，又能够培养学生认真、细致、专注的工匠精神。

在人教版初中历史七年级下册第15课《明朝的对外关系》中已学习过郑和下西洋的相关知识内容，在人教版初中物理八年级下册第十章《浮力》中探究了沉和浮与造船的相关内容。本次造船的场馆主题活动与这些内容相结合，从而形成馆校结合的科普教育活动。

5.2 活动目标

通过本次活动，学生能够实现以下目标。

①了解中国海洋文化及海上丝绸之路相关知识，理解海洋、远航对人类历史产生的深远影响，掌握沉和浮的相关概念。

②能够在参观展馆的同时进行学习并能够根据所学知识回答相关问题，灵活运用已有知识及所学习的制作船模所需的基本概念与方法完成船模的制造，提升解决创造性问题的创造力、动手能力和小组协作能力。

③能够体会中国古代航海技术与现代造船技术的先进性，产生对海上丝绸之路的兴趣、对中国科学技术史的热爱，增强科学意识，树立正确的理想信念，进一步增强自信心和民族自豪感。

5.3 活动理念

真实的历史故事往往使科普具有生命的厚度。本活动基于真实的历史故事"海上丝绸之路"和"21世纪海上丝绸之路",以"郑和下西洋"中的"超级船队"和当今我国第七代超级货轮为背景,以"争做大国小工匠"为活动精神与主题推进活动开展。这种基于真实历史和故事的学习所包含的任务情境与学习者的实际生活或社会密切相关,活动的内容也具有跨学科的性质。

通过这样的活动形式,鼓励学生通过看展品、听讲解等方式进入真实背景中进行自主探究、思考与创造,可以尊重并有助于发展学生的个性与潜能,有利于培养学生独立思维、与人合作以及解决问题的能力。同时,学生在动手进行船模制造的同时学习相关知识、概念,也体现了杜威"在做中学"的相关理念。

5.4 活动安排

5.4.1 活动前准备

前置知识准备:在学校的物理课上,教师通过一系列科学探究实验,引导学生学习关于沉和浮的相关概念,引导学生探究沉浮的相关因素以及排开的水量与沉浮之间的关系。

人员准备:学生在校期间进行自由分组,40人的班级分成8组,每组5人。学校历史及科学或物理教师与场馆相关负责人员进行交流座谈。

40人的班级由学校的两名老师(1名历史老师和1名物理老师)带队,由馆方分配1名场馆主讲教师、1名拍照摄影师,每5人的学生小组分配1名场馆展教辅助人员,即需8名展教辅助人员。

分组完成后,学校将教师和学生的对应分组名单提前上报至博物馆活动办公室,场馆根据名单分配展教辅助人员并组织展教辅助人员与对应小组的教师进行沟通、交流。

物料准备:10台可连接互联网可投屏的平板电脑、40把手工剪刀、20瓶防水胶、20条防水胶带、20套三角板套装、20把圆规、1m×2m的KT板10张、10套彩色记号笔(5种颜色为一套)、10盒牙签、10个小型电驱动机、20个7号电池、若干易拉罐、若干利乐砖、若干废旧铜版纸以及废旧报纸,以及拍照需要的校旗、班旗、馆旗、共青团旗各一面，带有分组信息与学生照片和姓名的签到表格，带有分组信息的评价量表，主讲教师所需相关多媒体资料等。

5.4.2 活动详细内容

活动包含学校课堂、参观场馆展厅及场馆教育中心活动三部分内容（见表1）。

表1 活动详细内容

学校课堂			
流程	目的（时间）	教师活动	学生活动
导入	导入情境，为活动打下基础（10分钟）	导入情境：海洋是地球的主要部分，也是全球生物的起源之所。人类穿越海洋，探索新的发现，经历了漫长的过程。早在春秋战国时期，国人的海上活动就已见诸史籍。明朝初年，社会经济繁荣，国力强大，手工业较前代有很大提高，尤以造船、航海业最为明显。当时我国航海技术处于世界领先地位。朱棣即位后，为扩大与周边国家和亚非各国经济文化交流，派郑和率领庞大商队下西洋。穿越千年时光，让我们回到当今的21世纪。2013年10月，中国国家主席习近平在访问东盟时提出共建"21世纪海上丝绸之路"重大倡议。2015年9月12日，以我国著名航海家郑和名字命名的18000标准箱的超大型集装箱船，在上海完工并交付给承租经营方。实现造船强国梦，就必须坚持对产品精雕细琢、精益求精的精神理念，这也是一种大国工匠精神。轮船是漂浮的实例代表，也是液体提供浮力的实例。船模的完整制作过程与造船类似，从设计、制作到完善、改进，同样需要学生精雕细琢、精益求精。亲自动手制作船模的过程既能够促进学生动手动脑、全面发展，又能够培养学生认真、细致、专注的工匠精神。本节课，我们一起来学习人类对海洋的艰辛探索，通过理解沉和浮，体会其中浮力的应用，最终制作出属于自己的小船	听课，思考 观看视频，了解背景，进行思考和讨论，组内分工，确定好每个人所需准备的任务
讲授	通过讨论，引发思考，激发学生探究问题的好奇心（35分钟）	主讲教师播放"南海一号"沉船视频、郑和下西洋宝船的相关视频及当代我国第七代超级货轮的相关纪录片，向学生抛出制造船舶以及船模的相关问题，引导学生在馆内其他场馆寻找造船模的灵感	

续表

		参观场馆展厅	
流程	目的（时间）	教师活动	学生活动
参观	通过参观"中华海洋文明"系列展厅引起学生对中华海洋文明的理解与认识，引导其投入学习中（每个篇章20分钟，共60分钟）	教师与讲解员一起带领学生参观"中华海洋文明第一篇章"展厅。了解在岁月的长河中，中华先民们与海共存，在认识海洋、开发海洋的过程中承载的中华民族宝贵的文化精神和传统，以及中华民族为人类海洋文明发展做出的不可磨灭的贡献。随班历史与科学相关学科教师进行辅助讲解，并拍照记录	参观，记录，思考，讨论
		教师与讲解员一起带领学生参观"中华海洋文明第二篇章"展厅。了解在明清之际不断争论禁海与开海的背景下，我国从未停止对外贸易与交流，以及在鸦片战争引发了海洋危机后，我国积极吸纳西方海洋文明，走上了不断发展海洋经济、维护海洋权益、探索海洋发展的近代化之路。随班历史与科学相关学科教师进行辅助讲解，并拍照记录	
		教师与讲解员带领学生参观"中华海洋文明第三篇章"展厅。通过体验模型、复合沙盘、多媒体互动等方式，了解我国作为21世纪的海洋大国，着眼于中国特色社会主义事业发展全局，统筹国内外两个大局，坚持陆海统筹，坚持依海富国、以海强国、人海和谐、合作共赢的发展道路，扎实推进海洋强国建设的历程。随班历史与科学相关学科教师进行辅助讲解，并拍照记录	
参观	通过参观"无界·海上丝绸之路的故事"展厅，引起学生对海上丝绸之路的理解与认识，引导其投入学习中（20分钟）	教师与讲解员带领学生参观"无界·海上丝绸之路的故事"展厅，了解海上丝绸之路的相关内容：来自中国的丝绸、瓷器、茶叶及其承载的中国文化通过海上丝绸之路传遍了整个世界，而香料、珠宝、毛毯等舶来品也通过海上丝绸之路让中国人的生活发生了改变。随班历史与科学相关学科教师辅助讲解，并拍照记录	参观，记录，思考，讨论

续表

参观场馆展厅

流程	目的(时间)	教师活动	学生活动
参观	通过参观"从风帆到行轮"展厅,引起学生对船舶发展史的理解与认识,引导其投入学习中(20分钟)	教师与讲解员带领学生参观"从风帆到行轮"展厅。了解航海及船舶制造的发展历史与海洋文化,体会航海技术的不断进步与发展。随班历史与科学相关学科教师进行辅助讲解,并拍照记录	参观,记录,思考,讨论
参观	通过参观"海洋文化空间"展厅,帮助学生认识到海洋联通了世界,促进了文明间的文化交流和贸易往来(30分钟)	教师与学生按照此前分组开展小组行动,近距离接触宋元福船复原模型、海上丝绸之路沿线古代文明代表性文物、"寻根之路"大溪地号单边架独木舟模型、外销瓷器、航海仪器等展品。随班历史与科学相关学科教师进行辅助讲解,并拍照记录	参观,记录,思考,讨论
参观	通过参观其他相关展厅,激发学生对海洋文化的理解(20分钟)	教师带领学生按小组形式自由参观博物馆内其他展厅,自由活动,寻找小船设计灵感	参观,记录,思考,讨论

场馆教育中心活动

流程	目的(时间)	教师活动	学生活动
投入	通过回顾在校学习的沉和浮的相关概念,引导学生理解排开水的体积与浮力的关系,为后面制作小船做准备(10分钟)	学生按小组落座,展馆主讲教师引导学生总结上午所参观的展厅,进行探究沉和浮的相关条件的实验。 通过前面的学习,学生已经知道了在体积不变的情况下,改变物体的重量能够改变物体在水中的沉浮状态。用学生熟悉的橡皮泥作为研究材料,使橡皮泥在水中浮起来,并探索其中的原因,从而帮助学生理解钢铁制造的轮船为什么能够浮在水面上。分为三个部分。 第一部分:观察实心橡皮泥的沉浮。学生用同一块橡皮泥做成不同形状,把它们依次放入水中都会沉入水底。不同形状的橡皮泥,重量没有变,但体积有没有变,对于没有经验的学生来说这有一定的难度,需要借助工具测出体积数据。再把橡皮泥放入盛水的刻度杯中,就能测出它的体积,进行比较,发现体积没有变化	学生听课,思考,可发表自己的观点和想法

续表

		场馆教育中心活动	
流程	目的(时间)	教师活动	学生活动
投入		第二部分:让橡皮泥浮在水面上。学生通过做出尽可能多的形状,让橡皮泥浮在水面上,思考它们的共同之处。再次引发学生思考橡皮泥重量没有变,是什么变化使橡皮泥浮起来的? 第三部分:测量橡皮泥排开的水量。学生通过测量不同形状橡皮泥排开的水量,比较沉和浮的情况下各自排开水量,发现沉时排开的水量小,即浸入水中的体积小;浮时排开的水量大,即浸入水中的体积大。 排开水量的计算方法是:放入物体后的刻度减去原来的水量等于物体排开的水量。知道了橡皮泥浮起来的原因在于它的重量不变,而浸入水中的体积增大,学生就能够理解钢铁造的轮船能够浮在水面上,是因为把钢铁做成轮船的形状大大增加了轮船排开水的体积	
探究	鼓励学生自己建构学习经验,通过小组协作的方式去探索,获得知识、经验(150分钟)	教师引导学生进行船只设计。展教辅助人员提前派发造船所需用品,每张桌子上有1台iPad、5把手工剪刀、2瓶防水胶、2条防水胶带、5套三角板套装、5把圆规、1m×2m的KT板1张、1套彩色记号笔、1盒牙签、若干易拉罐、若干利乐砖、若干废旧铜版纸以及废旧报纸。 在学生动手操作的同时,展教辅助人员及每组对应的带队教师进行针对性的辅导。引导学生利用刚刚在场馆中观察到的海洋主题,为所造船只涂上主题彩绘	各自进行小组活动,开始实施小组方案。每组推选出一名小组长统筹规划大家的意见和建议。学生通过手机或场馆提供的平板电脑自主搜寻资料,确定造船主题与船只名称,进行设计草图绘制,体会工业设计的过程。展馆主讲教师引导学生进行讨论思考,相互交流。草图绘制完成后小组讨论如何进行船模制造,选用此前展教辅助人员提前派发的耗材进行船模的制作
解释	帮助学生梳理设计思路(60分钟)	主讲教师组织学生进行小组抽签,为后续展示活动做准备。引导学生对整个船的设计流程思路进行梳理,要求总结船模设计思路、改进、设计亮点等。展教辅助人员提前制作号码签,1~8号,让蓄水池蓄水,分发评价量表	没做完的小组可继续制作,各小组派名组员进行展示顺序抽签。小组内对整个船的设计流程思路进行梳理,小组长对整个组员对船模设计思路、改进、设计亮点等的想法进行总结,可制作幻灯片为稍后的小组10分钟展示做准备

续表

		场馆教育中心活动	
流程	目的(时间)	教师活动	学生活动
拓展	帮助学生梳理设计思路,引导学生自信展示(60分钟)	主讲教师引导学生按照抽签顺序,进行小组展示,并给出教师的见解。展教辅助人员和随班教师进行评价量表收集。展教辅助人员提前调试好演示设备,帮助学生使用 AirPlay 或 Miracast 进行投屏	学生将做好的船模放入蓄水池中进行测试,并在组内选派一名组员对船模的设计思路、改进、设计亮点等进行展示交流,可将制作的幻灯片和查到的资料投屏至投影仪。各小组进行小组展示,并按照教师下发的评价量表进行互评
丰富	帮助学生树立自信心(40分钟)	展馆主讲教师进行活动总结,随队教师与展教辅助人员根据小组互评的结果,按照不同维度的得分排出今日"大国小工匠——小小造船匠"活动的最佳设计奖2组、最佳组织奖2组、最佳参与奖2组、最佳创意奖2组。随队教师代表和展馆展教辅助人员进行感想发言。展馆主讲教师宣布本次制作船模的活动到此结束	学生自愿分享制作船模的新体验。各组喊出小组名称和口号、上台领奖状并发表获奖感言。组内一人将船模带回家妥善保管

表2 活动时间安排

时间	地点	内容
8:00~8:30	博物馆南广场	教师提前到达指定位置,学生找到相应带队老师集合、签到。摄影师跟拍就位。展教辅助人员准备带有学生照片和姓名的签到表格,与学生相互认识
8:30~9:00	博物馆南门	集合完毕,馆方主讲教师向学生说明本次活动的主题、内容、流程和目的,随后教师与学生在展教辅助人员的指引下有序安检进入场馆。相关工作人员开启大客流安检通道,快速完成安检
9:00~9:20	"中华海洋文明第一篇章"展厅	参观展厅
9:20~9:40	"中华海洋文明第二篇章"展厅	参观展厅

续表

9:40~9:50	博物馆二楼大厅	休息,每组的展教辅助人员注意照看好小组成员
9:50~10:10	"中华海洋文明第三篇章"展厅	参观展厅
10:10~10:30	"无界·海上丝绸之路的故事"展厅	参观展厅
10:30~10:50	"从风帆到行轮"展厅	参观展厅
10:50~11:00	主题文化空间	休息
11:00~11:20	主题文化空间	参观主题文化空间
11:20~12:00	博物馆内	教师与学生可在馆内商业区的餐厅就餐,也可在场馆的户外区域食用自带食品,休息
12:00~12:20	馆内其他展厅	教师与学生按照此前分组进行小组行动,参观其他展厅,自由活动
12:20~12:30	实验室入口	全体集合,准备进入创客空间。展教辅助人员向全体学生说明注意事项
12:30~14:00	教育中心	进行实验室活动课程
16:50~17:00	二楼大厅	各小组与展馆展教辅助人员和随队教师合影留念,全体参加活动人员合影留念。展馆物业人员将校旗、班旗、馆旗、共青团旗物料提前准备好
17:10	博物馆	解散团队,学生带着一日的收获回家,活动全部结束。展馆展教辅助人员送别学生,结束一天的工作。可与家长在博物馆门口留念

5.4.3 活动后安排

学生带着制作好的船模到学校,在学校课堂中,学生再次对船模的制造流程及所需注意要点进行反思,教师帮助学生进行相关内容的阐述和引申,引导学生完成既定的活动目标。

场馆新媒体运营相关人员撰写公众号、官方微博等平台的推文,及时推送。

展馆主讲教师、展教辅助人员与学校教师、学生代表继续开展座谈会,分享活动心得,提出改进方案,及时进行活动的反思、改进。

"追日寻踪"日环食天文主题系列活动

朱朝冰[*]

(厦门科技馆管理有限公司,厦门,361000)

1 场馆介绍

厦门科技馆位于厦门文化艺术中心,主要从事科普展览和培训业务,于2007年3月16日正式对外开放,建筑占地面积21000平方米,常设展厅面积12000平方米。厦门科技馆以提高公众科学文化素质为目的,秉承"弘扬科学精神,普及科学知识,传播科学思想和科学方法"的建设宗旨,以"人·科技·和谐"为主线设置"海洋摇篮""探索发现""创造文明""和谐发展""儿童未来"五大主题展馆,以及1个临时展厅、1个健康主题乐园、1个光学展区、3个特效影院,馆藏设施近400套件。先后获得"全国中小学研学教育基地""国家优秀科普教育基地""国家级海洋科普基地""国家环境教育基地"称号。

2 目标

近年来,网络直播迅速发展成为一种新的互联网文化业态,2016年被誉为"中国网络直播元年",网络直播逐渐发展为新媒体的重要领域。根据第45

---

[*] 朱朝冰,单位:厦门科技馆管理有限公司,E-mail:799421801@qq.com。

次《中国互联网络发展状况统计报告》，截至2020年3月，我国网络视频（含短视频）用户规模达8.50亿，较2018年底增长1.26亿，占网民整体的94.1%。网络直播是一种新的媒介形态，随着视频直播门槛的降低和交互方式的多元化，越来越多的人接受并参与到这种传播形式当中，预示着全民直播时代终将到来。

在新冠肺炎疫情暴发初期，全国的科技馆就在各地政府的指导下，令行闭馆。在疫情防控常态化后，全国科技馆依旧紧抓馆内防控，不敢放松。既然无法把观众"引进来"，那就让科技馆"走出去"。在全民抗击疫情期间，厦门科技馆利用数字化资源，推出了内容堪称海量的线上活动，以满足公众的精神文化需求。

2020年6月21日，我国迎来最重要的天文奇观——日环食。厦门作为公认的"最佳观测地点"之一，持续时间近1分钟，是中国大陆持续时间最长的城市之一，吸引了来自全国各地的天文爱好者。日环食并非常见的天象，放眼全国，2020年日环食过后，中国将迎来十年的日食空窗期。而厦门下一次再被日食的中心线经过，就要等196年之后的2216年12月10日。厦门科技馆抓住此次难得一见的天文现象，为了更深入地了解这一历史性时刻，本年度遇见科学活动以"追日寻踪"为主题，开展一场富有意义的天文行动；同时天文主题符合科技馆的科普定位，具有一定的科学教育意义。

"如果能够借助这次机会，激发广大市民对天文学的兴趣就再好不过了。"厦门科技馆馆长郁红萍表示，通过线上线下联动的科普直播活动，希望尽量让市民网友不仅"知其然"，还"知其所以然"。

3 活动概述

活动时间：5月30日至6月21日，活动持续4周。
活动地点：厦门科技馆。
活动主题："追日寻踪"日环食天文主题系列活动。
活动对象：青少年、天文爱好者和广大市民群体。

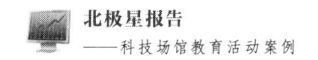

4　设计思路

"追日寻踪"活动涵盖追日行动达人招募、重走古代天文路、探访气象站、科普小讲堂、路边天文观测、日环食全记录6个部分，将于5月30日至6月21日开展，活动持续4周。

活动期间，招募厦门市天文爱好者和部分市民作为"追日达人"，参与3场预热活动。首场活动定于6月6日，"追日达人"们将前往同安苏颂园，进入1∶1复原的水运仪象台，了解我国天文学的辉煌历史。第二场活动定于6月13日，将探访狐尾山气象台，了解如何通过气象台预判最佳观测地点和时机。6月15日起，市民可参与第三场预热活动，到科技馆领取巴德膜眼镜。6月21日当天，市民可到厦门科技馆亲手制作巴德膜镜片，以及在专业人士指导下进行日食观测。

6月21日，厦门科技馆官方抖音号作为直播平台，直播时间为当日15∶00~17∶00，全程直播日环食情况。届时，也将在演武大桥观景平台、瑞颐大酒店空中露台、厦门科技馆前广场分设直播点。现场还将连线湖南、四川、贵州、台东等地进行转播，让公众在线上也可以观看本次日环食的全过程。

5　实施过程

本次活动共持续4周时间，从前期预热到日食直播，注重"尊重事实、乐于探究"的科学态度，活动过程注重利用问题进行引导，重视对真实世界的观察。精心组织安排了形式多样的活动，融合知识性、趣味性、参与性，让公众理解天文科学，让科学普惠群众，达到全民参与的目的。

5.1　追日行动达人招募

"在绝大多数人看来，天文学是高高在上、虚无缥缈的，喜欢天文学的肯定是那些研究人员吧！"

"直播是全程的，要是一直都是我们在讲，那就有点枯燥了，我们可以做人人都是自媒体的直播。招募一些天文爱好者加入我们吧！"

本次"追日寻踪"活动以真人实时直播的形式，旨在科普天文知识的同时，带动更多对天文有着浓厚兴趣，并且有着一定天文知识基础的天文爱好者加入。将"高高在上"的天文乐趣普及日常生活中，实现人人参与、人人受教。所以在前期的准备中，为了能够准确、有目标地进行天文科学传播，面向社会招募不同年龄段、不同社会角色加入活动中，希望可以达到在直播中引流互动的效果（见表1）。

表1　拟招募人员

序号	人员	要求	备注
1	科学老师	关注天文这块内容，在天文教学上，有自己的特色	结合课标的科普，认识到学校课堂教育与校外资源能够有机结合，能够发现观测实践对小学生的帮助和对丰富科学课相关教材内容的帮助
2	小学生	热爱天文，并有一定的天文知识基础	小学生的思维是发散的，有着无尽的探究心和好奇心，活泼开朗
3	初中或高中生	热爱天文，有路边天文的观测经验	有一定的知识储备，懂得多学科融合解决问题；热爱实验和实地观察，善于交流
4	大学天文社成员	热爱天文，能够对天文观测设备有一定的了解	达到专业水平，能够协助成员进行观察；可以自制观察道具
5	普通天文爱好者		
6	Kol 主播或电台主持人	隐形 NPC	自带流量，同时善于引出话题、炒热气氛
7	相关领域专家	在过程中能够与观众互动，解答相关内容	通过相关领域专家的亲身分享和解答，让学生了解科学的基本知识，更重要的是要理解科学知识的社会价值

5.2　重走古代天文路

活动地点：科技馆、同安苏颂园。

活动人员：科技馆工作人员 + 追日达人（部分）。

推广形式：Vlog + 图文微信推送（活动预热）。

厦门科技馆的水钟，高 6.8 米，是厦门科技馆独创的以水为动力的计时装置，巧妙地运用了北宋科学家苏颂所主持建造的水运仪象台的核心关键部分——枢轮擒纵器。擒就是抓住让它停下来，纵就是放开，从而控制水流的速度，形成时间的间歇运动。擒纵器是钟表的关键部件，英国科学家李约瑟等人认为水运仪象台"可能是欧洲中世纪天文钟的直接祖先"。水运仪象台代表了中国 11 世纪末天文仪器的最高水平，具有现代天文台必备的观测、模拟星象和计时三大功能，可称为现代天文台的鼻祖。

那古人是怎么实现天文观测活动的呢？由水钟引导出本次主题——重走古代天文路。在厦门同安苏颂园里，通过 Vlog 记录方式，科技馆工作人员带领小达人近距离观察完全 1∶1 复原的水运仪象台。这个大型的自动化天文仪器高 12 米、宽 7 米，共分 3 层，最上层是一个中国古代用于观测天体的浑仪，中间的密室安装着演示星空运动的浑象，最下层为宝塔样式的报时机构，整体外形仿佛是古代祭祀用的高台。了解水运仪象台的结构和功能，理解苏颂的贡献为何被称为欧洲天文的鼻祖。再通过同安科技馆专业人员的讲解，理解浑仪和浑象的区别和功能，实现同古人同步的观测活动。随后参观苏颂纪念馆，了解苏颂生平和水运仪象台的建造历程。

2020 年是苏颂诞辰 1000 周年，抓住这一重大时间点，以融入科学史的学习方式，以一种沉浸式的学习体验，丰富整个活动内容，促进公众对科学的深层理解，更好地理解科学本质。

5.3 探访气象站

活动地点：狐尾山气象台。

活动人员：科技馆工作人员 + 追日达人（部分）。

推广形式：Vlog + 图文微信推送（活动预热）。

"厦门六月的天气怎么样？"

"气象部门平时是如何检测天气的？"

"朝霞不出门、晚霞行千里，如何通过云判断天气情况？"

"天气预报的播报过程是怎么样的？"

"卫星云图怎么看？"……

天气的变化对地面的天文观测效果影响非常大，天文观测，首先需要一个晴天，除了晴天之外，还需要良好的大气通透度、合适的温度和湿度等。

为了规避和解决上述问题，科技馆工作人员和达人团一起走访厦门气象台。通过与工作人员互动，了解相关的天气情况和科普日环食观测的条件。

气象专家介绍，初夏阶段，由于副热带高压未完全主导，所以厦门天气多变，时不时有南下的冷空气来袭，又会出现短时强降水、雷雨等强对流天气，有时还会有台风。作为普通人，最直接地观测日环食的变化，就需要天气的支持。而对于专业的观测者来说，对天气的要求比普通人观赏要高得多，即使是借助仪器来观测，如果是不理想的天气情况，比如多云，很多观测项目实际上是没有办法进行的。

探访狐尾山气象台，与气象专家面对面交流，探讨市民最为关注的问题，还可以近距离感受气象工作。积极传播气象科学知识，促进提升市民气象科学素质。

5.4 科普小讲堂

活动地点：科技馆大厅。

活动人员：科技馆工作人员＋预约观众。

推广形式：微信推送（参与预约）＋现场互动。

根据现代人观测日食的办法推想，古人观测日食的办法大概有两个。一种是利用黑得像墨汁一样的水面来看太阳的倒影。另一种是小孔成像：在黑屋子里，借助小孔成像原理，就能在黑屋子的墙壁上轻易地看到太阳的清晰影像。

在科普小讲堂，工作人员带领学生学习古人的观测方式——小孔成像。激发同学们对古代天文学的好奇心和"模拟古人天文观测的兴趣"，分时间段地进行小孔成像日食观测和记录。基于真实情境的探究，让学生像古人一样一步一步地观察、思考。

"老师，我们可以直接去看太阳，去观测日食的变化情况吗？"

科普小讲堂，不仅仅为学生们科普古人的日食观测方法，同时也希望能够联系生活，带领学生去发现身边的科学。用生活实例来进行延伸拓展，小孔成像是一种比较实用的日常观测方法，那还有其他的方法吗？树荫观察法、水盆观测法，让学生善于思考，勇于探究。

巴德膜眼镜的介绍和制作，以及实地日食观测，也是体现了课标在科学知识总目标中对学生提出的要求，"了解技术是人类能力的延伸，技术是改变世界的力量，技术推动着人类社会的发展和文明进程"。

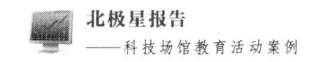

5.5 路边天文观测

活动地点：演武大桥观景平台（直播重点观测点）、瑞颐大酒店空中露台（VIP观测区及直播点）、厦门科技馆前广场（公众观测点及直播结束点）。

活动人员：科技馆工作人员＋特邀嘉宾＋市民互动。

推广形式：微信推送（前期预热、报名）＋现场互动。

活动形式：现场望远镜目视观测，网络直播。

6月21日的日环食的环食带非常狭窄，即使环食带经过福建省，也只有福建的龙岩市、漳州市、厦门市可以看到日环食，省内其他地区只能看到食分很大的日偏食。

那在厦门，日环食最佳观测点有哪些呢？

日环食的中心线不偏不倚地经过鼓浪屿，届时在鼓浪屿可以看到一轮同心圆状的"钻石环"，日食全程持续3小时，环食始时刻16：10：18，环食终时刻16：11：16。而最精华的部分——日环食，仅仅持续58.1秒，离鼓浪屿越远，环食的持续时间越短。

而演武大桥观景平台，地理环境的视野开阔，为整场观赏增色不少。食甚时太阳地平高度35.3°，这样的地平高度可以将地面大楼和日环食同框摄入，观测者能观赏到更为震撼的日环食景象。

为了使广大市民群众亲身经历和观看本次日环食，也使线上公众观看到本次日环食的全过程，计划在演武大桥观景平台、瑞颐大酒店空中露台、厦门科技馆前广场、厦门外国语学校分设网络直播区、专业观测区和公众观测区、"沉浸式"体验区，对本次日环食进行全方位的观测和体验。

比如在演武大桥观景平台上，专业观测区设置80个赤道仪机位和40～60台望远镜，供直播和专业观测使用，在专业观测区两侧也会架设设备供公众观测使用。因为在疫情期间，需要配合做好各类防疫工作，如体温监测、消毒、出示健康码等。同时，观测期间，厦门市气温一直居高不下，局部地区出现39℃高温，也要在防暑降温方面做到全面准备，确保直播的正常进行。值得一提的是，厦门科技馆党支部志愿者也在馆长的带队下，现场为市民提供讲解、引领等服务。

路边天文观测通过运用现代天文设备观测天体，理解"应用科学原理设计制造物品，解决技术应用的难题"；明白"天文科学史的发展满足了社会发展的需求，创新是社会灵魂"中强调的让公众理解科学改变世界，以及科学技术对社会的作用。

5.6 日环食全记录

本次日环食，从 14 时 42 分开始，到 17 时 24 分结束，整个过程从初亏、环食始、食甚、生光到复圆，共历时 2 小时 40 分左右。其中，真正的"高光时刻"只有不足 1 分钟。这不足 1 分钟的时间在天文学上被称作"食甚"阶段，是指日环食过程中，太阳和月球刚好呈现"同心圆"的短暂时刻。本次日环食的一大亮点就在于食分很大，在厦门上空达到 0.994。也就是说，在这一时刻，太阳视圆面被覆盖面积达到 97.6%，将出现罕见的"金边日食"，在大气透明度极佳的情况下，甚至有可能观测到只有日全食时才会遇见的贝利珠乃至日冕。

日环食为何罕见？观测日环食都用到了哪些天文设备？除了巴德膜眼镜，还可通过哪些方法来观测……

在直播现场邀请到了多位天文专家和达人为观众答疑解惑讲解日环食的原理、过程阶段、观测要点等重要信息。此次直播还给大家更多沉浸式的体验。例如，以手机镜头当"眼"，让观众直观地看到望远镜中的太阳成像；实地采访厦门外国语学校的学生们如何用墨水盆、小孔成像、水运仪象台等来观测等。

表 2　直播安排

序号	点位	人员安排	天文专家、人员	备注
1	演播厅（科技馆一楼会议室）	主持： 现场：	嘉宾：天文专家	主要负责与观众互动、直播太阳画面解说、抽奖等
2	VIP（瑞颐酒店空中露台）	外景主持： 现场： 随行：	嘉宾：天文专家	4 位达人和嘉宾提问互动，观测太阳结束后，外景主持人带领达人回科技馆；其他随行工作人员前往演武平台协助现场
3	演武平台	外景主持： 现场： 随行：	采访人员：厦门市民	外景主持人与现场工作人员了解普通观测方法，然后进行互动和直播太阳画面

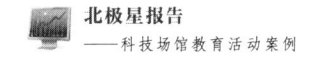

续表

序号	点位	人员安排	天文专家、人员	备注
4	科技馆（前广场草坪）	外景主持：现场：随行：	采访人员：厦门市民	达人与外景主持人至科技馆观测并与现场观众互动
5	厦门外国语学校	主持：现场：随行：	采访人员：学生、老师	主要负责与学生互动，直播学校的活动，讲解水运仪象台，科普天文知识等

在演武大桥观景平台上，由厦门科技馆工作人员配合南方天文工作室的相关技术人员，用现场望远镜目视观测。同时对现场的公众进行采访以及对日食情况进行实时直播。在瑞颐大酒店空中露台则邀请了北京天文馆馆长朱进和台中自然博物馆孙维新教授，通过直播互动的方式，与公众近距离探讨日食现象和关于天文方面的知识。而在科技馆的前广场，不仅会进行科普课堂活动，还会现场发放巴德膜眼镜引导厦门市民进行观测，同时也邀请到泉州一中的陈老师以及热爱天文的同学们，向现场的公众讲解天文知识。同时活动得到厦门南方天文工作室提供的主要观测技术支持，技术人员也配合现场情况，搭建专业设备，指导现场公众通过设备观测日食情况。

6 活动特点及亮点

本活动突破了科技馆以往空间固化的参观模式和展厅课堂的活动模式，赋予了科普工作全新的理念和意义。为保障本次活动的成功开展，厦门科技馆提前一个月发布活动预热，组织追日小达人招募和报名，带动全民参与天文现象观测。多次踩点、计时彩排，收集彩排反馈，修改方案。制定不同方案以应对天气、交通等的影响，做到一个活动、多种方案保障。让活动过程有更好的主观能动性，带领公众探索科学规律、自然规律，模拟科学家的探索历程，这也是贯彻执行"在科学学习中运用批判性思维大胆质疑、善于从不同角度思考问题、追求创新"的科学态度总目标中的要求。

本次活动紧扣当下传播领域最火热的直播和短视频形式。前期预热则是借助微信推文、Vlog、抖音小视频等。新媒体线上直播活动，让无法到达厦门观测日环食的公众，通过手机屏幕就能全程参与。通过线下、线上以及线下与线上相结合的传播形式，努力开拓科普场馆中科普教育活动传播的新途径，促进科普教育事业的不断发展。同时本次直播的一大创新之处在于，这是一场多地联播，不仅连线厦门市多个观测地点，还一路追踪湖南、四川、贵州等地区的"食甚"景观，实时直播日食动态。

网络直播在科普场馆拥有着广阔的发展前景，也将成为科普教育活动传播的一种创新形式。

鼓励科学家、专业人士走进直播、答疑解惑，专业讲解日环食的原理、过程阶段、观测要点等重要信息。天文专家走进直播，直接面对公众，解答公众提出的各种问题。在直播的相互交流过程中，厦门科技馆工作人员以及天文科技人员与网民交流，以亲切而不失专业素养的形象与网民沟通，提供有信息量有价值的内容，使公众更加了解科普的意义以及认识到不一样的科技工作者。

用实时的交流互动和通俗易懂的语言，使直播内容更加精彩。在长达3个小时的直播过程中，针对枯燥难懂的天文知识点，工作人员通过直播这种口语化的表达方式，把深奥、专业的天文知识用老百姓理解的方式讲清楚说明白。聊天对话、举例等形式，让科普的知识没有距离感。鼓励公众点赞、发弹幕，能够直接了解用户能否听懂，用户也能随时反馈。此外，在直播间隙，还设置多次抽奖环节，形成良好的交流互动，极大地提高了参与度和趣味性。让公众有体验感，这样的互动能起到更好的传播效果。

7　教育效果

本次日环食天文主题活动在5月30日至6月21日开展，活动持续4周。其间，活动预热，推出4篇相关微信推文，总阅读量达到近10万，转发量超过9万；拍摄的3条平均时长为1分钟的抖音视频，内容紧贴日环食主题和厦门科技馆的科普核心，同时与流行的网络段子、新颖的拍摄手法等前沿传播形式相融合，一经推出立刻得到了网友的一致好评和转发，取得了不错的传播效果。最值得一提的是，厦门科技馆联手央视新闻、新浪科技、《新京报》、《厦门日报》、厦门广电，带来壮观的日环食直播，当天观看人次达1300万。同时厦门科技馆累计免费送出的巴德膜眼镜超过10万副，当天现场引导观测日食的人数超过万人。此外，还在思明区科协、《新京报》、《厦门日报》、微信公众号等平台上持续进行滚动播报或新闻报道。

当"大金环"出现时，直播间沸腾了，网友们激动万分，纷纷在评论区里留言许下美好心愿。"祝 2020 年，大家平安顺遂""祝家人健康"等。也有网友表示："没有设备，只好和孩子一起看直播，没想到效果出奇得好，感觉比自己观测的效果更棒，而且收获了好多知识"，真正实现了全民参与。

本次活动是公众了解天文知识的窗口，也为公众学习观测天文现象提供了实练机会，更是为热爱天文、对天文有着极高兴趣、想要为公众科普天文知识的天文爱好者提供了交流平台。切实做到了大力弘扬科学精神，普及天文科学知识，促进科技创新和科学普及的协调发展，展现科技造福人类的美好愿景，激发了广大公众，尤其是青少年对天文科学的兴趣和关注。

篇三：馆校合作科学教育的创新尝试

馆校合作科学教育，不应当停留于创新教学活动的形式，而应当创新场馆、学校、社会资源的整合方式，创新教学目标的实现方式，创新教学活动的设计思路。本篇案例在这些方面做出了积极的尝试，这里选取一部分进行分析，以期为馆校合作的创新发展提供借鉴。

"一往无前气垫盘"课程以摩擦力为主题，帮助学生建立摩擦力产生条件及其影响因素的认识。在这个课程中，学生经历了提出问题、实施实验、得出结论等探究过程，并应用摩擦力知识设计和制作了气垫船模型。这个课程在目标和内容的设置上对应了小学科学课程中的内容。科技场馆开展的教学活动如何在对应学校课程的基础上，对学校课程进行补充、拓展与深化，可能是进一步优化场馆科学教育要考虑的问题。

南京科技馆"大自然的启示"这一案例旨在帮助学生通过对荷叶的观察，认识物质的亲水性和疏水性。学生了解了疏水性的实际应用、探究疏水功能的结构特征，并在此基础上辨别各种植物的疏水性能。这些活动围绕疏水性的主题，将参观展品、科学探究与户外观察紧密地联系了起来，让学生认识到自然界中的事物对改善人类生活的启示。我们可以利用这些活动中的素材，让学生参与到发现和解决问题的过程中。比如，我们可以首先引导学生发现生产生活中需要疏水材料解决的实际问题，再通过观察和解释荷叶的疏水性能获得启发，设计和制作疏水材料解决前面发现的实际问题。这样，学生在解决问题的过程中切实受到了荷叶的启示，也许更能深刻地认识"大自然的启示"。

"古法敧器"这个活动围绕敧器这个展品，以项目式学习的形式，将"什么是重心""重心与平衡的关系是什么""如何通过改变物体的重心从而改变物体的平衡状态"作为驱动性问题，帮助学生认识物体平衡与重心的关系。整个活动充分联系了学生的实际生活经验，让他们参与到丰富的实验探究过程中。我们可以在此基础上选择恰当的项目以及能驱动学生完成项目的问题，让学生获得真正的项目式学习体验。

"动物的保护色"旨在让学生了解保护色对动物生存的作用，初步了解生物进化的原因。这一案例以有关保护色的诗句为起点，引导学生从诗句的赏析中认识到动物具有保护色，进而了解保护色是动物适应环境的一种方法。将诗词与科学教学结合是这一案例的特色。如何将诗词或其他文学载体贯穿于整节课，而不只是作为引入教学内容的素材，可能是这类课程开发中需要进一步考虑的问题。

"'末日'启示录"这一案例旨在通过游戏的形式让学生了解传染病的传播方式。其中的活动从僵尸类电视剧中受到启发，希望学生借助应对僵尸的活动了解疾病传播模式，以及疫情流调员的工作，并完成相关的统计工作。从教案来看，这一活动很有趣味，也能有效地让学生参与到传染病传播、流行病学调查和统计的过程中来。不过，僵尸并非科学的研究对象，显然不适宜在科技场馆的教育活动中开展相关的教学活动。

北京科学中心"火星找水"案例带领学生探究"火星上有没有水"这一问题。辅导员打破了以往科普讲座式的教法，而是引导学生思考什么样的证据能够帮助回答这个问题。学生在老师的指导下评估"肉眼观察""天文望远镜""火星轨道探测器"所获得的证据的可靠性和充分性，进而从证据中得出结论。值得注意的是，这一案例利用"小球大世界"的特色资源，让学生使用真实的科学探测数据进行探究，让学生在真实情境中经历像科学家一样的思考过程。

"小小航海家"研学旅行课程引导学生认识航海的历史，通过研究性学习了解航海知识，并制作海报来展示和交流自己的学习成果。这一课程并不限于学校和单一科技场馆的合作，而是充分利用包括博物馆、领域专家、高校学生、志愿者在内的各种社会资源，为学生学习航海相关知识提供支持和保障。同时，这一课程的设计与实施过程充分考虑到学校、班主任、学生的日常工作和学习压力，避免因为这样的研学课程增加过多的额外负担。另外，在课程的开发过程中，团队有意识地利用前人的研究与自己的调查研究成果，设计和改进课程，这是课程开发工作中难以见到却急需借鉴的。

"香料之路"这一案例以中国国家海洋博物馆的"中华海洋文明""海洋文化空间"等展览资源为依托，为学生提供"海上丝绸之路"的历史背景，并在此背景下带领学生了解植物芳香油，学习有关香水的知识。学生在场馆参观之后，进入实验室学习香水的制作流程，并实际制作香水。中国国家海洋博物馆的展览资源是否适合与制作香水的化学课结合，如何将场馆参观与学校理科课程结合起来，可能是博物馆和科技场馆在设计馆校结合活动时需要进一步思考的议题。

在"坦克模型DIY"课程中，学生接受了制作坦克模型的模拟演习任务。他们以小组为单位认识坦克的外形、结构和传动方式等，制定制作计划，并利用提供的材料制作出坦克模型。相比单纯地参观坦克展览和坦克模型，亲自制作坦克模型的经历能够加深学生对坦克结构的认识。除此之外，我们还可以引导学生从坦克具有的功能入手，自主思考以怎样的结构来实现这种功能，并依此设计、制作和测试坦克模型，最后与真实坦克模型做对比。在这样的过程中，学生在认识坦克结构的基础上，建立功能与结构的联系，培养他们的设计思维。

在上述案例中，无论是利用广泛的社会资源助力学校科学教育活动，以真实的科学问题驱动学生的思考与探究，还是以工程设计为情境引导学生学习科学、经历工程实践的过程，这些案例都反映出相关场馆在努力突破原有的馆校合作科学教育活动的边界，积极探索多学科融合、多资源整合、多途径齐进的科学课程设计。我们相信，如果能广泛利用科学家、科学教育工作者及科技场馆工作者等智力资源，充分借鉴国内外科学教育经验，特别是馆校结合科学教育的实践与研究成果，我国在这一领域一定能产出创新性成果，为进一步提升学生的科学素养做出贡献。

一往无前气垫盘

黄丽琴[*]

（温州科技馆，温州，325000）

1 教学对象与学情分析

1.1 教学对象

本教育活动对象为小学4年级学生，人数100人以内。

1.2 学情分析

根据《义务教育小学科学课程标准》，小学3～4年级学生应在"物质科学"领域中学习"力作用于物体，可以改变物体的形状和运动状态"，而摩擦力是"运动和力的关系"知识中一个重要的概念。学生在日常生活常识的积累中，对摩擦力的现象有着初步的认识，这些"感性"的认识或者"先前的"知识，就是我们进一步深入理解和探究的坚实基础。活动将摩擦力趣味小实验与生活中的摩擦力相联系展开，考虑到4年级学生已经具备一定的分析、比较、推理、概括的方法和实验设计、现象描述等探究性学习的经验，因此让学生通过展品现象亲自探究学习摩擦力知识，不仅能激发学生兴趣，引导学生积极探索，还有助于培养学生在科学学习中提出问题、分析问题、解决问题的能力，积累探究性学习经验。

---

[*] 黄丽琴，单位：温州科技馆，E-mail：2871655472@qq.com。

2 教学目标与教学重点难点

2.1 教学目标

2.1.1 科学知识
认识力的作用；描述物体的运动；测量、描述物体的特性和性能。

2.1.2 科学探究
能够运用感官和选择恰当的工具、仪器，观察并描述对象的外部形态特征及现象。

了解并体验科学探索的一般过程，经历观察、假设、实验、分析、总结等教学活动过程。

在教师引导下，能从具体现象与事物的观察、比较中，提出可探究的科学问题。

2.1.3 科学态度
尝试从多角度、多方面思考问题，在科学探究中以事实为依据，面对有说服力的证据，能调整自己的观点。

乐于尝试运用多种材料、多种思路、多样方法完成科学探究，体验创新乐趣。能在好奇心的驱使下，表现出对现象发生的条件、过程、原因等方面的探究兴趣。

2.1.4 科学、技术、社会与环境
了解科学对人类生活方式和思维方式的影响；了解人类需求是影响科学技术发展的关键因素。

2.2 教学重点难点

2.2.1 教学重点
摩擦力的定义；产生摩擦力的条件；气垫盘的制作。

2.2.2 教学难点
在体验书本摩擦力的过程中，如何将两本书相互叠加挤压产生摩擦力，教师需引导学生进行操作。

在气垫盘制作过程中，如何固定瓶盖对于同学来说相对较难，教师可提示

学生固定时可运用双面胶、胶枪等多种工具固定瓶盖。

如何将原理和作品相结合，对于同学来说较难，教师需引导学生进行操作。

3 教学场地、教学准备、活动时间

3.1 教学场地

基础科学展厅力与机械展区；活动教室；学生家中。

3.2 教学准备

其分为教学设备准备（见表1）和教具器材准备（见表2）。

表1 教学设备准备

类别	名称	数量	备注
硬件设备	电脑	1台	—
	摄像头	1个	—
	桌子	2张	—
	椅子	2把	—
软件设备	钉钉软件	1个	直播载体

表2 教具器材准备

类别	名称	数量	备注
教具及器材	书本	200本	数量按实际人数而定
	小木块	200块	数量按实际人数而定
	木板	200块	一块粗糙一块光滑,数量按实际人数而定
	380ml矿泉水	100瓶	数量按实际人数而定
	550ml矿泉水	100瓶	数量按实际人数而定
	1250ml矿泉水	100瓶	数量按实际人数而定
	裤夹	200个	数量按实际人数而定
	瓶盖	100个	中间打小孔,数量按实际人数而定
	双面胶	100个	数量按实际人数而定
	胶枪	100个	数量按实际人数而定
	胶棒	若干	数量按实际人数而定
	光盘	100张	数量按实际人数而定
	气球	100个	数量按实际人数而定
	测力器	100个	数量按实际人数而定

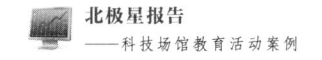

3.3 活动时间

3.3.1 环节一：参观展品，聚焦问题（10分钟）

从教学区走进展品区，通过教师演示、学生互动、学生观察等，引导学生提出问题；教师聚焦关键性的核心问题，并让学生思考。

3.3.2 环节二：探索问题，联系现实（30分钟）

针对展品中的科学问题，通过动手实践和情境代入开展探究活动，让学生理解展品资源中包含的科学原理。联系生活实际，说出这一科学原理各种应用的实例。

3.3.3 环节三：原理运用，制作实践（30分钟）

运用所学知识，自主动手实践，将展品缩小带回家。

3.3.4 环节四：成果展示，多元评价（10分钟）

展示实践作品，开展多元评价。

总计：课程分两个课时，一课时40分钟，学期内不定期开展。

4 教学过程

4.1 环节一：参观展品，聚焦问题

4.1.1 阶段目标

通过观看展品现象视频，激发学生学习兴趣以及提出关于摩擦力的问题，确定学习主题。

4.1.2 设计意图

利用展品操作视频向学生展示展品现象，激发学生兴趣与好奇心，基于展品提出关于摩擦力的问题，迅速带领学生进入课程。

4.1.3 教学策略

利用展品视频导入，弥补了由于地域限制不能亲自体验展品的遗憾，使学生在视觉、听觉上形成多方位的感受。观看展品现象，引导学生产生疑问，提出具有探究性的问题。

4.1.4 教师活动

播放视频《温州科技馆小明带你看展品》，展示气垫盘展品现象，引导学

生产生疑问，使学生们对展品现象进行自主思考。

引导学生提出关于展品现象的问题，抛出"气垫盘展品的现象和什么因素有关"这一问题，得出"气垫盘展品现象和摩擦力有关"这个观点。

4.1.5　学生活动

认真观看展品视频，观察展品的奇妙现象，记录在学习单上。

在老师的引导下，提出关于气垫盘展品现象产生的猜想，大胆假设气垫盘展品现象是否与摩擦力有关。

4.2　环节二：探索问题，联系现实

4.2.1　阶段目标

通过相关小实验了解摩擦力，运用动手实践和情境代入的方式激发学生探究欲望，引导学生通过观察、对比等方法认识摩擦力产生的条件。

4.2.2　设计意图

融入情境教学，带领学生进行摩擦力探究，学生动手实践关于摩擦力小实验，了解摩擦力和摩擦力产生的条件。

4.2.3　教学策略

通过关于摩擦力的故事导入、动手操作摩擦力实验、解密摩擦力的产生，从而串联成一个个相互关联的知识点，形成知识链。利用"做中学"的方法使学生更好地理解摩擦力和摩擦力产生的条件。

4.2.4　教师活动

（1）初识摩擦力

确定课程探究问题，以生活中玩滑梯时衣物会阻碍身体向下滑这一现象为导入，引导学生自主思考，初步提出摩擦力定义。

（2）探究摩擦力

演示摩擦力相关实验——书本大力士，引导学生进行自主思考，并归纳学生猜想，提出"摩擦力产生的条件都有什么"。

引导学生探究摩擦力产生的条件一，协助学生完成隔空摩擦手臂与直接摩擦手臂这一实验，归纳学生结论，总结出"摩擦力与两个物体直接接触有关"，并进行知识点延伸，引导学生思考改变这一条件是否能够增大或者减小摩擦力。

引导学生探究摩擦力产生的条件二，协助学生完成木块在不同粗糙程度下

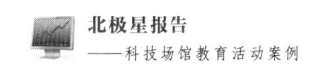

移动的实验，归纳学生结论，总结出"摩擦力与接触面粗糙有关"，并进行知识点延伸，引导学生思考改变这一条件是否能够增大或者减小摩擦力。

引导学生探究摩擦力产生的条件三，协助学生完成木块移动和未移动条件下力的大小实验，归纳学生结论，总结出"摩擦力与物体运动有关"，并进行知识点延伸，引导学生思考改变这一条件是否能够增大或者减小摩擦力。

（3）知识总结

归纳学生得出的结论，引导学生运用所学知识解释书本实验中分不开的现象。

指导学生利用大小相同的两本书做出书本大力士，完成书本大力士能够承受多少千克矿泉水重量这一摩擦力大挑战实验。

播放视频《摩擦力挑战》，使学生了解书本大力士最多能够承受多少重量。

（4）解释展品现象

引导学生运用所学知识解释展品奇妙现象。

（5）联系现实应用

提问学生，这一科学原理在现实生活中有哪些用途，发起摩擦力应用连连看游戏，使学生们在游戏中掌握和巩固知识。

4.2.5 学生活动

（1）初识摩擦力

在老师的引导下，自主思考玩滑梯衣物阻碍身体向下滑这一现象与什么因素有关，知道摩擦力这一定义。

（2）探究摩擦力

认真观看书本大力士实验，根据老师提问，猜想摩擦力产生的条件有哪些。

动手操作隔空摩擦手臂与直接摩擦手臂，对比与记录实验结果，回答"摩擦力是否与两个物体直接接触有关"这一问题，并在老师的引导下思考，改变这一条件是否能增大或者减小摩擦力。

动手操作木块在不同粗糙程度下移动的实验，对比与记录实验结果，回答"摩擦力是否与接触面粗糙有关"这一问题，并在老师的引导下思考，改变这一条件是否能增大或者减小摩擦力。

动手操作木块移动和未移动条件下力的大小实验，对比与记录实验结果，回答"摩擦力是否与运动有关"这一问题，并在老师的引导下思考，改变这一条件是否能增大或者减小摩擦力。

（3）知识总结

利用所学知识，解释书本大力士为何拉不开这一现象原理。

在老师的引导下，选择两本规格相同的书，一页一页叠加，制作出书本大力士，并进行摩擦力挑战，将380ml、550ml、1250ml矿泉水依次悬挂在书本大力士下面，观察现象并记录在学习单上，大胆猜想书本大力士最多能承受多少重量。

观看视频《摩擦力挑战》，了解书本大力士最多能够承受85kg重量。

（4）解释展品现象

在老师的引导下，利用所学知识，解释展品的现象原理。

（5）联系现实应用

自主思考并举例摩擦力在生活中的运用，以及生活中增大或减小摩擦力的现象，积极参加摩擦力应用连连看游戏，检验自身是否完全掌握知识点。

4.3 环节三：原理运用，制作实践

4.3.1 阶段目标

运用所学知识，自主动手实践，将展品缩小带回家。

4.3.2 设计意图

通过设计制作环节，考验学生的逻辑力、创造力和实践动手能力。

4.3.3 教学策略

通过设计制作，将展品缩小带回家，激发学生实践兴趣。教师点评以鼓励为主、纠正指导为辅。

4.3.4 教师活动

作品要求：明确作品制作要求，要求成品现象与展品类似。

制作准备：提供相应材料。

草图设计：引导学生进行草图设计。

制作作品：辅助学生制作气垫盘，操作时说明安全事项。在制作过程中发现问题，引导学生修改图纸并重新制作。

测试完善：引导学生对成果进行测试，看是否满足作品要求。

4.3.5 学生活动

作品要求：听清制作要求，进行作品构思。

制作准备：领取相应材料。

草图设计：在学习单上进行草图设计。

制作作品：根据草图自主进行作品制作，注意安全事项和工具的使用。

测试完善：在老师的引导下，进行作品测试，看是否满足作品要求，若不满足要求，进行适当修改。

4.3.6 学习单

"一往无前气垫盘"学习单

姓名：　　　　　场地：　　　　　日期：

★安全提示：

①使用剪刀等一系列尖锐物品时，防止戳伤皮肤。

②注意光盘边缘，防止割伤手指。

③热熔胶枪使用时，防止烫伤。

任务一：观察气垫盘展品现象，我发现了什么？

表3　任务一实验记录表

实验操作	气垫盘速度	击打力度
通电时		
未通电时		

任务二：摩擦力的产生和什么因素有关？

表4　任务二实验记录表

实验	实验现象	阶段结论
探究一 （动手操作隔空摩擦手臂与直接摩擦手臂，对比与记录实验结果）		
探究二 （动手操作木块在不同粗糙程度下移动的实验，对比与记录实验结果）		
探究三 （动手操作木块移动和未移动条件下力的大小实验，对比与记录实验结果）		

结论：

任务三：书本大力士摩擦力挑战记录表

表5 任务三实验记录表

重量	持续时间		现象
380ml	30秒 1分钟 2分钟 3分钟	○ ○ ○ ○	
550ml	30秒 1分钟 2分钟 3分钟	○ ○ ○ ○	
1250ml	30秒 1分钟 2分钟 3分钟	○ ○ ○ ○	

任务四："气垫盘"设计草图

我们已经知道了摩擦力以及摩擦力产生的条件，接下来让我们利用摩擦力原理来设计制作一个缩小版的气垫盘吧。

4.4 环节四：成果展示，多元评价

4.4.1 阶段目标

了解"一往无前气垫盘"课程所学效果，综合评价学生能力。

4.4.2 设计意图

帮助学生更好地了解自身，巩固所学知识与内容。

4.4.3 教学策略

通过学生作品展示，评估学生本节课学习效果，以及完成学生自我评价，了解学生知识点掌握情况，对接下来的课程教学具有指导作用。

4.4.4 教师活动

邀请学生进行作品介绍和展示，发起十佳作品投票，课后统计和公布投票结果。辅助学生进行自我评价。

4.4.5 学生活动

进行作品介绍和展示，进行十佳作品投票。完成自我评价表。

4.4.6 评价表

表6 "一往无前气垫盘"课程自我评价

评价内容	5★	3★	1★	得分
探究实践	探究过程认真,记录了探究数据,结论正确	探究过程较认真,未记录数据,结论不明确	探究过程随意,无探究数据记录,无明确结论	
制作成果	有草图设计并有修改;作品符合要求,有创意	有草图设计无修改;作品基本符合要求	无草图设计;作品未能实现功能要求	
知识掌握	完全掌握知识点,并且能运用于生活,能够举一反三	掌握知识点,并举例生活中的应用	掌握一些知识点,还有一些不清楚	

5 实施情况与课程亮点

5.1 实施情况

截至目前，受众210人次，点赞数119967次。

5.2 课程亮点

5.2.1 深挖展品资源，开展课程活动

充分利用科技馆展品资源，深挖其背后的科学原理以及内涵，使展品资源和课程活动深度融合。

5.2.2 学生通过直接经验获取知识

引导学生操作实验，使学生基于实物来体验和基于实践来探究，实现直接经验的认知，获取知识。

5.2.3 教学方法灵活多变，注重学生实践

以 STEM 为教学理念，通过情境导入、实践探究等教学方法，激发学生学习兴趣，帮助学生亲身经历探索过程，提高学生逻辑思维能力，培养学生自主思考能力。

5.2.4 紧密衔接小学课程标准，开发资源包

特殊情况下开展线上课程，发放资源包，弥补因地域限制及新冠肺炎疫情的影响，无法到馆参加科普活动的遗憾。充分调研小学课程标准，制定线上课程活动方案，让活动持续开展，使影响范围更大、受益人群更多。

5.2.5 知识点逐级深入，培养学生自主获取知识能力

从观看展品现象、提出摩擦力定义、探究摩擦力产生因素到原理应用与实践，知识点逐级深入，从浅到深，慢慢激发学生兴趣，课程以实践探究为主要形式，使学生通过观察实验现象得出结论，培养学生自主获取知识的能力。

5.3 活动反思

5.3.1 线上科普教育虽打破传统线下课程时空限制，但科普传播效果却难以保障

线上科普教育打破了时间、空间的限制，增加了学习自由度，为科普教育提供更多可能性，但与传统线下科普教育课程相比情感体验差异较大。线下科普教育课程教师可以通过面对面交流互动了解学生，对学生进行鼓励，引导学生探究，学生则可以通过教师的面部表情和肢体语言进行互动，通过与小组成员交流，共同合作完成某一问题的探究。而线上科普教育活动中学生和老师之间、学生和学生之间交流方式较为单一，虽可以在动手操作实验中采用学生交流、互动、分享成果等多种方法，利用游戏化的积分制不断提升学生的积极性和参与度，但仍会因网络诱惑较多，容易分散注意力，老师线上管控较难，让科普传播效果大打折扣。

5.3.2 强化线上课程资源开发，避免线下课程直接"嫁接"于线上

线上线下课程转化时，需通过二次创作将成熟、形式多样的线下活动转化

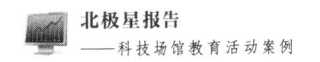

成更适合线上教学，互动性、参与性、科普性较强的线上课程活动，这将提高展教资源利用率，增加网络科普教育供给。教师应避免成为"主播"角色，开展我说你听、连线回答问题的无效课堂活动，而应成为一个"导播"角色，利用游戏、实验、讨论等多种有效课堂活动吸引学生注意力，激发学生学习热情。

浅析馆校结合教育活动的开发与实施
——以南京科技馆"大自然的启示"为例

唐倩倩　尹笑笑　许　妍*

（南京科技馆，南京，210000）

1　馆校结合

馆校合作又称馆校结合，是指科技馆和学校之间的教育合作。科技馆作为学校教育的第二课堂，能在补充学校所学知识的同时，进行知识的拓展和延伸，因此科技馆与学校为了达成共同的教育目标，充分利用科技馆丰富的教育资源、先进的教育理念和开放的教育活动空间，形成优势资源互补，相互配合开展教学活动，最终实现科技馆与学校的双赢。[1]

2　"大自然的启示"概述

本项目来源于南京科技馆馆校结合项目，该项目针对《义务教育小学科学课程标准》中物质科学领域"物体具有一定的特征，材料具有一定的性能"、生命科学领域"地球上生活着不同种类的生物"，综合利用南京科技馆生物资源丰富的特色园区、全新升级的趣味展品、丰富多彩的展厅活动等科学教育资源，以体验式学习、探究式学习、多感官学习以及情境式教学为主要的教学方法，采用多种教学形式，将情景模拟、展品体验、探究实验与园

---

*　唐倩倩，单位：南京科技馆，E-mail：1164185392@qq.com；尹笑笑，单位：南京科技馆；许妍，单位：南京科技馆。

区探索相结合，以大自然中的荷叶引导学生对叶子的了解，不仅仅局限于植物的叶片形状等宏观结构，而且拓展至疏水性结构以及疏水性材料带来的实际应用，并发散思维至整个大自然中的生物给我们带来的启示。"大自然的启示"鼓励学生通过接触生动活泼的自然世界，体会探索生命世界的意趣，形成勤于思考、善于观察的科学素养，从而激发热爱生命的情感和科学探究的兴趣。

3 馆校结合教育项目中对接课标、应用教育理念和教学法

3.1 教学目标与对象

根据《义务教育小学科学课程标准》中"生命科学"和"物质科学"领域的教学目标，结合科技馆相关资源，确定"大自然的启示"活动的教学目标。

3.1.1 科学知识

认识物质的亲水性和疏水性，知道接触角的概念；了解荷叶表面的结构；知道"超疏水性"材料在生活中的应用。

3.1.2 科学探究

能够用多种感官或简单的工具，观察出荷叶与白纸表面结构的不同；通过学习后，依据已有的经验，对自然中部分生物的"疏水"特征做出简单的猜想，学会运用观察、比较、实验等方法得出结论。

3.1.3 科学态度

培养学生的好奇心，能够在好奇心的驱使下，对常见生物的外在特征、自然现象表现出想要探究的兴趣。学会团队协作，愿意倾听，乐于表达。

3.1.4 科学、技术、社会与环境

了解自然中常见的生物对人类的启发及给人类带来的便利生活，培养亲近自然、走进自然、热爱自然、保护自然的情感。

3.2 实施过程

通过"科学实验秀——新型材料知多少""体验展品——'荷叶效应'"

"口袋里的科学——出淤泥而不染的秘密""深入园区探索,引发思考"等4个教学环节,综合运用科技馆的展厅资源、实验室资源、园区资源。课程蕴含丰富的科学原理,体现了生命科学、物质科学等多学科交叉的特点。

3.2.1 科学实验秀——新型材料知多少

本环节首先以趣味科学实验秀开场,带领学生初识"超疏水性"材料。通过情境式教学法、体验式教学法,邀请学生参与实验秀表演,引发学生兴趣,快速进入学习状态。了解"超疏水性"材料的概念,体会"超疏水性"材料的实用性和适用性,同时引导学生思考"超疏水性"材料和活动主题"大自然的启示"之间的关系。

科学概念:超疏水性材料。

活动设计:欢迎来到"超疏水实验室",实验室的Q博士将为大家展示几个关于"超疏水性"材料的神奇现象,以及它们在生活中的应用;展示"神奇的魔术沙"实验,并对实验产生的现象进行解释;邀请现场学生上台互动,并指导学生完成"不会湿的纸巾"实验;引导学生完成"谁是速写王"和"不怕水的衣服"实验环节PK。

设计意图:通过有趣的实验现象,激发学生的探究欲,调动学生的参与积极性,引导学生快速进入场景教学,确定活动主题,并为接下来的环节做铺垫。

3.2.2 体验展品——"荷叶效应"

本环节主要采用体验式教学法,带领学生动手体验"荷叶效应"这件展品,在操作中获得直接感受的同时,引导他们观察水珠在展品内和展品外玻璃罩上的不同状态,并继续提问,这件展品中有没有荷叶?引发思考,如果没有,那为什么叫"荷叶效应"?

科学概念:荷叶效应。

活动设计:带领学生参观展厅展品"荷叶效应"。

问题导入:在玻璃上滴水后,水滴会是什么样子的呢?圆的?扁的?

提出问题:为什么展品中的水滴状态和在玻璃上的不一样呢?这件展品为什么叫"荷叶效应"?

设计意图:通过操作展品和对比实验,将观看实验的"间接经验"转化为从操作展品和体验展品等实践中获得的"直接经验",引导学生观察不同材料的物体上水珠的不同状态,并为接下来的环节做铺垫。

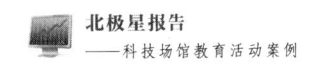

3.2.3 口袋里的科学——出淤泥而不染的秘密

通过前两个阶段的学习,学生对"超疏水性"材料已有初步认知,但不能与荷叶形成直接的联系。从展品"荷叶效应"出发,找一找荷叶究竟有什么不同,本环节采用探究式学习方式,通过对比实验、探究实验进行观察记录,了解荷叶表面结构的特殊性;明白"疏水性"和"亲水性"的区别以及知道什么是接触角。制作出类似于荷叶表面的材料,帮助学生更好地理解新材料的发明原理和过程。

科学概念: 接触角。

活动设计: 给学生分小组以方便进行观察和实验;新课引入,"提问 + 观察"荷叶被泼水后的现象;对比实验,让学生分别在干荷叶和白纸上进行滴水实验,对比两种物质上水滴的状态,填写实验记录表。

在宏观层面无法找出直接原因的基础上,尝试引导学生初探微观世界,通过图片展示、画图以及通过指压板和小水球模拟水珠在荷叶上的状态,来解释荷叶表面的微结构,帮助学生更加形象的理解。

探究实验: 带领学生进行知识的拓展迁移,自然界的荷叶具有超疏水性,那么在人类社会中,能不能通过动手改造材料让其也具有超疏水性呢?发放实验记录表,分别给学生不同的材料,比如蜡烛、油、宝宝霜等,让学生自己探究,如何在指定材料(金属勺)上制作新型防水材料?使新材料也实现"荷叶效应",即将水滴在新材料上也能得到一粒粒滚圆的水珠。

设计意图: 引导学生学会观察,记录实验现象,知道荷叶表面结构的特殊性,并能够通过探究实验,制作出类似于荷叶表面的材料。

3.2.4 深入园区探索,引发思考

本环节是学生最喜爱的园区探索环节,在南京科技馆园区有 200 多种动植物,以及人文景观,如湿地公园、花雨茶园、海棠垂梦等。我们将学生分组安排在园区不同的区域,在指定时间内让学生带着记录表去寻找自己感兴趣的生物,并判断它们是否具有超疏水性,在园区中是否具有超疏水性材料的应用,探索结束后组织学生进行最后一轮讨论分享:一是分享他们记录单上的内容;二是在这个课程中,你们认为大自然给出的启示是什么?三是开放性问题,大家在探索的过程中还发现了大自然中哪些神奇的现象?

活动设计: 发放观察记录表,带领学生参观科技馆园区,引导学生观察不

同的生物在遇水时候的状态，是否能够保证干燥；除了荷叶外，大自然中还有哪些生物也具有疏水性？最后探索结束组织讨论分享。

设计意图：发散学生思维，除了荷叶具有超疏水性，在大自然中还有很多天然的超疏水性生物，园区中也有超疏水性材料的应用。利用园区实地探索，提升学生观察能力及思考能力，调动学生多感官体验学习，启发学生发掘大自然给人们的启示，同时为"大自然的启示"系列课程的开发设计提供素材。

3.3 项目实施评估与其他

3.3.1 实施评估

本项目采用前置性评估、形成性评估以及总结性评估，项目实施前的一次馆校合作中学生提出的一个问题，让我们产生设计项目的灵感，前置性评估即项目实施前学生调查问卷、之前在馆校合作活动中教师的反馈表以及项目实施前与学校老师的多次线上沟通交流；形成性评估是学生活动过程中的实验记录表、观察记录单等；总结性评估是实施过程中学生的讨论分享、课后调查问卷和教师评价单。在整个项目的开展中，大多数学生都非常感兴趣，喜欢大自然，老师们给予肯定和支持并提出一些建议，例如老师希望探究的内容更多一些以及让学生可以带有目的性地去园区探索，根据老师提出的建议后续将在课程设计上做出调整。

3.3.2 创新（特色）点

本活动采用多学科融合的新教育形式、多样化的活动形式，将枯燥的科学概念与有趣的活动相结合，可以让学生"做中学，学中做"。

充分结合展品资源和园区丰富的生物资源，不拘泥于场馆之内，将生命科学领域与物质科学领域连接，不再是讲到大自然时只联想到植物的叶片形状，对知识点进行拓展和迁移，激发学生对大自然的热爱和探究。

3.4 将课标、教育理念和教学法与馆校结合教育活动相结合

课标是教学的基本依据，"对接课标"可以满足学校的需求，增强项目对于学校的吸引力，同时采用先进教育理念、教学法，既提升了"馆校结合"教育活动的质量、水平和教学效果，又使项目更有内涵、更有深度。因此，

"对接课标"是与学校科学教育相结合、开发和实施教育项目、有效吸引学校参与"馆校结合"活动的突破点,在"对接课标"的同时,又区别于学校科学课程,坚持科普场馆自身资源优势与教育特征,与学校资源形成互补。[2]老师、学生走进科技馆,科技馆辅导员与学校老师交流学习,走进校园参加学校公开课,使科技馆的场馆教育活动与学校教育课程紧密结合起来。

3.5　存在问题及改进

近几年科技场馆与学校合作开展的"馆校结合"科学教育活动,虽然取得了很好的教育效果,但还存在一定的提升空间,在馆校合作过程中也存在一些不足。

本活动受限于季节与天气,因有园区探索环节,在夏季、冬季与雨天时,探索环节实施较为困难。因此今后还将继续调整活动环节,以达最优。

由于活动需在不同场地之间切换,需要多名教师的辅助配合,但辅导老师数量有限,后期可以考虑请志愿者进行配合。

由于来馆参与活动的学生很多,与学校的小班化教学相比,首先很难保证上课的质量,上课秩序比较难控制以及上课时间相比在学校的45分钟会更长一些,对于低年级的学生来说集中注意力有些困难,对于不同年龄段的学生而言,授课内容的接受程度不同,授课效果存在明显差别,因此在授课前要与学校老师沟通交流进行调整,已达到更好的授课效果。

在课程设计上,科技辅导员由于大多缺乏教育专业背景,馆校结合需要根据科技辅导员的定位,开展专业化培训,全面提升科技辅导员专业素质,形成专业化体系,最终提升课程质量,促进馆校结合发展。

4　结论

馆校结合是近些年来的热门话题,同时也是科技馆发展的重点方向,因此馆校结合教育活动的开发与实施极为重要,而将课标、先进教育理念和教学法与馆校结合教育活动相结合,既可以让馆校结合在原有基础上实现突破,又能够进一步提升教育水平、教育活动效果,使馆校结合以及科技馆其他教育活动迈向全新阶段,最终实现科技馆与学校双赢。

参考文献

［1］王雪颖：《推进馆校合作的有效性探讨——以重庆科技馆为例》，载《科技场馆科学教育活动设计——第十一届馆校结合科学教育论坛论文集》，2020。

［2］朱幼文：《从〈课标〉到教育理念、教学法："馆校结合"的突破与发展——〈全国科普场馆科学教育项目展评〉的回顾与展望》，第五届科普场馆科学教育项目线上展评活动，2020年10月16日。

古法欹器

——儿童科学园项目化课程

张自悦[*]

（温州科技馆，温州，325000）

1 设计阶段

1.1 项目基本情况

项目名称："古法欹器"。

面向对象：小学高年龄段学生（5～6年级）。

展区展品资源："儿童科学园"展品资源"不平衡桶" "三阶不平衡桶"。

驱动性问题：什么是重心？重心和平衡的关系是什么？如何通过改变物体的重心从而改变物体的平衡状态？

教学目标：了解物体重心的定义与含义；了解物体平衡状态、平衡位置，知道不同平衡位置的稳定性不同，稳定性的关系及其在生活中的实际应用；激发学生爱科学、学科学的兴趣；培养运用物理知识，分析、解决实际问题的能力；形成一定的团队合作意识。

项目所涉及课程标准：《义务教育小学科学课程标准》（2017年）。有的力直接施加在物体上，有的力可以通过看不见的物质施加在物体上；物体运动

---

[*] 张自悦，单位：温州科技馆，主要研究方向为科学教育，E-mail：5682103@qq.com。

的改变和施加在物体上的力有关；一种表现形式的能量可以转换为另一种表现形式；工程和技术产品改变了人们的生产和生活；技术发明通常蕴含着一定的科学原理；工具是一种物化的技术；工程的关键是设计，工程设计需要考虑可用条件和制约因素，并不断改进和完善。

项目涉及的条件与材料：基础工具包——安全剪刀、刻度尺、锥子、绳子、热熔胶枪、铅笔、水笔；消耗类材料包——空矿泉水瓶、空易拉罐、扑克牌、竹签、铁丝；项目专用材料包——皮筋、纸杯、硬币、小丑卡纸、吸铁石。

1.2 项目简述

本项目基于温州科技馆儿童展区展品资源，学员围绕"什么是重心""重心和平衡的关系是什么""如何通过改变物体的重心从而改变物体的平衡状态"3个驱动性问题，开展学习活动。在有趣的学习过程中，理解并掌握重心和平衡之间互相影响的关系，最终通过学习者相互合作，创造出结构不同、充分利用物理原理的"古法欹器"装备，促进学习者对结构、功能、变化等大概念的理解。

1.3 项目目标

S（科学目标）：了解重力、重心、重心的分布；掌握质量均匀、形状规则的物体的重心位置，知道小球运动趋势和重心之间的关系。学会科学探究的一般过程，会通过模型开展规范的科学探究。

T（技术目标）：掌握简单的工具的使用，绘制简单的设计图。知道人们掌握了科学规律就能更好地生产和生活。

E（工程目标）：了解"设计—制作—测试—改进"的工程设计与实施流程。培养团队合作解决问题的能力，提升工程素养，感知产品结构与功能的关系。

M（数学目标）：通过观察、操作，初步认识圆形的特征。能通过实物和模型辨认长方形、正方形、圆等平面图形。能对简单几何体和图形进行分类。学会模型思维与逻辑推理。

2 实施阶段

2.1 实施准备：破冰游戏，组建团队（时长：10分钟）

签到并领取彩色胸牌，按照颜色分类，4~5人围坐成一组。相互介绍，了解特长，通过破冰游戏（"皮筋套纸杯"：皮筋×4+纸杯×1）讨论选出1名队长，并将团队成员情况记录在学习任务单上（《"古法欹器"队长笔记》）。队长在之后的探究过程中要起到带头作用，还要对小组共同的实验结果进行记录。

2.2 环节一：听故事、看视频，认识欹器（时长：10分钟）

2.2.1 活动一：故事引入，认识欹器

以故事的形式引入主题，激发学生对欹器的兴趣。以"座右铭"这个学生更为熟悉的名词引入，联系欹器的由来，让学生初步了解欹器。

表1 欹器故事

孔子到鲁桓公祠庙中参观，见到一种倾斜的器皿。孔子向守庙人问道："这是什么器皿？"守庙人回答："这是专放在座右的以警戒自己的器皿。"孔子说道："我听说，这种座右的器皿，空着时就倾斜，盛水适中就端正，全盛满了水便整个倒翻过来。" 孔子回头对学生们说："往里灌水。"学生们舀水灌了进去，果然水盛得适中时，它便端正地立起；全盛满时，它便整个倒翻过来；水流尽时，它又像开始那样倾斜着。孔子深深地叹了一口气说："唉，世上哪有满了而不倾覆的呢？" 很多皇帝把欹器摆在显眼的位置，时刻提醒自己"满招损、谦受益"，比如刚才故事里的鲁桓公，他把欹器放在了自己桌子的右边，所以也被称为"宥坐之器"，这也就是座右铭的由来	通过故事的形式引入课程核心工程内容，增强学生在课程推进过程中的投入感

2.2.2 活动二：观看视频，了解欹器

观看《国宝档案：欹器寻踪》片段，进一步了解欹器。以故事、图片和视频等多角度让学生认识欹器，知道欹器的操作方法和操作过程。

2.3 环节二：参观展品，聚焦问题（时长：30 分钟）

2.3.1 活动一：展品互动，激发兴趣

组织学生参观"儿童科学园"，为确保学生参观时的互动秩序与安全，每小组由 1 名志愿者或科技辅导员带队，走进展区循环参观与本项目相关的展品"不平衡桶""三阶不平衡桶"，与展品进行互动。作为相关原理的展示，学生还可以参观展品"椎体上滚"。为充分体验展品的科学原理，在自由参观的基础上，按如下游戏化的任务要求操作。

骑上不平衡桶旁的自行车，开始为不平衡桶加水，观察在整个加水的过程中，从空桶到加满水，不平衡的状态变化。要求学习者参观时注意观察不平衡桶的形状以及空、满两个状态下的变化。

2.3.2 活动二：描述现象，聚焦驱动性问题

描述与展品互动时出现的现象，提出自己感兴趣的与展品相关的问题，并记录到《"古法欹器"挑战指南》的"记录一"中。

参观结束后，回到教学区，和组内同学讨论问题，队长总结记录并将总结内容与所有人分享。

教师询问学生观察到的现象，鼓励各组提出问题，教师总结并聚焦核心问题。

表 2 聚焦核心问题

关于不平衡桶，我和大家一样，也很好奇。我总结了一下大家刚才的猜想，大家头脑风暴的结晶，主要集中在以下几个问题里： 1. 什么是重心？ 2. 重心和平衡的关系是什么？ 3. 如何通过改变物体的重心从而改变物体的平衡状态？ 那我们要用什么办法来保持物体的平衡？物体的平衡又能通过什么办法改变呢？接下来，我们一起像科学家一样来探究这些问题	通过教师的引导与总结，帮助学生聚焦核心问题，以此为后续探究过程中围绕核心问题开展活动的基础

2.4 环节三：探究原理，解释展品（时长：40 分钟）

2.4.1 活动一：问题探究

结合参观展品时观察到的现象，回顾重心的概念，将平衡与重心的关系产

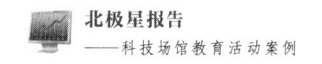

生关联性联想，寻找能够将物品保持平衡的方法。

问题 1：很多同学提到了重心这个词，谁能告诉我重心是什么概念么？你觉得重心和不平衡桶保持平衡有多大的关联？你觉得重心和平衡的知识在生活中应用广泛么？请举出实例。

得出结论：①重心是重力在物体上的作用点。②不平衡桶是因为重心的变化（重心向下移动，并向一侧移动）导致桶翻倒。③生活中有很多与重心和平衡相关的例子，比如增大底座面积使重心下移、体操运动员使重心恰好落在平衡木上、汽车快速转弯会导致侧翻、杂技运动员爬云梯等。

问题 2：我们如何保持硬币的平衡？在不同物体上，保持平衡的难度一样么？

构建模型：每 2 人准备硬币 2 枚、扑克牌 2 张。水笔、铅笔、回形针若干。

实践探究：①因为硬币是一个比较规则的形状（圆形），因此重心的位置很好寻找，把硬币放在指尖缓慢移动，寻找它的重心。这个重心也是保持硬币平衡的点。②两人一组进行平衡挑战，尝试在不同的物品上保持硬币的平衡，并记录完成平衡所消耗的时间。学生自己寻找保持硬币平衡的支撑物，要求支撑物的大小不能超过硬币的大小（可以引导学生在笔帽、笔尖等位置进行尝试）。③让学生在扑克牌的边缘上使硬币保持平衡。

记录数据：完成平衡挑战，记录在《"古法敧器"挑战指南》的"挑战一"中。

得出结论：①硬币的重心在圆心位置，只要重心在支撑点的正上方，硬币就能保持平衡。②底座越小，硬币保持平衡越难。③只要物品的重心在支撑物的正上方，即使保持平衡的条件很苛刻，依旧可以保持住平衡。

问题 3：空易拉罐竖摆或者平躺时，他的平衡是很稳定的。如果把他倾斜过来，有什么办法让他保持稳定呢？

构建模型：每个小组准备易拉罐 1 个、水槽 1 个、装满水的烧杯 1 个。

实践探究：①确定易拉罐的重心位置；②将易拉罐倾斜摆放，观察它的重心在支撑点的什么位置；③给易拉罐加入少许水，倾斜摆放。观察易拉罐是否保持了平衡，思考易拉罐的重心发生了什么变化。

记录数据：完成平衡挑战，记录在《"古法敧器"挑战指南》的"挑战二"中。

得出结论：①空易拉罐的重心在易拉罐的中心；②空易拉罐会摔倒是因为重心在支撑点的一侧，易拉罐左右不平衡；③装了水的易拉罐重心发生了变化。易拉罐没有摔倒是因为重心向弱侧移动，最终重心保持在了支撑点的上方位置。

问题4：我们看到的走钢丝表演，杂技演员是怎么保持自己的平衡的？我们能不能帮助他走得更稳？

构建模型：每个小组准备"小丑"卡纸1张、绳子2根、吸铁石4个。

实践探究：①寻找小丑的重心点，将他放在绳子的正上方，观察小丑的平衡稳定性。②想办法降低小丑的重心点，再次放在绳子的正上方，观察小丑的平衡稳定性。

记录数据：完成平衡挑战，记录在《"古法欹器"挑战指南》的"挑战三"中。

得出结论：①没有任何附加物的小丑重心偏高，保持平衡比较难。②通过改变小丑的重量分布，让小丑的重心变低，保持平衡就变得容易了。

2.4.2 活动二：联系展品，进行解释

表3 内化知识过程

通过以上3个挑战,大家对如何保持平衡已经有了一定的心得。那谁能解释一下,不平衡桶的平衡是通过改变什么而变化的? (学生:重心的位置) 那它是通过什么方式改变重心的? (学生:加水) 现在我请各个小组讨论一下,在不平衡桶的加水过程中,重心是如何变化的? 我会请你们上来给大家画出来。给大家3分钟的时间,我们赶紧开始讨论吧	通过教师的引导,让同学一步一步地解释展品"不平衡桶"的原理。为下一阶段,动手制作"欹器"奠定理论基础

2.5 环节四：原理运用，制作实践（时长：**40**分钟）

2.5.1 制作要求

现在就请你们像工程师一样利用重心变化的秘密来设计制作一个"欹器"。要求如下：①能够盛水。②空了就倾斜，满了就翻倒，不空不满端端正

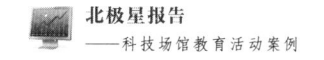

正。③方便使用，并能节省材料。

2.5.2 设计作品

头脑风暴：开动脑筋，发挥想象，利用重心变化的原理，同时考察工具与材料，小组讨论确定最终"古法欹器"方案，设计出方案草图。在《"古法欹器"挑战指南》的"终极挑战"上将"欹器"3个不同时期的状态同时画出，并标明重心应该出现的位置。

由于学生初次制作"欹器"，因此学生如何正确应用重心概念画出"欹器"草图将是实践环节成功完成工程的关键，教师可以适度引导学生思考欹器采用此造型的原因。

2.5.3 作品制作

（1）选择与使用工具

根据"古法欹器"设计方案，熟悉STEM学习空间中的各种工具与材料，选择能够完成作品制作的工具与材料。同时，创造性地运用工具，并找到多种替代物来完成任务。

（2）制作作品

根据设计方案，选择好工具与材料后，小组合作完成"古法欹器"的制作。

主要制作步骤：①将瓶底开口，瓶口朝下，做成一个上大下小的盛水容器（此步骤为成功制作欹器的关键步骤，教师可引导学生观察欹器造型，并模拟欹器造型制作容器）。②在瓶中部偏下处穿过一根竹签作为转动轴。③在接近瓶口处距离转动轴最远的一侧将重物（如硬币等）粘在瓶壁上，自制欹器就完成了。④在水槽边沿用铁丝制作一个固定支架，将自制欹器安装在支架上固定。

由于粘了重物，此时系统的重心位于转动轴的斜下方，所以自制欹器平衡时有一定的倾斜，如图1a所示。

灌入一部分水之后，系统的重心向上移至转动轴的正下方，所以自制欹器平衡时变得直立起来了，如图1b所示。

继续灌水，系统的重心也继续上移。水灌满时，系统的重心上移至转动轴的正上方，所以自制欹器会翻倒，使瓶中的水全部流出来，如图1c所示。

2.5.4 测试与改进

检验初步做好的作品，转动轴是否漏水，尝试能否盛水，能否做到空了就

图 1 欹器模型示意

倾斜,满了就翻倒,不空不满端端正正。如果有问题,找出原因,修改草图,然后重新制作,直到达到满意的效果。

加固与美化作品,完成最终作品,并选出代表准备展示作品。

2.6 环节五:成果展示,多元评价(时长:**20 分钟**)

请每个小组先进行讨论,然后选出 1 名代表展示自己小组的作品。说一说:本小组制作的欹器的重心是如何变化的?在制作时碰到的主要困难是什么?如何解决的?本小组制作的"古法欹器"最具创意的部分是什么?

然后还要由队长来说一说:我们小组合作交流是否顺畅?制作过程中有没有记录数据,结论是否正确?制作的欹器是否达到了真正的水准?我们团队展示时,是不是把内容都清晰表达出来了呢?

队长最后还要给自己小组打个分,并在《"古法欹器"队长笔记》中进行记录。

2.7 环节六:目标反思,拓展延伸(时长:**10 分钟**)

2.7.1 目标反思

通过今天"古法欹器"项目的学习,你学会了什么科学概念?重心代表什么?在制作"古法欹器"时你画草图了吗?画出来的草图和实际做成的欹器区别大么?为什么会有这些区别?

我们可以把这些思考的内容写在《"古法欹器"挑战指南》中"我学到了什么"里。

2.7.2 拓展延伸

在今天参观科技馆的时候,我们还看了另外一件展品,叫作"椎体上滚"。别的物体都从上往下运动,这个椎体为什么能向上滚?如果和重心有

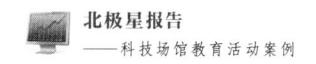

关，那锥体上滚的重心有可能是怎样变化的？假如让你来当工程师，利用重心的变化原理来设计产品，你会设计什么产品，解决什么问题呢？我们可以把自己思考的内容写在《"古法欹器"挑战指南》中"新的挑战"里。

3 价值与创新

3.1 立足科技馆展品，开展项目式学习

"古法欹器"作为馆校结合的一个教学案例，首先要体现的就是学校与科技馆的结合。由于学生在日常课业生活中动手实践的机会相对较少，因此科技馆开发的课程会更多地让学生自己动手、自己思考，更多地获取直接经验。

在课程的开发上，"古法欹器"采用了 STEM 教学理念，以驱动性问题为引导，开展项目式学习。在这个过程中，学生以科学知识为基础，同时综合多学科的知识与技能，来完成"制造一个欹器"这一项目。最后，各小组进行展示、交流与评价，进一步激发学生兴趣，促进他们自发地进行作品的改进和提升，从而提升活动效果。

在项目式学习过程中，学生的积极性得到了很大的提高。学生通过课堂学习获得的间接经验在实践中得到应用，将知识内化，构建起自身的知识体系。

3.2 结合科学课标，开展探究式学习

《义务教育小学科学课程标准》（以下简称"课标"）是学生在小学阶段进行科学学习的指导性方针，符合学生的认知规律。因此在设计课程时，结合课标既契合学校和学生们的需求，又能更好地指导科技馆的教育活动开发。

课标的课程基本理念中提到"倡导探究式学习"，让学生主动参与、动手动脑、积极体验，经历科学探究的过程。因此在"古法欹器"的教学过程中，教师引导学生主动思考，主动发问，自己尝试完成学习任务单（《"古法欹器"挑战指南》）。在完成任务单的过程中，三大挑战帮助学生逐步完成对于"重心的概念"、"保持平衡的方式就是保持重心在支撑点的正上方"、"重心可以通过改变重量分布而改变"以及"重心越低平衡越稳"的理解。在终极挑战

中，将这些知识点进行融合、设计，才能完成最后的工程制作，将探究式学习的过程贯穿始终。

3.3　结合学生兴趣，研究个性化拓展

兴趣是最好的老师，在激发学生兴趣的同时个性化体现也非常重要。因此在课程的设计过程中，各个任务的设置都尽可能地有趣味性、挑战性，还要有一定的发散性，学生在实践的过程中可以尝试用自己感兴趣的方式完成任务。

在个性化拓展的过程中，将学生兴趣和课标紧密结合，玩中学、学中玩，通过玩耍和学习的有机结合，大大提高学生的学习效率。

如根据课标中提出的"工程的关键是设计"，需要学生"利用文字与图案、绘图，表达自己的创意与构想"，"工程设计需要考虑可用条件和制约因素，并不断改进和完善"。让学生自己选择制造敧器的材料，自行设计敧器的造型，通过发散性思维进行创作。

根据课标里提出的"工程师运用科学和技术进行审计、解决实际问题和制造产品的活动"，让学生在制造敧器的过程中自己寻找问题、解决问题，最终制造出完整的工程作品，达到预期的使用效果。

当然，目前的课程当中还有很多不足之处，我们虽然体现了科技馆特色，也在知识融合、综合运用等方面进行了探索，但是仍然不够深入。今后我们会立足馆校结合、融合多学科教育，做进一步的尝试和探索。

4　反思与改进

4.1　加入课前线上学习内容，精简课堂教授环节

本案例中，引入环节内容较多，既有敧器的故事引入，又有视频观看，占据了一部分课堂教授时间。若将此部分学习内容改为由学生在课前完成，则课堂上可以有更充裕的时间留给学生进行探究和工程设计及制造，提高课堂学习效率。但此方法需要教师在备课的同时精心准备课前线上学习内容，自己录制或制作相关视频和课件，且需要对学生线上学习时间和学习秩序进行管理，对教师的工作能力提出了更高的要求。如何做好教师和学生之间的教学平衡亟待破题。

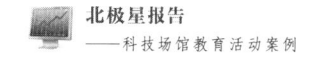

4.2 提高课程趣味性、探究性，区分馆校学习

馆校结合课程作为科技馆和学校合作展开的教学，要对学校教学和科技馆教学加以区分。若将馆校结合课程视为学校课程的延伸，照搬学校教学模式，既不能体现科技馆特色，也会让学生产生一定的抵触心理。

以本案例为例，虽然课程中结合了科技馆的展品，并以探究式学习为主，以学生获得实践机会，获取直接经验的方式展开教学，体现了科技馆的特色。但是在课堂上的探究和工程制作环节，科技馆特色体现较少，仅在学生通过课程学习"重心"原理并解释科技馆其他展品的环节有所体现。在后续的课程开展中，还需要进一步加大对科技馆特色的挖掘力度，做出特点鲜明的馆校结合课程。

随着"双减政策"的落地实施，在"校外学科类培训"退出"周末舞台"的同时，久违的自由周末也回到了广大中小学生手中，博物馆、科技馆都将是学生周末的好去处。但如果将科技馆视为第二个学校，将学校课堂搬到科技馆，既与"双减政策"的初衷背道而驰，也不符合科技馆"寓教于乐"的创立本心。如何切实让学生在"玩中学"，如何把握好"玩"与"学"之间的度仍需要科技馆行业继续深入探索与实践。

诗词中的科学系列课程

——以"动物的保护色"为例

董金妮*

(山西省科学技术馆，太原，030000)

1 教育活动设计思考

近几年来，国家越来越重视中华传统文化教育。在这种趋势下，古诗词在中小学语文课本中所占的比重也越来越大。一个孩子，无论他对文、理有怎样的偏好，大概都会被古诗词那优美和抑扬顿挫的韵律所吸引。诗词中的科学系列课程将古诗词和科学知识结合起来，让孩子在审美的愉悦中轻松享受科学的洗礼。课程内容囊括生命科学、物质科学、天文地理、大气现象等，通过诗词、注释、诗意图、赏析以及实验探究法、小制作、做游戏、角色扮演、小组讨论等多样化形式，将文学艺术与科学有机地结合在一起。整个课程在结构上，以结合科学知识的诗词赏析为纽带，上承以文学性为主的诗词，下接以科学性为主的科学课，为孩子们分析每一首诗和每一个科学知识点。学习本系列课程，孩子们吟诵的是广为人知的传世名作，并在古色古香的诗词中感受到传统文化的精彩，在诗词中发现科学知识，在科学中感受诗词之美。

比如生命科学领域的课程，东晋陶渊明的《归园田居（其三）》中诗的前两句"种豆南山下，草盛豆苗稀"，诗人交代了自家豆苗的生长情况，从这首诗中可以向学生普及"种间竞争"，野草的长势为什么远远胜过豆苗？物种之

---

* 董金妮，单位：山西省科学技术馆，E-mail：307161028@qq.com。

间竞争的是什么？什么是资源利用性竞争和相互干涉性竞争。龚自珍的《己亥杂诗（其五）》中"落红不是无情物，化作春泥更护花"站在生物学的角度来看，诗中那"护花"的"春泥"指的其实是腐殖质。可以向学生普及细菌与真菌有怎样的好处和坏处。腐殖质是怎样合成的。李贺《伤心行》中"灯青兰膏歇，落照飞蛾舞"，当飞蛾凝聚全身的力量扑向青灯的那一刹那，伤心的诗人想到了自己，而科学家想到的是趋光性，可以向学生普及飞蛾为什么要扑火，什么是趋光性，人类社会的发展对昆虫的夜间飞行路线产生了怎样的影响。张舜民《村居》中"夕阳牛背无人卧，带得寒鸦两两归"描绘了生物学中的"共生现象"……

比如物质科学领域的课程，杜牧《赤壁》中诗的前两句"折戟沉沙铁未销，自将磨洗认前朝"，诗人认为沙中埋藏着的这段战戟是赤壁之战的遗物。对于年代十分久远的文物，需要借助更为先进的科学方法，比如碳-14断代法，可以向学生普及什么是碳-14？碳-14的测年原理是什么。南宋诗人杜耒的《寒夜》中"寒夜客来茶当酒，竹炉汤沸火初红"描绘出一幅富有诗意的围炉夜话图，也提到了我们极为熟悉的物理现象：沸腾，可以向学生普及什么是沸腾？水的沸点一定是100摄氏度吗？水被烧开的过程是怎样的？为什么在高山上需要高压锅才能煮熟食物。南宋著名理学家朱熹的《活水停观书有感二首（其二）》中"昨夜江边春水生，蒙冲巨舰一毛轻"，诗人将"蒙冲巨舰"比喻为一片羽毛，展现了其浮于水面的轻盈姿态，其实这主要归功于浮力，可以结合山西科技馆展项鹦鹉螺是大自然造就的潜艇，向学生普及阿基米德原理。文天祥的《扬子江》中"巨心一片磁针石，不指南方不肯休"中的磁针石也就是指南针，可以向学生普及磁体，为什么磁针总是指向南北方向，磁铁之间具有怎样的相互作用，什么是磁场，地理的南北极分别对应地球磁场的哪一极……

比如地球与宇宙科学领域的课程，唐代诗人白居易《暮江吟》中的诗句"可怜九月初三夜，露似真珠月似弓"，为什么月亮有时"似弓"有时圆，什么是月相变化，月相变化跟历法有关系吗，阴历和农历是一样的吗，为什么会有闰年。李益《江南曲》中"早知潮有信，嫁与弄潮儿"描述了潮汐现象，可以向学生普及潮汐现象是怎样形成的，潮和汐分别指什么。王安石《汤泉》中"寒泉诗所咏，独此沸如蒸"描绘了温泉，温泉的热量来自地球内部，可以向学生普及温泉的形成原因，温泉有哪些功效，地球是怎样形成的，地球内部是什么样子的。李商隐《寄远》中的诗句"何日桑田俱变了，不教伊水向东流"说到了"桑田俱变"，这一说法符合科学道理吗，板块之间有哪几种相对运动方式，板块之间的相对运动能导致哪些地形地貌的形成……

下面笔者以宋代著名诗人杨万里的诗歌《宿新市徐公店（其二）》与"动物的保护色"为例，说明诗词中的科学在科技馆教育活动设计中的应用实践。本次教育活动设计中引入了 BOPPPS 教学模式，其最早由加拿大教学技能培训工作坊（Instructional Skills Workshop，ISW）提出[1]，是强调以学生为主体的以参与式学习为核心的教学模式，将教学环节划分为导入（Bridge-in）、学习目标（Objective）、前测（Preassessment）、参与式学习（Participatory learning）、后测（Post-assessment）和总结（Summary）6 个模块[2]。

2 教学对象与学情分析

教学对象：10~12 岁的学生，适宜受众人数 10 人。

学情分析：《宿新市徐公店（其二）》这首古诗在小学阶段的语文课程中已经学过，学生基本可以自主赏析这首诗。关于保护色，该年龄段的学生根据日常生活经验的积累有一些初步的了解，而且具备一定的探究式学习的经验，初步具备了设计探究实验的能力，对实验结果也会做出一定的分析，这些都有助于本课程的开展。但是部分学生对保护色的形成过程存在"保护色是动物个体在进入某一生活环境中逐渐变化形成的"观点，也就是存在"先变异后选择"还是"先选择后变异"的分歧。所以模拟动物保护色的形成过程既是本节课的重点，也是难点。

3 教学目标与教学重难点

3.1 教学目标

知识与技能：了解保护色对动物生存的作用；推测保护色的形成过程，初步了解生物进化的原因。

过程与方法：掌握探究实验的一般步骤，培养科学的探究意识；由实验结

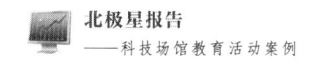

果探讨分析保护色的形成过程，进而推测出生物进化的原因，此方法遵循由个别到一般的认知规律。

情感态度与价值观：激发学生的好奇心和钻研心；培养利用科学方法验证观点的科学态度。

3.2 教学重难点

教学重点：理解保护色的含义、模拟探究保护色的形成过程。

教学难点：探究方案的设计与实施、模拟探究保护色形成过程的实验过程中如何避免刻意寻找某种颜色的小纸块（此难点的攻破可以使实验数据更加具有说服力）。

4 教学场地、教学准备、活动时间

教学场地：场馆内"创意工作室"或"机械师摇篮"。

教学准备：两张白纸，红、白、黑 3 种颜色的米粒各 10 粒（红色和黑色事先经过墨水染色处理）、彩色三维立体背景、100 个彩色立体小纸块（每种颜色各 25 个）、统计单 1 份、多媒体课件、白板。

活动时间：本教育活动适宜在周六日或节假日的科技馆进行，时长 60 分钟。

5 教学过程

5.1 导入

吟诵诗歌《宿新市徐公店（其二）》

阶段目标：激发学生兴趣，引入教学内容。

学情分析：这首诗在小学语文课中已经学过，学生基本可以自主对诗词进行赏析。

设计意图：通过吟诵诗歌导入本课研究内容。

教师活动：出示多媒体课件，让学生吟诵诗歌《宿新市徐公店（其二）》，和学生一起对诗词进行赏析。

学生活动：学生吟诵诗歌"篱落疏疏一径深，树头花落未成阴。儿童急走追黄蝶，飞入菜花无处寻。"

教师和学生一起赏析诗词：在一排稀疏的篱笆外，一条小路藏身于新叶初绽的树木间。春天已经接近尾声，树上只剩了几朵即将凋落的残花。温暖的阳光穿过树间的空隙，落在小路上。一只黄蝶在阳光下翩翩飞舞，引来了一个儿童的追逐。一眨眼，黄蝶飞进了一片黄灿灿的菜花之中，消失得无影无踪了。这是宋代著名诗人杨万里在他的《宿新市徐公店（其二）》中所描绘的乡村景象，诗题告诉我们，这些景象是诗人在一家客店中看到的。由于"篱落疏疏"，他才能透过其中的空隙看到院外的小路。首句用一"深"字，体现出小路的幽静和狭长，而"树头花落未成阴"也反映了诗中所描写的是暮春时节的景象。随着诗人"镜头"的拉近，画面也由静态转为动态。在画面尽头，突然出现了一个儿童追逐黄蝶的身影。他越跑越近，脚步声也越来越大，我们仿佛还能听到他的嬉笑声。就在我们着迷于这欢乐场面的时候，画面突然又随着儿童的驻足戛然而止——原来，那只黄蝶飞入了一片菜花，怎么找都找不到了。儿童由欢乐转为焦急、失望的情绪变化，也通过"急走"和"无处寻"巧妙地表现出来。

教师活动：读完这首诗，也许你会惊叹于黄蝶的"机智"，一只小小的蝴蝶，竟懂得利用体色来实现"隐身"！其实，这种与环境极为相似的生物体色在生物学中被称作"保护色"。

5.2 前测

教师：你们还知道什么动物具有保护色？有什么动物利用拟态来保护自己？你们还知道动物有哪些自我保护的方法？

学生：根据自己的日常生活经验，积极回答问题。

教师不急于点评学生答案的正确情况，而是对学生关于认识保护色有个大致的了解，以便适当调整教学进度。

5.3 参与式学习

5.3.1 小鸡啄米的小游戏

阶段目标：通过小游戏激发学生兴趣，启发学生思考保护色的形成过程。

学情分析：该游戏比较轻松，大部分学生都能融入游戏中去，边玩边思考。

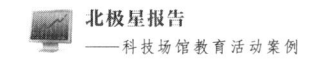

设计意图：通过游戏激活学生的思维使学生边玩边思考。同时此游戏紧扣主题，也为后面模拟探究实验做了铺垫，有利于学生设计模拟动物保护色形成过程的实验方案。

　　教学策略：通过游戏吸引学生发现和关注动物保护色的形成。

　　教师活动：给学生准备做游戏所需材料，两张白纸，红、白、黑3种颜色的米粒各10粒（红色和黑色事先经过墨水染色处理）。将3种颜色的米粒在白纸上分别撒匀。

　　学生活动：选取两位同学扮演小鸡，用手当喙啄食小米粒，在规定时间内（5秒，全体同学倒计时）比赛谁最终啄食的小米粒数最多，最多者获胜。

　　思考：从此游戏中得出了什么结论（公布完比赛结果后，让两位同学分别说出各自啄食的总粒数以及3种颜色各自的数量，教师把数量写在白板上便于学生观察）？

　　学生得出结论：白色米粒被啄食的最少，因为是在白纸上进行的游戏，白色米粒不容易被发现（此处可以让两位做游戏的同学谈谈自己当时的体会，加深学生对结论的认识）。

5.3.2　小议保护色：体验展品"动物的盔甲与伪装"

　　阶段目标：通过体验展品"动物的盔甲与伪装"了解动物的保护色。

　　学情分析：同学们的日常学习多为课本学习，获得的是间接经验，很少有机会通过体验展品获得直接经验。该环节通过娱乐的方式边玩边观察现象边思考，在玩的过程中理解了其中的科学原理。

　　设计意图：科技馆展品具有"科学性""趣味性""知识性""参与性""体验性"等基本特征，为受众营造从实践中进行探究的情境，体现了"做中学"、"探究式学习"、建构主义等先进的教育学方法和思想。通过体验科技馆展品"动物的盔甲与伪装"为学生提供了一种"基于实物的体验""基于实践的探究"的学习方式，从而使学生从中获得"直接经验"。

　　教学策略：展品深度体验，提出质疑引入下一环节。

　　教师活动：我们的大自然危机四伏，很多小动物都有各自不同的生存本领，我们接下来看到的几只小动物就是靠把自己伪装成不容易被敌人发现的样子进行藏匿的（带领学生体验展品"动物的盔甲与伪装"，分别介绍展项中的变色龙、枯叶蝶和竹节虫）。

学生活动：学生体验展品"动物的盔甲与伪装"。通过体验展品发现变色龙小心翼翼地变换自己身体的颜色，与所处环境融为一体，可以骗过那些捕食者；如果竹节虫一动不动地待在树叶或者树枝上，很难察觉到它们的存在；枯叶蝶无论是色泽还是形态都像极了枯黄的叶子，就连"叶脉"也清晰可见，当它停歇在树木枝条上时，很难将它与快要凋落的枯叶区分开来，它们都是善于伪装的高手。

教师活动：教师要求学生再举几个关于动物保护色的例子，同时结合多媒体上的图片，讲解动物的保护色。

学生活动：学生举例并且结合老师给的图片发现保护色是一种较普遍的现象。

教师：顾名思义保护色起到了保护的作用，那么其保护作用究竟体现在哪些方面？

学生：学生稍加思索，不难理解保护色对生物躲避敌害和捕食猎物都是有利的。

教师活动：提出质疑，具有保护色的动物是不是物种一产生就具备了与外界环境相似的体色呢？保护色永远不变吗？保护色的形成过程是怎样的？

模拟探究保护色的形成过程

阶段目标：学生通过实验模拟动物保护色的形成过程，初步了解生物进化的原因。

学情分析：学生通过前面环节的学习基本可以根据提供的材料设计出实验过程，通过模拟动物保护色的形成过程得出了结论，生物保护色的形成与环境有关，是通过环境对不同变异类型进行选择的结果，生物进化是为了不断适应环境。

设计意图：设计实验来验证之前提出的假设，形成了一个从提出观点到实验验证的过程，这就是探究的过程，学生加深了对动物保护色形成过程的理解的同时经历了科学探究的过程。

教学策略：不是通过说教灌输给学生，而是学生通过亲自实验来体验和感悟。

教师活动：向学生提出问题，保护色是如何形成的呢？

学生活动：学生根据之前小鸡啄米的游戏和展品体验做出假设，动物保护色是由环境影响（自然选择）形成的。

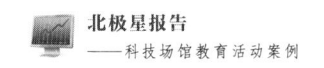

教师活动：为学生提供实验材料，彩色三维立体背景、100 个彩色立体小纸块（4 种颜色的小纸块每种颜色各 25 个）、活动统计单 1 份。

学生活动：学生根据老师准备的实验材料制定实验计划。

实验设计过程：①将彩色的三维立体背景放在桌子的一角作为生物的"生活环境"，在立体背景的底面上均匀地散开放上 100 个彩色立体小纸块代表不同体色的变异类型（背景颜色与彩色立体小纸块中的某种颜色相同或相似）。②学生充当"捕食者"，散开的彩色立体小纸块是他们的"猎物"（可以让学生发挥想象力，如小纸块代表羊，自己代表老虎、狮子、狼，使实验的趣味性增强）。学生中推选一位小组长计算并规定好每位"捕食者"的捕食量（注意：只能取走 75 个小纸块，确保"生活环境"中剩余 25 个"猎物"）。③"捕食者"按一臂的距离排好队，围绕桌子绕圈，每绕一圈捕食一个小纸块直到彩色的三维立体背景中只剩下 25 个。小组长催促每位"捕食者"捕食的时间不能超过 1 秒。④统计"幸存者"中各种颜色的小纸块数量，填入活动统计单里。⑤假设每个"幸存者"都产生 3 个后代，而且体色与自己的相同，在每个"幸存者"旁边放上 3 个同色的小纸块。⑥将"幸存者"及后代充分混合后，重复③~⑤步，每轮开始前记录小纸块的颜色和数目并记录到统计单中。

表 1　模拟探究保护色形成过程的统计单

背景颜色	猎物颜色	第一代		第二代		第三代	
		开始	幸存者	开始	幸存者	开始	幸存者

学生活动：学生研究活动统计单中的数据得出结论，经过几代的选择，幸存下来的"猎物"体色与背景相近。生物保护色的形成与环境有关，是通过环境对不同变异类型进行选择的结果，生物进化是为了不断适应环境。

5.4 后测

拓展性问题解决

阶段目标：知识迁移，尝试运用所学知识解释其他生物性状的形成过程。

设计意图：由保护色的形成过程推导到其他生物性状的形成过程，拓展学生思维，通过解决拓展性问题，实现举一反三。

教学策略：对学生进行提问和点评，补充解释学生回答的不足之处。

教师活动：拓展性提问，你能解释一下某些其他生物性状的形成过程吗？比如长颈鹿的长颈、海岛上蝴蝶的残翅无翅……

学生活动：学生在教师的引导下进行思考、探讨。

5.5 总结

引导学生一起总结动物的保护色及其形成过程，从对动物保护色形成过程的探究中简单分析生物进化的原因，引领学生突破难点，深化对知识的理解认识。

6 创新性及价值性

本课程将古诗词与科学知识结合在一起，引入了 BOPPPS 教学模式，针对动物的保护色这一知识点，查找有关的实验和游戏，选取有探究成分的进行改造，形成了本堂课所用的实验和游戏。在整个教育活动过程中，能较好地调动学生参与的积极性，能围绕共同的目标分工协作完成实验。诗词中的科学系列课程收到良好热烈的反响，深刻体会到当今的科学教育更需要方法和态度方面的引导和启发，这对科学教师的专业性提出了更高的要求，教师需要不断完善自身专业能力，更新知识储备，更需要实践经验的积累，在此基础上，科学教师才能将科学知识和教育活动实践相结合，提升其教学活动的设计、组织和实施能力。

参考文献

[1] Pattison P., Ressell D., *Instructional Skills Workshop (ISW) Handbook*, Vancouver: UBC Center for Teaching and Academic Growth, 2006.
[2] 魏小平、康文斌：《BOPPPS 教学模式在大学物理课程教学中的探索——以静电场的环路定理为例》，《西部素质教育》2019 年第 1 期。

"末日"启示录

闫 夏[*]

(山西省科学技术馆,太原,030000)

1 教学对象与学情分析

本教育活动适宜的受众人数:15人。

本教案所针对的具体教学对象:10~12岁年龄段的学生。

教学对象的学情分析:该年龄段的学生基本处于小学4~6年级,在课本中初步了解"生物的多样性和与人类的密切关系",为他们进一步了解疾病的传播提供一定的知识基础,也利于激发和引导他们进行思考。同时本教育活动的游戏有较强的规则性,这个年龄段的学生更易于了解和遵守规则,保证良好的课堂效果。

2 教学目标

知识与技能:了解传染病的传播方式,以及防疫措施;学会收集和处理数据,利用数据分析问题、获得信息;学会绘制柱状图。

过程与方法:通过模拟情境、角色扮演获取关于疾病的具体内容;通过分组合作、讨论交流等方法进行探究式学习;通过收集和处理数据学会用建模和

---

[*] 闫夏,单位:山西省科学技术馆,E-mail:393570112@qq.com。

数学的思维思考问题。

情感态度与价值观：具有基于证据和推理发表自己见解的意识，乐于倾听不同的意见和理解别人的想法；培养学生的抽象思维、简化思维、批判性思维等数学能力；通过对疾病的了解更加热爱生命，保护自然。

3 教学重难点

教学重点：了解疾病传播与防治的相关内容；收集和处理数据。

教学难点：了解概率的概念；绘制柱状图。

4 教学场地与教学准备

教学场地："机械师摇篮"工作室；生命展区。

教学准备：幻灯片、《"末日"生存技巧》表单、《模拟僵尸》表单、骰子（三种颜色）、名牌。

表1 《"末日"生存技巧》表单

姓名	末日生存技巧 在面对僵尸的时候，你有什么生存技巧？

表2 《模拟僵尸》表单

目前正在研究的僵尸类型：
假设 根据科学家的观察结果，推测其攻击能力、生存能力等。
规则 每一次投掷骰子都代表一次人与僵尸的相遇。 △如果投出"僵尸"意味着人被僵尸打败； △如果投出"人"代表人类成功逃离； △如果投出"砰！"意味着僵尸受伤。

续表

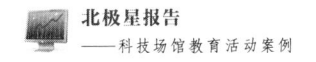

目前正在研究的僵尸类型：
观察结果 将每一次僵尸与人相遇交手之后的结果记录下来。 第 1 次相遇：　　　第 6 次相遇：　　　第 11 次相遇： 第 2 次相遇：　　　第 7 次相遇：　　　第 12 次相遇： 第 3 次相遇：　　　第 8 次相遇：　　　第 13 次相遇： 第 4 次相遇：　　　第 9 次相遇：　　　第 14 次相遇： 第 5 次相遇：　　　第 10 次相遇：　　　第 15 次相遇： 僵尸总共攻击了多少个人？ 僵尸活着的时候总共遇到了多少个人类？
总结 这种僵尸究竟有多危险？与其他同学所观察到的其他类型僵尸的数据作对比。

5　时间安排

教育活动总时长：90 分钟。

6　教学过程

表3　第一阶段：主题导入（时长15分钟）

教育过程	设计思路
阶段目标:通过现场交流,话题探讨,引出活动主题;让学生收集有关应对僵尸的技巧,同时增进相互的了解。	
一、问题导入 让学生们说说看，关于疾病，他们知道些什么内容？什么是疾病，人是怎么得病的？老师可以利用这个机会澄清一些误解，比如仅仅是身上觉得冷会不会得病？ 之后将讨论引入下一个话题：关于僵尸，我们又知道些什么？人为什么会变成僵尸？学生中会有人回答：被僵尸咬伤之后人会变成僵尸。比较之后，发现僵尸跟疾病在某种意义上是有相似之处的。引出我们课堂的主题："末日"启示录。 二、创设情境 将《"末日"生存技巧》表单发给每一位学生，说明要尽可能地与其他学生交流，问问他们在僵尸病毒暴发的末日，有什么生存技巧	学情分析：来科技馆参加活动的学生不同于学校的同学，相互之间不认识，不利于之后的探讨和合作，需要教师有意"热场"。 设计意图：给予特定任务，鼓励学生进行交流，实现"破冰"。 教学策略：通过探讨学生熟悉的话题，鼓励学生发表意见，利用提问题的方式，引导学生围绕特定话题开展讨论；之后通过创设情境，让学生完成简单的任务，重点在于加强交流，增进了解

表4　第二阶段：僵尸来了（时长：15分钟）

教育过程	设计思路
在大部分学生完成与在场每一个人的交流之后，让全体学生暂停一切活动，然后告诉大家一个令人震惊的消息：在他们当中，已经有人感染了僵尸病毒！随机挑选一位学生作为0号病人，将他带到一边，询问与他谈话的前3位是哪几位，这几位同学因为与病人的接触也感染了病毒。再把这几位同学带到一边，在自己的名单上找出那个感染自己的人，看看自己在感染后又与哪3位同学有接触，这几位同学也同样被感染。 在黑板上画一个树状图，请同学们将自己的感染情况标在图上，如此画出病毒传播的情况图。 （0号病人 → 小明、小花、小红 → 各自又传给3人的树状图） 向学生说明，刚刚模拟的情境在现实中叫作"流调"。在传染病防控中有一项非常重要的工作，叫作流调，是流行病学调查的简称。"流调"的目的就是还原整个事件，配合实验室检测证实：传染来源从哪里来，首发病例是谁，患者通过什么方式被感染，又是以什么方式传播给其他人，整个疫情可能波及多少人？对这些人和病例之间的相互联系进行调查，进而判断密接还是次密还是一般人群，对不同人群提出不同管控措施。在此次新冠肺炎疫情中，我们经常听到"密切接触者""行动轨迹"等，就是流调工作发挥的作用	学情分析：即便教师再鼓励，也有学生不善于交流，不过没关系，接下来的活动有学生没有完成第一个任务，也会更有趣。 设计意图：情境创设已悄然展开，突然的情境转换，引发学生兴趣，充满剧情性的活动让学生融入其中。开展活动在先，普及知识在后，让学生对知识的了解更加深刻透彻。 教学策略：1. 巧妙设计情境，将整个活动融入一个完整的故事中。 2. 先进行角色扮演游戏，再普及相关科学知识，学生更易于接收吸收

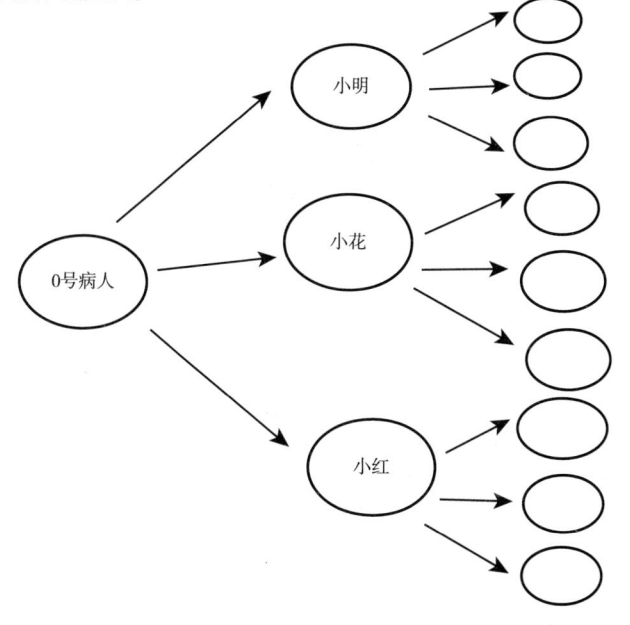

表5 第三阶段：我们是否能赢（时长：30分钟）

阶段目标：通过建立模型模拟僵尸，对人类与僵尸的交手情况进行统计，了解数据统计工作

教育过程	设计思路
一、创设情境 跟学生说明，科学家们已经搜集了许多关于僵尸的信息，经过调查，目前僵尸主要有3种：红色、黄色和绿色。根据观察每一种僵尸遇到人类的反应，各分析出6个观察结果，而且他们已经建立了一个数学模型，我们可以借助一组骰子来进行进一步的研究。 给学生们发放《模拟僵尸》表单，将学生分为三组，各选一个颜色的骰子，代表他们研究的某一类型的僵尸。跟学生说明，骰子每一面上面的贴纸内容代表了科学家针对僵尸得到的某一个观察结果。以黄色僵尸为例，根据科学家观察，当黄色僵尸与人类交手的时候，有两次僵尸成功攻击了人类，有两次人类成功从僵尸手中逃脱，有两次僵尸因为人类的反击而受伤，同时科学家还发现，如果僵尸受到三次伤害的话，这个僵尸基本上就不再具备活动能力了。又如，以红色僵尸为例，当红色僵尸与人类交手的时候，有两次僵尸成功攻击了人类，有三次人类成功从僵尸手中逃脱，有一次僵尸因为人类的反击而受伤。接着，让学生们借助这一模型来模拟僵尸，看看人类有多大的机会能打赢僵尸。 具体规则如下： ①每投一次骰子代表一次人与僵尸之间的交手； ②如果投出"僵尸"贴纸意味着人被僵尸打败； ③如果投出"人"的贴纸代表人类成功逃离； ④如果投出"砰！"贴纸意味着僵尸受伤（3次受伤就可以消灭僵尸）。 将自己的每一次投掷结果都记录在《模拟僵尸》表单中，表单可供学生记录15次投掷结果。让不同的小组针对不同的僵尸进行多轮实验，并就得到的不同结果进行讨论，最后，将学生们所收集到的信息进行统计。 在黑板上，通过画"正"字的方式，统计一下每一种结果出现的次数（解释为什么要画"正"字）。 引导学生将统计结果用柱状图表示出来。 例如： 通过骰子游戏模拟僵尸，每个学生基本上都知道每一个僵尸活着的时候遇到人类的个数，假设一组学生研究10个僵尸，下面是他们收集到的数据组：{10,4,5,13,11,13,5,14,15,11}，为了让数据看起来更明了一些，我们稍微整理一下：{4,5,5,10,11,11,13,13,14,15}，根据这组数据的规律划分一个大致的范围：{1~5,6~10,11~15}，然后用画"正"字的方式统计一下多少个僵尸遇到多少个人类。最后，根据学生的接收能力，引导学生画出柱状图	学情分析：学生不仅要知道"是什么"，还要知道"为什么"。科学家们经常在他们的工作中运用到各种各样的模型，不过，模型对于教与学来说也具有同等重要的作用。 设计意图：通过骰子游戏，让学生接触数据统计工作，形成数学建模思想，培养学生灵活运用数学知识解决实际问题的能力。 教学策略：1. 用骰子建模，融入数据学和概率统计的相关内容，将生物和数学多学科融合。 2. 教师没有灌输概念，但已经于探究过程中将模型、数学的相关方法和思想持续输出

续表

阶段目标:通过建立模型模拟僵尸,对人类与僵尸的交手情况进行统计,了解数据统计工作

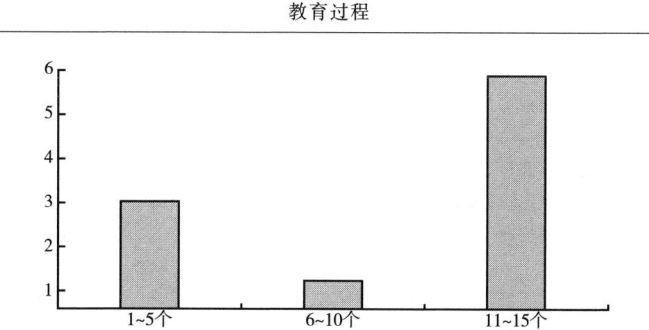

教育过程	设计思路
(柱状图:1~5个对应3,6~10个对应1,11~15个对应6)	
这里用到了数形结合的思想,通过柱状图,可以一眼看出我们的统计结果。很明显,在这个例子中,大部分黄色僵尸在活着的时候能遇到11~15个人类,它们的最短寿命是4,最长寿命是15。 教师可以提出几个问题,让学生根据统计结果回答: 一个僵尸能攻击多少个人类? 某一类型的僵尸的最短和最长寿命是多少? 某一类型的僵尸的死亡率?(算一个简单的比例出来就可以。例如:绿色僵尸的死亡数量除以全部绿色僵尸的数量) 其他。让学生发散思维,各小组自己得出一些比较有意思的结论。 了解数据统计工作: 向学生们说明,我们刚刚所做的就是数据统计相关的工作。 为什么要进行数据统计工作? 在大部分情况下,科学家手头上的数据都很有限,他们有的只是关于某个现象的一个数据样本,科学家主要的目的可能是了解某一个人群或某一种事物(例如,当僵尸跟人交手会出现什么样的结果),不过科学家不可能对所有可能出现的情况都进行数据收集,但是,根据数据样本,科学家还是能够得出一些结论,这些结论适用于一个更大的范围,科学家就能对某一类信息进行推断。 2. 如何进行数据统计工作? 在刚才的模拟情境中,我们用到了什么? 学生回答:骰子。我们所用的6面僵尸骰子代表了一个包含所有可能性的样本,人类与僵尸交手的所有结果都被包含其中,每一次我们投掷骰子,相当于从已经存在的样本集中抽取出新的样本。所以,这个骰子相当于一种模型——每一次投掷都可以模拟一次人与僵尸的交手,同时,我们能够轻而易举地进行大量的模拟实验。所以,进行数据统计工作我们需要建立模型,并收集样本。 3. 数据统计在疫情防控中起了什么作用? 预判疫情传播趋势,验证防疫效果	

表6　第四阶段：僵尸大战（时长：30分钟）

阶段目标：通过撕名牌游戏，了解几种防疫措施的效果，认识到维持自然界生态平衡的重要性

教育过程	设计思路
问题导入： 预防疾病的传播有哪些措施？ 不同措施各有什么优缺点？ 你觉得人们喜欢或不喜欢某一措施的原因可能是什么？ 学生们可能会提出以下措施：戴口罩、消毒、隔离、打疫苗…… 告诉学生我们将通过僵尸游戏对他们提出的措施进行检验。 僵尸游戏： 1. 在学生中挑选三五位学生，贴上"僵尸"名牌（也可以问问学生中有没有自愿的）。剩下的学生贴上"人类"名牌。 2. 将防疫措施做成锦囊，提前藏在展厅各处，通过寻找、答题或做任务找到锦囊，获得锦囊者可获取相应特权。 3. 没有任何预防（锦囊）的"人类"在遭遇"僵尸"时，会被"感染"换上"僵尸"名牌。 锦囊包含：①预防性措施（例如，口罩、消毒液）：遭遇"僵尸"时，可以玩石头剪刀布，"僵尸"赢了，可以撕掉对方名牌，"人类"赢了，"僵尸"会被冻住30秒，"人类"趁机逃脱。②隔离：获得隔离锦囊的"人类"可以在隔离区暂避危险。两个拥有"隔离"锦囊的"人类"可以合力将一个"僵尸"押送到"僵尸隔离区"。③免疫：拥有"免疫"名牌的"人类"不怕被"僵尸"感染，在遭遇"僵尸"时要进行"撕名牌"游戏，哪方失败直接出局。 交流总结： 从游戏中直接体会哪种防疫措施是最有效的？如果僵尸获得最终胜利结局会是怎样的？引导学生思考：生物之间最重要的是保持平衡。对于一种生物来说，其生理上的需要其实就是繁殖和确保物种延续的需要。一个感染源要存活并繁衍生息，它不仅需要感染宿主并繁衍，而且还需要能够被传染到其他的寄主身上，这样一来，就可以不断繁衍下去。拿僵尸来说，如果僵尸很快将所有人都变成僵尸，它们很快就找不到食物（宿主）了。所以，平衡非常重要。现实中，病毒在各种野生动物身上相安无事，繁衍生息，由于人类的介入，将病毒带到了人类世界却没有相应的免疫力，造成一次次疾病的暴发。那么，我们能做些什么呢？这值得学生深思	学情分析：疾病、病毒属于微观世界的概念，教授起来比较抽象，将疾病传播具象化，学生在游戏中有切身体会，对知识的掌握也更加牢固。 设计意图：通过僵尸游戏，将理论联系实际，用所学知识解决生活中的问题。 教学策略：1. 设计完整有趣的游戏，游戏规则的设计可以有学生参与（例如将学生提出的防疫措施设计成不同的锦囊）。 2. 游戏与知识完美融合，防止"两张皮"。 3. 游戏结束后要进行总结，不能只知道"玩"，要将活动心得和所学知识运用到实际生活中

7　创新性及预期教育效果

创新性：用与僵尸相关的内容来学习疾病的相关知识，为教学提供了一个

非常吸引人的知识背景，让学生们接触一些关于疾病的具体内容，还让学生学到疾病传播与防治的相关内容。以往教授这些概念的时候，通常都是用一种非常抽象沉闷的教学方式。借助僵尸，我们赋予了这些内容"生命"，让学生们有了切身的体会，这种体会成为学生们理解所学知识的坚实基石。

预期教育效果：活动进行中，能较好地调动学生参与的积极性，并且愿意主动参与互动。都能围绕共同学习目标与小组成员展开充分交流，并通过分工协作完成实验。通过活动，能引起学生对于生命和自然的思考。

馆校结合、互动探究式学习

——北京科学中心"火星找水"课程案例

刘 萍 何素兴 张永锋[*]

(北京科学中心,北京,100000)

为了追寻人类探索火星的历史进程,以 2020 年 7 月 23 日我国成功发射首个自主火星探测器,一次性完成"绕落巡"三大任务引起社会广泛关注为机遇,北京科学中心交流合作部基于"展教结合、以教为主"的理念,在"小球大世界"主题展教区进行馆校合作新尝试。这是馆校双方围绕展品和展区资源、教育资源、专业资源的一次合作。课程开发以北京科学中心交流合作部为主导,由科学中心、行业专家、学校教师三方发挥各自优势,共同设计基于小球展项资源、具有科技馆教育特点,且为青少年喜闻乐见的互动探究性科学课程——以火星为主题的"认识火星"系列课程。

同时,本课也将科技场馆、学校教师和行业专家的优势力量进行深入融合,依据课标要求延伸设计课程内容,运用网络技术手段,实现线上和线下教育的结合,开辟馆校合作新途径。

1 目标

本课"火星找水"是"认识火星"系列课程中典型的一节科学探究

---

[*] 刘萍,单位:北京科学中心,E-mail:ziqiuyuyu@hotmail.com;何素兴,单位:北京科学中心;张永锋,单位:北京科学中心。在本文编写过程中得到北京科学中心吴倩雯老师大力支持与帮助,在此表示感谢!

课程。此课旨在将科学家的科学实践转化为学生以学习为目的的科学探究，引导学生像科学家一样去研究、学习科学，培养学生探索求知的好奇心、严谨批判的科学思维，树立实证科学的价值观，养成不断探索求证的科学精神和科学态度。同时，本课展示了人类对火星的不断探索、科学技术的发展进步，将有助于激发学生对科学技术的兴趣，树立社会责任感与国家荣誉感。

本课分别从"科学知识""科学探究""科学态度""科学、技术、社会与环境"4个方面阐述具体教学目标。

科学知识目标：学生在教师的引导下知道火星是类地行星，了解火星的基本环境、科学家在火星上找水的探索历程及最新进展。

科学探究目标：通过观察火星影像以及寻找火星上的水的过程，学会合作探究，能使用比较、推理、质疑等思维方法分析问题，寻找支持自己观点的理由并与他人交流；学会评估自己的理由，区分证据与假设、猜想的区别，建立证据和观点之间的关系。

科学态度目标：培养学生在证据面前保持科学严谨的态度；不迷信权威、实事求是，勇于修正与完善自己的观点；运用批判性思维大胆质疑，善于从多角度思考问题。

科学、技术、社会与环境目标：随着科学技术的发展，人类不断运用数据、科学工具，发现和补充新的证据或推翻原有的观点，逐步客观认识宇宙星球；科学技术的发展更好地造福人类和社会。

2 内容及实施过程

2.1 设计思路

2.1.1 基本理念

2017年《义务教育小学科学课程标准》中提出：探究式学习是学生学习科学的重要方式。

本课程以馆校合作为基础，充分利用"小球大世界"展项教育资源，走进学校、深入调研，对接课标、教材，共同开发具有科技馆特色的科学探究课

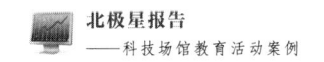

程。课程设计秉持与学校传统科学课程"合而不同"的思路，形成互补、差异化的教学方法与活动形式。

2.1.2 设计思路

首先，以我国成功发射首个自主火星探测器的社会热点事件为契机，以学校和学生需求为导向，了解北京市某小学科学课的实际情况。发现目前小学科学课存在如下问题：一是地球与宇宙科学中对于行星的教学内容较单一，教学场地、教育资源和手段也较为匮乏；二是学校的教师和学生受限于课标、课本内容及教室环境的设定，并不能很好地开展天体宇宙科学方面的教学；三是学生对于地球四大圈层、其他行星的表面情况认识不深入。

为了弥补学校教育在该领域的不足，"小球大世界"主题展教区充分发挥其科学教育功能及优势：一是整体展区环境布置为宇宙星际空间，为学生们营造模拟宇宙空间的场景，让他们在情境中体验、参与互动，视觉冲击感强；二是此展项以360度立体成像的形式呈现宇宙中的天体，展示探测器拍摄的火星影像，便于学生近距离、多角度观察和分析火星表面情况，寻找问题证据；三是展项中有丰富的天文资源，可生动地展现地球与宇宙的关系、行星的表面环境及地形地貌等情况。

其次，针对小学3~4年级学生的知识水平、认知能力和理解能力，将科技馆课程与学校课标相互融合来设计（见表1）。课程设计基于课标但又不同于课标，本课将地球与宇宙科学领域的相关内容扩展至另外一颗类地行星"火星"上。课程围绕"火星"主题，综合知识性与趣味性、互动性和参与性，开发特定年龄段的课程内容。

表1 课标要求与本课设计思路

课标要求	设计思路
14.2 地球表面有各种水体组成的圈	本课程通过体验科学家在火星上找水的探索过程以及对展品的观察分析，了解火星的基本环境、火星上是否有水的存在、水的存在形式及如何科学找水等问题

再次，关于火星领域的话题庞大繁杂，经过与相关专家商讨，梳理整个系列课程的开发脉络。其中，统一到认识一颗行星阶段，可从4个维度来认识一

颗行星，即表面环境、内部结构、地形地貌、化学成分。那么，围绕火星的"表面环境"，观众最为关心的，即火星作为类地行星，环境与地球最为相似，那么产生火星是否像地球一样存在水、人类是否找到过水、怎么找水等一系列问题。因此设定在火星上找水作为初步认知的教学目标，将"火星找水"确立为本课的主题。

最后，课程采用线上、线下相结合的方式，充分利用网络即时性、共享性的特点，打破时间和空间的局限，将课程大范围地推广到各个中小学课堂。多种授课方式的结合将科技场馆、学校教师的优质力量紧密结合，为青少年搭建近距离学习科学知识、了解火星的科学探索历程、感受火星这一星球科学魅力的平台。

2.2 主要内容

2.2.1 主要教学内容

本课以体验式学习、情境教学为主要教学方法，以观察、比较、分析、推理、质疑为主要形式，通过"模拟－体验－认知"模式，并辅以小球立体成像为教学技术手段，进而学习科学家在科学探索中的研究方法，提升批判性思维能力，增强研究探索火星的兴趣，深化不断革新求实的科学精神和科学态度的教学内涵。

2.2.2 教学重点与难点

重点：运用类比、推理等科学方法寻找、分析火星上可能有水的证据，分析证据和观点之间的关系。

难点：区分认为有水和找到水的区别，正确审视证据的充分性和可靠性，并从多种角度解释问题。

2.3 实施过程

2.3.1 教学流程（见图1）

2.3.2 教学过程

（1）第一阶段：问题导入

展示小球中地球的画面，引导学生思考你身边的水有哪些存在形态、它在哪里存在以及存在的条件。其后引出地球的"邻居"，类地行星——火星，展示小球中太阳系画面，简要介绍火星在太阳系中的位置、火星的基本环境等条

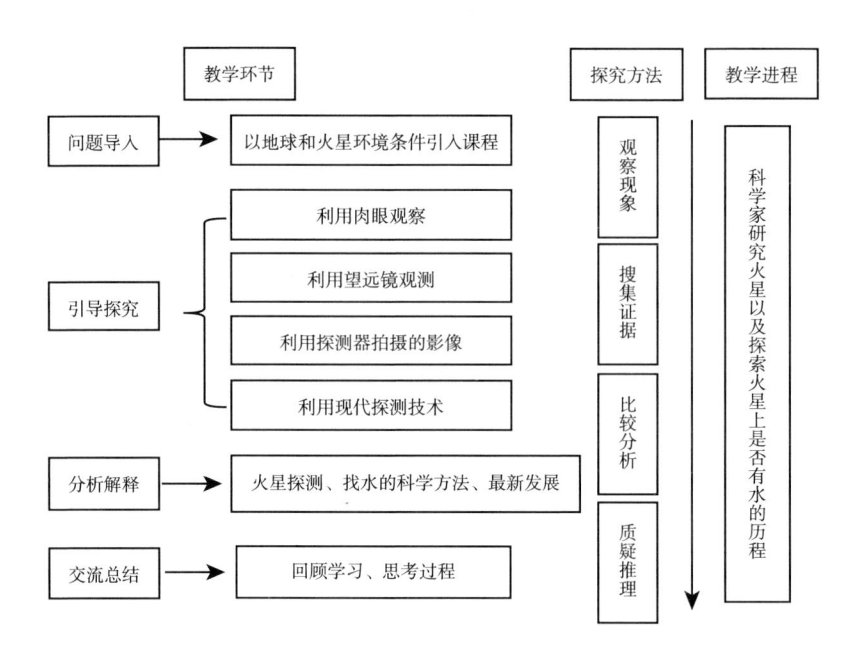

图1　教学流程

件，对火星现在是否有水提出疑问。学生对问题进行初步判断，发表观点和理由。让学生思考讨论什么样的理由可以支持一个观点是正确的。按学生不同观点（认为有水、认为没水、不确定）分成3个小组。

（2）第二阶段：引导探究

按照火星探测科学史的脉络，引导学生经历从古至今探索火星是否有水的过程，发表观点并说出形成自己观点的理由。

表2　引导探究阶段具体活动

时期	教学任务	教师活动	学生活动	设计意图
肉眼观察火星	展示夜空中火星照片，思考肉眼观察火星是否能找到水	提问：来看我们在夜空看到火星的样子，你觉得可以找到水吗？为什么？讲述：虽然没有找到水，但是肉眼观测确实发现了火星的运动轨迹，这对今后探测火星十分重要	有的回答：不可能，什么也看不清；不好找，离得太远了	思考肉眼观察火星找水的科学性，并引出科学技术进步后其他观测火星的方式

续表

时期	教学任务	教师活动	学生活动	设计意图
天文望远镜观测火星	展示1877年绘制的第一幅火星表面图,讨论这幅图以及图上线条的含义	提问: 还可以用什么更好的方式观察火星? 天文望远镜发明后,进一步接近火星的轮廓。从这幅图中你看到了什么,有什么感受? 你觉得那些线条是什么?你怎么知道的?那些线条是水吗?为什么? 你觉得这种方式可以找到水吗? 如果要确认火星上有没有水,要怎么做	有的回答: 要离得近一点,好像是山,和地球上山的样子很像; 看不懂; 不确定; 还不可以; 人到火星上看看	分析火星表面图上有关水的线索和望远镜找水方式的科学性,并提出下一步如何找到水
火星轨道探测器	提出问题,讨论什么样的证据能够说明火星有水并说明原因; 展示展项中探测器拍摄的火星合成影像,进行火星找水活动,分析火星上是否有水,给出理由,并判断理由的充分性	提问: 如果你到了火星上,找到什么就能证明有水?或者说假如火星有水,你发现什么现象就能说明上面有水?再说说你为什么这样认为? (梳理学生发言中的类比推理,让学生思考类比是不是好的证据) 布置任务:请大家闭上眼睛,到底我们能不能找到水呢?来看看火星影像,现在的任务是火星寻找水。按照你的想法去火星表面,找找有水的证据,可以转圈找。 提问:现在你们的观点有没有变化? 认为有水的同学来说服其他人,上面有水。 你为什么会这样认为? (梳理学生发言中的类比推理,让学生判断"认为有水"还是"找到水") 提问:这位同学是怎么判断这是河流流过的痕迹? 提示:依据地球上河流的痕迹,展示地球上一些河流的图片	回答: 有蓝色的细线,地球上就有; 有液体的东西; 有生命就可能有水; 有水流过的痕迹; 看到潮湿的泥土; 看到云、冰; 有江河湖海; (学生开始观察、分析、相互交流) 这个最上面,有可能是雪、冰; 这个火星上的地方,它的两端和地球差不多。地球上的两端是南极和北极,火星上的两端也是这样的; 这边的白色部分和另一边不一样,我这边有一个小的。因为它在两端,让我想到了地球的南极和北极	开展火星找水活动,训练类比和批判性思维并评估一个好的证据

续表

时期	教学任务	教师活动	学生活动	设计意图
火星轨道探测器		提问：通过这样和地球的类比，是否可以很肯定地判断火星"曾经"有水，有多确定？ 讲述：这里是火星的地标，它是一个峡谷。 提问：你觉得这里一定是水造成的吗？有没有其他可能？ 你觉得这里现在有水吗？ 白色的区域是什么，是水吗？你能肯定吗？ 那你们找到水了吗？ 看着像水，是不是水呢，接下来要做什么呢	我觉得这里像裂缝一样，会不会是水流过造成的，咱们地球上的河都是这样的； 也不太确定； 可能是地面裂开了， 现在看起来没有水， 我觉得只是看着像水，还不能确定； 没有	

（3）第三阶段：分析解释

利用现代探测技术进行火星探测、找水阶段。展示一系列科学实验和科学仪器的数据，向学生分享目前最新的探测进展。学生根据数据辩证分析是否在火星上找到水了，判断现有证据的充分性，发表、交流自己的观点。

（4）第四阶段：交流总结

教师对课程进行延伸，提出利用科学仪器找水的准确性，辩证地看待数据结果。学生根据自己的想法重新分组，并回顾、反思自己在本节课的收获和体会。最后，总结本课所涉及的类比、实证等科学方法、批判性思维和实事求是的科学精神。

2.4 实施方法——线上、线下融合教育

本课在"小球大世界"展区定期进行现场授课，为契合航天热点事件，在2020年7月23日我国首次火星探测任务"天问一号"发射当天，面向公众开展"火星找水"等有针对性的火星主题课程，突出课程的时效性。

除此之外，还应用远程网络技术开设线上"火星找水"直播课。在2020年北京科学嘉年华期间，以展区为主场，在京津冀及广东地区多所学校开展"火星找水"远程同步课堂，多校师生共同参与并开展互动交流。现场参与课程直播的学生人数共906人，观看直播人数共187人。

2.5 实施策略

2.5.1 建立问题情境

以火星是否有水、如何找水等问题贯穿本课始终,模拟体验科学家从古至今观测、探测火星以及火星找水的实践历程,设立环环相扣、层层递进、激发学习内驱力的问题情境。将教学目标融入问题串和火星找水的探究活动中,从思考和实践中进行批判性思维训练,突出实证科学的跨学科概念。

2.5.2 学生为主体的学习

本课是以学生为主体的探究活动,学生不是被动地听老师讲解或接受前人经验,而是学习求知的主体。在老师的启发指引下,主动观察、对比,开动脑筋,尝试全面和客观地分析、发现火星是否有水的证据,培养用证据说话的意识和辩证分析问题的能力,在互动中增强学生的自主性、参与感和体验感。

3 创新性及价值性

3.1 案例突出特点

3.1.1 发挥优势,找准馆校合作契合点

为了更有针对性地开展馆校合作,发挥各自的人才与资源优势,课程开发前期到学校进行实地调研,了解学校、学生、家长对科学课的需求与开展现状;课程开发过程中多次与行业专家、学校教师沟通交流,对接课标与特定学龄段的教学目标,开发磨合课程主题与内容,不断改进并优化教学方案。本课找准内容开发、活动设计与教学实施的契合点,实现资源共享、优势互补。

3.1.2 培养批判性思维

课程目标不仅限于传递火星是否有水的知识,更主要的是引导学生在观察现象、搜集证据、分析推理和交流讨论中开展火星找水的批判性学习,判断什么是好的理由,即评估一个理由的科学性。为学生提供自我发现、自我思考的机会,并重复科学历程的体验,让学生的观点接受实证和同伴的批判检验。同时,引导学生辩证地看待科学仪器获取证据的充分性,全面、客观地分析证据与观点之间的关系。

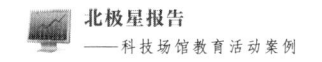

3.2 预期教育效果

3.2.1 信息化教育环境优势显著

"火星找水"开展了直播课堂,是场馆充分运用展区展教资源、多媒体和现代信息化技术,实施的远程多点在线教育。直播课堂具有覆盖面广、即时性和互动性强的特点,体现科技改变教育、科技改变生活,使科普资源更有效、更广泛地传播到各中小学课堂;将科学教育理念、科学方法惠及更多、更远的学生群体,对提升青少年的科学素养、满足未来教育需求、推动科普传播方式创新升级,都起到了重要的作用。

3.2.2 培养探索实践的科学精神

探究式学习为本课的核心教育理念,将各个阶段认识火星、火星找水的科学历程融入其中,学生能够初步利用科学方法和科学知识理解身边的自然现象,培养学生对宇宙的好奇心、探索欲,树立批判、合作意识以及不懈探索的科学精神。

3.3 启示作用

这节"火星找水"课程实现了展与教、教与学、学与用的融合实践。在今后的馆校合作中应注重以下方面。

3.3.1 充分考虑受众的需求和特点

从受众对象的学情出发,这是设计课程的源头。没有细致、结构化的学情分析、细分受众对象的年龄段及有针对性地设计教学流程和教学活动,课程很难实现教学目标。

考虑到科技场馆的受众特点,来访学生随机性强、年龄段跨度大,会出现若干学段人群同时报名参与活动的情况。那么,在限定活动报名条件时,可针对课程内容将报名学生的年龄设置到同一学段(如限定年龄 8~9 岁),这样既可保证课程的有效开展,又能符合受众相应的认知水平。此外,应结合科技馆来访观众的年龄分布特点和实际情况,适当扩大一节课在不同人群中的适应性,如同一节课开发低龄学段和高龄学段内容,满足更多热爱科学的公众需求。

3.3.2 推动课程开发的标准化

目前仍存在课程开发流程不规范、开发进度不统一、课程内容不完善等问题，即使面对同一节课，授课人不同，导致上课的环节、效果不同，都给参与活动的学生带来困扰。科技场馆的受众特点不仅随机性强，并且回访率也高。如何能经得住"新观众"和"老观众"对活动的检验，这也是课程开发标准性与实施稳定性的关键。

今后将尝试建立课程开发的体系化标准，从开发流程、进度把控、课程内容、课程材料、授课团队以及授课效果上建立一套合理、有效的标准和评审机制，有效地把控课程开发及实施的每个环节。

基于馆校合作模式的校本课程实施

——以"小小航海家"研学旅行课程为例

郑志英*

(上海市杨浦区同济小学,上海,200092)

1 背景

1.1 国内外相关研究的学术史梳理及研究动态

研学旅行,在国外又称为修学旅游、教育旅游。从国外中小学"研学旅行"相关文献资料来看,目前国外主要有以下中小学"研学旅行"课程实施模式:自然教育模式、生活体验模式、文化考察模式、交换学习模式。国外中小学"研学旅行"课程实施呈现如下主要特点:一是注重"研学"与"旅行"相互交融;二是注重游学活动的弹性设置和经验知识的动态获取;三是注重创造研学体验的情景记忆;四是注重"研学旅行"需求的分化。[1]

随着新一轮基础教育课程与教学改革的逐步深入,"研学旅行"逐步进入我国基础教育改革者的视野,并被逐步列入中小学课程体系之中。"研学旅行"是学校教育的有益补充,"研学旅行"比学科课程内容更丰富,具有其他学科课程无法替代的作用,是中小学教育中的一门"新"课程。2016年《教育部等11个部门印发的《关于推进中小学研学旅行的意见》中指出,"读万卷书也要行万里路"。

---

* 郑志英,单位:上海市杨浦区同济小学,E-mail:zhengzysh@163.com。

1.2 本课题相对已有研究的独到学术价值和应用价值

1.2.1 学术价值

"'小小航海家'研学旅行课程的实践探索与研究"课题，将学校办学理念与培养目标（让每个孩子在快乐中追逐梦想，健康成长）相结合，制定课程纲要寻找培养路径，形成并构建以乡土乡情为主的规范而科学的"'小小航海家'研学旅行"课程体系；课程实施中充分尊重个体差异，采取多元评价方式，对学生参加研学旅行的情况和成效进行科学评价，并将评价结果记录在《上海市学生成长记录册》中，研究和探索学生综合素养评价体系。

1.2.2 应用价值

（1）益于理解"一带一路"意义

国家级顶层合作倡议：2013年9月和10月中国国家主席习近平分别提出"建设'新丝绸之路经济带'和'21世纪海上丝绸之路'的合作倡议"，为使学生更好地理解"一带一路"，而开展与其相关的研学活动。

（2）益于满足学生的兴趣与需求

学生所使用的小学教材中，偶有"航海"内容出现，且较为零散，缺乏系统性。教材中有关"航海"的学习内容已经不能满足学生们的兴趣和需求。

（3）益于寻找学校博物馆课程的新增长点

关键源于学校的研究基础，学校是杨浦区首批博物馆课程建设试点单位，又是同济大学深海科学馆、中国航海博物馆和自然博物馆的馆校合作单位。2017年学校在同济大学出版社出版了9本走进博物馆的书籍。对于研学，学校有基础，有思考力，也有执行力。学校为了寻找博物馆课程的新增长点，而研发"小小航海家"研学旅行课程。

课程以中国航海博物馆为主阵地，设置船模拼搭、调查采访等活动形式来"做中学"，设计一些切实可行的与航海相关的STEAM活动。以"小小航海家"研学旅行课程为载体，拓宽学生的视野，继承和宣扬航海精神，培养提升小学生科学文化素养。

2 基本思路

"小小航海家"研学旅行课程总的设计思路是"行走中研、研学中探"。学校集中力量编写了课程纲要,对课程目标、教学内容、实施方式、评价方式进行了全方位的说明,旨在以跨学科整合的项目式学习为核心,开展研究性活动。

2.1 课程内容

结合中国航海博物馆资源,以"关注学生兴趣,注重问题研究"为原则,设置了"蓝色国土、海上贸易、海上航行、海上安全"等多个模块研学内容,每个模块又分若干个主题探究活动。

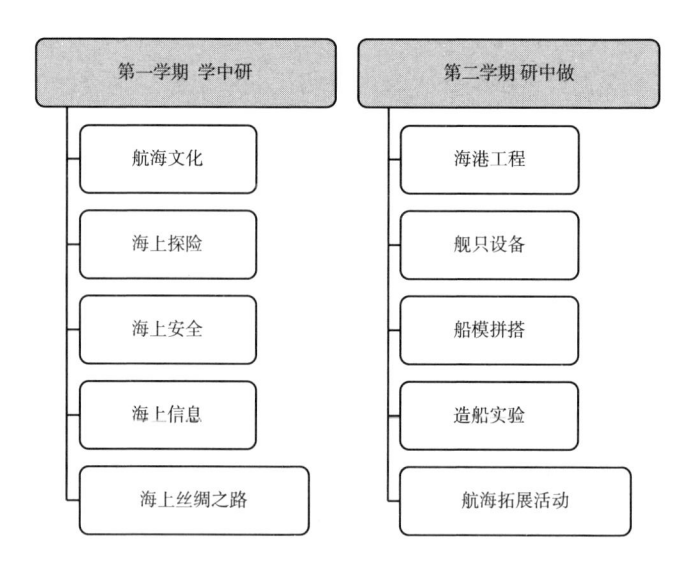

图 1 相关课程内容

2.1.1 研学活动

以"安全先行,关注习惯"为原则,主要安排在创新拓展日或春夏游,主要采取自主选择学习的拓展课程;提供多种素材,在同一主题下设计了多个研究点,激发学生探究兴趣,提升拓展型课程的活动效能。

2.1.2 活动场所

以校内校外相结合的科普类活动居多，大多是开放性的实践活动。因此，在科目实施过程中，安全与规则意识必须引起师生的共同重视。同时，在活动中学生的学习、制作等习惯的养成也是每一次活动安全实施、有效落实的重要保障。

2.2 研究方法

2.2.1 文献研究法

通过对古今中外文献进行调查找到"小小航海家"研学旅行课程有关实施方式；通过文献研究法总结出"小小航海家"研学旅行课程的评价策略与研究成果。了解他人开展研学课程评价、实施方式以及研究内容等的极其广泛的社会情况。

2.2.2 行动研究法

在"小小航海家"研学旅行课程的实施中，按照一边实践、一边完善的操作程序，以解决课题实施的实际问题为首要目标而完善课程内容。

2.2.3 调查研究法

通过问卷调查、访谈等方法了解"小小航海家"研学旅行课程的学生需求及家长认可程度等客观情况，直接获取有关材料，并对这些材料进行分析进而开展研究。

通过问卷调查了解学生在"小小航海家"研学旅行课程中的需求，结合学校已有课程，针对学校"小小航海家"研学旅行课程的构建，进一步优化设计，开发相应的内容、纲要，编制课程纲要，探索实施方式与评价方式。

2.3 研究计划

借鉴 COSEE 海洋科普课程和项目学习经验，颠覆传统课堂模式，引导同学们在活动中自己发现科学问题、推测原因、实验验证、总结经验。这些过程是对现有科学教学的有益补充，对培养学生的科学意识、科学能力和综合素养发挥了有益作用。例如，利用学校的创新拓展日开展主题探究研学活动，对活动进行汇总，收集、整理资料；对活动的优缺点进行分析与总结，写出专题活动总结。本课题以案例研究法和行动研究法为主，以文献研究法和调查研究法为辅。

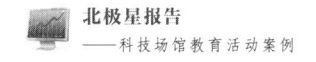

2.4 实施步骤[2]

2.4.1 组建学生社团

新创建的"小小航海家"研学旅行课程，需要实践来完善，社团是一个很好的试点窗口。对3~5年级学生进行问卷调查，召集对航海科普感兴趣的学生组建社团，尝试让学生根据相同兴趣自由组成"蓝色探秘站"社团，打破以常规班集体为单位开展活动的通行模式，每周利用创新拓展日时段，带领学生参与博物馆展区的实践活动，以"跨班式"社团化活动来开展研学旅行课程。

2.4.2 筹备活动器材与资源

准备"小小造船师"实验基础套件等各类制作材料，例如粗细不等的纸板、水箱、量筒、泡沫等。组织项目实施的过程中，校内资源来自科研室、课程开发组、探究教研组、科技组；校外资源来自中国航海博物馆、同济大学海洋与地球科学学院、上海海洋大学等的志愿者团队。

2.4.3 先前知识储备，组建小组

在先导课中让学生了解博物馆的相关课程资源、特色展区和文明观展准则，规划活动方案，寻找志趣相投、有相同探究问题的成员组建小组。组织学生阅读《我们的创新拓展日——走进博物馆》9册图书中的《走进海洋》、《上万个为什么（海洋篇）》、《航海家》和《玩转大自然Ⅱ》等与航海相关的资料，从"熟悉"的事物开始进入主题，引入"航海"概念，对后续课程的开展有个大致的了解和认知。

2.5 实施策略

2.5.1 以研学单引领探究

"研学单"是课程的有机组成部分，它以学生为主体，可施行、可检验，是学生整个研究性学习的指南。它承载着明确任务、传达信息、研究问题、激发思维等功能。如同济大学深海科学馆的学习单，包含3个学习任务，根据这些探究任务组织学生开展有针对性的活动来了解航海知识，激发热爱海洋的感情和保护海洋的使命感。

活动1：寻找与"航海"主题探究研学活动有关的展区。

活动2：了解中国航海的历史和发展，进行即时记录。

活动 3：探寻"谁是伟大的航海家"。

在开展馆内活动时，老师将学生分为航海梦、船模拼搭和海上安全 3 个小组，从不同的角度来进行探究。

2.5.2 举行拓展活动

（1）举办航海节

借助"中国航海日"——7 月 11 日，学校开展航海节活动。学校举行升旗仪式，利用 1 周时间开展与"航海"相关的主题活动。例如，谁是最伟大的航海家、设计航海科幻小报等，强化并延伸"小小航海家"研学课程的体验。

（2）开展研学交流会

教师在参观航海博物馆后会提供 2～3 项后续活动，强化并延伸博物馆体验，设置学生回课堂后讲故事、表演游戏或者 DIY 设计宣传单等活动，给学生进一步探索的机会。组织学生对研学活动任务与模式、作品展示多样性及还想探究的问题进行总结与评价。

（3）参加航海博物馆的主题研学活动

中国航海博物馆是我国首个经国务院批准设立的国家级航海博物馆，是首批中小学生研学基地。学校关注"中国航海博物馆"的微信公众号，积极响应中国航海博物馆组织的各项航海主题活动。例如，组织学生参加"海滩大发现"亲子夏令营、"科学诠释者"课题和"大国海军梦"等航海科普系列活动，拓展与完善"我是小小航海家"研学旅行课程活动。

2.6 多元评价

课程通过多元评价，记录学生的学习历程。在主题探究活动结束后，教师组织学生对每一个主题活动、每一个阶段的学习过程进行观察与评比，鼓励家长、志愿者以及参与者平等地讨论学习内容，对整个活动进行总结与点评。教师从课堂"主导者"的角色中走出来，在校外教育过程中，教师不仅要设计参观内容、维持参观纪律，同时要对学生的参观兴趣、参观行为给予积极的关注、引导和及时评价。通过与学生协商对话或学生反思探究学习历程，注重过程，兼顾结果，进行多维度的具有改进和激励功能的评价，从而提升校内外教育的实效性。

学生根据整个主题研学活动中的表现，于学期结束时在《上海市学生成长记录册》中记录自我体验，如表 1 所示。

表1 《上海市学生成长记录册》

时间	活动主题	收获情况			我还想学习/探究问题
		活动地点	兴趣指数	参与指数	
			☆☆☆☆☆	☆☆☆☆☆	
			☆☆☆☆☆	☆☆☆☆☆	
			☆☆☆☆☆	☆☆☆☆☆	
			☆☆☆☆☆	☆☆☆☆☆	

3 创新之处

"'小小航海家'研学旅行课程"的宗旨是为学生提供一种可供其直接体验和观测的学习环境,辅助教师优化教学过程,帮助学生获得对抽象知识的感性认识,提高实践动手能力和拓展想象力,提高教学实效。把握基础教育内涵,探索社会资源向"教育资源"和"课程资源"的转化,为小学生课程改革和社会实践活动提供平台。建立基地式校外活动场所,弥补学校教育的不足,让学生享受多元教育。

3.1 "'小小航海家'研学旅行课程"学习空间的创新

以中国航海博物馆为研学活动主阵地,辅以临港湿地、洋山深水港等实地考察、调查采访活动形式,营造多元化的学习空间;以场馆为研学阵地实现校内与校外联动、多元互动,使学生不囿于校园内的正规教育,体验非正式环境中的学习,同时锻炼学生观察、体验、探究、实践、记录等多种学习技能。

3.2 "'小小航海家'研学旅行课程"实施主体的创新

课程实施中邀请专家教授、博物馆讲解人员、研究生、志愿者等轮流进入课堂,把深奥的海洋科普知识用通俗易懂的方法呈现给学生,形成多元化的教师体系,使学生与更多专业人士交流、互动,激发科学探索的热情。

借助社会资源，开展"小小航海家"研学旅行课程的实践探索与研究，开辟"馆校合作新模式"，为学生提供第二课堂的学习阵地。教师对课程内容的选择应贴近学生的生活实际，与教材内容相关，可适当开设有地区特色的课程，从而使课程充满趣味性、知识性。将展品与基础教育进行对接，将有助于推动博物馆与基础教育之间的创新研究型人才连贯性培养。

3.3 "'小小航海家'研学旅行课程"实施方式的创新

课程设置以项目式学习教育理念为导向，蕴含科学的教学设计和基础性学科知识，促使教学内容既立足于每一门学科的特殊性，又相互渗透，激发青少年开展科学探究的兴趣，引导学生开展研究型学习。

3.3.1 举措一：特色实施，主打课程

学校博物馆课程共有9个系列，平常利用每周五创新拓展日活动时段开展，积累一定的探究问题，在月底组织一次全校性的研学活动。

目前，学生都居家学习，是否要取消"博物馆研学活动"？

校本课程的实施，牵涉到整个学校，校长室是实施校本课程的指挥部。校长室明确指示，学校明确要求：无论何时都要保持同济小学创建的每月一次的"博物馆研学活动"特色，激发学生学习的热情不能变。研学活动要继续，不能因为疫情而耽搁。校长室给出"云游博物馆研学活动"的点子，和科研室共谋实施方案。

（1）选择课程

近两年，学校根据学生兴趣，依托同济大学海洋与地球科学学院、中国航海博物馆、上海自然博物馆建立了"馆校合作"项目，把"海洋"作为主打课程，从"我与海洋"到"我与海岸"再到"我与航海"。学校把品牌课程作为立足点，这一次"云游博物馆研学活动"就是把学校市级课题"教育科研和科技创新计划——'小小航海家'研学旅行课程"作为"研学的风向标"。

（2）选择场馆

同济大学、上海自然博物馆离学校近，而学生研学时间有限，因此，经常去这两个场馆开展研学活动；中国航海博物馆由于距离远，学校平常很少去做活动。这次"云游博物馆研学活动"，是否可以把中国航海博物馆丰厚的中小学研学航海特色课程资源搬进学校"云游研学课堂"？给学生带来博物馆研学的新视角？于是，科研室主任拨通了中国航海博物馆社会教育部电话，获悉中国航海博物馆也正在谋划，正在找学校对接，欲把课程资源送进对航海感兴趣的学生的家。就这么一拍即合，与其携手开展"云游博物馆研学活动"。4月初，学校便将"研学的坐标"锁定在中国航海博物馆，启动一次特别的"馆校合作—云游博物馆"研学模式。

3.3.2 举措二：灵动实施，不添负担

考虑到居家学习的学生在周一至周五的线上学习，已经成为一种新的挑战。校本课程的实施如果也放在周一至周五时段，或者也要求学生人人定时参加，这无疑会给学生增添额外负担。但是校本课程还得实施，实施就要有收效！那么，采用怎样的方式才能"灵动"地实施呢？

（1）研学时间机动

"100个学生，100个世界"，每一个活动，学生都喜欢吗？答案是否定的。因此，基于场馆特色，在直播活动中设计不同时间段，又将研学活动设计成4个不同的主题，分4个时间段开展。

第1场4月5日，坐标航海历史馆。

第2场4月12日，坐标航海与港口馆。

第3场4月19日，坐标船舶馆、海员馆。

第4场4月26日，坐标军事航海馆、海事与海上安全馆。

当然，这样实施需要得到中国航海博物馆的大力支持，馆校合作"博老师研习会"子项目的负责人王灵林老师是一个对教育非常有情怀的老师，他欣然接受了学校的研学方案。

（2）研学氛围灵动

采用学校公众号告示研学活动，既能给人一种"仪式感"，又不会让人觉得这是一项必须要做的任务。这就达到了我们开展研学活动不会给学生带来额外负担的目的，研学氛围具有"灵动"性。

（3）研学要求巧动

在学校公众号推文中，写下下面一段话：

　　同学们，这次云游中国航海博物馆直播活动，共有4场，你喜欢哪一场活动，就"空降"在哪一个直播间。在这次云游活动中，你将探究什么问题？专家又会提什么问题呢？请同学们提早预设一下。

在推文中巧提研学思考的情境，提出活动的要求。

3.3.3 举措三：自主参与，有效研学

活动，泛指人或物体运动，也指灵活、不固定，还指为达到某种目的而从事的行动。那么，如何让"云游博物馆研学活动"有收效呢？

（1）借助"云游记"，提供研学支架

在下发给班主任的通知中附上"云游记"，提供研学支架。帮助学生记录参加"云游博物馆研学活动"的思考、提问、预测和结论等学习体验，同时也给老师提供本次研学活动的评估依据。

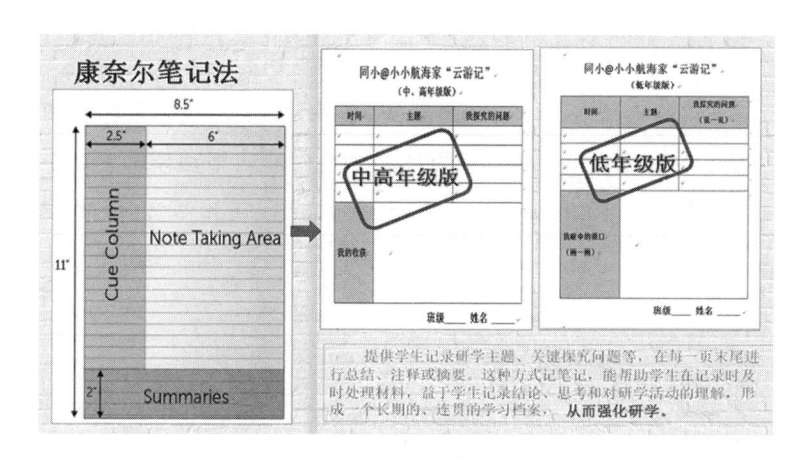

图 2 "云游记"

采用一种简单有效的科学笔记法——康奈尔笔记法，设计低、高学段的"云游记"。提供给学生以记录研学主题、关键探究问题等，在每一页末尾进行总结、注释或摘要。以这种方式记笔记是为了让学生在记录时及时处理材料，有益于学生记录结论、思考和对研学活动的理解，形成一个长期的、连贯的学习档案，从而强化研学。

（2）回收"云游记"，实施研学评价

中国航海博物馆需要征集学生参加"云游博物馆研学活动"的照片，笔者已事先知晓，但没有在当天下发通知，活动开展后的第二天，在班主任群@班主任，回收"云游记"，就是为了不给班主任、学生增添负担，让学生随心、顺意地参加活动。第二天收集，会给参加活动的班主任和学生一个惊喜、一种鼓舞，从而自然地促进学生自主学习方式的养成。

（3）展示"云游记"，分享研学收获

中国航海博物馆是我国首个经国务院批准设立的国家级航海博物馆，是首批中小学生研学基地。学生的"云游记"能在国家级博物馆的微信公众号平台上亮相，这是对学生自主参加"云游博物馆研学活动"的一种很大褒奖，将鼓励更多学生积极自主参与。

通过"云游记"了解学生的兴趣取向，"云游记"是一种很好的问卷，它为后续开展研学活动时给学生分组提供参考依据，也为后续要开展的研学活动预设好主题，促进下一次研学活动有成效。即关注学生兴趣，注重问题研究；有效组织，快乐研学。

"特色场馆的直播""公众号的推文""云游记"，灵活的在线学习方式带给学生全新的学习体验。中国航海博物馆也对本次活动作了专题推介，共展示学校 20 多位"小小航海家"的研学收获，强化了校本课程的辐射力度。

4 活动收获

学生层面，小嫣同学获中国航海博物馆"小小音频讲解员"、小党同学获"十佳科学诠释者"荣誉；还有多位同学获中国航海博物馆"科学诠释者"一、二等奖，3 位同学获首届趣味海洋科普大赛三等奖，并在上海教育电视台展播。教师层面，课题组多位老师设计的课程方案获优秀奖，并收录在《航海博物馆精品课程》一书中，多位老师获"金牌博老师"荣誉。

学校层面，"小小航海家"研学旅行课程最终以"研学活动＋研学手册＋小组合作＋校外活动＝生动"的学习模式来充分体现将研学引进基础课程里的价值，最终收获的主要成果如表 2 所示。

表 2 "小小航海家"研学旅行课程成果

名称	内容	说明
学生手册	研学活动单	设计配套的活动单、方案和探究活动等
	学习资源	编写配套教材、供参考的背景知识、素材、补充读物、网络资源等
	学习材料包	各种工具、实验器材、手工材料等
教师手册		提供开展研学活动的大纲、参考资料等

"小小航海家"研学旅行课程被杨浦区教育局列为重点课题，被上海市列入 2019~2021 年教育科研和科技创新计划课题。

5 活动启示

以中国航海博物馆为研学活动主阵地，开展内容广泛的"做中学"，让学生在行中学、研中探，体会航海精神，解读悠久的航海历史，领略灿烂的航海文化，感受酷炫的航海科技，品鉴中国航海文化的源远流长。把学生当作我们实施校本课程爱之、育之的生命主体，并不断将特色教育向外拓展延伸。相信只要探索的脚步不断，校本课程就会辐射更多的学生，让更多人受益，也必将使学生感受到"无处不在的科学学习"。

参考文献

[1] 熊松泉、汤国荣：《基于地理实践力培养的研学课程开发探索——以校本课程〈诸暨八亿年〉为例》，《中学地理教学参考》2018 年第 23 期。
[2] 张剑光：《区域性研学旅行目的地的研学课程体系设计——以重庆市万盛经开区为例》，《产业与科技论坛》2018 年第 22 期。

香料之路

梁倩敏　马泽川[*]

(北京师范大学教育学部，北京，100091)

1　基本情况介绍

1.1　活动主题

香料是"海上丝绸之路"的重要货物，本活动以香料贯穿整个活动，带学生游历"海上丝绸之路"，领略香料文化，增强海洋意识，学习科学知识。

1.2　实施背景

贯彻落实建设海洋强国和21世纪海上丝绸之路等国家战略，普及海洋知识，弘扬海洋文化，增强海洋意识。响应天津市教委等7部门研究制定的《天津市中小学生素质拓展课外活动计划》，落实2020年10月12日教育部和国家文物局发布的《关于利用博物馆资源开展中小学教育教学的意见》，加强馆校结合，推动博物馆教育资源的开发应用。

1.3　目标受众分析

1.3.1　目标受众

天津市某中学高二学生，按照班级开展，每班40人。

---

[*] 梁倩敏，单位：北京师范大学教育学部，E-mail: cham_min@163.com；马泽川，单位：北京师范大学教育学部，E-mail: mazechuan2000@mail.bnu.edu.cn。

1.3.2 受众分析

包含年龄特征分析、知识背景分析、兴趣水平分析。

1.3.2.1 年龄特征分析

（1）生理特点分析

16～18岁的青少年处于青春发育末期，他们身体各器官及其机能逐步达到成熟的水平，是身体发展的定型期。

（2）心理特点分析

16～18岁属于青年初期，是青少年逐渐走向成熟的过渡时期，是人生成长的关键阶段，但也是身心迅速成熟而产生巨大变化的时期，具有不平衡性、动荡性、自主性、闭锁性等特点，主要表现为以下几个方面：①具有成人感和独立意识；②学习逐步成为他们生活的主要部分，集体意识不断提高；③抽象逻辑思维快速发展，有了接受理性知识的认知需要；④青少年的生理与心理、社会发展不同步，具有异步性和较大的不平衡性，容易引起青少年情感上的激荡，表现出逆反心理。

1.3.2.2 知识背景分析

一般来说，青少年初期的抽象思维，属于理论型，他们已经能够用理论做指导来分析整合各种事实或材料，从而不断扩大自己的知识领域。从少年期开始已有可能初步了解辩证思维规律，到青少年初期则基本上可以掌握辩证思维。在此思维过程中，它既包括从特殊到一般的归纳过程，也包括从一般到特殊的演绎过程。具体地说，高二的学生在化学课上，学习过有关蒸馏和萃取的知识，也具有一定的有机化学基础，他们有较强的求新求异心理，团队合作意识强。不足的是，欠缺对实验设计、实验评价的全局把握；预见能力和耐心稍弱；对各种实验材料的性质了解不够，教师需要合理组织和适时引导。

1.3.2.3 兴趣水平分析

在学习过程中，学生不仅会学习自己感兴趣的知识，而且需要学习自己不感兴趣的知识与技能，他们喜欢独立寻找或与人争论各种事物、现象的原因和规律。

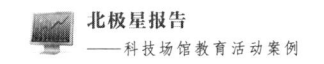

2 活动内容

学生在科学教师及场馆展教人员的带领下,参观国家海洋博物馆相关展厅;结合已有经验和所学知识,在教师的指导帮助下进行香精油提取和香水制作的探究,并在理论知识支持的基础上调配香水。

2.1 活动设计背景

提取自植物或动物的香料为人们带来不同的感官享受,在历史上,人们为了争夺香料,不惜冒着生命危险,走上未知的道路。正是如此,一条古老的贸易通道被开发出来——"香料之路"。香料之路又称海上丝绸之路,"海上丝绸之路"由两大干线组成,一条是由中国通往朝鲜半岛及日本列岛的东海航线,另一条是通往东南亚和印度洋地区的南海航线。

经由这两条海上通道,中国的丝绸、瓷器、茶叶远渡重洋销往海外,而海外诸国的珠宝香料等物产也源源不断地输入中国。在中国古代各类进口商品中,香料最为大宗,海上丝绸之路也因此被称为"香料之路",各类进口香料极大地丰富了中国香文化的内涵。

郑和,明朝著名航海家,他七下西洋是15世纪初叶世界航海史上的空前壮举,对促进中外经济贸易、文化交往起到了积极作用。

在人教版高中历史必修2中,学生学习了古时候人类探索海洋的相关知识,在人教版高中地理选择性必修3以及选修2中学生学习了海洋地理的相关知识,在人教版高中生物选修1中学生也涉猎了植物芳香油提取的相关知识,本活动结合上述教材进行设计。

2.2 活动目标

通过本次活动,学生能够了解中国海洋文化及海上丝绸之路相关知识,理解海洋、远航对人类历史产生的深远影响,掌握香料提取和香水调配的相关科学知识;能够在参观展馆的同时进行学习并能够根据所学知识回答相关问题,灵活运用已有经验及所学知识制作香水,提升动手能力和小组协作能力,产生对海上丝绸之路的兴趣，对中国科学技术史的热爱，增强科学意识，树立正确的理想信念，进一步增强自信心和民族自豪感。

2.3 活动理念

科学教育与中华传统优秀文化有效融合：本活动尝试贯穿中华优秀文化进行教学设计，着眼于香料，向学生展现中华优秀文化"海上丝绸之路"中的科学奥秘。

在5E教学模式中发展学生的核心素养：在课堂实践层面使用5E教学模式，旨在发展学生的核心素养。

2.4 活动安排

2.4.1 活动前准备

前置知识准备：在学校的生物课上，教师通过讲授和借助课件，引导学生学习关于香料提取精油实验的知识。

人员准备：学生在校期间进行自由分组，40人的班级分成8组，每组5人。学校历史、化学和生物教师与场馆相关负责人员进行交流座谈。

40人的班级由学校的3名老师（1名历史老师、1名化学老师和1名生物老师）带队，由馆方分配1名场馆主讲教师、1名拍照摄影师，每5人的学生小组分配1名场馆展教辅助人员，即需8名展教辅助人员。

分组完成后，学校将教师和学生的对应分组名单提前上报至博物馆教育中心，场馆根据名单进行展教辅助人员的分配并组织展教辅助人员与对应小组学校方面的教师进行沟通、交流。

2.4.2 活动详细内容

表1 活动详细内容介绍

类 目	类别	馆校结合STEAM教学活动	教学对象	高二年级学生
	流程设计人	梁倩敏、马泽川	课题	"香料之路"
教材	人教版高中历史必修2第三单元"走向整体的世界" 人教版地理选修2海洋地理第一章第二节"人类对海洋的探索与认识" 人教版高中生物选修1"生物技术实践"、专题6"植物有效成分的提取"、课题1"植物芳香油的提取"			

续表

类　目	类别	馆校结合 STEAM 教学活动	教学对象	高二年级学生
	流程设计人	梁倩敏、马泽川	课题	"香料之路"
教学目标	1. 知识与技能 理解"海上丝绸之路"的意义;知道香水的成分及其作用;理解"海上丝绸之路"文物展出现香水展品的缘由;理解"控制变量法"的概念和用途;了解并且懂得制作香水。 2. 过程与方法 运用"控制变量法"探索香水成分配比对香味的影响;能在博物馆内通过观看藏品进行学习;能根据自己所学知识对科技馆相关展品提出问题,给予回答。 3. 情感态度与价值观 激发学生对"海上丝绸之路"的兴趣;激发学生对科学的热爱和探索精神;养成与人交流、分享与协作的习惯,形成良好的相互尊重的人际关系			
教学重点难点	重点:理解"海上丝绸之路"的文化内涵。 难点:运用"控制变量法"探索香水成分配比对香味的影响			
活动设计理念	1. 科学教育与中华传统优秀文化有效融合:本活动尝试贯穿中华优秀文化进行教学设计,着眼于香料,向学生展现中华优秀文化"海上丝绸之路"中的科学奥秘。 2. 运用5E教学模式培养学生核心素养:在课堂实践层面使用5E教学模式,旨在发展学生的核心素养			
教学准备	活动材料:带有分组信息与学生照片和姓名的签到表格、矿泉水、可移动耳麦、指示牌、实验报告学习单、摄像机、活动手册,以及拍照需要的校旗、班旗、馆旗、共青团旗各一面; 实验材料:杯子、喷雾瓶、滴管、酒精、酒精灯、火柴、玫瑰花、薰衣草、接收瓶、温度计			

表 2　课堂一——学校课堂实施

课堂一——学校课堂			
流程	目的(时间)	教师活动	学生活动
导入	导入情境,为"香料之路"活动打下基础(8分钟)	导入情境:在英国女王伊丽莎白一世生活的16世纪,各种香料制成的芬芳膏油已经非常盛行。酒精和香精油混合而成的新型香水刚刚诞生,直到17世纪才大行其道。根据英国人的考证,他们的女王这时所使用的香水是用麝香、锦缎水、玫瑰水与糖沸煮5个小时后经过滤得到的。 教师:在古代,人类就已经发现芳香味的植株或花卉使人神清气爽,将这些植物制成干品后,可作为香料或药品使用。欧洲中世纪香料贸易的兴盛,催生了植物芳香油提取技术。本节课,我们将要学习提取植物芳香油的原理	听课,思考

续表

课堂一——学校课堂

流程	目的(时间)	教师活动	学生活动
讲授	通过讨论,结合已学知识总结出香精油提取的方法(15分钟)	提问:花谢花飞花满天,植物的花期短暂,但植物精油在我们生活中很常用,我们应该怎样得到它并且保存它呢? 讲授:是的,可以从植物体中提取,那如何提取呢? 讲授:现代工业主要也是通过这3种方法提取,蒸馏法、压榨法、萃取法。 教师播放蒸馏法提取植物精油的实验视频	学生回答:提取出来并保存。 学生回答:可以用蒸馏法提取,也可以用压榨法、萃取法。 学生观看实验视频,了解原理、仪器

表3 课堂二——场馆学习活动实施(1)

课堂二——进入场馆学习

场馆参观学习

流程	目的(时间)	教师活动	学生活动
参观	通过参观"中华海洋文明"系列展厅促进学生对中华海洋文明的认识与理解,引导其投入学习中(每个篇章20分钟,共60分钟)	设置情境:郑和是我国明代的伟大航海家,让我们跟着郑和一起开启刺激的旅程吧。 教师与讲解员一起带领学生参观"中华海洋文明第一篇章"展厅。了解在岁月的长河中,中华先民们与海共存,在认识海洋、开发海洋的过程中承载的中华民族宝贵的文化精神和传统,以及中华民族为人类海洋文明发展做出的不可磨灭的贡献。相关教师进行辅助讲解,并拍照记录	参观,思考
		教师与讲解员一起带领学生参观"中华海洋文明第二篇章"展厅,了解在明清之际不断争论禁海与开海的背景下,我国从未停滞对外贸易与交流,以及在鸦片战争引发了海洋危机后,我国积极吸纳西方海洋文明,走上了不断发展海洋经济、维护海洋权益、探索海洋发展的近代化之路。相关教师进行辅助讲解,并拍照记录	参观,思考

续表

课堂二——进入场馆学习

场馆参观学习

流程	目的(时间)	教师活动	学生活动
参观	通过参观"中华海洋文明"系列展厅促进学生对中华海洋文明的认识与理解,引导其投入学习中(每个篇章20分钟,共60分钟)	教师与讲解员带领学生参观"中华海洋文明第三篇章"展厅,通过体验模型、复合沙盘、多媒体互动等方式,了解我国作为21世纪的海洋大国,着眼于中国特色社会主义事业发展全局,统筹国内外两个大局,坚持陆海统筹,坚持走依海富国、以海强国、人海和谐、合作共赢的发展道路,扎实推进海洋强国建设的历程。相关教师进行辅助讲解,并拍照记录	参观,思考
	通过参观"无界·海上丝绸之路的故事"展厅,引起学生对"海上丝绸之路"的理解与认识,引导其投入学习中(30分钟)	教师与讲解员带领学生参观"无界·海上丝绸之路的故事"展厅,了解"海上丝绸之路"的相关内容:来自中国的丝绸、瓷器、茶叶及其所承载的中国文化通过"海上丝绸之路"传遍了整个世界,而香料、珠宝、毛毯等舶来品也通过"海上丝绸之路"让中国人的生活发生了改变。随班历史与科学相关学科教师进行辅助讲解,并拍照记录	关注由法国香邂格蕾(Roger & Gallet)品牌于19世纪后期出品的香水藏品。参观,思考
	通过参观"今日海洋"展厅,激发学生对生物科学的热爱之情,引导其投入学习中(20分钟)	教师与讲解员带领学生参观"今日海洋"展厅,通过展厅中的5000余件令人赞叹的精美标本,了解"今日海洋"展厅所展示的本底海洋、生命海洋、海洋环境与可持续发展三大部分内容。随班历史与科学相关学科教师进行辅助讲解,并拍照记录	参观,思考
	通过参观"海洋文化空间"展厅,帮助学生认识到海洋联通了世界,促进了文明间的文化交流和贸易往来(20分钟)	教师与学生按照此前分组开展小组行动,近距离接触宋元福船复原模型、"海上丝绸之路"沿线古代文明代表性文物、"寻根之路"大溪地号单边架独木舟模型、外销瓷器、航海仪器等展品	参观,思考
	通过参观其他相关展厅,激发学生对海洋文化的理解(40分钟)	教师与讲解员带领学生参观"海洋灾害"展厅及生物实验室。在"海洋灾害"展厅中通过沉浸体验、参与互动、复原场景、视频展示等多种手段,带领学生系统地了解海洋灾害及防灾减灾知识,从而引导学生认识到尊重自然、顺应自然、保护自然的重要意义。在生物实验室中,通过与一线生物化学科研人员的接触,激发学生对未来从事生化科学事业的热情	参观,思考,讨论

表4　课堂二——场馆学习活动实施（2）

		进入教育中心活动实验室	
投入	引起学生对"海上丝绸之路"的好奇、兴趣,让其投入学习中（20分钟）	一、提问导入 1. 教师提问学生,在上午活动中,对"香料之路"相关展品的印象 2. 教师提问学生,跟着郑和去冒险有什么感受	每个组派一个代表(不一定是组长)分享自己的感受
		二、创设情境 1. 故事： 在上午,我们跟着郑和一路冒险,好不容易我们终于回到中国,但是郑和发现准备送给皇后的香水弄丢了,兴许是漂洋过海,不小心丢失了。但是好在郑和贸易而来的香料得到了完好保存,那你认为郑和现在应该怎么办？ 2. 引导学生得出利用已有香料来帮助郑和制作香水的对策	进入情境,回答问题

表5　课堂二——场馆学习活动实施（3）

探究	鼓励学生自己建构学习经验,通过小组协作的方式去探索,获得知识、经验（150分钟）	一、动手实验 教师：我们不妨利用现代人的智慧来帮助郑和制作一瓶香水。 拿出香料（玫瑰花、薰衣草等） 教师：桌子上放着的就是郑和船队好不容易带回来的香料,同学们知道香料如何变成香水吗？（同学回答：香料被制取成香精,再用香精制成香水） 教师：我们在学校已经学习过香料如何变成香精了,同学们还记得吗？（同学回答：利用蒸馏法、压榨法和萃取法） 教师：不同的香料有不同制取方法,我们现在桌子上的香料适合什么方法来制取呢？（同学回答：蒸馏法） 二、蒸馏过程 1. 蒸馏50g玫瑰花瓣,放入容量为500ml的圆底烧瓶中,放入200ml蒸馏水,组装蒸馏装置	听课,思考,回答问题,小组合作进行芳香油提取实验

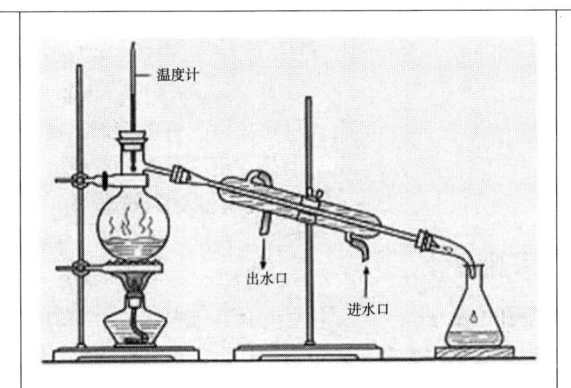

探究		图1 蒸馏装置 （1）固定热源——酒精灯； （2）固定蒸馏瓶，保持蒸馏瓶轴心与铁架台的水平面垂直； （3）安装蒸馏头，使蒸馏头的横截面与铁架台平行； （4）连接冷凝管，保证上端出水口向上，通过橡皮管与水池相连，下端进水口向下，通过橡皮管与水龙头相连； （5）连接接液管； （6）将接收瓶瓶口对准尾接管的出口； （7）将温度计固定在蒸馏头上，使温度计水银球的上限与蒸馏头侧管的下限处在同一水平线上。 2. 在蒸馏瓶中加几粒沸石，防止过度沸腾。 3. 收集锥形瓶中的乳白色乳浊液，向锥形瓶中加入质量浓度为0.1g/ml的氯化钠溶液，使乳化液分层。然后将其导入分液漏斗中，用分液漏斗将油层和水层完全分开。打开顶塞，再将活塞缓缓旋开，导出上层花精油，用接收瓶收集。向接收瓶中加入无水硫酸钠，吸取油层中含有的水分

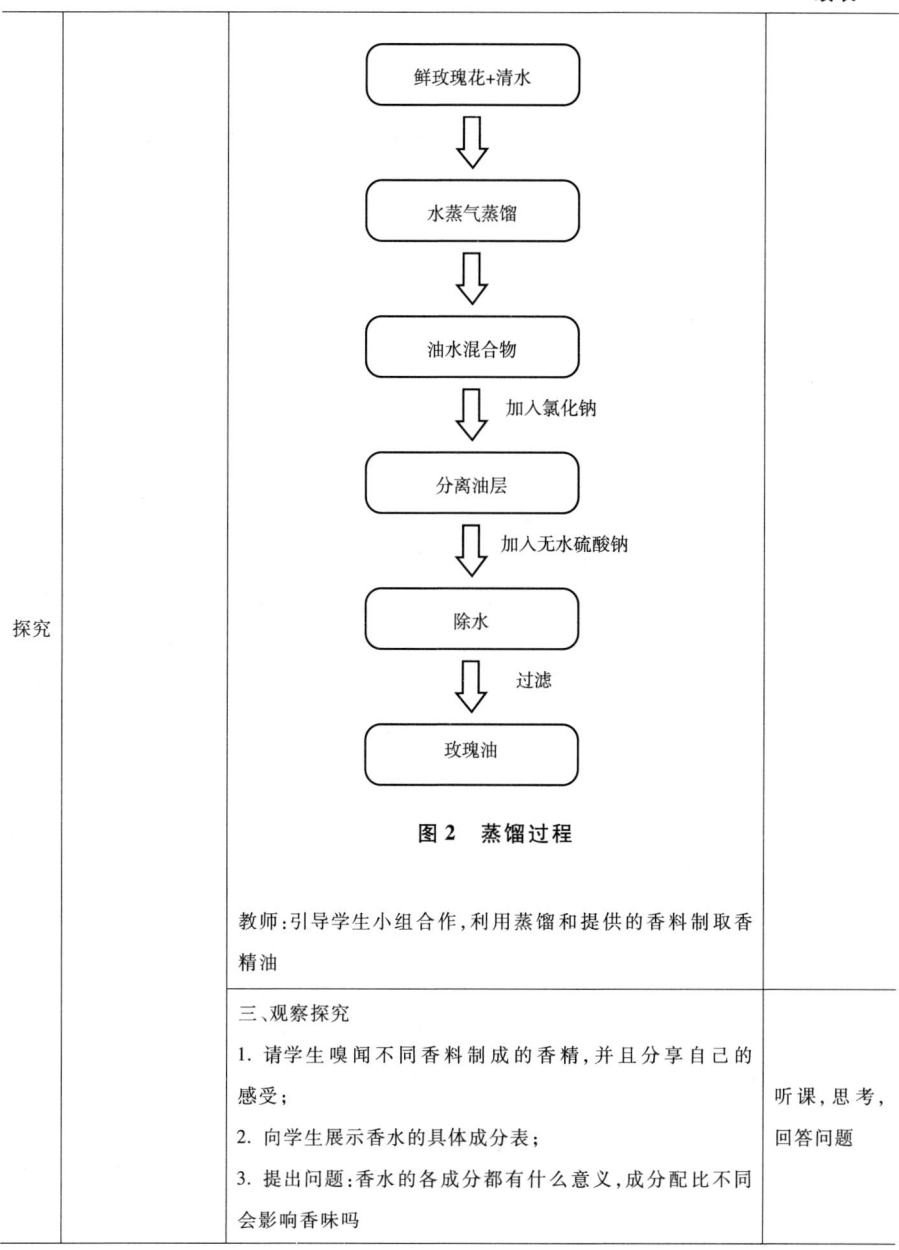

续表

探究	鲜玫瑰花+清水 ↓ 水蒸气蒸馏 ↓ 油水混合物 →加入氯化钠 ↓ 分离油层 →加入无水硫酸钠 ↓ 除水 →过滤 ↓ 玫瑰油 图 2　蒸馏过程 教师:引导学生小组合作,利用蒸馏和提供的香料制取香精油	
	三、观察探究 1. 请学生嗅闻不同香料制成的香精,并且分享自己的感受; 2. 向学生展示香水的具体成分表; 3. 提出问题:香水的各成分都有什么意义,成分配比不同会影响香味吗	听课,思考,回答问题

293

续表

探究		四、教师讲解 1. 控制变量法:讨论多个物理量的关系时通过控制几个物理量不变,只改变其中一个物理量从而转化为多个单一物理量影响某一个物理量的问题的研究方法。 2. 本实验中的运用:控制水和香精油、酒精不同的比例,制作出来的香水的气味不同(香精油——增香;酒精——固香;纯净水)	听课
		五、学生探究 学生在实验中记录数据,教师提出问题:通过记录的数据,能够发现什么? 1. 先在喷雾瓶中倒入2/3的清水,然后将不同配比的前面制取的香精油和酒精用滴管滴入喷雾瓶中。控制水和香精油、酒精不同的比例,制作出来的香水气味不同。 2. 盖上喷雾盖,轻轻摇晃,使其均匀。清香味的香水制作完成了	听课,动手探究

表6 课堂二——场馆学习活动实施(4)

解释	学生解释自己探索出来的结果,锻炼学生的语言组织及表达能力(30分钟)	1. 教师请学生上台解释自己的实验结果,以及自己的发现; 2. 教师对学生的解释可灵活性追问: 你是怎么完成这个实验的? 做这个实验有什么要注意的地方吗? 你在做实验的时候遇到了什么问题,是如何解决的? 你是怎么想到实验材料的替换的? 你还在什么地方见过这种材料	小组思考讨论,回答问题
拓展	引导学生将所学知识,应用到制造中,将概念、技术等应用到相关问题解决上(40分钟)	一、教师讲解香水的知识(提供支架) 让香水直接接触肌肤,身体的温热会使香气蒸腾缭绕,更显魅力	结合探究环节所得到的数据,利用蒸馏而来的香精油配比合适的香水

续表

拓展		少量多处,均匀而淡薄的香气,带来的是若有若无的朦胧之美,耳根、手肘内侧、膝盖内侧是用香的佳处。 每一种香水都有自己独特的品位。 依时而变,香水的用量要与时令配合。 切合环境,香水如时装能起到烘云托月的效果,因而不同的环境需用不同的香水,上班时用的香水宜清淡优雅,晚宴或聚会时可选用浓烈的香水。 甜蜜伴梦,香水如花香一样具有镇静、安抚精神的作用,玫瑰、柑橘花、薰衣草、茉莉等都是催眠效果极佳的植物。 二、教师提出:皇后想要清香型的香水,那么请各位同学发挥自己的能力为皇后调制一瓶吧。 三、组织小组对自己调制的香水进行介绍,并组织小组互评,以及教师评价	
丰富	引导学生做更深入的学习,以便将所学知识应用到更复杂的问题中,达到知识与技能的迁移(20分钟)	一、情境创设 中古时期,人们对香料的追逐和崇拜几近疯狂,"海上丝绸之路"更加有利于香料的流通,在中国古代各类进口商品中,香料最为大宗,"海上丝绸之路"也因此被称为"香料之路",各类进口香料极大地丰富了中国香文化的内涵	听课,小组合作完成拓展任务,撰写实验报告
		二、拓展任务 撰写实验报告,并请同学根据前面所学,探索香料给人们日常生活、文化艺术和社会带来的改变,在实验报告尾部用书面形式呈现	

2.4.3 活动时间安排

表7 活动时间安排

时间	地点	具体安排
8:00~8:30	博物馆南广场	教师提前到达指定位置,学生找到相应带队老师集合,签到。 摄影师跟拍就位。展教辅助人员准备带有学生照片和姓名的签到表格,与学生相互认识

续表

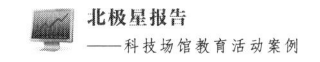

时间	地点	具体安排
8:30~9:00	博物馆南门	集合完毕,馆方主讲教师向学生说明本次活动的主题、内容、流程和目的,随后教师与学生在展教辅助人员的指引下有序安检进入场馆。相关工作人员开启大客流安检通道,快速完成安检
9:00~9:20	"中华海洋文明第一篇章"展厅	参观展厅
9:20~9:40	"中华海洋文明第二篇章"展厅	参观展厅
9:40~9:50	博物馆二楼大厅	休息
9:50~10:10	"中华海洋文明第三篇章"展厅	参观展厅
10:10~10:40	"无界·海上丝绸之路的故事"展厅	参观展厅
10:40~11:00	"今日海洋"展厅	参观展厅
11:00~11:10	主题文化空间	休息
11:10~11:30		参观主题文化空间
11:20~12:00	博物馆内	就餐,休息
12:00~12:40	"海洋灾害"展厅及生物实验室	参观展厅,与科研人员交流
12:40~12:30	教育中心	全体集合,准备进入教育中心实验室。展教辅助人员向全体学生说明注意事项
12:30~16:50	教育中心实验室	进行实验室活动课程
16:50~17:00	二楼大厅	各小组与展馆展教辅助人员和随队教师合影留念,全体参加活动人员合影留念。展馆物业人员将校旗、班旗、馆旗、共青团旗物料提前准备好
17:10	南门停车场	解散团队,学生带着一天的收获回家,活动全部结束。展馆展教辅助人员送别学生,结束一天的工作。可与家长在海洋博物馆门口拍照留念

2.4.4 活动后安排

学生带着制作好的香水回到学校,在学校课堂中,学生再次对植物芳香油提取的制造流程及所需注意要点进行反思,教师帮助学生进行相关内容的阐述和引申,引导学生完成既定的活动目标。

场馆新媒体运营相关人员撰写公众号、官方微博等平台的推文,及时推送。

展厅主讲教师、展教辅助人员与学校教师、学生代表继续开展座谈会,分享活动心得,提出改进方案,及时进行活动的反思、改进。

3 创新点与总结

"海上丝绸之路"搭载的不仅是货物,更是历史,是中国优秀传统文化的发展。本活动以"海上丝绸之路"的香料为切入点,改变学生认为"丝绸之路"只与丝绸有关的迷思概念。加强馆校结合,本活动结合5E教学模式对馆校结合学习活动进行设计并且充分利用国家海洋博物馆的资源和优势,发扬中国优秀传统文化。活动分为两部分,一部分在学校中实施,另一部分在场馆实施,详细阐述将科技馆和学校进行有效衔接的过程,关注学生在学校学习目标的实现,同时深化学生的学习体验,提高对科学的兴趣并开阔视野,进而促进学生全面发展。

参考文献

[1] 国家海洋博物馆官网,https://www.hymuseum.org.cn/,2021。
[2] 段雯娟:《"海上故宫"全新登场这个夏天不容忽略的旅游新坐标:国家海洋博物馆》,《地球》2019年第6期。
[3] 王涛、李文博:《探秘国家海洋博物馆》,《城市快报》2019年4月3日,第6版。
[4] 王月焜、段毅刚:《"海上故宫"真容亮相》,《每日新报》2019年4月3日,第3版。
[5] 王祖凌:《国家海洋博物馆"五一"试运行》,《天津日报》2019年4月29日,第6版。
[6] 张大均:《教育心理学(第二版)》,人民教育出版社,2004。
[7] 林崇德、李庆安:《青少年期身心发展特点》,《北京师范大学学报》(社会科学版)2005年第1期。
[8] 金久宁、李梅:《西被与东渐:丝绸之路上传播的香料植物》,载《第八届中国民族植物学学术研讨会暨第七届亚太民族植物学论坛会议文集》,2016。
[9] 周影、徐兆斌、于秀荣:《"植物芳香油的提取"教学设计——探究如何上一节高效实验课》,《生物学通报》2016年第1期。
[10] 李晨、耿坤:《如何讲好"海丝"故事:关于"海上丝绸之路"主题展览叙事方法的研究——以"无界——海上丝绸之路的故事"为例》,《中国博物

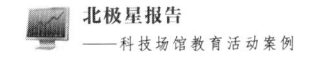

馆》2019年第3期。
［11］龚缨晏：《关于古代"海上丝绸之路"的几个问题》，《海交史研究》2014年第2期。
［12］李枚、王颖：《关于我国中小学开展海洋教育的建议》，《管理观察》2016年第19期。
［13］张开城：《海上丝绸之路精神与21世纪海上丝绸之路建设》，《中国海洋大学学报》（社会科学版）2015年第4期。

基于 PBL 教学模式的教育活动

——以重庆科技馆"坦克模型 DIY"教案为例

徐晓萍[*]

（重庆科技馆，重庆，404100）

1 教学对象

教学对象：本教育活动针对的具体教学对象是初中学生，受众人数为 50 人。

学情分析：通过对初中科学课程的学习和生活经验的积累，学生对简单机械的结构、电路串联有了初步的了解和认识，但这种知识还停留在书本教学层面，属于间接经验，因而课程通过展品体验、动手制作帮助学生运用所学知识进行实践，将"间接经验"转化成"直接经验"。考虑到初中生已具备一定探究性学习的能力，采用小组探究的形式开展活动，这样不仅能激发学生的学习兴趣，还有助于培养学生的创新精神和科学探究能力、综合实践能力。

2 教学目标、教学重难点与教学模式

2.1 教学目标

科学探究：经历提出问题和假设，设计研究制作坦克模型，通过参观获取

---

[*] 徐晓萍，单位：重庆科技馆，E-mail：176251008@qq.com。

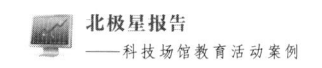

坦克外形、结构、传动的证据，分析和处理数据，得出相应的结论，评价与交流的过程；能用科学的探究过程与方法开展坦克模型的探究活动；掌握观察、制作、信息收集和处理的能力。

科学知识与技能：逐步加深对坦克外形、结构、功能的了解；认识坦克的基本构造；认识能量转化和能量守恒的意义，会运用简单的坦克模型解释坦克的运动和特性；具有观察、制作、收集和处理信息的初步技能，以及用科学的语言表达和交流的初步技能。

科学态度与价值观：不断提高对科学的兴趣，深化对科学的认识，关心科学技术的发展；在制作过程中能听取与分析不同的意见，初步形成善于与人交流、分享、协作的习惯；提高爱国主义意识。

科学、社会、技术、环境：初步认识科学与技术之间的关系，科学推动技术进步，技术又促进科学发展，初步认识社会需求是促进科学技术进步的强大动力。

2.2 教学重难点

教学重点——电路连接。

教学难点——制作一辆能行走、转弯及穿越一定障碍物的坦克模型。

2.3 教学模式

采用PBL（基于项目）的教学模式。

3 教学场地、教学准备、活动时间

教学场地：国防科技展厅。

教学准备：音响、桌子、凳子、小蜜蜂、PPT、迷彩服、沙盘模型、评价表、计算机、网络、投影、活动手册、制作工具（见表1）。

表1 制作工具内容

序号	物品名称	数量	序号	物品名称	数量
1	笔	10支	3	记号笔	10支
2	剪刀	20把	4	锉刀	20把

续表

序号	物品名称	数量	序号	物品名称	数量
5	轮轴	若干	19	砂纸	10 张
6	硬纸板	若干	20	橡皮筋	若干
7	马达	10 个	21	绝缘胶带	10 卷
8	吸管	若干	22	热熔胶枪	10 把
9	轮子	80 个	23	美工刀	10 把
10	瓶盖	10 个	24	打孔器	10 把
11	遥控	10 个	25	尺子	10 把
12	接收板	10 个	26	PVC 板	10 张
13	电池	10 个	27	雪糕棒	若干
14	热熔胶棒	若干	28	皮带	20 根
15	KT 板	10 张	29	502 胶水	10 瓶
16	金属铝皮	若干	30	迷彩胶带	10 卷
17	电池盒	10 个	31	预算表	10 张
18	钳子	20 把	32	设计图纸	10 张

活动时间：本教育活动为馆校结合精品课程，参与时间为周二到周五，总时长为 100 分钟。

4 教学过程

4.1 第一阶段：选定项目（5 分钟）

阶段目标：通过情境教学法、角色扮演法和任务驱动法快速切入本次活动的主题——制作坦克模型。

学情分析：现阶段的学生对坦克有了初步的了解，但制作坦克模型对于他们有一定的挑战。

设计意图：通过创设情境，确定学生身份，帮助学生快速进入教学场景，引出制作坦克模型的活动主题。

教学策略：创设情境，接到上级指令，我部队将于 20××年××月××日前往 X 军事演习基地参与坦克作战演习！请小战士们接到任务指令后抓紧时间制作坦克模型，并于规定时间到达演习地点参与演习任务。

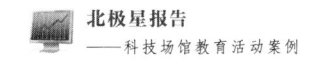

教师活动：通过创设情境，导入问题，引出参与演习任务的坦克模型需要具备哪些性能，总结学生分享内容，确定制作的坦克需要具有行走、转弯、穿越障碍物等性能。

学生活动：接受任务并分享讨论结果。

4.2 第二阶段：制定计划（15分钟）

阶段目标：小组合作，制定任务计划，收集制作坦克模型的相关资料；了解坦克的外形、结构、功能；认识坦克的基本构造。

学情分析：现阶段学生制定计划及收集资料的能力尚不完善，需要教师引导完成。

设计意图：确定各小组每位成员的职能职责，发挥每位同学的责任感及个人优势，增强合作能力；利用展厅展品优势，为学生提供获取资料的途径，提高学生信息收集与整理的能力。

教学策略：通过体验式学习、角色扮演法让学生对坦克的外形、结构、传动有认识和了解；通过讨论法及教师的引导制定制作坦克模型的计划。

教师活动：①项目分工，将学生分成两个战斗小队，一个战斗小队分为4组，每组5~7个成员（角色包括组长、设计师、采购员、预算师、工程师），共同制作坦克模型，并介绍每个角色的职能职责。②引导学生制定计划。

学生活动：①自主讨论进行角色分工，并将其角色填写到活动手册上。②小组内讨论制作坦克模型的计划，然后填写到活动手册上（见图1）。

教师活动：问题导入，要亲手制作坦克模型，还需要知道些什么呢？引发学生思考。

学生活动：小组讨论，回答并总结（外形、结构、传动、制作材料等）。

教师活动：①资料收集，组织学生参观体验国防科技展厅的"坦克演示""坦克趣闻""矛与盾的较量"3个展品，让学生自主通过展品和视频了解坦克的外形（楔形）、结构（装甲系统、动力系统、电配系统、武器系统、传动系统、特种装备）、传动（履带链传动）等知识。②向同学们介绍制作坦克模型使用的工具、材料，其中购买材料的费用不能超过预算。

学生活动：参观体验展品，收集整理资料信息并填写在手册上。了解制作坦克模型的工具、材料和价目表。

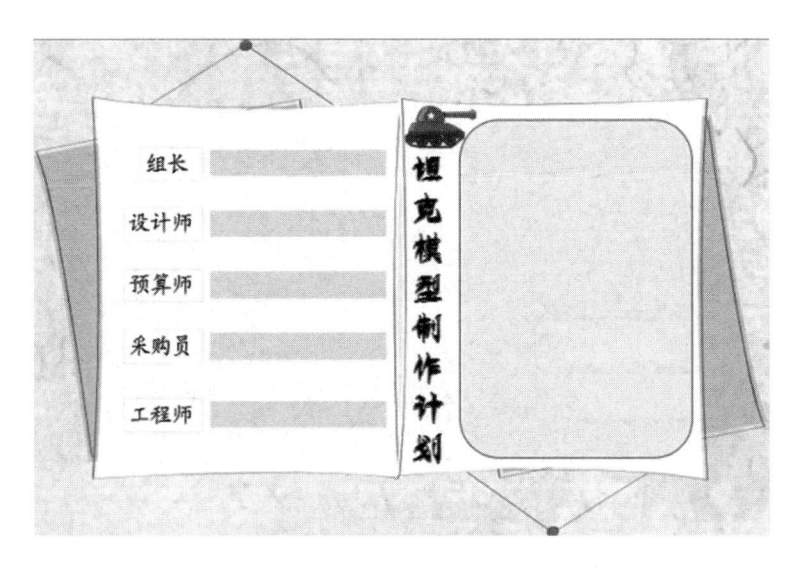

图 1　角色分工及任务计划

4.3　第三阶段：活动探究及作品制作（60 分钟）

阶段目标：归纳整理收集到的资料，并进行分析和处理，设计研究制作出坦克模型，培养学生观察、制作、收集和处理信息的初步技能。

学情分析：通过对前面的学习，学生对坦克的知识有了一定了解，但这些了解还属于"间接经验"，只有让学生经历坦克模型的设计制作才能将其转化为"直接经验"。

设计意图：通过观察、收集和处理信息，让学生在制作过程中充分听取与分析不同的意见，发挥学习共同体的作用。

教学策略：讨论法有利于提高学生集思广益、相互启发的能力，树立团队合作精神；实习作业法能让学生参与动手实践，培养学生解决实际问题和创新实践能力。

教师活动：让学生根据之前收集到的信息及制定的计划进行组内讨论，探究坦克模型的外形设计、内部结构设计、传动设计、制作模型所需的材料、电路连接方案（见图 2）、材料预算方案，并分享探究结果。

学生活动：组内头脑风暴进行活动探究。

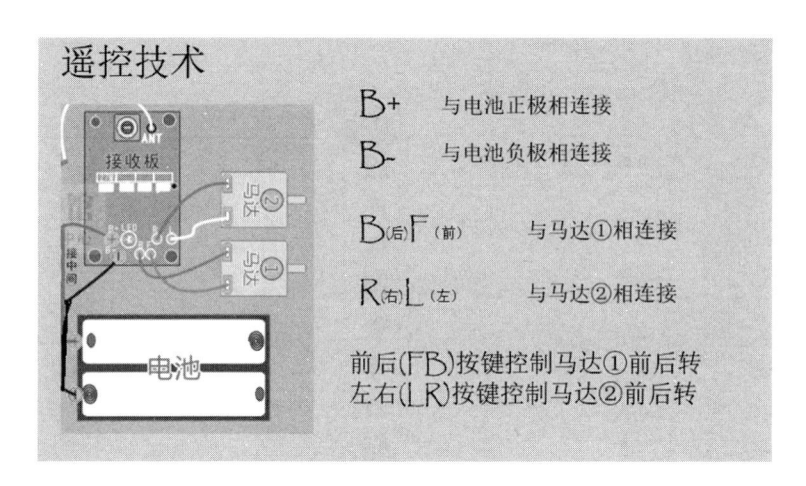

图 2　遥控器电路连接

教师活动：①组织学生有序地购买物资以及发放物资；②引导学生制作坦克模型并提醒学生使用工具时注意安全。

学生活动：①画出坦克模型的外形图纸；②根据预算方案购买制作材料；③进行制作。

4.4　第四阶段：成果展示（15 分钟）

阶段目标：能用科学的语言表达和交流探究成果，初步形成善于与人交流、分享、协作的习惯。

学情分析：在探究的过程中，学生更多地重视演习结果，而忽略了制作过程中遇到的问题及解决问题的方法，分享交流能很好地帮助学生关注探究过程。

设计意图：让学生用科学的语言表达和交流演习结果，分享制作过程中所遇到的问题和解决问题的方法，培养学生善于与人交流、分享、协作的习惯。

教学策略：通过实践活动法让学生参与军事演习；通过分享交流让学生更多地关注其探究的过程。

教师活动：①组织学生在 X 军事演习基地（沙盘模型）进行演习，发现问题及时修正改进；②每个小组选取一名代表分享演习结果及制作过程中遇到的问题和解决问题的方法。

学生活动：①进行演习并及时改进；②交流分享。

4.5 第五阶段：反思评价（5分钟）

阶段目标：在自评和互评的过程中使学生明白学习目标，总结学习经验，使学生看到自己的进步与不足，锻炼学生的语言表达能力，提高爱国主义意识。

学情分析：学生在总结评价时基本只关注自己的优点和他人的不足。

设计意图：锻炼学生的语言表达能力，提高爱国主义意识。

教学策略：通过分享交流法培养学生分析、对比、归纳的能力。

教师活动：①发放综合实践活动评价表，组织学生进行自评和互评，教师根据各小组组内成员的角色任务完成情况，从值得肯定的部分及存在的问题两个方面进行评价；②对所有坦克模型的外观和性能进行评价，并评选"陆战之王—酷炫奖""陆战之王—实战奖"两个奖项。

学生活动：填写评价表，总结优势及不足，汲取经验。

5 实施情况与效果评估

5.1 实施情况

"坦克模型 DIY"馆校结合精品课程累计实施 50 场，受众 2510 人次。

5.2 学生反馈

教学过程中对学生行为进行观察，发现课程开始阶段采用创设情境的方式，能让学生快速进入课程主题；在展品的参观环节有效地帮助学生收集相关资料信息；在动手制作环节小组成员能相互交流合作共同完成模型的制作；在成果交流阶段学生能积极地参与到成果展示和模型演习测试之中。

在课程的反思与评价阶段，通过填写综合实践活动评价表的形式让每位学生进行自我评价和相互评价，评价包括参与合作态度、发现探索问题、收集处理信息态度、是否有成品 4 个方面的内容。评价结果显示，9 成以上的学生能与他人协作，8 成以上的学生善于思考，能发现并解决课程中的问题，8 成以

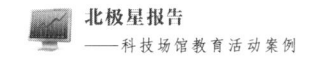

上的学生能注意收集有关资料，做好整理、归类、存放，每个学生都参与制作了成品。

课程结束后，对学生进行课堂随访。反馈集中体现为：主题设计新颖，有适度的情境导入和科学知识的拓展。动手制作有趣，器材工具多样化，锻炼了动手能力和创新能力。还有部分学生对馆校结合课程中其他关于坦克的课程也表现出较大兴趣，想要参加类似的教育课程。

5.3 教师反馈

主要通过问卷调查的形式直接调查学校班主任对课程总体、知识性、趣味性、课时是否达标及科技辅导员亲和力5个方面的满意度。该课程共发放调查问卷21份，回收有效调查问卷21份。调查结果显示，该课程的总体满意度为100%，知识性满意度为100%，趣味性满意度为100%，课时是否达标满意度为100%，科技辅导员亲和力的满意度为100%。由此可见，该课程的内容和形式深受教师的喜爱。

5.4 课程评估

根据学生、教师反馈，总结出本活动特点如下。

①获得"直接经验"而非"间接经验"——充分依托国防科技展厅特色展项资源，引导学生通过"基于实物的体验"和"基于实践的探究"实现对"直接经验"的认知。

②教学方法灵活多样，注重学生体验——以STEAM为教育理念，以PBL为教学模式，以情境学习、探究式学习、体验式学习等教学方法帮助学生亲身经历科学研究、实践的一般过程，激发学生探究科学、实践创新的潜质。

③紧密衔接中学科学课程，活动形式丰富——课程内容与小学物质科学密切相关，在学生已有理论基础之上拓展思维容量，参观体验展品，方便开展深度探究，综合运用制定计划、观察记录、小组讨论、动手制作等多种活动形式，激发参与积极性。

④项目主题逐级深入，陪伴孩子成长——项目以"坦克"为切入点开发了3个课程，以满足各个学段的分层目标及适应不同学段学生的知识基础和身心特点，此课程适用于7~9年级，此外也有3~4年级和5~6年级的相关

课程。

  当然，课程从设计实施到优化完善也经历了漫长的改进过程。在实施过程中我们遇到的比较大的挑战是同一地区不同学校相同学龄段的学生认知水平也有所不同，这就要求科技辅导员在课堂上要对课程内容的深度广度、呈现形式等进行适当调整，保证学生在课程中能够有所收获。

篇四：校外资源的充分利用为学生提供更广阔的探索空间

科技场馆如何有效地担当第二教育基地，如何最大效用地发挥场馆校外课堂的作用，是馆校合作需要讨论的话题。本篇的案例立足合作，在挖掘校外资源、合理利用场馆展项和师资等方面，形成可借鉴的经验。

《引入5E教学模式开发馆校结合课程——以重庆科技馆"呼吸的力量"为例》中的"呼吸"主题，在小学科学教育中属于基础及重点内容，在各科技馆也是常设展项，这使得馆校合作活动的设计和实施具有很大的发挥空间。案例作者对"馆校结合"的理解到位，并能将这种理解贯穿于场馆活动的设计与实施中。活动介绍虽简洁，但其中对于"馆校合作"意义的把握和5E探究教学法的解释举例，对于其他场馆开展活动具有借鉴意义。

《我的探"蜜"之旅》教育案例，将活动开设在黑龙江科技馆蜜蜂展区和科技馆室外的养蜂场内，充分利用了场馆资源，并将科学教育与自然教育很好地结合起来。案例主题明确，内容较充实，充分关注了受众的特点和需求，具有借鉴意义。可在活动开展中注意提升学生的自主性，如通过设置情境引导学生主动提出探究问题。

《馆校合作科学教育活动案例——分类学家养成记》，案例立意高远，从"馆校结合"出发又不拘泥于具体的学科学习，对场馆非正式教育与学校正式教育等量齐观，凸显二者互有裨益、互为表里的地位和关系，值得同类场馆借鉴。

《基于NGSS的在地化研学实践活动探索》，以研究为基础进行教育活动案例设计，案例体现出科学教育与家国情怀培养的高度融合，此外较充分地利用了本地人文资源，虽难以迁移复制，但设计理念与思路值得借鉴学习。可通过梳理部分环节前后的逻辑，调整和细化阶段目标以增强可实施性，进一步完善活动。

《嫦娥工程，中国人的探月梦——馆校结合科学教育活动设计与实施》，利用太原卫星发射基地和场馆内"嫦娥工程"展项资源，聚焦航天探测器及嫦娥五号开展教学活动，紧密结合科技前沿与公众关注热点，教学内容结构合理，逻辑线条清晰，互动设计良好，具有较强的推广性。可通过增加活动的探究性，突出学生能力的培养和素养的提高，继续深化案例。

《基于创客教育理念的馆校结合科学教育活动——以神奇的小车为例》，在对"馆校结合"进行辩证性思考的基础上，利用重庆科技馆展项资源开展"神奇的小车"教育活动。活动紧紧围绕"馆校结合"的本质内核铺陈展开，并在活动设计中一以贯之。对"馆校结合"的深刻理解，使得这一活动没有停留在浅层的表相结合，在对"馆校结合"进行批判性思考的基础上开展教学设计，这样的设计思路非常具有借鉴意义。

《"帮水搬家"——虹吸项目方案分析》，是一个经典的由馆方教师主导、学校教师辅助的教学活动。"虹吸"这一主题所蕴含的知识内容比较丰富，具有一定难度，但可以发现，馆方在开展活动时对学校、学生进行分类，因材施教，馆方教师精心的设计和细心的教学指导，使得不同类型学生均有获得和成长，在这一点上，充分发挥了科技馆的特点和教学优势。对3~4年级学生来说，完全理解"虹吸"的原理具有一定难度，如何调整教学目标或改进活动，给学生更多思考和发现的时间，是可以进一步优化的方向。

《酷玩电路系列课程——"阻对"电音趴》，围绕物理学科中的某一知识点开发馆校合作教学项目，具有明确的学科关联性，主题明确，结构合理，过程与方法的设计符合学生的认知特点，且非常具有吸引力。如果能完善相应的教学目标与前情分析，在目前教学设计完整、系统、丰富的基础上，简化学习活动或将课程分阶段设计，兼顾可持续的教学主题或内容，即锦上添花。

《成都工业文明的传承与创新——讲好东郊记忆的故事》，综合利用多个博物馆，是以语文、历史学科为核心的基于项目的跨学科学习。案例以家国情怀为核心，以"东郊记忆"为背景从不同角度设计驱动性问题，给学生充分的发挥空间和表达平台。案例关注迭代的重要性，相信在迭代和细化活动的过程中会给学生带来丰富的体验。

上述案例在馆校合作教学活动的开发中，准确把握合作的要义，无论是馆方主导还是学校主导，均注意充分挖掘校外资源，发挥场馆的特点和优势，活动设计清晰严谨，教学方案逻辑严密，相信在不断的迭代和优化中会给更多学生带来成长和收获。

引入5E教学模式开发馆校结合课程

——以重庆科技馆"呼吸的力量"为例

刘丽梅[*]

（重庆科技馆，重庆，400025）

2017年教育部印发《义务教育小学科学课程标准》，新课标在课程性质、课程理念、课程目标、课程内容、科学素养、课程评价等方面提出明确要求，掀开了小学科学教育新篇章。

科技馆作为校外科普教育的主阵地，是学校科学课堂的延展，更是开展中小学综合实践活动的重要场所。新课标不仅给科技馆开展馆校结合课程带来了机遇和挑战，同时还指引了方向。

在基础教育课程标准不断发展的背景下，涌现出许多备受教育界关注的新的教学模式，如HPS教学模式、PBL教学模式、抛锚式教学模式、5E教学模式等。教学模式作为教学过程中连接教学理论和教学实践的桥梁，在教育教学上有着定位与定性的重要作用，它推动理论和教学实践在真实课堂中双向发展。同样，一种成功的科学的教学模式将会在小学科学课程教学过程中发挥至关重要的作用。当前，5E教学模式不仅能够为国内科学教育提供启发和借鉴，还是科学教育领域体现现代科学教育理论的重要教学模式之一，其最终目标指向学生科学概念的构建。

---

[*] 刘丽梅，单位：重庆科技馆，E-mail：573377100@qq.com。

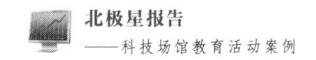

1　馆校结合的特征与形式

馆校结合，即科技场馆与学校为了达到共同的教育目标，充分利用场馆丰富多样的教育资源、先进的教育理念和开放的教育活动空间，实现资源优势互补，相互配合而开展的一种教学活动，可以实现场馆与学校的双赢。

课程是馆校结合的核心内容和基础工程。以重庆科技馆为例，在课程标准的指导下，馆校结合坚持以学校所思所想为导向，以启迪好奇心、培育想象力、激发创造力为目标，以展品展教资源为依托，用科技馆特色的教育方式，根据学校教育理念、学生学龄特点，开发多层次、多样化的课程体系，满足 1~9 年级学生的不同需求，让科技馆成为中小学生校外的第二课堂。在课程教学中，灵活运用体验式教学、探究式教学、PBL 教学等教学理念，推陈出新，自主研发 144 门课程，形成了展厅主题活动、主题参观、研究型课程、趣味科学实验、快乐科普剧、科技小制作六大类别的课程体系。

新课标中提到，教师在指导学生进行探究式学习时，应重视探究活动的各个要素，包括表达、交流、反思、评价等。因此，在新课程改革的背景下，教师积极应用适宜的教学模式，对于学生科学素养的培养、创新思维能力的提高以及理论应用和实践能力的强化都具有十分重要的作用。

2　5E 教学模式的特征与应用

5E 教学模式的出现是基于教育和课程改革理论的发展，并随着概念转向理论和建构主义教学理论的成熟而不断发展。5E 教学模式强调的是以学生为中心且具有主观能动性，教师是学生学习的引导者，学生可以根据自身经验去建构对世界的看法。学生学习的过程就是建构知识体系的过程，是学生主动对外界信息进行吸收和内化，通过新旧知识和经验的反复双向互动来建构联系，深化和拓宽原有的知识体系，实现新旧知识交融，并且建构新的知识体系。5E 教学模式主要有 5 个环节：吸引（Engagement）、探究（Exploration）、解释（Explanation）、精致（Elaboration）、评价（Evaluation）。

3 引入5E教学模式的科学课程案例

重庆科技馆对接科学课标，依托生活展厅"透视人体""虚拟人体漫游"展品，选定小学5~6年级学生作为对象，引入5E教学模式，开发了"呼吸的力量"科学课程。

3.1 教学背景分析

5~6年级学生对呼吸系统的组成、呼吸运动有一定的学习和了解，但肺与外界的气体交换这一过程比较抽象，又涉及相关的物理学知识，学生学习中会出现一定的困难。本节课的学习需要学生通过自身体验与模拟实验的探究，掌握呼吸的概念。因此在组织教学中，教师要利用学生的亲身体验，结合图片、视频、模型等多种方式，让学生探索在呼吸过程中肺部扩展和收缩的概念。整个学习过程先建立感性认识，再逐步分析讨论，最终形成概念，突破难点。

3.2 课程目标

通过自身体验与模拟实验的探究，了解人体的呼吸过程，知道胸廓扩张，吸气；胸廓收缩，呼气，增强信息收集、分析、处理的能力，培养合作探究的态度。

通过简易肺活量测试袋测肺活量，了解自己肺活量状况，以及提升肺活量的方法，激发学生养成乐于锻炼、关爱身体健康的好习惯。

3.3 教学材料

横膈肌模拟器、简易肺活量测试袋。

3.4 教学过程

3.4.1 吸引（Engagement）

本环节的目的在于调动学生的好奇心与学习的积极性，并提出即将学习的关键知识，与已有知识、经验发生联系，为探究做好铺垫。设置情境将学生的注意力集中到问题上,让学生联系以前的经历,暴露出错误的概念,继续关注当前活动。

科技辅导老师使用了体验法和问答法等教学方法,通过设置"憋气游戏"的形式,对学生提出一系列问题:"深吸一口气,然后屏住呼吸,看看能坚持多久?""体验完有什么感受?"学生们积极地参与游戏,还结合自己的体验感受,给出自己的理解。设置情境很好地调动学生的好奇心与学习的积极性。在体验法和问答法相结合的基础上,再利用呼吸系统图,逐步引出课程主题,其间了解学生对呼吸的已有认知及其对有关概念的掌握和描述情况。

3.4.2 探究(Exploration)

此环节是5E教学模式的关键环节,知识的获取、技能技巧的掌握都在该环节完成。科技辅导教师的作用是引导学生针对特定内容开展真实和有效的探究。在探究过程中,因为学生是主体,所以教师要像引导者一样,引导学生开展观察、提问、假设、分析、讨论、实验调查等探究活动,逐步引导学生观察现象、概括规律、总结概念,最后形成对概念的建构,帮助学生掌握准确的概念,获得直接经验。

科技辅导老师根据和学生在第一阶段的互动,了解学生对呼吸系统有一定的认识,但是对"人是怎么完成呼吸的"还不了解,所以分步引导学生进行探究活动。

首先,通过提问"人体呼吸的时候,身体的哪些地方会有明显的变化",组织引导学生触摸或观察身体的变化。学生在体验之后,有的同学发现:吸气时,肋骨和腹部会鼓起来(扩张),呼气时,肋骨和腹部会瘪下去(收缩)。学生通过亲自体验获得感性认识,激发继续探究的欲望。

然后,通过图片展示和视频观看,引导学生阐明胸廓、胸腔的结构关系,掌握探究人体呼吸过程的方式方法。

最后,引导学生利用教具,分别探究吸气、呼气与膈肌运动、胸廓变化之间的关系。

①吸气与膈肌运动、胸廓变化的关系:引导学生每3人一组,以小组为单位,每组一套模拟膈肌运动的模型。首先,科技辅导教师引导学生了解道具的结构和功能,如瓶子模拟胸腔,气球模拟肺,橡皮膜模拟膈肌,管子模拟气

管、支气管。然后，学生观察里面气球体积的变化和橡皮膜位置变化的关系。操作方法：学生可以向下拉橡皮膜，观察有什么变化；向上推橡皮膜，观察有什么变化。

②以个别学生向气管吹气行为为例，引导学生思考什么情况下需要采取"人为地使空气进入肺内"？

3.4.3 解释（Explanation）

学生根据其在引入和探究阶段的经历和体会，用自己的语言说明探究的结果，然后科技辅导教师直接介绍这一概念及其内涵，为进入下一阶段做铺垫。

学生以小组为单位，分享探究成果，"气球在什么情况下胀大，在什么情况下缩小"，验证之前的猜想。如：通过刚才的实验，我们发现向上推橡皮膜时，胸腔容积变小，气球（肺）缩小即呼气；向下拉橡皮膜时，胸腔容积变大，气球（肺）胀大即吸气。在学生分享结果后，科技辅导老师进行概括总结，如我们每天都在做这种天生的自主呼吸过程。但有些时候，生物个体在特殊状态下不能自主呼吸，这个时候就需要采取一定的措施，比如人工呼吸。人为地使空气进入肺内，然后利用胸廓和肺组织的弹性回缩力使进入肺内的气体呼出。

3.4.4 精致（Elaboration）

精致也称为迁移。学生获得新概念之后，通过新的经历（如新的问题或现象），教师挑战并且拓展学生的概念理解技能。如引导学生通过简易肺活量测试袋测量自己的肺活量大小，掌握提升肺活量的方式方法，如静呼吸法、深呼吸法等。从而让学生了解正确的呼吸方法及运动的重要性，确立积极、健康的生活态度。

3.4.5 评价（Evaluation）

评价环节是学生评价自身的概念理解能力，同时科技辅导老师还需要提出开放性问题来评价学生的理解和应用情况。当然，评价不是独立的环节，而是贯穿整个教学过程，每一个环节都需要进行评价。评价不能局限于对学生学习成果的评价，还要对学生在课程中的表现、任务完成情况、实验器材使用的规范性、探究过程表现出的科学态度以及各组的协作情况等进行评价。

4 结语

综上所述，我们发现在小学科学课程教学中，5E 教学模式的使用不仅响应了新课标的要求，充分挖掘了学生的主体地位，而且突出了以探究式为主的科学学习方式，有助于促进科学探究以及实践的落实，有助于促进学生对科学概念的学习、自主构建和应用，更有助于科学学科教学模式的转型和学生整体科学素养的养成。

我的探"蜜"之旅

王 翠[*]

(黑龙江省科学技术馆,哈尔滨,150018)

"我的探'蜜'之旅"是以科技馆的展品资源和科技馆室外的自然资源为依托开展的室外考察类科学教育活动。活动以体验式、科学探究、多感官学习等为教学理念和方法,让孩子们在真正的大自然环境中通过观察、思考、实践等形式,了解蜜蜂在行为习性方面的特性,以及它们和环境之间的关系,最终树立保护小动物、人与自然和谐相处的理念。

1 项目设计思路

"蜜蜂展区"是黑龙江省科学技术馆(以下简称黑龙江科技馆)最有特色的展区之一,出于维护展品的需要,确保展品的常展常新,我们特意在科技馆庭院内远离人群处建立了一个室外的养蜂场,聘请了专业的养蜂人负责维护和照顾蜜蜂。在平日的参观过程中我们注意到,青少年会提出很多与蜜蜂相关的问题,但是这些问题可能需要通过进一步的观察思考、讨论才有可能解决,有的甚至要到大自然中才能找到答案。简单的参观活动没能充分地利用和挖掘展区的展品资源优势。因此开发了"蜜蜂王国探秘"这一科学教育项目,它既延伸了展区的教育功能和展品的教育价值,又与学校课程里的教育活动不同,

---

[*] 王翠,单位:黑龙江省科学技术馆,E-mail:wangcui7@163.com。

因为有实物展品的依托，能为学生的学习创造更直观和真实的情境。在2012年6月"首届科技场馆科学教育项目"评选中该项目获得一等奖，"我的探'蜜'之旅"活动正是基于获奖项目中深受孩子们喜欢的野外科学考察环节，通过多年运行的经验加以深化和完善而成的，充分利用了展品背后的辅助支撑资源（养蜂场）。

其实有很多问题，并不是辅导老师挖空心思去设计的，孩子们的求知欲很强，他们的想法天马行空，问题也是各种各样。比如蜜蜂上厕所吗？蜜蜂怕冷吗？蜜蜂冬天怎么度过，还需要吃东西吗？养蜂人不怕被蜜蜂蜇伤吗？这些是多么好的问题啊，可能成年人是不会想到的。于是这些问题成为我们设计的灵感，我们把这样一些有趣的问题精心设计串联到一起，形成一些活动环节。在活动设计的完整连贯性、内容的趣味性和科学性等方面都进行了改进，更加体现在真实情境中的科学探究，活动效果更好。

2　教学目标

2.1　科学知识目标

了解蜜蜂的生理生态特点（如蜜蜂的食物、蜜蜂是否需要空气和水等）、居住环境特征、巢穴功能，了解它们是如何适应环境的，以及环境的变化对它们产生怎样的影响。

2.2　科学探究目标

了解以科学探究方式获取科学知识的主要途径，能运用感官并选择恰当的工具仪器观察、测量、描述观察对象的特征和现象，运用科学的方式搜集、记录、整理信息，与人交流，展示探究结果，做出自我评价并调整。

2.3　科学态度目标

能够通过观察研究生活中的自然现象，进行角色扮演感受其他职业的工作内容和辛酸苦辣。对于自然保持好奇心和探究热情，能基于证据和推理发表见解，合作分享，尊重他人的情感和态度。

2.4 科学、技术、社会与环境目标

学习蜜蜂的奉献、求实、协作等精神，感受劳动的乐趣，体会养蜂人辛勤劳动的伟大。了解人类活动对蜜蜂及其生存环境的影响，热爱自然，保护小动物，具有保护环境的意识和社会责任感。

3 活动概况

3.1 活动对象和时间

活动对象：小学 3~5 年级。

活动时间：2 课时。

3.2 与课标的联系

对接 2017 年版《义务教育小学科学课程标准》中生命科学领域描述科学知识的学段目标：初步了解植物体和动物体的主要组成部分，知道动植物的生命周期；初步了解动物和植物都能产生后代，使其后代相传；了解生物的生存条件、生物和环境的相互关系。让孩子沉浸在大自然的体验过程中，用眼睛去发现生命的奥秘，用心去感受动物和环境之间不可分割、相互依存的关系，爱护生命，保护自然。

3.3 教学场地与教学准备

3.3.1 教学场地

活动导入环节在黑龙江科技馆室内的蜜蜂展区开展，其他部分主要在科技馆室外的养蜂场完成。

3.3.2 教学准备

放大镜、收集瓶、温/湿度计、测量尺、照相机或者具有照相功能的手机、养蜂工具、防护服、蜂帽、学习单等。

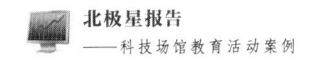

4 活动实施过程

4.1 导入活动

老师带领同学们参观黑龙江科技馆的蜜蜂展区，展区有蜜蜂知识布展墙、可以触摸的互动多媒体、蜜蜂口器模型，以及最吸引孩子们的蜜蜂活体生态箱，它是一个125厘米×40厘米×165厘米的上下两层蜂箱，里面居住着两群数以万计的蜜蜂，透过蜂箱两侧透明的展示窗同学们可以看见蜜蜂在辛劳的工作。由于蜜蜂的独特性，自然界中蜂群的生活状态我们是无法近距离观察到的，蜂巢更是不可能触碰的，因此孩子们第一次隔着玻璃观察忙忙碌碌的蜂群，那种兴奋的感觉是可想而知的。

学生活动：学生们通过学习单上面的问题引导，进行进一步的观察，在这种情境之中，学生们对蜜蜂的样子、群体、蜂巢大体结构、行走的方式和生活环境产生大体的认识。

教师活动：辅导老师趁热打铁，利用问题进行引导，"大家看到了蜜蜂在科技馆的家，想不想看看蜜蜂在大自然中的家呢？"老师采取了一种欲扬先抑的方式，大家纷纷表示十分期待，但是同时有一些失望，认为这几乎是不可能的事情。这时，老师提出了在科技馆室外建有养蜂基地，大家的愿望马上就可以实现。同学们欢呼雀跃高兴极了，辅导老师讲解了一些外出活动要注意的事项。

活动守则：营员遵守纪律，一切行动听从辅导教师的指挥。更换场地的过程中紧跟队伍，不打闹，不掉队。在使用工具和仪器设备的过程中，要安全使用，注意操作规范。观察蜜蜂的过程中，注意自我保护，以免被蜇伤。爱护蜜蜂，不要影响它们的生活。在参观过程中要注意安全，不得随意破坏公共财产，爱护公物，不要随意离开。文明待人，注意安全。

活动目的：让学生们处在情境之中，对于蜜蜂形成大概的了解，由老师引导孩子们走出科技馆，来到室外养蜂场进行下一步探究活动。

4.2 蜜蜂的家是什么样的（了解蜜蜂生活的环境）

孩子们带着放大镜、标本盒、学习单等用具一起来到科技馆室外的蜜蜂养殖基地。由于大家带着目的而来，一路上有说有笑地寻找蜜蜂的踪迹，已经不知不觉地完全沉浸在活动之中。

来到养蜂场，学生们会按照学习单上面的内容，有序地进行观察和记录。学习单上有一些引导性问题。

学习单上的问题引导：养蜂场周围环境是什么样的呢？请你把观察的内容记录下来吧！

老师活动：老师会搜集学生以往经验中对于环境的理解，纠正以往的不正确观念，输入正确的环境概念。

学生活动：有的说环境就是蜜蜂生活的地点，有的说是养蜂场周围的花草树木，还有的说环境包括阳光等。

老师活动：老师告诉大家说得都对，但是并不全面，环境包括生物因素和非生物因素，生物环境包含生物生活环境周围的动植物，其中就有大家所说的花草树木；非生物环境包括生物赖以生存的温度、湿度、阳光等因素。

学生活动：学生在对环境这个概念有了全面的理解之后，进入实践的环节。观察和记录养蜂场周围的环境情况。学生们先是环顾了养蜂场周围的大体环境，做到心中有数，然后再具体地进行细致的观察。他们有的用相机和手机拍照；有的俯下腰拾起小松塔、小树枝和树叶作为标本粘贴在学习单上面；有的以文字和图画的形式进行记录；有的利用温/湿度计、卷尺等工具进行周围环境的测量；还有的在观察周围有什么小动物、小昆虫的足迹。

教师活动：这个环节教师起到的作用是辅导，先是进行科学概念的引入，然后进行工具使用方面的指导，以及对于孩子们提出问题给予解答和简单的帮助。

活动目的：初步了解环境的概念，锻炼实践能力和动手能力。运用感官和选择恰当的工具、仪器，观察描述外部形态特征及现象。了解动物的生存环境。记录整理信息，陈述证据和结果。用气温、风向、降水等描述天气。让学生通过量一量、画一画、测一测等多种活动形式，主动参与知识的形成过程，在操作过程中发散思维，提高学习兴趣，培养实践能力。使学生直接体验到知识来源于生活，又服务于生活，真正经历、感受、探索科学知识的形成、发展和应用的整个过程，是物理知识和自然科学知识的有效整合。

此处结合的小学科学课标：能描述生物和特征。动物通过不同的感觉器官感知环境。动物维持生命需要空气、水、温度和食物等。

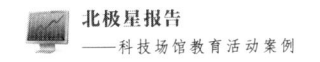

4.3 了解蜜蜂的行为特点和习性

4.3.1 没有氧气蜜蜂能生活吗？

学习单问题引导：你见到了几箱蜂巢呢？请你猜想蜜蜂在这样的木箱里会不会憋死呢？

学生活动：学生们在组内讨论说出自己的猜想，有的认为蜜蜂箱那么密闭，蜜蜂那么小不需要氧气应该也可以；有的则认为蜜蜂也是生物，生物生存的必备条件就是呼吸氧气。然后大家在一起讨论猜想是否符合实际，最后可以寻找专业的养蜂人给予答案。

养蜂人活动：向学生们介绍蜜蜂的生存是需要呼吸氧气的，木质的蜂箱表面看上去很密闭，但其实木板连接处有很多缝隙，足以供给蜂群进行呼吸和气体循环，如果真的没有氧气，过一段时间它们也会憋死的。

4.3.2 蜜蜂需要喝水吗？

教师活动：从上面的问题，大家已经了解到蜜蜂也是一种普通的生物，利用大家原有的知识储备已经知道生物的生存离不开一些必要的环境要素，空气、水分和食物。那么蜜蜂是不是也需要水分呢？

学生活动：学生们对此展开一轮头脑风暴，最终大家一致认为蜜蜂的生活应该需要水分，但是并不知道水分从哪里来？这时有学生发现在养蜂场旁边的地上放置了一个装水的盆，这会不会是供蜜蜂喝水的装置呢？

教师活动：展开讨论蜜蜂身体太小水盆很大，蜜蜂不会游泳，掉进水盆里是否会淹死？

养蜂人活动：这时养蜂人适时进行引导，告诉大家，养蜂场的蜜蜂是需要精心照顾的，包括用水盆喂水。随之提出一个问题，蜜蜂确实怕水，大家有什么办法帮助蜜蜂喝到盆中的水呢？

学生活动：经过大家思考，大家想到为小蜜蜂设计取水的桥，这样蜜蜂就可以脚不沾水便能喝到水了。他们在周围捡了一些小木棍和小树枝斜搭在水盆边，过了一会儿果然有蜜蜂飞来喝水了。

老师活动：老师对于他们的做法给予表扬。学生们都为自己帮助蜜蜂解决了大问题感到非常开心。

4.3.3 蜜蜂需要吃食物吗？

养蜂人活动：给学生们讲了一些蜜蜂分工合作的好玩的事情。告诉大家蜜蜂主要以花粉和花蜜为食，并且还要带回家给蜂王和其他伙伴们共同享用，它们真的是动物界里的模范团队。

学生活动：观察周围花朵上是否有蜜蜂采蜜的身影，观察它们的行为特点。

4.3.4 养蜂场的蜜蜂如何过冬呢？

老师活动：冬季花草树木都已经休养生息了，那么小蜜蜂冬天要去哪里过冬呢？它们会不会被冻死呢？

学生活动：讨论冬季蜜蜂的去处，有的同学认为冬天蜜蜂就被冻死了，有的同学认为蜜蜂飞到南方过冬了，有的同学认为蜜蜂到洞里冬眠了。

老师活动：带领大家去一个神秘的地方，在养蜂场旁边的一个砖砌地窖。这个地窖和蜜蜂的过冬有关系，大家猜想一下这个地窖如何帮助蜜蜂过冬呢？

学生活动：学生们大胆地说出了自己的想法，最终了解到为了帮助蜜蜂顺利度过寒冬，工作人员专门在养蜂场附近地下挖建了一个几米深的蜂窖，入冬之前养蜂人会把一箱一箱的蜜蜂搬到这里来。

教师活动：冬季的北方最低温度都在零下30℃，难道地下蜂窖能保持高温吗？

学生活动：学生们对于冬季地下蜂窖的基本情况，比如温度进行了猜想，他们根据自己以往的学习经历和生活经验，得知冬季地下的温度要比地上高很多，可以保持零度左右的恒温状态。由此猜想出蜜蜂们冬天在蜂窖中过冬的场景，蜜蜂不会外出，安静地待在蜂箱里，这样就可以安全过冬了。

养蜂人活动：但是即使蜜蜂活动量减少，食物的消耗减少，它们是不是还需要少量的食物维持生命呢？当然了，我们需要提前为它们准备好过冬的白糖水或者蜂蜜，待到春暖花开之时再将蜂群带回地面的养蜂场。整个冬天我们尽量不去蜂窖打扰蜜蜂过冬，因为一旦蜜蜂听到了很大的声响它们就误以为到了春天，很想迫不及待地出去，那样会造成很坏的后果。

活动目的：在教师有目的的引导下，让学生学会观察思考，让探究过程更加合理、发现问题更加准确。活动中让学生自行设计活动方案，自行寻找并选

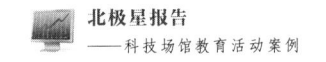

择活动材料进行探究，这考察的是学生解决问题的能力。锻炼学生们设计方案、寻找途径和方法的创造性思维。

了解蜜蜂和环境的关系，动物会对外界环境的变化和刺激做出反应，这是生物适应环境的结果。我们不要破坏动物的生存环境。

此处结合的小学科学课标：动物通过皮肤等接触和感知环境。动物适应季节变化的方式；这些变化对维持动物生存的作用。了解动物适应环境的方式，了解人类的生活和生产可能造成对环境的破坏，具有参与环境保护活动的意识。

4.4　我是小小养蜂人

收获的季节到了，科技馆蜜蜂展区招募小小养蜂人啦！你想近距离观察忙碌的蜜蜂吗？知道蜜蜂如何进出蜂箱吗？见过养蜂用的工具吗？在这里你还会看到养蜂人检查蜂箱的过程，看到蜜蜂家族新生命的诞生，目睹蜜蜂的生理和分工，及其鲜为人知的特性。甚至你还可以当一天养蜂人，亲自摇制蜂蜜，这并不疯狂，你的发现会超乎想象……

4.4.1　难道养蜂人不怕被蜜蜂蜇吗？

学生活动：学生们穿戴上养蜂的衣服、帽子、手套，做好一切防护准备近距离接触蜜蜂。

养蜂人活动：养蜂人讲述自己养蜜蜂的经历，同时介绍一般情况下蜜蜂不会主动攻击人类，当它们感觉被侵犯时才发起进攻，因为它蜇人后自己也会死去。

4.4.2　养蜂的工具都有什么呢？

养蜂人活动：养蜂人向学生们介绍养蜜蜂用到的各种工具（比如毛刷、刻刀、蚊香等），让学生们猜一猜这些工具的作用。

学生活动：学生们大胆说出自己的想法。了解到毛刷的作用是剥离蜜蜂巢储框上面站立的蜜蜂，方便养蜂人检查蜂群。通常养蜂人是不戴手套就去接触蜂巢的，蚊香的作用是，点燃后产生的熏烟可以驱散蜜蜂，可以防止被蜜蜂蜇伤。

4.4.3　蜂箱里面是什么样呢？蜂巢究竟什么样呢？

养蜂人活动：向大家介绍并展示蜜蜂需要养蜂人怎样照顾？揭开蜂箱盖，

拿出巢储框进一步观察，你会看到新出生的蜜蜂（蜂蛹）、干活的工蜂，如果幸运还会看到不干活只负责繁衍后代的蜂王。

学生活动：找到两名勇敢的学生像养蜂人那样去清理蜂巢，照顾蜜蜂。

学生活动：亲自体验的学生，向其他同学讲解自己的体会和收获，并回答其他同学的问题。

活动目的：通过参观养蜂场，小朋友们对于蜜蜂的生活环境有了新的认识，同时会进一步了解每个蜂群"一山不容二虎"，只有一只蜂王；工蜂原来都是雌性的，蜂群就是个"女儿国"；蜂群虽然是"女儿国"，但是有产卵能力的只有蜂王；工蜂的寿命只有短短的几十天；雄蜂"好吃懒做"，不参与蜂蜜的采集等，这些知识都让参观者们重新认识了蜜蜂。

4.5 我们一起来摇蜜

4.5.1 感受蜂巢

教师活动：你是否想拥有"捅蜂巢"的经历呢？蜂蜡和普通的蜡烛一样吗？蜜蜂为人类带来了什么，难道仅仅是甜美的蜂蜜那么简单吗？为什么说蜜蜂和人类相互依存？

学生活动：多感官地了解蜂巢，用手触摸、用鼻子闻、拿牙签品尝储存在巢储框内的蜂蜜，感受自然界的神奇。然后和大家分享自己的收获。

4.5.2 体验摇蜜

学生们都是第一次看到摇蜜的工具——摇蜜机，有的人都不知道蜂蜜是如何从蜂巢提取的，这个环节让他们大开眼界。

学生活动：学生学习摇蜜机的使用方法，体验将在巢储框里的蜂蜜用摇蜜机摇出，品尝蜜蜂和自己共同创造的胜利"果实"——蜂蜜，体会劳动的乐趣。

4.5.3 蜜蜂和环境

养蜂人活动：介绍蜂产品的来源和它们对于人类的用途。

学生活动：感叹蜜蜂这种小昆虫的神奇之处和对人类的伟大贡献。

老师活动：请大家想一想如果人类破坏了环境，比如使用了农药对于蜜蜂生活会有影响吗？会产生什么影响呢？

学生活动：学生们展开讨论，最后得知农药的大量使用伤害了花朵植物，而有毒的花粉会给蜜蜂带来伤害以及死亡，影响蜜蜂的传粉，从而恶性循环。

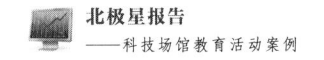

认识到保护环境、爱护大自然的重要性。

活动目的：有情感方面的提升，产生对于蜜蜂的敬佩之情，了解蜜蜂和环境息息相关，保护环境就是保护我们自己。

5　项目特色

第一，让学生们走出教室，在回归大自然的过程中学习以往晦涩难记的生物学知识，从而产生对于大自然的热爱。潜移默化地陶冶了情操，培养了情感态度价值观，对于蜜蜂精神尤其是似乎遥不可及的生态学理念影响最大。

第二，以活体生物为实验对象，而活动内容的设计注意避免了活体生物的不好操控性。以小蜜蜂为切入点，拓展了蜜蜂的生理、生态、社会性、社会价值、经济意义等多方面的内容。

第三，改变以往学生接受知识的被动状态，辅导教师是引导者，学生是活动的主体。在"我是小小养蜂人"活动中，学生们先当学生，后当老师，通过亲自体验养蜂后，将自己的心得经验和其他同学分享，改变了老师讲、学生听的格局。

第四，体现蜜蜂式学习方式。采取小组合作方式，共同协作完成活动任务。

第五，尝试利用设备进行活动记录，利用 DV 和相机拍摄活动过程和感兴趣的内容。

第六，既能体现出科技馆展品资源优势，又能和学校科学课结合，尤其是与小学科学课结合紧密。黑龙江科技馆展厅内有蜜蜂展区、蜜蜂活体生态箱，如果只靠观众简单参观并不能发挥其最大的教育功能。该活动配合小学科学课内容，设计过程注重结合小学科学课标。

第七，活动灵活性强。此项目每个活动既独立又统一。即使缺少设备等（比如缺乏显微镜）也并不影响活动效果，调整活动内容（比如利用放大镜观察）同样可以达到效果。当然持续开展活动，从蜜蜂的生理生态入手，直至产生生态学意识，会收到很好的效果。

第八，探究性强。学生在参与活动的过程中不知不觉地参与了科学探究的流程，体验了科学探究的方法，逐步学会科学地看问题、想问题；养成善于发现问题、观察身边事物的习惯，保持对周围世界的好奇心与求知欲，形成大胆想象、尊重证据、敢于创新的科学态度和爱科学的良好习惯。

馆校合作科学教育活动案例
——分类学家养成记

赵 妍[*]

(北京自然博物馆,北京,100000)

随着我国教育改革的不断深化,教育越来越强调以人为本,注重学生主体性的发挥与培养,提高学生的实践能力,而博物馆以其得天独厚的优势成为科普教育的重要场所、学生校外实践的社会课堂。在我国强调素质教育的大背景下,博物馆发挥场馆资源优势促进学生多维度学习的需求日益提高。[1]且随着我国对公民科学素质的重视,科学教育也被提到重要的位置,在青少年科学教育实践中,科技类场馆占据着极其重要的地位。[2]因此,新形势下国内科技类博物馆也面临科学教育创新的转折点与急迫点。[3]这是挑战,也是机遇,博物馆应充分利用自身资源,与学校合作,致力于学生的科学教育,为国家发展培养未来的科技人才。

1 目标指向

现代教育理念不断更新,科学教育不再局限于知识的传播,其还包括科学方法和技能的普及,涵盖科学思想的启迪和科学精神的弘扬等。[4]北京自然博物馆作为大型的自然科学博物馆,更应致力于专业、全方位的科学教育,以学生科学方法、科学思维的培养为目标,满足当下的教育发展需求。

---

[*] 赵妍,单位:北京自然博物馆,E-mail:not-for-me@qq.com。

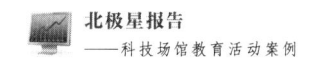

本活动从博物馆的展览中提炼分类学知识，与学校合作，以此向学生打开自然科学的窗口。同时，让束之高阁的展品走下神坛，成为学生科学学习的材料和工具，培养学生主动学习探究的钻研精神，加以教师的指导形成学生的知识建构与学习经验，并使学生掌握动物分类的科学方法、科学思维，更大限度地发挥展品的作用、价值和意义。

2 主要课程介绍

北京自然博物馆"分类学家养成记"是以博物馆常设展览"动物——人类的朋友"为依托设计的主题馆校活动，通过科学教育，使学生知晓动物门类的划分方法，了解不同动物门类的主要特征，进而能够应用所学方法对博物馆中的标本展品进行门类的判断和梳理，成为初阶的分类学家。

该主题活动分为两个部分，第一部分为博物馆的科普教师走进校园，带来题为"影视圈里的动物明星"课程，从学生熟知的动画片中的主要角色入手，讲述不同动物的特征以及人们对动物的分类方式，作为铺垫为后续活动的开展打好知识基础，使学生形成科学的分类方法和思维；第二部分为学生走进博物馆的模拟工作阶段，进入设定情境完成"我是标本管理员"任务体验，运用第一部分课程中所获得的知识和方法，对所提供的标本进行观察、思考和分析，对其进行门类的划分，通过"工作"的方式巩固动物的科学分类知识，在解决问题的过程当中积累经验，进一步领悟其中的科学内涵，将"来自外界的讲述"蜕变成"属于自己的知识建构"，真正走进分类学的天地。

3 设计思路

3.1 内容源自展览

博物馆的展览通常以不同的艺术形式展示着博物馆的珍贵收藏与研究成果，是博物馆的灵魂和精髓，学科领域知识与研究的方法手段蕴含其中，因此展览也是博物馆进行科学教育的重要资源。

作为自然科学类博物馆，北京自然博物馆设有动物、植物、古生物、人类四大门类的 10 余个展览，其中"动物——人类的朋友"主题常设展览以生物多样性为内核整体贯穿，在物种多样性的表达上选择将动物门类从简单到复杂的排列方式，展示了多个动物门类的数百件标本，极具视觉冲击与教育意义。每个门类的种类、特征以及在演化当中的进步与对环境的适应知识都涵盖其中，是用于进行动物分类学教育的极佳资源。分类学在整个生物学科中占据着重要地位，它是人们认知自然界，对动物种类整理、区分、归类的理论和手段，也是人类理解生命演化规律的基础，因此将分类学从展览中提炼出来，用于开发科学教育活动。

3.2 形式上博物馆课程入校，课后学生入馆

在馆校合作当中，博物馆和学校各有优势，学校作为正规教育场所，教学环境秩序更为规整，学生学习氛围浓厚，注意力更为集中，学习效率更高；博物馆作为非正规教育场所，拥有大量的实物标本资源和学生活动的空间，更有助于学生观察、动手、实践，双方的优势结合起来更有助于实现科学教育的目标，因此在活动当中设计了两个环节，即博物馆课程进校园以及课后学生的入馆实践。该形式下，科学知识取之于馆，科学方法用之于馆，通过在博物馆与学校之间形成闭环，让学生在学校中能够钻研进去，进入博物馆后能够发挥出来，激发其自然探索的兴趣，提高其利用知识与方法解决问题的思维和能力，培养其科学意识，达成馆校结合科学教育的目的。

4 实施方法与策略

根据设计思路，活动采取 5 个步骤来实现分类学主题的科学教育活动：第一步，从学生兴趣出发，引发关注；第二步，以故事形式讲述科学知识，建立关联；第三步，以互动问答形式启发科学思维，学会科学方法；第四步，应用科学方法解决分类问题；第五步，教师点评与指导升华。

4.1 结合学生兴趣，引发对分类学主题的关注

学生对于陌生领域很难较快地提起兴趣并沉入进来，直入主题容易使课程显得生硬且枯燥，不容易被学生所接纳，更不易消化。特别是关于动物分类的

内容，不同门类的划分要经过一系列专业术语的描述与判断，面对学生讲述会使这些知识的传播产生障碍，因此需要结合年龄进行分析，挖掘学生喜闻乐见的内容对课程进行加工，用学生所热衷的话题为整体课程增温，从而产生共鸣，引发学生的关注，提高学生学习的主动性。

考虑学校学生在生活中所接触的动物种类并不多，因此选取学生喜爱的动画片作为引入话题，其中很多动物形象深入人心，如著名影视作品《海绵宝宝》《海底总动员》等影片中的主要角色，将这些角色按照动物学进行分类能有效提高学生对分类学的兴趣，鉴于此，博物馆入校课程"影视圈里的动物明星"应运而生。

4.2 将知识融入故事，潜移默化地呈现动物门类特征

在此次分类学的活动当中，不同动物的身体特征是分类学的重要依据，也具有重要的科学意义，需要向学生传播。然而科学知识的讲解固然重要，但面向学生一味灌输式的讲述不可避免地失去听众，也不符合当下的教育理念。因此在课程中选择将知识融入故事的形式面向学生，着重选择人与动物之间的故事，在二者之间建立关联，这也能够使学生感受到主人公的情感变化，记下此类动物的身体特征。

例如在讲述软体动物章鱼时，以纪录片《我的章鱼老师》为内容，让学生看到摄影师与章鱼的故事，在摄影师拍摄章鱼被鲨鱼捕杀、断爪，继而又长出新爪时，产生情感共鸣，从而也记住了章鱼的身体结构、运动方式与行为特征，及其所属的软体动物门类。以这种方式将知识融入真实的人与自然的故事当中，帮助学生更好地理解课程内容。

4.3 通过互动式讲述培养科学思维与科学分类方法

科学教育不仅在于科学知识的传播，还强调培养学生的科学方法、科学思维与科学态度，在教育活动的设计中，应引导学习者进行思维训练，从熟知的具体事物和现象开始，通过提问层层推进，引导学生通过自己的思考形成合理的结论。[5]

在课程中让学生观看动物身体特征的图片与生存活动的视频，鼓励学生自己从中进行科学的描述，再通过教师的提问和引导，鼓励学生深入思考，逐步

分析和归纳，并给出科学的总结和分类判断，多次重复这样的互动过程，让学生形成系统的科学思维，了解对动物进行科学分类的方法。

例如，爬虫和虾蟹因其外骨骼、肢体分节等共同特征被分入节肢动物门，海星、海胆身披棘刺被归入棘皮动物门等，这些知识并不是直接讲授给学生，而是通过引导其观察思考和分析进行判断，在多次引导与提问回答的过程中完成科学思维的训练，培养观察描述、对比分析、得出结论的科学分类方法。

4.4 应用所学方法进行科学分类，解决问题

实践是检验真理的唯一方法，当学生学到知识和方法之后，应学以致用，并在使用方法解决问题的过程中形成自己的经验和知识建构。

博物馆具有活动空间和大量标本作为支撑，可供学生学习实践，让学生运用所学的知识分组合作完成分类任务，对其学习成果进行检验。活动通过创设情境的方式，例如"博物馆收到一批新的标本，你作为标本管理员，请将它们分类整理摆放吧"，这时学生会观察每一个标本，根据知识基础对其进行身份的分析，联想课程中所学的动物明星的分类地位，推测它属于哪个门类，然后依次摆放，完成后向身边的同学阐述自己思考和分类的过程，通过这样的方式将分类学的知识方法和过程融会贯通，达到教学的目的。

4.5 评价与提高

学生应用方法完成任务解决问题后并不意味着活动的结束，需要指导教师对学生的表现进行评价，针对整个教育活动完成最后的总结和升华。首先要对学生所做的工作给予激励和肯定，例如给予"优秀标本管理员"或者"小分类学家"称号，提高学生参与博物馆教育活动的积极性。同时要进行知识的延伸，门类的划分之下还有纲、目、科、属、种等，需要更加深入地学习和钻研，强调在进行科学工作时需要严谨认真的科学态度。另外，还要让学生了解分类学是人类在科学认知自然界的过程中提炼出的经验和方法，人类的生活依赖自然界，其中的方法和学问是人类生存、发展并走向长远未来的关键基础。

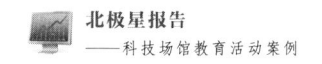

5 实施过程

5.1 学校课程阶段

5.1.1 课程准备

（1）课程目标

科学知识：了解生物当中界、门、纲、目、科、属、种的分类方法，熟悉动物界的多孔动物门、刺胞动物门、软体动物门、节肢动物门、棘皮动物门、脊椎动物以及其中的鱼类、两栖类、爬行类、鸟类、哺乳类，每个种类的主要特征和代表物种。

科学探究：能够通过观察、对比、分析，并调动所学的科学知识，运用动物分类方法对身边的动物进行分类并按照从简单到复杂的顺序排列。

科学态度：形成细心观察、勤于思考、大胆假设、小心求证的科学态度，形成团队工作的合作意识。

科学、技术、社会与环境：了解人类对自然的认知是逐步形成并且逐渐科学、形成体系的，通过其中的原理与方法能够对人们所依赖的自然界进行科学的保护，从而有助于人类社会的科学发展。

（2）课程内容

人类对自然界生命的认知及分类的过程和方法，包括界、门、纲、目、科、属、种的逐级分类；对无脊椎动物与脊椎动物的大体区分，无脊椎动物门中的多孔动物门、刺胞动物门、节肢动物门、软体动物门、棘皮动物门特征及常见动物；脊椎动物的分类，含鱼类、两栖类、爬行类、鸟类、哺乳类的特征、划分及常见动物的种类。

（3）学情分析

课程面向小学3~4年级的学生，其具有观察表述和独立分析思考、作出判断的能力，但关于分类学的知识量和识字量有限，注意力难以长时间集中，讲述动物的分类方式有一定难度，较为枯燥，动物的门类当中也有较多学生不熟悉的词语，学生不容易融入进来，因此以学生喜爱的动画片的主要角色为引入，以故事的方式将知识融入其中，加深学生的理解和记忆。

(4) 重点难点

教学重点：动物的特征与所属类别的划分。

教学难点：动物门类划分体系及其中专业词汇的记忆。

(5) 课件准备

影视圈里的动物明星。

5.1.2 课程组织与实施

(1) 课程引入

动画电影当中不乏一些知名的动物明星，从早年间的狮子王辛巴到如今的小猪佩奇，家喻户晓的它们陪伴了我们整个童年，给我们带来了无限的欢乐，也成为我们认知世界的窗口。那么，这些影视圈里的动物明星在现实世界中真实存在吗？它们是否有着动画当中的天真行为与可爱性格，又置身于怎样的环境中，过着怎样的生活呢？此次课程，我们就来一同探索这些影视圈里动物明星的原型，学习它们在动物学家眼中的分类地位，探访它们的真实生活，讲述它们在大自然当中的趣味故事和奥秘，这些会不会比电影中的情节更加精彩呢？让我们一起来为动画电影中的形象"验明正身"吧。

(2) 故事讲述

介绍动画作品中的角色在大自然中对应的动物形象，讲述它们真实的特征和发生的故事，包括以早期人们用浴海绵洗澡的故事，讲述海绵身体诸多孔洞，固着在海底生活的特征；以人们加工并食用海蜇的故事，讲述水母体内含有大量的水分，以及珊瑚、海葵等用刺细胞取食的特征；用第一个吃螃蟹的人的故事，讲述虾蟹肢体分节的结构特征及习性等。

(3) 互动问答

将动画形象与真实动物进行对比，引导学生观看动物的图片和视频，进行现场的互动问答，如"这是什么动物？它和动画角色中的形象有何不同？它有什么身体特征？与哪类动物相似？属于哪个门类？"等，鼓励学生完成科学描述、对比分析，进而实现科学分类的判断过程，通过多次反复的提问、作答、引导和更正，培养学生的科学思维。

(4) 总结回顾

通过教师与学生一同梳理总结，形成用动物明星的头像制成的分类表格，形成第一阶段的学习成果，对学生的学习予以肯定——"同学们已经具备一

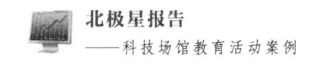

定的分类学基础,邀请大家走进博物馆协助完成分类的工作",用以衔接下一阶段的教学活动。

5.2 博物馆工作与体验阶段

5.2.1 活动准备

选取不同动物门类的标本,包括海绵、珊瑚、贝壳、虾蟹、海星、鱼、蛙、龟、鸟、鼠等不同类别的动物标本若干,在教室中以乱序摆放,每组提供纸、笔、标签、贴纸等材料,每人提供手套、口罩等工作用品。

活动主持教师应与之前进行的学校课程为同一指导教师,另根据分组安排相应的工作人员观察学生的活动过程,对学生予以帮助。

5.2.2 学生观展

学生走进自然博物馆,参观"影视圈里的动物明星"课程创立的内容来源:"动物——人类的朋友"展览,收听教师的简要讲解,了解展览按照动物门类划分并从简单到复杂的布展方式,结合之前的课程知识进行观察和理解。

5.2.3 创设情境,布置任务

为学生创设情境:博物馆收到一批捐赠来的标本,希望具备一定分类学基础的学生们能够担任标本管理员,运用课程所学的知识,借助"动物——人类的朋友"展览中多种动物的分类信息及摆放顺序,帮助博物馆对标本进行分类和整理。

5.2.4 学生分组与发放材料

学生进入分类工作室,根据学生数量,4~5人为一组,为每组学生划定分类展示的空间,发放分类材料与用品,由于一些标本为防止腐烂涂有药水,因此要求学生戴上手套、口罩,保证健康的同时也保护标本不被侵染腐蚀。

5.2.5 学生作业

学生自主实践,运用之前课堂所学知识完成分类整理以及从简单到复杂的摆放,并为各门类写好标签,每组的科普教师解答学生的疑问,提供指导和帮助。

5.2.6 学生分类过程阐述

每组学生向大家介绍自己的标本分类和摆放方式,包括观察的细节、思考的方式、应用的对比分析等科学方法,以及小组合作工作中的一些困难与解决方法等。

5.2.7 教师点评

指导老师对学生的分类成果和工作表现进行点评，并予以进一步的延伸与升华，包括分类学的重要意义、自然界的生物多样性、人与自然的关系等，建立亲近自然、了解自然、热爱自然的情感，以及保护自然的责任感和主人翁意识，对整个科学教育活动予以总结和提升。

6 创新性

馆校合作常见的方式主要有将博物馆的资源带入学校，或是学校的学生走进博物馆完成学习，而本活动先将博物馆的资源进行提炼，转化为趣味课程，以学生喜闻乐见的形式带入学校，学生通过课程储备了动物分类知识，具备了科学分类的方法，随后再带着以上基础进入博物馆，面向真正的标本，对分类学进行进一步的挖掘验证，从而得到巩固，从了解知识到运用知识、掌握方法技巧获取经验，真正做到利用博物馆资源，与学校合作，发挥学生的主体性与主观能动性，完成科学教育。

7 教育效果评估与反馈

在入校课程的环节中，以动画角色引入的效果较好，引发学生对课程的关注，较为成功，但在面向多班级的讲座课程当中，学生看到熟悉的动画人物反响比较强烈，容易引发过度讨论，需要教师控制课堂秩序并及时带入分类学主题内容；课程中故事的穿插得到了学生的喜爱，特别是人与动物之间的故事，学生大多沉浸在故事当中，产生情感变化，并对故事中的知识产生了深刻的记忆，实现了潜移默化的教学效果；课程中的互动问答也达到了锻炼学生科学思维的预期，学生积极地回答问题并能够跟着老师的引导进行分析和推断。

在博物馆的活动环节当中发现，听过讲座的学生走进展览，会将标本与所学过的内容对应起来，"这就是海绵宝宝、章鱼哥"等，以兴趣为基础建立了联系；在听到要做博物馆的标本管理员、完成分类任务时，学生们普遍有着被赋予重任之感，以及能够接触标本的激动心情，摩拳擦掌地想要尝试；学生在标本分类的实践过程中结合了所学的知识，并运用了观察、对比、分析的科学方法，学生对标本的分类基本合理，分类原因阐释也符合科学思维过程，但在顺序排列和制作标签的过程中产生犹豫，可见课程对于动物分类中从简单到复杂的概念传递仍有欠缺，有待进一步提高。

总体而言，学生在整个教育活动中学到了科学知识，运用了科学方法，形成了科学思维，并自行解决了问题，获得了成就感，也提高了对博物馆的兴趣和对科学学习的兴趣。根据活动效果和反馈，此活动会深入进阶，针对多个年龄段开展，引入更加细致的分类标准，增加分类检索表的运用，将博物馆的资源充分利用起来，致力于发展趣味性、专业性更强的馆校结合科学教育活动。

参考文献

［1］饶加玺、杜贵颖、鲍贤清：《馆校结合科学教育活动项目要素分析——以"第四届科普场馆科学教育项目展评"为例》，《自然科学博物馆研究》2019年第5期。

［2］洪晓婷：《馆校合作：搭建青少年科学教育"新平台"》，《科技风》2020年第31期。

［3］沈嫣、宋娴：《新时期科技博物馆的发展趋势：提高科学教育能力》，《自然科学博物馆研究》2019年第4期。

［4］敬向红：《利用自然博物馆资源开展青少年科普教育的思考与实践》，载《中国科普理论与实践探索——2010科普理论国际论坛暨第十七全国科普理论研讨会论文集》，2010。

［5］刘菁：《加强自然科学类博物馆教育活动中的思维训练》，载《中国科普理论与实践探索——新时代公众科学素质评估评价专题论坛暨第二十五届全国科普理论研讨会论文集》，2018。

基于 NGSS 的在地化研学实践活动探索

缪庆蓉　曾晓华　方小霞*

（重庆科技馆，重庆，400025）

1　背景概况

自 2006 年中国科协、教育部、中央文明办联合发布《关于开展"科技馆活动进校园"工作的通知》以来，全国各地陆续开展"馆校结合"工作，并陆续形成了较为丰富的研究成果，即馆校结合课程。基于科学课程标准，馆校结合课程同时满足了学生、学校及科普场馆三方的需求，为推动馆校结合的持续发展奠定了坚实基础。

科普场馆在科学教育中，被称为"第二课堂"，其馆校结合课程通常在展厅内展开，通过展品展项等实物将知识具象化，帮助学生通过观察、实验等方式理解并学习。但是，在馆校结合课程的实际开展中，由于课程时间受限且不够系统化等方面因素，对于激发青少年科学兴趣、整合跨学科知识的能力、主动探究的能力等显得后劲不足。经过长时间的实践和摸索，我们发现青少年对于"实际生活中的问题"的探究具有浓厚的兴趣，并且对于实践的"真实性"和"逼真性"具有很高的要求和期盼。基于此，我们将研学活动的实施效果与 NGSS 3 个维度在设计评估、教学及学生收获等方面进行了关联，并围绕"兴趣激发"这一切入点，借助"身边的问题"，利用场馆资源及地域资源，进一步提出"在地化研学实践活动"理念。

---

* 缪庆蓉，单位：重庆科技馆，E-mail: 407073447@qq.com；曾晓华，单位：重庆科技馆；方小霞，单位：重庆科技馆。

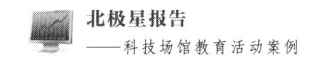

2 关于在地化研学实践

2.1 基本概念

什么是在地化？学生在一定的地域和环境中学习，既能沉浸在体验周围世界的欢乐中，又进行着真实而有意义的学习，这种以地方、社区为基础的教育被称为在地化教育（Place-Based Education）。

关于在地化教育的内涵，存在一定的争议。有研究者认为，在地化教育是一种新型的教育方法，利用地理位置为学生创造真实、有意义的学习环境，最终促进学生实现个性化学习。也有研究者认为，在地化教育是一种学习体验，通过身临其境地体验学习，获得知识和经验，从而为其他学习内容提供基础材料。就研学实践活动而言，我们认为在地化教育更多的是在传递一种教育思路和教学方法，主张将学习者本身作为学习的主体，促进学生自主开展有深度、有个性的学习。在地化研学，是将在地化元素融入研学过程中，并以实践探究的方式实现教育教学。

基于以上，我们对在地化研学实践活动的概念进行了概括，"在地化研学实践活动"是基于青少年真实生活和发展需求而设立活动主题，立足真实问题，充分利用场馆及地域资源，引导青少年通过探究、体验等方式开展的提升学生综合素质、培养学生核心素养的跨学科实践性活动。

2.2 优势与特征

第一，在地化研学实践活动作为非正式教育的一种形式，能够与学校正式教育充分衔接，围绕课程目标，让学习更加系统化、更加具有深度。

第二，将学习的过程，与当地实际情况相结合，更有助于促进提升学生的综合能力和跨学科知识整合的能力，而不是单一化、碎片化的学习。

第三，在地化研学实践活动的形式更加灵活，其课程项目的设计可以是校外学习，也可以是校内学习，其应用范围更广，不受具体场馆的限制。

第四，在地化研学实践活动，要求学生基于真实问题去思考并展开探究，其探究的过程对于学生来说更具有实践意义，而不是空谈空想。

3 基于 NGSS 的在地化研学实践案例分析

"绝地求生"研学实践活动,是正值祖国 70 年华诞,为弘扬革命精神,彰显重庆地方特色,培养青少年爱国主义思想,以"重庆大轰炸"这一事件为历史背景,以"避难自救"为活动题材,研发设计的一项在地化研学实践活动。该项活动历时 4 天,采用 STEM 教学理念,让青少年在真实的场景中,去感悟人文历史,去观察、探究相关设施及技术在特定历史时期的产生、应用和发展。在实践中培养学生团结协作能力、跨学科知识应用能力、探究分析能力、动手实践能力;通过对本土乡情、市情的深度挖掘,激发并提升青少年社会责任感和民族自豪感。

该项活动以 NGSS 3 个维度为指导展开设计,NGSS 即 2013 年美国发布的《新一代科学教育标准》(*Next Generation Science Standards*,NGSS),包含科学与工程实践、学科核心概念、跨学科概念等 3 个维度。NGSS 侧重以科学实践为主要指导理念,强调科学探究向科学实践的合理转变,力求解决科学探究在课堂中难以实施等问题。它作为科学教育领域具有里程碑意义的文件,对我国科学活动的研发及实施具有重要的参考价值。

在 NGSS 教育理念的引领下,教学范式从"科学探究"转向"科学与工程实践";从对科学知识的追求转向强调在实际科学、技术与工程条件下的真实实践,通过多学科领域的知识与技能来解决社会生活中所遇到的问题,并在这个过程中渗透科学本质观方面的教育。这与我们提出的——"基于生活的项目式实践探究"研学思路,将学科知识与生活实际相结合,让问题解决源自生活,让成果运用回馈生活等理念有异曲同工之处,更与"在地化研学实践活动"要求学生基于真实问题去思考并展开探究这一特点不谋而合。

结合以上背景、理论及优势,"在地化研学实践活动"——"绝地求生"应运而生。活动在内容、理念、目标及方法上对接小学科学课程标准,并与 NGSS 中"科学与工程实践"维度要素、NGSS 对课程设计所提供的教学支持等进行整合处理,再结合在地化资源,明确了以下内容(见表 1)。

表 1 "绝地求生"活动内容

活动环节	阶段目标	主要内容	设计思路	实施过程	实施方法	实施策略
历史回顾	了解"重庆大轰炸"历史事件，激发学生探究欲望，引出活动主题，引导学生从不同角度思考"重庆大轰炸"这一历史事件带来的影响	1. 观看《重庆大轰炸》纪录片。2. 后续问题启发	让学生在观影的过程中感受故土历史，引出主题并激发学习兴趣	1. 观看视频：了解"重庆大轰炸"历史背景。2. 启发思考：结合当时的具体情况，思考相应的避难措施	多感官认知	1. 视频导入：采用视觉和听觉多方位感知，引发学生对"重庆大轰炸"历史形成共鸣，产生共鸣。2. 问题启发：通过提出问题，引导学生沉浸情境，自主思考，为下一环节的开展做好铺垫
防空洞探秘	分析并解决搭建防空洞所需要的科学与工程问题，了解防空洞周围环境的方法，工程是人类改造和利用科学原理设计和制造物品的一系列活动；了解社会需求是科学技术发展的动力	1. 走进防空洞，对防空洞进行实地考察。2. 组建小组，讨论绘制防空洞图所需要的条件。3. 小组分角色进行防空洞模型搭建	融入情景教学，实地考察防空洞，让学生真实地参与到科学与工程实践中，引导学生以工程师角色对防空洞进行图纸和模型搭建，同时培养学生空间思维能力和团队协作能力	1. 走进防空洞：走进重庆川博物馆，学习重庆人防设施——防空洞的发展历史及应用。2. 搭建防空洞：了解防空洞工程设计意义与发展史，走进防空洞，了解防空洞工程设计意义与发展史。3. 提出问题：防空洞内空间有限，且不宜长期居住，如何在短时间内重建家园	情景教学、观察法、小组讨论法、STEM教学、探究式学习	以前一节课为基础，对之前提出的问题进行解决。1. 走进防空洞：充分运用在地化资源，通过组织学生走进历史博物馆，走进防空洞了解防空洞的意义与发展历史。2. 搭建防空洞工程实践：通过基于科学与工程实践的探究式学习去亲身体验，小组协作进行科学实践，引导学生的探究维度帮助学生工程的探究维度帮助学生形成多种理解的解决方案，感悟、实践。3. 课程结束时，生成新的问题，以引导下一环节的内容，辅助学生在活动中关联主题及相关问题

续表

活动环节	阶段目标	主要内容	设计思路	实施过程	实施方法	实施策略
穿斗房	能基于所学知识，通过观察、查阅资料等方式获取穿斗房的相关信息，并对穿斗房的结构、功能及变化等有所思考，同时了解科学技术推动着人类社会的发展和文明进程	1. 实地观察重庆科技馆周边地形地貌，结合重庆地形地貌，分析抗战时期人民居住环境。2. 参观穿斗房，并对其外观、结构观察，受力进行针对性观察。3. 组建小组，讨论、分析穿斗房建筑结构、特点、受力。4. 根据设想，导出建造穿斗房模型的工程任务	以实际环境为学习载体，配合房屋建造实践活动中对建筑物特点的分析与探索，让学生在实践和体验过程中发现问题、提出问题、解决问题	1. 观看视频：观看难民生活影像，认识穿斗房，了解穿斗房优点。2. 搭建穿斗房：结合建筑学、力学等科学技艺亲自动手搭建棚屋，解决大轰炸时期难民无房可住的生活困境。3. 提出问题：在散落四处的穿斗房内，要炸之后的废墟中，如何逃生自救	项目式学习	1. 视频导入：采用视频导入，使学生在视觉和听觉上形成多方位感知，带领学生认识在地化特色明显的穿斗房。2. 动手搭建：通过动手搭建的方式，培养学生动手能力的同时，使其直观地感受到穿斗房易于搭建的特点。3. 问题启发：课程结束时，生成新的问题，以引导下一环节的内容，辅助学生在活动中关联本主题及相关问题
自救信号	引导学生选取合适的辅助材料和器具完成科学实验，促使其初步具备实验设计能力和控制变量的意识	1. 学习科学实验基础知识，结合活动背景选定并设计科学实验。2. 小组分配自救角色进行科学实验，完成自救实验演示系列实验演示	以跨学科的形式，展现不同同学生的特长，激发学生科学信号的兴趣	1. 实验探究：以科学实验的形式，制作特殊信号弹，学习发射、接收等实践自救技能。2. 提出问题：逃生之后，如何备起反抗，保卫家园	探究式学习	1. 新知识引入：通过熔色反应的介绍，辅助学生了解信号的多样性，通过实验观察、探究、发射，实践等方式制作特殊信号弹等救急技能。2. 问题启发：每一个环节都统一学生将活动中问题，会让其他们对现象和解决方案的解释与自身经验中提出的问题相联系

续表

活动环节	阶段目标	主要内容	设计思路	实施过程	实施方法	实施策略
丛林行动	引导学生主动与他人合作，且乐于参与实践，调查观察等科学活动，并能在活动中克服困难，完成预定的任务	1. 创设抗战情境。2. 设定挑战任务和约束条件。3. 小组分配角色并制定作战计划。4. 进行"闯关行动"完成丛林模拟拓展演练，赋予学生特殊的身份，完善作战计划	在真实情境中，借助竞技游戏的方式提升学生的参与度，同时在活动中加人限制条件培养学生反思自省的能力	军事战役模拟：团队协作，设计作战路线并进行战斗角色扮演，赢得战争，守护家园	小组讨论法，体验式学习	团队协作：通过让学生亲身经历、体验，能直接地去感受，并在作战模拟过程中学会团结他人，分工协作，锻炼人际交往能力
科普剧编演	了解、掌握科普基本知识及技能，并能在教师辅助下完成科普剧脚本编写及合作排演，积极参与团队交流和讨论，尊重他人的情感和态度，最终实现科普剧的团队汇演	1. 观看科普剧表演，学习科普剧基础知识。2. 小组探讨，编写科普剧脚本。3. 合理划分小组，成员扮演角色。4. 科普剧排演及展示	结合所学知识与技能，并以科普剧的形式将其展示于舞台上，体验科普文化与艺术的融合，让更多的观众看到、听到、感受到战火岁月的痛苦，铭记家乡的历史	科普剧创作及表演：结合活动所学知识，编写科普剧脚本，排演科普剧	戏剧教育	提供机会让学生合理地通过书面、口头、表演等形式表达，呈现他们的想法。帮助学生更好地了解自身，同时巩固所学知识与内容

4 创新性与价值性

4.1 激发人文情怀，增强社会责任感

中国教育学会会长、北京师范大学顾明远教授认为，在经济全球化的背景下，各国、各民族保持自己的文化传统尤为重要，尊重和保护人类文化多样性已成为人们的共识。传承本土知识，弘扬民族传统文化是当前的迫切任务。1998 年以来，为悼念"大轰炸"遇难同胞，每年 6 月 5 日，重庆都会在全市范围内鸣放防空警报。"绝地求生"活动作为在地化研学实践活动，结合重庆大轰炸背景，在真实的涪都历史中，对话时空，对话历史物件，对话曾经的人，使历史与现实密切相连，透过科学的视角，了解美丽而顽强的重庆，获得一种来自乡土的自豪感、使命感。活动有助于学生更好地了解家乡、热爱家乡，以小见大，通过了解自己家乡从而更好地了解祖国，增强学生的社会责任感，培养家国情怀。

4.2 整合在地化资源，让探究过程更主动

"绝地求生"作为在地化研学实践活动，必须以在地化元素为基础，我们不断开发周边场馆资源、地域资源、社会资源等，从中筛选了很多具有教育价值的资源，并围绕相关的资源设计开发了内容丰富、形式多样的教育活动。本次"绝地求生"项目，我们结合重庆建川博物馆的防空洞资源、三峡博物馆的穿斗房资源等，根据参与者年龄，结合地域特色，形成了有层次、有目标、有成效的在地化研学实践活动案例体系。

4.3 打破时间空间限制，增强学习"真实感"

在地化研学活动作为学校教育的补充，有助于学生正式、认真地认识和了解自己所生活的城市，活动打破了单一的课堂授课的束缚，对学生有更强的教育价值和功能，有助于提高学生动手动脑、发现问题、研究问题的能力，加深学生对自然、社会、文化的理解，丰富教育的内涵。

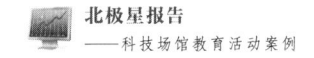

4.4 重视活动效果评估，促进活动改革提升

教育评价改革是教育改革的重要环节，是改进教育管理，提高教育质量，促进教育发展的重要手段，是当前推进课程改革和实施素质教育的关键。"绝地求生"活动采用多元评价机制，在评价阶段，开展自我评价、小组评价、教师评价、家长评价与综合评价等。本次活动中，特别采用"研学手册"和录像记录以及作品收集的方式，对每一项行动提出相应的评价细则，在课堂中根据学生的课堂表现来观察了解并作出适当的评价，通过学生活动中的表现，收集活动成果，来评价学生的学习和进步过程。

嫦娥工程，中国人的探月梦
——馆校结合科学教育活动设计与实施

张安琪[*]

（山西省科学技术馆，太原，030023）

1 活动背景及目标

核心素养是新课程改革的重点内容，针对核心素质教育，需要科学教师及时改变教学策略，就实际需要分析研究学科核心素养的理念、深刻掌握其基本内涵，以此来有效开展活动设计，实现馆校结合教育活动创新。

《全民科学素质行动计划纲要（2021~2035年）》指出"科学素质是公民素质的重要组成部分"，公民具备基本科学素质一般指了解必要的科学知识，掌握基本的科学方法，树立科学思想，崇尚科学精神，并具有一定应用它们处理实际问题、参与公共事务的能力。青少年，是未来的公民，他们的科学素质培养，应参照公民的科学素质内涵来考虑。青少年的科学素养水平，在相当程度上已成为社会进步、经济发展、国际竞争力提高的关键因素之一。如何培养青少年科学素养，挖掘科普教育资源，营造科普学习氛围是一个重要的新课题。[1]

整合校外科学教育资源，建立校外科技活动场所与学校科学课程相衔接的有效机制，为提高青少年科学素质服务，要求科技馆加强与学校的联系合作，实现科技馆教学资源与学校科学课程的有机结合。[2]通过馆校结合开展综合实践活动课程对于提高中小学生的科学素养有着重要意义。

---

* 张安琪，单位：山西省科学技术馆，E-mail：517695466@qq.com。

嫦娥五号探月，实现了首次月球表面自主定位、首次自主对准、首次上升制导等技术，标志着中国航空航天科技的日臻成熟，也是国家综合实力不断攀登高峰的蓬勃体现。为了激发学生的民族情怀，学习中国航天追逐梦想、勇于探索、协同攻坚、合作共赢的探月精神，特设计此课程。

本次馆校结合研学课程以"嫦娥工程，中国人的探月梦"为主题，以"研学+探究式学习"为形式，以"探月工程三步走"为内容，促进学生将书本知识与生活经验相融合，着重培养学生以点到面的发散性思维。在提供场馆优质活动资源的同时，根据区域特色、学生年龄特点和学校学科教学内容需要，组织学生通过集体旅行、参观的方式走出校园，在与平常不同的生活中开阔视野、丰富知识，加深与自然和文化的亲近感，以动手做、做中学的形式，让学生共同体验、相互研讨，通过自己的感受学习知识，进一步激发青少年主动探索知识、主动探究问题，创造性地解决问题，同时了解中国探月精神，增强民族自豪感，追逐梦想，敢于实践。

2 课程内容及实施过程

2.1 课程介绍

本课程主要针对小学5~6年级的学生而设计开发，分为两个课时。通过开展结合校本课程中"航天飞机""向心力""万有引力""反冲运动""重量单位""长度单位""时间单位"等知识点的航天科普教育研学旅行，围绕"嫦娥工程三步走"这一内容，引导学生模拟设计发射嫦娥五号探月卫星。课程以展项体验、卫星发射基地考察探究、设计制作的活动方式，引导学生以科学研究的方法主动获取知识和信息，综合运用学科知识解决问题，培养学生的创新精神、合作意识、责任意识，提高学生的实践能力、协作能力、表达能力。

2.2 主要内容

2.2.1 学情分析

小学5~6年级的学生，经过几年科学课程的学习，知识面已经比较广阔，再加上平常生活中从报纸杂志、互联网和电视等途径获得的信息，基础知识比较扎实，基本掌握了实验结果及数据的统计、分析、对比等方法，具备一定的推理、归纳、判断能力。因此，在开展馆校结合研学课程时，学生看到视频或展品、实验呈现的科学现象后，能够联想或运用到课堂上已学习的知识和生活经验，能够观察并提出问题及解答。当教师要求学生完成某项任务（实验、制作等）时，他们能做出完成任务的设计方案，当教师要求学生根据观察到的现象、实验数据等进行统计分析时，他们基本具有推理、归纳的能力。

2.2.2 阶段目标及设计意图

任务一：参观太原卫星发射基地，近距离探访卫星发射台，了解中国航天事业的发展历程及航天知识，认识中国四大卫星发射基地，寻找四大卫星发射基地中嫦娥五号最佳发射地，制作可以发射上天的 DIY 小火箭。

此阶段的设计目的，对应中国"探月工程三步走"战略中的第一步"绕"，即发射月球探测卫星，实现绕月飞行。学生在参观卫星发射基地后，对发射卫星已有大致了解，同时亲临卫星发射基地，能够最大限度地唤起学生对航空航天知识的兴趣与渴望，对中国航天科学家产生崇敬之情。在制作小火箭时，学生将产生疑问，为什么 DIY 小火箭可以飞到一定高度却不能像卫星一样发射升空，通过查阅资料及一次次发射小火箭的试验过程中，学生提出假设速度越快是不是飞得越远？这时结合山西省科学技术馆展项"飞向太空的宇宙速度"，引入宇宙速度这一科学知识。

任务二：结合山西省科学技术馆展项"嫦娥工程"，模拟进行嫦娥五号探测器月球软着陆试验。

此阶段的设计目的，对应中国"探月工程三步走"战略中的第二步"落"，2020 年 12 月 1 日 23 点 11 分左右，嫦娥五号着陆器成功在月面预定地点软着陆，这是我国第三个成功实施月面软着陆的探测器，着陆成功后，着陆器和上升器组合体自动进行月面采样、样品封装等操作，之后成功将样品由上升器转移到返回舱内部。其中，软着陆相对于"硬着陆"而言，是航天器经专门减速装置减速后，以一定的速度安全着陆的方式。反之，航天器未经减速装置减速，而以较大的速度直接冲撞着陆的方式称作硬着陆。此时，学生可能会联想到利用降落伞降低速度，实现安全着陆，于是向学生提出问题，降落伞的原理是什么呢？利用空气的阻力，降低下降速度。而月球表面又是什么状态？真空，没有空气，就需要用到反推力装置，这时，结合山西省科学技术馆展项"牛顿第三定律"，引入作用力与反作用力这一科学知识。

任务三：打水漂比赛。

此阶段的设计目的，对应中国"探月工程三步走"战略中的第三步"回"。中国是世界上第三个掌握卫星回收技术的国家。嫦娥五号在月球采集土壤后，需要安全落回地面，嫦娥五号的返回器如果以笔直的轨道飞回大气层，会受到大气层的剧烈摩擦而烧毁。因此采用了钱学森弹道的方式返回地球，而这个过程，类似于打水漂时石子的运动轨迹。[3]学生在打水漂比赛中，尽力让自己的石子飞得更远。在不断地尝试调整中，发现能够让石子飞得更远的秘密——伯努利原理。

经过3个阶段的学习，学生将会意识到，在卫星发射过程的每一步背后，都是科学知识的综合运用，从而激发学生学习科学知识的兴趣以及对中国航天精神的崇敬之情。

2.2.3　实施过程

（1）第一课时：参观太原卫星发射基地，制作DIY小火箭

太原卫星发射基地位于山西省忻州市岢岚县神堂坪乡的高原地区，地处温带，海拔1500米左右，是中国试验卫星、应用卫星和运载火箭发射试验基地之一。主要担负太阳同步轨道气象、资源、通信等多种型号的中、低轨道卫星和运载火箭的发射任务。

中国四大卫星发射基地：山西太原、甘肃酒泉、四川西昌、海南文昌。

航天发射场地址的选择，是一项综合性、多学科的复杂系统工程，主要都是将航天器、运载火箭的发射使用需求作为选址建设的出发点和基础。其涉及因素众多，主要包括以下几个方面：一是安全因素，安全是航天发射的首要条件。理想的航天发射场应选在地广人稀的戈壁、沙漠地带或者海边，因为即便火箭发射成功，中途掉落的残骸也可能危及周边居民的生命安全。二是位置因素，卫星在发射过程中需要消耗大量燃料来满足离开地球表面的需求，借助地球自转本身带来的速度就很关键，地球低纬度速度较高，赤道最高速度为465米/秒，高纬度速度较低，南北纬60°地区约为232米/秒，地球不同纬度的表

面速度，对于不同用途或类型的航天器及运载火箭发射场的地理位置要求不同。三是气候因素，有利的天气条件对航天发射也十分重要，干旱少雨、雷电少、温差变化不大、风速小、湿度低、气候稳定的环境，可以增加卫星的年试验周期和允许发射的时间，同时也有利于航天器的发射和跟踪。四是交通因素，火箭发射所需的设备和仪器数量繁多，各部分零件很难运输，因此航天发射场对运输条件有很大依赖，通常发射场要选在靠近铁路沿线的平坦地区，这样修建铁路支线比较便利，另外也可选在靠近大型港口的地区，通过水路运输。

嫦娥五号选择在海南文昌发射场执行发射任务。文昌航天发射场纬度低、发射费比较高，同等条件下能够使地球同步轨道运载能力提升 15% 以上。并且这里海运便捷，能够解决铁路、公路和空运对大尺寸火箭运输的限制问题。长征五号运载火箭搭载嫦娥五号探测器发射升空，而在我国四大发射场中，能执行长征五号运载火箭发射任务的只有文昌发射场。

制作可以发射升空的小火箭。

（2）第二课时："假如我是探月工程总设计师"活动

假如你是探月工程的总设计师，围绕探月工程"绕、落、回"三步走，由你来设计一个发射计划。发射计划主要解决以下三个问题：小火箭如何发射升空？小火箭如何在月面安全着陆？小火箭如何返回地球？

目标一：小火箭如何发射升空？

学生在不断发射小火箭的过程中发现，虽然 DIY 小火箭始终无法像真正的火箭一样升空，但是给予小火箭的发射速度越大，小火箭落地的位置越远。

牛顿在发现万有引力定律后曾提出一个假设，如果从高山上扔下一个石头，抛下的速度越快，石头落地的距离越远。如果达到一定数值后，石头将不会落地而是围绕地球旋转。

那么到底达到什么速度之后，发射的火箭可以围绕地球旋转而不会掉落地面？这个速度就是第一宇宙速度。宇宙速度是从地球表面向宇宙空间发射人造地球卫星、行星际和恒星际飞行器所需的最低速度。第一宇宙速度是航天器沿地球表面作圆周运动时必须具备的发射速度，也称环绕速度，是 7.9 公里/秒。当航天器超过第一宇宙速度达到一定值时，它就会脱离地球的引力场而成为围绕太阳运行的人造行星，这个速度就叫作第二宇宙速度，亦称脱离速度，是 11.2 公里/秒。从地球表面发射航天器，飞出太阳系，到浩瀚的银河系中漫游所需要的最小发射速度，就叫作第三宇宙速度，是 16.7 公里/秒。

目标二：小火箭如何在月面安全着陆？

学生可以用给定材料尝试将小火箭平稳落地，如降落伞、气球、弹簧等。其中，降落伞是依靠空气阻力来降低速度，月球表面是真空状态，没有空气阻力，那么在月面降落是无法依靠降落伞实现着陆目标的。而观察气球可以发现，在放手松气后气球还会运动一段时间，它是依靠什么力量完成的？这就涉及牛顿第三定律——作用力与反作用力。

作用力与反作用力是一对大小相等、方向相反的力。气球在松手放气后气体从一端高速冲出，空气流对气球反作用力即反冲力成为气球飞行的动力。气球释放气体所产生的反推力还可以使气球再运动一段距离。而嫦娥五号的着陆器，就是利用自身反推力成功实现了月面软着陆。为什么一定要软着陆？如果硬着陆，探测器会摔得粉身碎骨，无法进行接下来的采样工作。

目标三：小火箭如何返回地球？

这里先进行一场打水漂比赛，学生在努力让自己的石子飞得更远时不断总结经验，发现用较扁的材料以 20 度的角度扔出石子时，石子能飞得更远。而背后的秘密就是伯努利原理。

根据流体力学的原理，流速越大压强越小。当密度比水大的物体掠过水面时，带动它下面的水在非常短的时间内快速流动，从而压强减小，而更下面的水是静止不动的，产生的压强大，如此就对物体产生一个压力，当压力大于物体的重力时，物体就会弹起，这样的情况重复多次，物体就会出现在水面上跳跃的情况。

嫦娥五号返回器在返回地球时，类似于打水漂，同样采用了伯努利原理。返回器在接近地球时，会以一个非常小的角度切入大气层，在大气层边缘弹跳几次才开始真正着陆，这样做的目的是让返回器在进入大气层前，尽量让速度降下来，避免与大气层剧烈摩擦烧毁的风险，同时用这样逐级减速的方法，尽量减小在减速过程中的加速度，为日后载人飞船做准备。

2.2.4 学习任务单

表1 学习任务单

课 时	内 容
第一站 太原卫星发射基地 任务:走进太原卫星发射中心,了解发射基地的建立、选址、条件、火箭发射的作用、火箭发射的原理及航天知识,聆听航天基本知识科普讲座,学习航天先辈敢于进取的精神。	在太原卫星发射中心,你参观了哪些地方? 在卫星发射中心,你收获了哪些航天知识? 我国有几个卫星发射中心?各自承担什么任务? 嫦娥五号选择了哪个卫星发射基地?原因是什么?
第二站 山西省科学技术馆 任务:探索科技馆,在这里,你将化身为探月工程总设计师,完成嫦娥五号探月任务,你会怎么设计完成这次任务目标呢?	嫦娥五号发射计划书 小火箭如何发射升空? 小火箭如何在月面安全着陆? 小火箭如何返回地球?
总结与反思	谈谈你对探月工程的感想:

3 教育效果和创新性

3.1 预期教育效果

科学知识:了解航天知识,认识宇宙速度、作用力与反作用力、伯努利原理。

过程与方法:通过参观卫星基地、阅读书籍、网络搜索等方式收集资料,通过实地体验调查、动手制作等形式,全面认识和了解探月卫星全过程,亲自体验社会性实践活动。

情感态度价值观:践行"弘扬中国航天精神",通过活动让学生了解航天精神及其蕴含的科学技术,从而培养学生的爱国热情。

形成物化的活动资料和成果。将活动方案、日记、图片、影像资料等提供

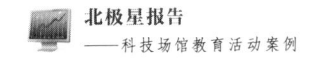

给学校和科技馆，完善校本和馆本课程，增加活动特色，为研学教学与科技活动相结合服务。

3.2 创新性

本活动采用研学的形式让学生走出校园，走进卫星发射基地和山西省科学技术馆。让他们在新鲜独特的情境中感受探索乐趣，丰富经验、开阔视野、活化知识，有利于保护对生活的好奇心和探究的主动性。

本活动采用"研学+探究式学习"的方式开展，一方面充分发挥学生的主观能动性和满足个体的兴趣点，另一方面在相互竞争关系中学会合作和倾听，学会尊重和欣赏不同的意见。

本活动具有开放式和发散式特点。通过一个个任务的完成，发现再燃现象背后所隐藏的科学道理，让学生对一个事物的复杂关系和多重属性有基本的认识，从而为他们今后的学习和终身发展奠定良好的基础。

本活动重视培养学生利用各种途径获取信息的能力，培养学生获取、整理、分析信息的基本能力。

本活动旨在打破学校教育、场馆教育、家庭教育和社会教育的壁垒，着重培养学生"人文底蕴、科学精神、学会学习、责任担当、实践创新和家国情怀"。

参考文献

［1］朱幼文、齐欣、蔡文东：《建设中国现代科技馆体系，推动我国公共科普服务能力跨越式发展》，第三届全国科技馆馆长培训班报告，2013。
［2］《中央文明办、教育部、中国科协关于开展"科技馆活动进校园"工作的通知》（科协发青字〔2006〕35号）。
［3］《航天科技五院502所GNC团队守护嫦娥五号探月纪实》，《中国航天报》2020年12月18日，第008版。

基于创客教育理念的馆校结合科学教育活动
——以神奇的小车为例

马 红 王 剑 林长春[*]

（重庆师范大学，重庆，400700）

1 活动背景

目前，基于科技馆展教资源开展的馆校结合科学教育活动基本都找到了与学校教学的结合点，但是一个好的馆校结合科学教育活动，是使用优质的科学教育资源切实解决科学教师在教学实施中遇到的问题，如果只是在教学目标、教学内容方面符合学校的要求，而教学资源、教学方法、活动形式与课堂教学差不多，那就没有必要进行"馆校结合"了。基于展品设计的馆校结合科学教育活动必须凸显场馆自身特色，发挥场馆在实施活动中的优势。

重庆科技馆作为全国大型科普教育活动场馆，一直致力于成为"体验科学魅力的平台，启迪创新思想的殿堂，展示科技成就的阵地，开展科普教育的窗口"，主要通过科教展览、科学实验、科技培训等形式和途径，面向公众开展科普教育活动。重庆科技馆以"生活·社会·创新"为展示主题，营造了一个激发访客们体验科学、启迪创新的环境，馆内设有生活科技、防灾科技、交通科技、国防科技、宇航科技和基础科学6个主题展厅，还有儿童科学乐园和工业之光2个专题展厅以及趣味科学实验室，便于各种形式科学教育活动的开展，基于此，本活动将选取重庆科技馆的实验室作为活动场所。

---

[*] 马红，单位：重庆师范大学，E-mail：2218764184@qq.com；王剑，本文通讯作者，单位：重庆师范大学；林长春，单位：重庆师范大学。

本活动的主题是"神奇的小车",在整合重庆科技馆交通科技展厅和趣味科学实验室现有资源的基础上,基于教科版小学《科学》4年级上册"运动和力"单元《设计制作小车》两节课,结合学生已经学过的教材上《磁极间的相互作用》、《用气球驱动小车》和《用橡皮筋驱动小车》这3课内容,让学生用老师提供的材料,设计制作一辆跑得又快又稳的小车,用于参加速度竞赛,同时要求小车能停在赛道终点之后的斜坡上,最后选出优秀的创客作品放在科技馆展区进行展示。在本次活动中,学生带着问题参观游览科技馆,探究其展品包含的科学原理,与之前所学的知识建立起联系,并应用到制作小车中,学以致用,培养学生的创新思维和实践能力,有助于提高学生的科学素养。

2　创客教育理念

创客教育的目标理念是强调从已知到未知,解决0~1的问题,而不是解决1~100的问题,其根本的理念是创造力开发,是学生从知识的消费者变成知识的创造者。创客教育理念各不相同,但有6个共同点,分别是①将创新想法变成创新成果;②强调做中学、创中学;③学会分享;④协作学习;⑤跨学科、跨领域的知识学习;⑥工匠精神。[1]本活动将教材内容有机整合,涉及科学、数学、美术等多门学科,指向学生科学素养的培养,而不是单纯的科学知识传授,让学生持续围绕一个工程任务开展有始有终的实践活动,利用已有的知识、经验和技能设计制作一辆跑得又快又稳的小车,用于参加速度竞赛,同时要求小车能停在赛道终点之后的斜坡上,将创新想法变成创新成果,有助于培养学生的创新精神和实践能力。

3　活动对象

本次活动计划招募20名小学4年级的学生,在活动开始之前,教师对20名活动对象做了一个基础知识的调查,目的在于了解学生们已具备的知识基础、对参与科学教育活动的态度等。小学4年级属于小学中高年级,这一阶段的学生在知识层面已经学习了如何用气球驱动小车和用橡皮筋驱动小车,以及磁极间相互作用的原理,具备了基本的科学知识和动手技能,因此完全能够做到利用所学的反冲力、弹力、磁力等相关知识制作出一辆符合要求的小车。在心理和生理层面，其感知觉已发展到一定水平，他们的思维从具体的形象思维逐步向抽象逻辑思维过渡，对新鲜事物的好奇心和接受能力都较强。在社会性方面，学生的集体观念较强，懂得同学间团结协作的意义。

4　活动目标

本活动参考《义务教育小学科学课程标准》，整合科学、技术、数学、美术等多个学科领域，从学生实际情况与科学素养发展出发，制定了以下活动目标。

4.1　科学知识

知道对作品的评价需要有一定的标准。

知道工程设计具有一定的执行程序，需要分工合作，还会受到材料用具、场地等活动资源的制约。

思考橡皮筋缠绕的圈数、扇叶的大小、前后轮的间距、轮子和车体的摩擦力等会对小车运动快慢产生什么样的影响。

4.2　科学探究

能按照任务要求设计小车，绘制设计图。

学会用瓶子制作扇叶，使用工具对瓶子进行钻孔。

学会使用工具黏合瓶盖、瓶身和扇叶。

根据设计图，能利用所提供的材料制作小车。

在作品测试过程中，反思测试结果并不断修改设计图，完善作品。

4.3　科学态度

发展对工程设计和动手制作的兴趣，激发创新精神。

培养先设计再制作、测试后再完善、精益求精的工程意识。

养成严谨认真、实事求是记录小车运动时间的态度。

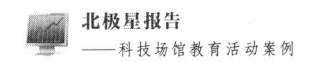

在讨论活动中，能倾听他人的想法，并与之交流，并积极接纳他人的观点，不断完善自己的设计制作。

4.4 科学、技术、社会与环境

体会到制作的关键在于设计。

体会到测试和评价产品有利于不断改进产品。

意识到人们不断改进产品以满足不断增加的需求。

5 活动设计框架

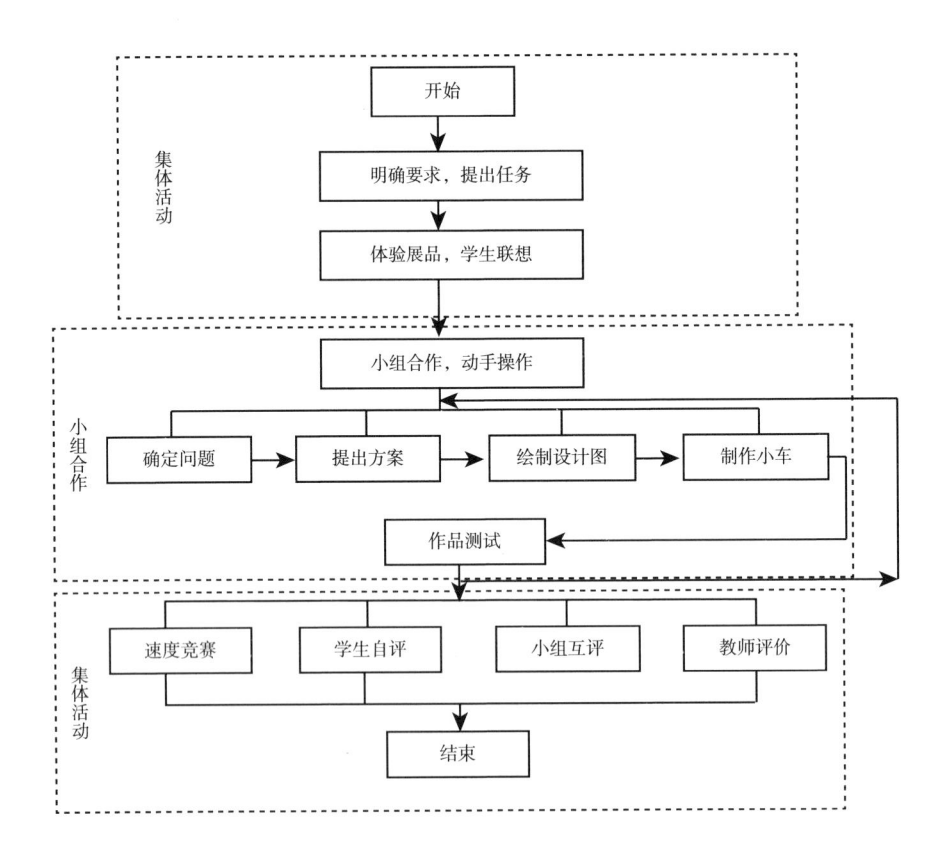

```
集体活动:
  开始 → 明确要求，提出任务 → 体验展品，学生联想
       ↓
小组合作:
  小组合作，动手操作
  确定问题 → 提出方案 → 绘制设计图 → 制作小车
                                    ↓
                              作品测试
       ↓
集体活动:
  速度竞赛   学生自评   小组互评   教师评价
       ↓
     结束
```

6 活动实施过程

活动形式		活动内容	活动设计思路
集体活动 (35分钟)	明确要求， 提出任务 (5分钟)	教师为学生展示一个带有下坡的赛道(见下图)，并提供不同大小的塑料瓶、磁铁、橡皮筋、胶水、剪刀等材料。让学生利用所给的材料制作一辆跑得又快又稳的小车，用于参加速度竞赛，最后还能停在赛道终点之后的斜坡上	利用一个带下坡的赛道和其他活动材料，引发学生们的兴趣，提出"制作小车"的活动任务，并告诉学生最后将进行速度竞赛，激发学生的好胜心，使得他们在设计和制作过程中积极性更高
	体验展品， 学生联想 (30分钟)	教师发布任务之后，带领学生参观重庆科技馆交通科技展厅和基础科学展厅，学生在参观的过程中会带着问题思考，如何运用所给的材料制作出符合要求的小车，交通科技展厅的"不同的船用螺旋桨"、"直升机为什么有尾翼"、"惯性小车"、"火箭枪"模型等展品会引发学生的联想，学生因此会想到之前学过的反冲力、弹力等相关知识，从而想到利用扇叶转动产生的反冲力和橡皮筋形变产生的弹力使小车运动起来。基础科学展厅还有与磁相关的展品，会让学生联想到磁极间的相互作用，从而想出利用磁铁的同级相斥原理使小车稳定停在斜坡上	学生在重庆科技馆边游边学，体验展品和参观展厅，基于展品体验的直接经验，大大提升了学生探索的兴趣，在重庆科技馆中轻松愉快的亲身体验使学生思维活跃，联想起之前所学的知识，通过体验式和实践式学习也更好地理解了所学的知识，为接下来用理论知识指导实践，将所学的知识应用到制作小车中做铺垫
小组合作 (90分钟)	确定问题 (10分钟)	学生参观游览重庆科技馆后，老师将学生进行分组，每4人为一组，分为5组。然后进行头脑风暴，让学生小组讨论设计与制作过程中的一些难点并记录在活动记录单上，例如：设计什么样的小车？用哪种实验材料做车身呢？车轮怎么安装在车身上呢？橡皮筋有什么用呢？怎样安装磁铁呢？怎样才能使小车跑得又快又稳？如何使小车停在斜坡上等？怎样合理分工？	让学生在设计之前先思考，可以培养他们善于动脑和思考全面的良好习惯，以便充分利用老师提供的活动材料进行设计，确保能够在有限的材料中制作出符合要求的作品，同时还可以避免在制作过程中

续表

活动形式		活动内容	活动设计思路
小组合作 （90 分钟）	确定问题 （10 分钟）	老师在学生讨论过程中不断巡视，观察其讨论情况以及思考方向是否正确，并对学生有所遗漏或有误的地方提出指正。 头脑风暴结束后，以小组为单位派代表汇报自己小组确定的问题，在老师的指导下对需要解决的问题进行完善，最终将它们完整地列举出来，便于进一步寻求解决方法	出现一些不必要的问题，如没有用到某种材料或需要的材料没有提供等
	提出方案 （10 分钟）	学生开动大脑，积极思考，通过激烈讨论，提出所有问题的解决方法后将其整合，记录在活动记录单上，例如：将橡皮筋和自制小风扇连接在一起，转动风扇扇叶将拉伸橡皮筋，松开扇叶，橡皮筋回缩，就会产生一个弹力，可以推动小车运动；风扇扇叶一开始转动的圈数越多，橡皮筋就被拉伸得越紧，弹力就越大，小车就能运动得越远了。要使小车停在斜坡上，就要利用到磁铁同极相互排斥这一原理，在小车的前端粘上一个磁铁，在斜坡前面的挡板上粘一个同级磁铁，当小车在斜坡上下滑时因为磁铁同极互相排斥就能稳定停在斜坡上	学生通过参观重庆科技馆，将展品蕴含的科学原理与自己已经学习过的知识建立起联系，对于需要解决的问题，在和同学们的讨论交流中碰撞出思想的火花，可以较为容易地得出各个问题的对应解决方法，这一环节主要是为了训练学生将理论联系到实际的思维方式，将课本上学到的知识用于解决实际问题，可以使学生对知识的理解更加透彻，增强学习效果
	绘制设计图 （15 分钟）	绘制小车的设计图（见下图），注意做好相关的标注，例如：标明材料具体粘接位置和磁铁粘接的方向，前后轮的距离等 （图：小车设计图，标注有磁铁、橡皮筋、扇叶）	学生根据自己的创意想法，绘制小车的设计图，是一种思维具象化的行为，同时要在此过程中培养学生作图的规范性，例如要利用直尺圆规、做好标注等，让学生意识到设计一个项目是有一定的规范标准的

续表

活动形式		活动内容	活动设计思路
小组合作 (90 分钟)	制作小车 (35 分钟)	学生确定小组分工计划,并记录在活动记录单上,然后根据小组的设计图进行制作:用塑料瓶制作瓶身和扇叶,然后将橡皮筋连接在小车内部,扇叶安装在小车尾端,再安上车轮车轴等,最后分别将两块同级磁铁粘在小车头部和斜坡前面的挡板上。 老师在学生制作过程中也要不断巡视,观察小组分工合作情况以及剪刀、胶枪等工具的使用情况,提醒学生注意安全	动手制作过程主要是为了锻炼学生的动手能力,使学生熟练使用各种基本工具以及充分利用活动材料,将富含创意想法的设计图转化为实物后,就会收获一定的快乐和成就感
	作品测试 (20 分钟)	学生将自己制作出的小车在赛道上进行测试,①观察小车运动状态,如是否走直线、是否卡顿等;②测试小车能否依次到达第一赛点(40cm)、第二赛点(60cm)和终点(100cm);③观察小车是否能够稳定停在斜坡上。在活动记录单上做好相关记录,例如:小车出现的问题,到达终点所用时间等。 教师观察学生的小车测试结果,帮助学生寻找问题出处,小组讨论交流,结合同伴和教师的建议和意见,学生对作品进行下一步迭代设计,然后进行第二次测试,并记录相关数据在活动记录单上,与第一次结果进行比较,查看问题是否得到解决(迭代次数根据实际情况决定)	本环节的主要目的是让学生知道制作一项产品不是一蹴而就的,而是需要多次测试与改进,培养学生不断精益求精、完善改进作品的科学态度和实事求是记录实验数据的习惯
集体活动 (25 分钟)	速度竞赛 (15 分钟)	改进完善小车后,让各小组的小车参加速度竞赛,比赛的方式是小车走一段带有斜坡的赛道,在小车最后能稳定停在斜坡上的前提下,记录小车到达终点的时间,看哪一组小车所用的时间最短,选出竞速之王,并放在科技馆展区进行展示	通过比赛的方式,激起了学生的好胜心,也能够更直观地了解学生的创造力和运用知识的能力。学生在比赛过程中也会发现自己有哪些地方做得不够好,还会发现其他小组的优点,取长补短,有助于更好地完善改进小车

续表

活动形式		活动内容	活动设计思路
集体活动 （25分钟）	活动评价 （10分钟）	评价采用学生自评、小组互评和教师评价相结合的方式，评价的内容主要包括3个方面：个体在小组中的贡献、小组合作情况和最终作品完成情况。在活动结束后，学生讨论自己在活动中的成功经验与失败教训，各小组通过口头和文字的形式来展示自己的作品，介绍自己作品的艺术性和创意，并派代表发表活动心得和体会。 活动结束后，老师将学生的设计方案及作品图片上传网络学习平台，以便于后续的交流联系	3种评价方式相结合不仅有利于提高学生自身的反思能力和判断能力，也有助于培养学生的集体意识，知道工程设计需要分工合作，每个人扮演着不同的角色，教师给予的客观性评价帮助学生发现自身的优缺点，促进他们不断改进提升自己

7 实施方法与策略

基于项目的学习（Project-Based Learning），以项目为主线、教师为引导、学生为主体，教师提出一个或者几个项目任务设想，学生围绕一个具体的项目，充分选择和利用各种学习资源，在实际体验、探索创新、内化吸收的过程中，以团队为组织形式自主地获得较为完整而具体的知识，形成技能并获得发展。[2]根据PBL教学法，在活动实施过程中开展项目式学习，充分激发学生学习动机，培养学生自主学习能力，主要包括4个阶段：开始阶段，教师为学生展示一个带有下坡的赛道，提供可用的活动材料，确定项目任务为制作一辆跑得又快又稳的小车，用于参加速度竞赛，最后还能停在赛道终点之后的斜坡上；项目探索阶段，教师根据学生情况组建小组，组内可以运用头脑风暴法激发群体智慧，提出创新构思，思考如何运用所给的材料制作出符合要求的小车，并制定项目计划，如项目的时间安排、阶段任务、预期成果的形式及要求等；原型设计与实现阶段，学生按照"设计－制作－测试"的迭代设计思维完成项目作品，学生先绘制出小车的设计图，然后分工合作，动手制作小车，最后测试小车是否符合要求，不满足要求的情况下进入迭代环节，至于迭代次数视实际情况而定；整合反馈阶段，教师组织各小组进行竞速比赛，并挑选出优秀作品放在科技馆展区进行展示,然后采取学生自评、小组互评、教师评价等多种方法对个体在小组中的贡献、小组合作情况和最终作品的创意进行综合评定,最后学生反思自己在设计制作小车以及合作学习过程中的表现,总结成功经验与失败教训,以进一步提升自己的科学素养。

8 预期实施效果

针对同样的主题,在以往的学校课堂中,教师会出示各种车的图片,让学生了解小车的各部分结构和作用,然后让学生确定设计方案并绘制设计图,最后使用教师提供制作小车的材料工具包,进行组装,不利于激发学生学习兴趣和创造能力。然而本次活动在重庆科技馆进行,授课地点的改变使学生们兴趣高涨,充满好奇与喜悦,更加积极主动地参与讨论,以更饱满的热情投入活动中去。教师在活动之初提供一个带有下坡的赛道以及不同大小的塑料瓶、磁铁、橡皮筋、胶水、剪刀等活动材料,明确活动任务后有的放矢,让学生在参观游览科技馆的过程中,思考如何运用所给的材料制作出符合要求的小车,不同于学校课堂上简单地组装小车,在游览交通科技展厅时,通过各种交通工具的展品体验,学生获得直接经验,知道了小车的结构包括车架、车身、车轴、轮子以及它们各自的特点和作用,从中受到启发,联想起之前所学的反冲力、弹力、磁力等相关知识,学以致用,为后续设计制作小车奠定了知识基础。开放的教学环境,自主的学习方式,激发了学生的学习兴趣;丰富的展品资源,开阔了学生的眼界;真实情境下的工程任务,基于事物的体验,环环相扣的活动过程,有助于培养学生的创新思维和实践能力,提升学生的科学素养。

9 活动创新点

创新1:在科普场馆活动设计中融入创客教育理念,将传统的展品教育活动转化为创客教育活动,给学生更多自主动手实践的机会,体验科学的乐趣。

创新2:走出教室,体验重庆科技馆的展品和参观展厅,边游边学,基于展品体验的直接经验,使学生很容易联想起学校所学知识,在体验式学习过程中更深刻地理解了书本上的知识。

创新3：采用一个带有下坡的赛道，并要求学生设计出能稳定停在赛道终点之后斜坡上的小车，解决小车经过终点后乱跑的问题，方便学生捡取，运用同极磁铁互相排斥的科学原理使运动的小车停下来，学以致用，使理解知识和实践应用同步发展。

创新4：利用划分了3个赛点的赛道，让学生体验创客产品由易到难的制作过程，意识到完成一项作品并不是一蹴而就的，需要不断测试与改进，培养学生不断精益求精、完善改进作品、追求完美的工匠精神。

创新5：实验材料易得，成本低，用生活中常见的塑料瓶制作小车，废弃物重新利用，不仅培养了学生动手动脑的创新能力，增强了环保意识，而且做到了物尽其用，丰富了小学科学教学的内容，提高了学生学习的主动性和积极性。

参考文献

[1] 余睿：《基于创客教育理念的青少年科技活动设计与实践研究》，华中师范大学硕士学位论文，2019。
[2] 张建辉、赵静：《将基于项目的学习引入小学数学课堂的实践与思考》，《世界教育信息》2012年第Z2期。

"帮水搬家"

——虹吸项目方案分析

孙 茜[*]

(郑州科技馆,郑州,450000)

1 研究背景

"馆校结合"是郑州科技馆近年来开展的一项特色突出、亮点纷呈、成效显著的重要工作。2018 年初,郑州市教育局、郑州市文明办印发了《关于加强郑州市"科技馆活动进校园"工作的通知》,郑州科技馆与郑州市教育局确定了中原区和二七区 2 个试点区、13 个试点学校、111 所参与学校。2018 年 3 月 7 日,与中原区教体局合作开展了"馆校结合"启动仪式及系列活动,2019 年与二七区教体局合作开展"馆校结合"系列活动。"馆校结合"活动包括魅力科学课堂、深度看展品和创新教育课程 3 个部分。其中"深度看展品"活动是在科技馆展厅内开展的。展厅辅导员根据参加活动学生的年龄特点,在展厅内挑选适合的展品,将单纯的展品讲解开发成为一项具有科学课性质的活动,针对展品内容扩大外延、深度挖掘,将枯燥、抽象的科学知识和原理以生动、直观的形式展示出来,注重与学生的交流互动,在轻松的环境下理解了深奥的科学道理,激发了探究知识的兴趣,掌握了方法、拓展了视野、开阔了眼界,作为校外科学课的重要补充,培养了学生学习科学知识的热情和兴趣。

---

[*] 孙茜,单位:郑州科技馆,E-mail:zzkjgzjb@126.com。

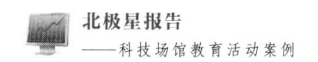

2 教学目标

开发出更符合《义务教育小学科学课程标准》或《义务教育初中科学课程标准》要求的展品活动,将"馆校结合"项目列为郑州市中小学常设活动,为郑州市各大中小学提供科学课补充,将科技馆进校园教育列为常态化工作之一。

小学科学课程是以培养学生科学素质为宗旨的义务教育阶段核心课程。《义务教育小学科学课程标准》指出科学教育要面向全体学生,以生活中的科学为逻辑起点,教学方式的核心是科学探究,科学课程具有开放性,旨在为培养"四位一体"(科学知识、科学思想、科学方法、科学精神)的新少年奠定基础。目前,小学生的科学素质培养缺乏学生亲身体验的科学探究和科技创新,科学课堂存在过于严谨的问题。为有效提高小学生科学素养,"深度看展品"活动成为小学科学课程教学的有益补充,有效利用学生原有的认知经验,贴近小学生的生活,丰富小学生科学世界观,对发展他们的个性和创造潜能有着重要的意义。

3 方案设计

3.1 对象

小学3、4年级学生。

3.2 实施核心

要使小学生上好科学课,首先要针对学生的好奇心,激发他们的学习兴趣,使他们自觉地、主动地发现问题,解决问题,收获快乐,以达到预期的教学目标和效果。小学生一般都活泼好动,凡是能引起积极情绪的观察、演示及实验,他们都能主动地去认识、去接受。

3.3 活动主题

针对小学科学课程标准中"物质科学"和"技术与工程"的学段目标,

以"帮水搬家"为主题，综合利用本馆"力学"展区的展品"虹吸现象"，根据活动教学内容精心设计教学环境与学习气氛，以制造悬念和实验器材为辅助，以"基于实物的体验式学习、基于实践的探究式学习"为教学理念，以体验式学习、多感官学习、情境教学和做中学为主要教学方法。

3.4 展品介绍

展品是由 A、B、C 三个完全一样的玻璃容器组成，其中 B、C 是固定高度（B 高于 C），A 可上下移动，B 中有虹吸管。当容器 A 向上移动高于 B、C 时，A 中的水会流向 B、C，此时虹吸管中充满水；当 A 移动至 B、C 下方时，C 中的水压高于 A 的水压且虹吸管中充满液体，因此容器 C 中的水经过比较高的位置也能流向容器 A。

3.5 分组制度

此次活动以"小班制"的教育方法，采取 20 人为一组参与活动、做小实验与设计解决模拟问题相结合的活动形式，以达成小学科学课程标准规定的"描述物体的运动，认识力的作用，知道设计包括一系列步骤、完成一项工程设计需要分工和合作"的知识目标。

4 实施过程

4.1 因人而异，因材施教

小学低年级的学生正处于爱说爱动、想象力丰富的阶段，以讲故事、观察、提问互动的形式开展活动，体现趣味性、娱乐性，玩中有学，学中有玩，把快乐注入整个活动中。

小学中高年级的学生处于儿童后期阶段，是培养孩子学习能力的最佳时期，独立和发散性思维的培养尤为关键。孩子们开始有自己独立观察事物和表达自己独到见解的意识，在活动中应多鼓励学生仔细观察、独立思考。这一时期孩子们的注意力集中时间有限，容易受周围环境影响，在展厅开展活动时，应注意学生注意力和活动时间的合理分配。

4.2 阶段说明

4.2.1 第一阶段：制造悬念，引入问题

相对于解决问题，发现问题是难点，小学生很难透过表象思考问题，需要我们将问题抛给学生，这样不仅能引导他们发现问题，还促进了他们主动参与动脑探究的积极性。

表1 第一阶段相关活动

阶段目标：引入问题	
教育活动脚本	设计思路
1. 选出两名学生代表以PK方式决定所选的两瓶饮料，这时拿出两个相同的制作精美的彩色杯子，让学生们分别将自己选择的饮料倒入杯中，此时大家会发现量多的饮料从杯子的底部流出，而量少的饮料滴水不漏。 2、提问：为什么饮料倒入杯内，一杯饮料滴水不漏，一杯饮料从杯底流出	设计意图：创设场景，将两瓶饮料摆放在实验小推车上，一瓶多一瓶少，天气热，请同学们喝饮料。 学情分析：学生进入科技馆后对周遭环境产生强烈的好奇心，看到实验推车上的饮料，学生的情绪高涨，最大限度地调动起学生想要参加活动的热情。 教学策略：制造悬念，引出问题并将问题抛给学生，促进了他们主动参与动脑探究的积极性

4.2.2 第二阶段：走进真相，了解虹吸现象

发现问题后需要解决问题，解决问题后才能从实际现象中思考，通过观察、操作展品引导他们从展品中寻找答案。

表2 第二阶段相关活动

阶段目标：了解虹吸现象	
教育活动脚本	设计思路
1. 看一看：首先让学生观察展品外观和构成，挑选3名身高不同的学生站成展品容器排列的队形引导他们观察。展品是由3个高低不同的容器A、B、C组成，让3名同学拉起手，其他学生总结发现有一根管子将3个容器连接在一起。 2. 做一做：选一名学生操作展品，通过向上推一个容器A，学生们发现容器A中的水通过管子进入另一个容器B中，启发他们想办法将这个容器B中的液体重新搬回容器A——"帮水搬家"。 3. 想一想：成功将水"搬家"，引导学生观察水"回家"的路线，并提问水为什么会往高处走，然后又回到了低处？通过观察对比，学生初步了解虹吸现象	设计意图：根据第一阶段提出的问题，仔细观察两个杯子后引导学生从展品"虹吸现象"中寻找答案。通过展品看一看、做一做、想一想，激发学生学习科学的兴趣，引导学生主动探究。 学情分析：学生质疑是杯底的小孔导致饮料漏出，靠前的学生能看到杯中竖立的小管是漏水的主要原因。 教学策略：比较两个杯子的外观，两个杯底皆有小孔，解释了小孔不是漏水的关键；根据学生提出杯中有小管的问题，引导他们从展品中寻找答案

4.2.3 第三阶段：揭开面纱，总结知识点

在这个环节中通过对比实验引导学生总结出产生虹吸现象应满足的条件：①存在高度差的两个液面，②虹吸管内要充满液体。

表3　第三阶段相关活动

阶段目标：总结产生虹吸现象应满足的条件	
教育活动脚本	设计思路
1. 实验小车上放置两个烧杯A、B，并倒入一定量的水，其中A中加入红墨水。向学生们提出将A中的红色液体"搬"入B的请求。  2. 引导学生动手动脑，积极体验，联系展品将两个烧杯放置在不同的高度，同时还需要一根管子。此时，转换身份，突出学生的主体地位，联系学生已有的知识和经验，重视互动，按照学生的要求来完成实验。 3. A、B两个烧杯的水平位置相同，将管子两端分别浸入烧杯A、B中，红色液体并未"搬入"B内，实验失败。  4. A、B两个烧杯的水平位置不同，A高B低，将管子两端分别浸入烧杯A、B中，红色液体未"搬入"B中，实验失败。 	设计意图：在这个环节中通过实验引导学生总结出产生虹吸现象应满足的条件。 学情分析：学生简单明了地想到将A中的红色液体直接倒入B内；或学生直接用空管子分别浸入A、B中；或将一条毛巾搭在烧杯之间，利用毛细现象将A中的红色液体"搬"入B内。 教学策略：针对学生提出的各种方案，表扬积极回答问题的同学，并将学生提出的方案一一实践，实践后发现均不能帮水搬家，引导学生发现问题所在并利用虹吸原理解决问题

续表

阶段目标:总结产生虹吸现象应满足的条件	
教育活动脚本	设计思路
5. 引导学生观察展品,发现A、B、C 3个容器高低错落,连接管内要充满水而且是密闭的,利用针管将管子充满水后,再次将充满水的管子重新分别浸入两个烧杯中,虹吸现象产生——A中的红色液体"搬入"B,实验成功。 6. 实验至此引导学生自行总结产生虹吸现象应满足的两个条件:存在高度差的两个液面;虹吸管里要充满水	

表4　对比实验结果

对比实验	
控制变量	结果
液面不存在高度差,虹吸管未充满液体	×
液面不存在高度差,虹吸管充满液体	×
液面存在高度差,虹吸管未充满液体	×
液面存在高度差,虹吸管充满液体	√

表5　实验:烧杯"搬"水

工　具	装有红色液体的烧杯A、装有清水的烧杯B、管子
目　的	将A中的红色液体"搬"入B中
过　程	A、B水平位置相同,空管子两端浸入A、B中
	A、B水平位置不同,空管子两端浸入A、B中
	A、B水平位置不同,充满液体的管子两端浸入A、B中
结　论	产生虹吸现象应满足的条件:①存在高度差的两个液面,②虹吸管内要充满液体

4.2.4 第四阶段：分组比拼

初步了解真相后还需要自行操作才能真正懂得其中的奥秘，分组进行独立和合作学习、场景假设，发放实验材料模拟从高处引水到低处的任务，比拼后选出获胜小组。

表 6　第四阶段相关活动

阶段目标：独立和合作学习	
教育活动脚本	设计思路
1. 介绍从黄河引渠灌溉的背景，请学生分成 a、b、c 3 组进行合作，每组利用辅导员老师提供的杯子、吸管、胶水等材料模拟从高处引水到低处的任务。 2. 搭建"杯塔"。指导学生用双面胶在木板上粘三道胶，为稳固"杯塔"打好基础。学生们发挥自己的想象力，用手中的 6 个纸杯搭建出由高到低的 3 层"杯塔"，并用双面胶固定。  3. 制作"引渠"。分发给学生们吸管、密封胶和塑料杯（为安全起见塑料杯已事先打孔），由辅导员老师指导，学生小组自行完成"引渠"的制作。  4. 开始"注水"。 	设计意图：场景假设，黄河下游自河南花园口以东是河床高出两岸的地上河，这里有将河水引渠灌溉农田的虹吸装置。 "引黄淤灌"是利用虹吸装置将含沙量大的黄河水引入堤坝后的低洼地区进行沉淀，淤积的泥沙将低洼地区地势抬高，沉积出的清水用于灌溉农田，一举两得。 学情分析：由于实验是在展厅内完成的，且实验用到了水，随时可能出现打翻实验器材的可能。在学生做实验的过程中，会出现争论或有学生埋怨组员做得不够好等。 教学策略：要做好引导学生情绪的任务，将解决问题放在首位，积极思考解决问题的办法是设立此项实验的主要目的

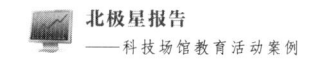

续表

阶段目标:独立和合作学习	
教育活动脚本	设计思路
5."引渠灌水"。 6. 分组总结。实验结束后,学生互相总结实验中遇到的问题以及解决问题的方法。搭建"杯塔"最快,制作"引渠"不漏水,"引渠灌溉"速度最快,"引水"最多的队伍获得分组比拼的最终胜利	

表7 实验:搭杯

工 具	纸杯、吸管、密封胶
目 的	模拟从高处引水到低处,提高学生们的动手、动脑能力
过 程	指导学生搭建出由高到低的"纸杯塔"
	将吸管与带孔纸杯组合放入"纸杯塔"的各个顶层
	开始注水
	成功引水
总 结	操作过程中会遇到漏水、搭建速度慢等问题,通过合作与分工能够克服困难完成任务

4.2.5 第五阶段:联系生活,发现科学之趣

利用虹吸现象解决日常生活中的简单问题,让学生能够从本质上理解虹吸原理在建筑排水、市政排水、水利工程等各方面的应用。

表 8　第五阶段相关活动

阶段目标：科学不可思议，答案就在生活里	
教育活动脚本	设计思路
1. 学生自己讲述虹吸现象在日常生活中的应用，用 iPad 为学生播放虹吸式咖啡壶的使用过程。 2. 请学生利用虹吸现象解决日常生活中的简单问题，如给鱼缸换水。 3. 结合自制道具"引黄灌溉示意图"进行展示，理解虹吸原理在水利工程方面的应用。 4. 为获胜小组以及表现积极出色的同学发放小礼物	设计思路：学以致用，联系实际生活，积累生活经验。 学情分析：活动接近尾声，学生们的注意力大幅下降，急于自由活动。 教学策略：发放小礼物，并带领学生反复强调产生虹吸现象的两个关键因素，加强学生对虹吸现象的记忆

5　方案成果及评估

本次馆校结合活动在结束后会根据学生在活动中的活跃度及回答问题的积极程度及时调整和完善互动设计。

5.1　学校方面

重点小学：与普通小学的学生相比在思考问题、解决问题的方式上都很迅速，能够立刻回答出知识的核心。不少重点小学的学生在课外通过辅导班或家长，已对科技馆相应的展品有所涉猎，在讲解时遇到此类学生，辅导员往往会对知识的深度有所延伸，在活动结束后，学生们也会积极地同辅导员进行交流并提出问题，这需要辅导员在展品知识延伸方面做更加充足的准备。

普通小学：思考问题和解决问题的方式很好，个别小学的学生注意力容易受到外界因素的干扰，科技馆的其他展品、嘈杂的环境和散客参观会分散学生的注意力。辅导员在开展活动时，需要老师来帮忙管理纪律，不能完全使用自由轻松的教学方式。在活动结束后，也会有同学对展品提出更多的疑问，辅导员同样需要进行展品知识延伸的准备。

郊县小学：学生思考问题和解决问题的方式较为保守，来到科技馆后依旧保持在学校的纪律惯性，在回答问题和互动方面较为慢热甚至表现出完全不互

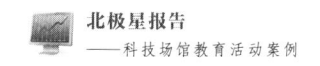

动。需要辅导员耐心引导，完成规定的活动内容，展品知识延伸部分较少，学生提问不积极。科技馆活动对其开阔眼界和解开学校纪律束缚更为重要，希望他们通过馆校结合活动开启探究式学习的大门。

5.2 学生方面

20位学生的学习接受能力不尽相同，呈现多样性和多层次性。每个学生都是有发展潜力、发展差异、发展前景的。

探讨型学生：有的学生在活动结束后会留下来提出自己的想法，并主动要求自己来完成实验，体验成功的乐趣，觉得自己有能力、能胜任，从而使学习兴趣得到加强，激起进一步深入学习的强烈愿望。

暖心型学生：在一次活动开展的过程中有这样一位男生，在小组合作中他总能照顾其他同学把靠前的位置让给他人，小组成员合理分工、各司其职，所有成员达成共识。在活动结束后主动要求帮助辅导员整理实验器材并且非常有礼貌地与辅导员告别。活动的开展不仅让学生看到自己的潜能特长，而且让学生在发挥优势中收获自信的快乐。

6 特色举措

本案例紧紧围绕小学科学课程标准设计，以培养学生科学素养为宗旨，注重引导探究，突出学生在整个活动中的主体地位。

案例的设计思路清晰，目标明确，分为5个步骤来实施。由浅入深引导学生积极探索，激发学生的好奇心和求知欲，增强了学习科学的兴趣。

利用馆内现有资源制作虹吸杯引出问题，调动学生的积极性，增强课程趣味性。

在辅导员老师的指导组织下，通过看一看、做一做、想一想、做实验的方式，学生主动参与、动手动脑、积极体验，在做中学、学中思。合作与探究，培养了学生提出问题、收集信息、获取知识、分析问题、解决问题的能力。

在分组环节中，突出学生的主体地位，学以致用，用所学知识解决问题，培养独立思考和分组配合的能力，克服学习过程中的困难，成为一个具有自主学习能力的学生。

通过发放小礼物提升学生的关注度，在活动中积极参与力争上游。活动结束后给学生布置任务，使同学们感受虹吸现象在日常生活中的广泛应用，尝试解决日常生活中的简单问题，发现科学之趣。

7 收获

科学课是以实验为基础的学科，要体现这一性质，并让学生有所创造，就必须亲自动手、亲身体验。实验活动让笔者再次领悟到"生活即教育"的含义，生活中处处有可利用的、有价值的教育资源。我们应该培养自己的应变能力，使自己成为一个善于捕捉教育契机的有心人。

8 感想

"知之者不如好之者，好之者不如乐之者。"在科学课中，只有让学生"乐知"，培养他们的兴趣，才能激发其学科学、爱科学的积极性。教师在激发学生的好奇心后，不能仅停留在表面，要不断引导，激发他们深入探究的兴趣，使他们真正做到爱上科学、学好科学。探究既是科学学习的目标，又是科学学习的方式。亲身经历以探究为主的学习活动是学生学习科学的主要途径。科学课程应向学生提供充分的科学探究机会，使他们在像科学家那样进行科学探究的过程中，体验学习科学的乐趣，增强科学探究的能力，获取科学知识，形成尊重事实、善于质疑的科学态度，了解科学发展的历史。

9 启示

小学低年级的学生认识和理解能力还比较弱，更喜欢听拟人化的语言，在讲解过程中，应注意把物品拟人化，赋予其感性、思想。比如可把水比喻成水宝宝和水妈妈，利用帮水妈妈找孩子、帮水宝宝搬家等情节把整个实验串起来，使孩子在不知不觉中理解和掌握所学内容。

在讲解及实验过程中，辅导员应顺应不同年级学生的兴趣，借助真实情境提出问题，引导学生讨论、探索，充分调动学生理解科学现象的主动性、积极性和创造性，使学生在轻松愉快的实验探索活动中既学到了科学知识，又提高了解决实际问题的能力。

在科学课中，动手和动脑是分不开的。特别是小学低年级的学生思维还处于直觉行动向具体形象过渡的阶段，学生对事物的理解往往要通过自己的亲身感受来实现。因此，整个活动要以学生的亲自感知、操作为主，注重调动学生主动参与的积极性。

酷玩电路系列课程
——"阻对"电音趴

贾惠霞 张梓馨 李 侦*

(石嘴山科技馆,石嘴山,753000)

1 研发背景与目标

通过石嘴山科技馆对当地学校进行调研发现,在初中阶段,学生很少开展研究性活动,教学形式也大多以讲授法为主,在此种教学模式下,学生缺少思考空间与动手操作的直接经验,不能很好地激发学生的学习兴趣,学生往往为了"学习"而"学习"。为了和学校的教学活动互补,并且激发学生的科学探索精神与自主探究学习的习惯,石嘴山科技馆充分发挥自身优势,结合馆内电磁展区相关展品,开发"阻对"电音趴课程。通过对展区的展品进行探究学习与学生动手实验获得的直接经验,学会对数据进行处理,提升学生探究科学的能力。近年来,物理学的研究方向从宏观物理逐渐转向微观物理,而电磁理论更是现代物理中的柱石。因此,本课程在课程设计上一方面对接学校课程,一方面对接科技发展,从而使中小学生对于电学形成初步认识。

本课程对接《义务教育初中科学课程标准》物质科学领域的相关内容,主要运用实验法、体验法和讲授法相结合的方式,带领学生体验馆内相关展品,使学生对于电学有一个初步了解。运用演示法完成相关实验,让学生认识到简单电路中电流、电压、电阻之间的相互联系。随后学生独立实验,探究三者的逻辑关

---

* 贾惠霞,单位:石嘴山科技馆,E-mail:34964870@qq.com;张梓馨,单位:石嘴山科技馆;李侦,单位:石嘴山科技馆。

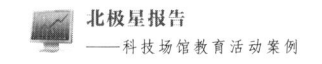

系并自主得出欧姆定律。最后带领学生制作"纸片电子琴"科学成果。

整体课程让学生初步学会科学探究的基本方法,并且培养学生的探索精神。使学生了解科学推动技术进步与技术促进科学发展的相互关系,认识到科技对于生产生活的影响。

2 项目设计概述

本系列课程主要以酷玩电路为切入点,选取其中"阻对"电音趴课程为例。针对初中《物理》中电与磁部分的教学内容以"阻对"电音趴为主题,以《义务教育初中科学课程标准》中"认识科学探究是获取科学知识的方式。初步认识科学推动技术进步,技术又促进科学发展的相互关系"为教学目标。利用本馆"魅力电磁"相关展品以及一系列辅助教学的实验和"科学小手工——纸片电子琴"的制作,采用"5E"教学模式,以讲授法、参观法、展示法、实验法为主要教学方法,通过直接经验与间接经验相结合的方式使学生了解到简单的电磁学知识,从而达到"初步认识电路,探究电压电流电阻关系"的教学目标。

3 开展形式

本项目的开展时间点为学期内、寒暑假、节假日、周末。开展形式为馆校结合的模式,每周学校内开展一次,馆内开展一次,每次参与人数为一个班的学生。在校内开展,则会提前与学校老师沟通,安排一个班学生参与,在馆内开展时,由老师带领学生前来参与,或者在科技馆的报名平台上发布信息,由公众自行报名参与。

4 成果及评估

本节课程通过两种方法同时进行评估。

一种是在教学过程中的形成性评估,比如提问学生电阻在电路中,对电流大小有怎样的影响?大多数同学都不能回答,少数同学明白大概的意思,却无法准确地用语言来表述。但是通过老师指导学生亲自接通电流表与不同阻值电阻的试验，通过直接观察、验证以及教师讲解等学习以后，95%的学生都可以用准确的语言来表述电阻对电流的影响。课程最后一部分的动手制作环节，是让学生们不断尝试连接不同数值的电阻，使电路可以发出类似"音阶"的声响。而这个过程就检验了同学们是否知道电阻大小对于电流大小的影响。该环节吸引了同学们的极大注意力，说明同学们对于此类形式的活动具有浓厚的兴趣。

另一种是在教学结尾时的评价性评估，比如在课程第五阶段评价环节，会为各组学生保留15分钟互相交流的时间，学生在这一阶段交流自己的学习经验，并提出新的问题，各组学生互相探究新问题的解决方法。这一过程充分发挥了学生的想象力与创造力，并且培养了学生发现问题并尝试自己解决问题的能力。

在课程之后，通过对学生及家长的交流随访，发现学生非常喜欢这种STEAM融合课程，将科学、技术、艺术等融合起来，使在学校中显得枯燥的物理学知识"活"了起来，"纸片电子琴"的制作与研究让学生轻松愉快地掌握了复杂的知识，真正做到了让学生在研究中不断学习、成长。

5 特色分析

5.1 STEAM 让科学知识更直观

在初中教育中，物理学是重要学科之一，但很多学生认为物理学枯燥、乏味而且很难记忆，这都是没有实际动手操作带来的结果，本课程融合了科学、技术与艺术3个方面，在课程中，通过探究实验的控制变量法让学生直观感受到各个物理量的变化，"纸片电子琴"的制作更是通过音色与音阶的变化，让学生直观地感受到电阻值的变化，这样的课程设计既提升了学生的学习兴趣，又让学生在实验中学习到科学知识。

5.2 结合展品让科学体验更深刻

本课程充分发挥场馆内展品资源的优势，扩充科学探究过程。以学生为主体，引导学生亲自体验展品、动手实际操作实验、观察记录和得出结论，让学生深刻地感受科学探究的过程，学会学习科学知识的方法。

5.3 玩中学让科学知识更有趣更简单

学校的科学教育活动更偏向于老师直接灌输科学知识、科学概念，让学生们死记硬背，或者由老师演示，学生只是观看演示过程，并不能亲自动手实践、实验。这会降低学生对于探索未知事物的欲望，也无法提高学生学习科学知识的积极性。同时在学校的教学中，还存在学科教师配置不足、学校设备不全等问题。而本次案例的设计，以学生为主、老师为辅的方式进行，并且以盖印章的行为来鼓励、激发学生的学习兴趣，让学生能够自发主动地进行探究学习活动。同时，本次案例中教学场地不仅仅局限在教室内，场馆展品资源的利用大大缓解了学校设备不全等问题。小活动和小游戏的设计贯穿于整个案例，这区别于学校科学课堂中死板、呆板的课堂氛围，可以让学生在"玩中学""做中学"，使科学知识可以潜移默化而不是死记硬背。希望通过本案例的开展，可以激发同学们对科学知识的探索欲望。

6 实施过程

表1 活动实施过程

第一阶段：课程引入	
阶段目标：通过参与"串一串"小游戏，回顾串联电路的基本元件。游戏中，给大家增加新的元件——电阻，让同学们在游戏中试着连接，激起学生的学习兴趣	
教育活动脚本	设计思路
创设情境：串一串 介绍游戏规则。将准备好的带有电路元件图标的头饰分给同学们，在老师喊出灯泡数量时，同学们以最快的速度手拉手形成一个串联电路，要求电路必须有基本元件，包括电源、开关和正确的灯泡数。经过3次"串一串"游戏后，老师拿出新的元件图标——电阻，把电阻带上，再进行2次"串一串"游戏 问题导入： 1 同学们知道电阻吗 2 电阻是什么 3 把它串在电路中有什么作用呢	主要是激发学生的学习热情，其次对于课程的知识点做一个简单的介绍。小游戏的引入是为了调动学生的积极性，让同学们可以在欢快愉悦的轻松氛围下学习 教学方式：参观教学法、讲授法、讨论法 活动方式：观看、讨论 分配时间：10分钟

续表

第二阶段:探究与实验

阶段目标:小组合作,通过体验展品、小实验科学探究活动,观察、记录现象
探究1:电阻对灯泡的影响
探究2:影响电阻的因素
探究3:电阻对电路中电流的影响,了解欧姆定律

教育活动脚本	设计思路
探究前小活动 教师活动:准备印有图案的小纸片,将纸片撕碎,每个同学发一张,能够将碎片拼成完整图案的为一组。成组后给同学发《探究学习单》,并给最快拼图成功的那一组每人的《探究学习单》上盖一个章,给自我举荐成为组长的学生盖一个章 学生活动:拿到纸片后,以拼图的方式分成小组,按组坐好并选出组长。领取《探究学习单》 探究一:电阻对灯泡明暗程度的影响 教学内容1:体验展品 教师活动:组织学生前往电磁展区,体验展品 学生活动:跟随老师的带领,进入展区,体验展品,并填写《探究学习单》 教学内容2:分享交流观察到的现象 教师活动:提出问题,1电阻的大小对灯泡有什么影响?2有没有同学注意到这个符号(Ω)?代表了什么意思?组织同学们分享交流。对于积极主动的同学,盖一个章 学生活动:分享观察到的现象,回答老师的提问 探究二:电阻对电流大小的影响 教学内容1:知道电路中的电压、电流 教师活动:灯泡的明暗除了和自身瓦数的大小有关以外,与电路中的电压、电流大小也有关系。那么同学们知道电压和电流吗 学生活动:回答老师的问题	分组是为了提高管理课堂纪律和组织活动时的效率,采用这样的分组方式是为了将熟识的学生打散分在不同的组里,以防将不熟识的学生孤立。小拼图活动也可以迅速调动课堂氛围,增强学生的参与感。盖印章是对学生行为的一个肯定和鼓励。可以更加调动学生主动参与课程的积极性。《探究学习单》是用来记录观察现象、总结最终结论的,也可记录学生的学习过程 学情分析:学生对于电学的认识大多仅仅是书籍或者视频中的间接经验,很少有机会进行验证,因此课程设计中多用实验代替讲授内容,让学生在实验中获取直接经验 设计意图:利用场馆内的展品,让学生们动手操作,直观地看到现象,并加以记录。通过亲自做实验,近距离观察现象,可以更加直观地感受到电阻大小对灯泡明暗程度的影响 问题程度较简单,以引起学生的兴趣为主,可以活跃同学们的思维,同时也为了教师能够及时掌握学生的想法和认知水平,方便安排后面的教学设计 提出问题后,让同学们能够自己给出假设、假想答案,让学生进行思维上的碰撞,暴露错误的概念,调动其探究的内在动力

续表

第二阶段:探究与实验

阶段目标:小组合作,通过体验展品、小实验科学探究活动,观察、记录现象
探究1:电阻对灯泡的影响
探究2:影响电阻的因素
探究3:电阻对电路中电流的影响,了解欧姆定律

教育活动脚本	设计思路
教学内容2:探究电压对电流的影响 教师活动:给同学们发电流表和三节电池盒,指导学生连接电流表和电池盒,对比不同节数的电池对应的电流大小,并观察记录 学生活动:根据老师的讲解,正确连接电流表,并观察记录不同节数的电池,电流大小的不同 探究结论:电压越大,电流也就越大	利用老师讲授的方法,学生自己连接串联电路,并在电路中正确地接入电流表。通过连接不同电池节数所看到的不同电流读数,能够总结出一定的规律
教学内容3:探究电阻、电压和电流之间的关系 教师活动:先给大家简单地介绍一下滑动变阻器,然后在教学内容2的基础上,每小组再发一个滑动变阻器,测试在电压相同的情况下,电阻对电流大小的影响 学生活动:正确连接滑动变阻器,进行小实验,并观察记录所看到的现象 探究结果:在同一电路中,导体中的电流跟导体两端的电压成正比,跟导体的电阻成反比,这就是欧姆定律	再次增加实验设备(电阻),这次实验目的是探究电阻与电压、电流之间的关系。通过实验过程,能够明显地看到不同的电阻大小所对应的电流大小。实验结束可以总结出一定的规律。在观察探究过程中,学生们在面对新的知识或信息时,会与之前的假设、假想形成冲突,这是进行概念重建的关键时刻
探究三:影响电阻大小的因素 教师活动:给学生分发不同材料的金属丝、不同长度的镍铬合金丝、不同粗细的镍铬合金丝,将其分别连入串联电路中,观察小灯泡明暗程度的变化 学生活动:正确将每组金属丝连入串联电路,对比小灯泡的明暗程度,记录到《探究学习单》中 教师活动:现在咱们知道了金属丝的材料、长度、粗细都能影响到电阻的大小,那么同学们,假如我将这根镍铬合金丝进行加热,电阻会产生变化吗?将镍铬合金丝连入串联电路,并进行加热,观察小灯泡明暗程度的变化 学生活动:观察实验现象,记录到《探究学习单》中 探究结论:①金属的电阻和其材料有关;②当金属丝横截面积不变时,长度越长,电阻越大,当金属丝长度一定时,横截面积越大,电阻越小;③大多数金属温度升高时,电阻变大	最后利用比较法,来进行影响电阻大小的因素实验探究活动。这个活动中,由于温度实验有一定的危险性,所以由指导老师进行示范实验,演示给大家看,然后由同学们自主进行长短、粗细和不同材质的金属丝实验探究 活动方式:体验、观看、讨论、实验 分配时间:60分钟

续表

第三阶段:讨论与总结	
阶段目标:首先鼓励学生用自己的语言描述探究活动中出现的现象,然后进行总结;然后是对他人的解释有无质疑	
教育活动脚本	设计思路
教师活动:在教室中,分组讨论《探究学习单》上观察记录的内容,然后各组派代表给出一个结论并对其进行解释 学生活动:交流讨论后,向同学和老师分享自己组的结论	在观察探究过程中,学生们在面对新的知识或信息时,会与之前的假设、假想形成冲突,这是进行概念重建的关键时刻。让学生尝试用自己的理解来阐述自己的认知,可以让他们对知识点有新的见解。同时,锻炼学生的交流能力、总结能力。当然也为教师呈现正确概念做铺垫 教学方式:讨论法、问答法 活动方式:讨论 分配时间:15 分钟
第四阶段:知识迁移	
阶段目标:由教师给出准确、正规的定义,纠正学生模糊的概念;思考实际生活中的运用	
教育活动脚本	设计思路
教师活动1:为大家解释知识点内容,给出最终的正确结论,并让大家做记录 学生活动1:聆听老师给出的最终结论,并记录在《探究学习单》上 教学方式:讲授法、问答法 活动方式:讨论 分配时间:10 分钟	学情分析:学生对电路与电阻已经有了一定的认识,但还不能系统性归纳。能对实验结果进行简单表达,但不能用科学语言准确说明 设计意图:在实验过程中,学生可能过多地将兴趣投入实验过程中,而忽略了实验的结果与原理。但经过观看教师演示和自行动手实验,对该阶段的原理解释更容易接受。此阶段一方面对各实验结果进行系统梳理,另一方面将实验所包含的理论知识进行二次讲授
第五阶段:评价	
阶段目标:学生通过以上 4 个环节的学习,利用理解到的科学知识将电阻接入"纸片琴"中;自我检验和老师指导是否成功出现"音阶"。最后让学生交流一下本节课上自己的进步和收获	
教育活动脚本	设计思路
教师活动1: 1 引发思考,在生活中哪里会用到这个原理呢?说出电阻在生活中的应用,比如可调节灯的亮度等	学情分析:学校教育很多只是教授理论知识,对于实际的应用或者自己动手方面很少涉及,该阶段可以补充学校教育

续表

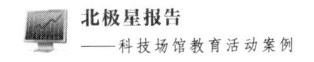

第五阶段:评价

阶段目标:学生通过以上4个环节的学习,利用理解到的科学知识将电阻接入"纸片琴"中;自我检验和老师指导是否成功出现"音阶"。最后让学生交流一下本节课上自己的进步和收获

教育活动脚本	设计思路
2 拿出"纸片琴"向同学们展示 3 给同学们分发额定电阻,让同学们尝试将电阻器粘贴在"纸片琴"中,最终实现可以发出类似音阶的声响 学生活动1: 1 思考并回答老师的问题 2 观看老师展示的"纸片琴" 3 动手尝试将额定电阻接入其中 教师活动2:提问,通过本次学习,同学们都有什么样的收获呢?对于积极回答的学生盖一个印章 学生活动2:说出自己的收获 教学方式:实验法、问答法 活动方式:动手制作、思考、回答问题 分配时间:20分钟	设计意图:①学生将学到的知识实际应用到成果制作中,让学生体会到学以致用;②在实际操作中再一次回顾整体课程中学到的知识;③评估课程的学习成果;④让学生明白科学与生活是密不可分的 学生针对课程上学到的知识结合实际应用进行反思,回顾课程与制作过程,提出新的问题,使学生的探究精神不仅仅局限在课堂上

成都工业文明的传承与创新[*]

——讲好东郊记忆的故事

罗德燕　张冬梅[**]

（成都理工大学，成都，610059）

（成都石室中学初中学校，成都，610051）

1　课题背景：《二十四城记》引发家国情怀的探讨

纪录片《二十四城记》以亲历者纪实讲述的形式拍摄[1]并再现了四川省成都市成华区原来的飞机制造工厂420厂（成华集团）伴随着时代变迁与时光流转，在褪尽繁华与荣耀后的落寞与慨叹，经过腾笼换鸟工程，废旧的老工厂改造成兼具文化艺术与博物馆气息的文化区，同时兼容高端楼盘、写字楼、商业区，一跃而成为"成都东郊记忆"。而成都石室中学初中学校（培华校区）大部分学子都是生于斯长于斯的人，怎样培养学生的家国情怀？怎样与初中各门课程教学目标相衔接？怎样把馆校课程、研学以及综合实践课程相融合？这一系列挑战和问题摆在课题组成员面前。

讲故事是培养学生家国情怀最好的方式，怎样来实施呢？经过课题组成员的头脑风暴，我们决定以项目式学习为手段，紧密结合各年级不同课程的内容与教学目标来设计项目。

---

[*] 基金：成都市教育科学科研名师专项课题（项目编号：CY2020ZM22）；教育部重点课题"区域馆校课程构建研究"；成都市名师课题"PBL项目式学习案例研究"。

[**] 罗德燕，单位：成都理工大学，E-mail：12711597@qq.com；张冬梅，单位：成都石室中学初中学校。

面对智能时代的到来,学生怎样应对这个时代赋予的责任与担当,这也是摆在课题组面前最需要认清的时代背景。"未来已来"的时代紧迫感促使课题组对学生的处境有了更进一步的认识:课程也不仅仅是生物或者地理,而是各种学科知识的融合;课堂也不仅仅限于教室里固定的场所,学校也不仅仅是某某学校而是任何空间的延伸,学习可以是碎片化也可以是整段时间的集中,成长除了身体看得见的成长还有更多方面……在学习的3.0时代,怎样培养学生的技能与核心素养成为新时代老师面临的挑战:课程无边界、课堂无边界、学校无边界、时空无边界、成长无边界。

怎样有效实施项目式学习并引发学生的思考是老师和同学们面临的最初的挑战。如何从众多的素材中挑选子项目、怎样引导学生寻找并充分利用资源、怎样促进学生自主和自助地推进项目的实施、引进哪些评价指标可以有效地指引和规划项目的实施、怎样把多学科思维变成学生实践的指导思想、怎样通过课程与项目的结合整合资源等一系列问题成为摆在教研组老师们面前的拦路虎。

2 讲好东郊记忆的故事

2.1 教学实践的初探

为了更好地探索学校课程、馆校课程与研学的相互融合,在确定以家国情怀为主题后,课题组对初中不同学段的教学目标和资源进行搜集、整理、分类、归纳后,设计出家国情怀系列课程(见表1)。

表1 石室初中馆校课程之一校多馆序列馆馆联动类

课程名称	课程目标	活动主题	活动年级	场馆名称(必修)	馆馆联动(选修)
馆校·研学·综合实践——SSCZ十二馆动	1. 通过各类博物馆、科技馆、动物园、植物园等场馆活动,提升学生的关键核心能力和培育学生的核心素养	看家乡	七上	成都规划馆	非遗博览园、成都蜀锦织绣博物馆、成都川剧艺术博物馆
				四川省图书馆	成华区图书馆、成都市图书馆
				航天科技馆	四川省科技馆

续表

课程名称	课程目标	活动主题	活动年级	场馆名称(必修)	馆馆联动(选修)
馆校·研学·综合实践——SSCZ十二馆动	2.通过各类活动,学生能从个体生活、社会生活及与大自然的接触中获得丰富的实践经验,形成并逐步提升对自然、社会和自我之内在联系的整体认识,具有价值体认、责任担当、问题解决、创意物化等方面的意识和能力。3.通过研究性学习和旅行体验相结合,学生集体参加有组织、有计划、有目的的校外参观体验实践活动。提升中小学生的自理能力、创新精神和实践能力	看家乡	七下	四川博物院	成都博物馆、杜甫草堂博物馆、武侯祠博物馆、永陵博物馆
				成都植物园	望江公园、泰迪熊博物馆
				金沙遗址博物馆	三星堆博物馆、成都十二桥遗址博物馆、成都隋唐窑址博物馆、明蜀王陵博物馆
		看祖国	八上	都江堰市博物馆	刘氏庄园博物馆、新都杨升庵博物馆
				陕西历史博物馆	秦始皇兵马俑博物馆、西安碑林博物馆、西安半坡博物馆、延安革命纪念馆
			八下	电子科大博物馆	理工大学博物馆、电子科大自然博物馆
				中国国家博物馆	故宫博物院、中国美术馆、中国人民革命军事博物馆、中国古生物馆
		看世界	九上	5.12抗震救灾纪念馆	寒假:俄罗斯圣彼得堡冬宫、纽约大都会艺术博物馆
			九下	成都川菜博物馆	暑假:法国巴黎卢浮宫、英国伦敦大英博物馆

七年级下册第二单元的《天下国家》是继系列课程《黄河颂》《最后一课》《土地的誓言》《木兰诗》后的综合实践活动课程。本单元的教学目标就是让学生懂得天下国家的含义,能够理解个人的命运是跟国家的命运息息相关的。教学的难点在于如何通过项目式学习培养学生在全球化战略中的七大核心素养,包括合作沟通能力、解决问题与创新能力、批判性思维能力、信息能力、自我认知与调控能力、学会学习与终身学习能力、跨文化与国际理解能力。

语文教案的设计是:第一步,初步感知爱国情怀,可以通过收集、整理、讲述故事来实现,促进学生深刻地理解和正确地评价爱国人物的生活理想和政治抱负，激发他们的爱国情感，增强责任担当意识。第二步，收集诗歌并朗诵以陶冶孩子的心灵，培养学生对诗词的语感和理解，并且能够在过程中品味诗人的情感。第三步，收集爱国名言警句，并制作成小报等进行展示。整个过程是一个层层递进的情感与情怀升华的过程。

在初步探索、梳理本土资源后，确定了"讲好东郊记忆的故事"的主题。

2.2 对项目式学习内涵与外延的拆解

首先，确定课程的形式。在深刻理解项目式学习的内涵与外延后，我们把课程拆解为四大板块。第一，以主题研究课程为引领，即讲好东郊记忆的故事。第二，开展校内外体验课程，拆掉思维的墙，把"馆"和"校"的局限变成无边界的空间和时间的组合。第三，设计主题活动课程，主要是根据主题研究课程设计子项目，提供多个可供学生选择的项目，以便学生能充分发挥自己的潜能。第四，开展校外研学课程。在行与学的体验过程中，鼓励学生的合作、开放与创新、自助与自主，培养批判与质疑的思维与精神等。

其次，拆解与组合孩子的能力。根据七年级综合性学习显性能力目标参照表，我们可以知道，七年级孩子需要具备3个方面的能力。第一，语言能力，具体来说包括听、说、读、写。听是指倾听能力，不仅仅是能听，还能复述讲述者的主要意思；说是指能准确表达自己的想法，态度要大方，语音要足够清晰；读是指能够在理解课文的基础上进行文字内容的朗读；写是指能够按照中心思想有顺序地组织语言。第二，交往能力，也就是与他人沟通合作的能力。要能在需要的时候联系到想要联系的人，与他人保持良好的关系，在团队中能够与他人合作并能够在不同角色间进行转换。第三，信息能力，是指获取、收集、整理、分析、处理、分享信息等方面的能力。

2.3 学习资源的分析

四川省成都市成华区原来的飞机制造工厂420厂（成华集团）在中国历史特定年代中是一种必然的存在。国家在20世纪60年代推行三线建设，重军工企业转移到中国西部，成都东郊成为其中的一分子，曾经是时代的荣耀。然而在20世纪90年代，由于国家战略转变，曾经的军工企业进行转型，420厂便成为成都人，尤其是成都东郊片区居民珍藏于记忆中的特殊历史。爱国爱家作为一种情感，它更多地来自故事，因为那些人和事，我们在找到共鸣的那一刻，将会触发情感开关，能对人的情感和精神加以升华，获得精神的享受和愉悦，从而感受成长与进步的成果。为了更好地在故事中触碰，鼓励学生在讲好东郊记忆故事的基础上，让他们了解、传承与创新成都的工业文明。

2.4 驱动问题的设计

为了促进项目式学习的开展，我们设计了驱动问题。

从成都东郊工业发展变迁视角进行思考：时代对人的塑造，人在时代的更迭中如何创造自己的命运；如何看待腾笼换鸟工程，废旧工厂改造成文艺区，开发成高端楼盘、写字楼、商业区等。

从工匠精神视角进行思考：以工匠师傅的职业生涯看成都工业的变化发展；成都东郊匠人工作室的开发。

从新时代背景视角进行思考：劳动教育对新时代中学生的启发；探究成都东郊工业发展与社区发展的关系；工业4.0时代，成都东郊工业如何创新发展……

这些驱动问题也成为可供学生选择的子项目。

2.5 拆掉思维的墙

拆掉思维的墙，突破"馆"与"校"、"课程"与"课堂"的边界，在突破时空和孩子可触边界的基础上生成了我们可以为孩子提供的学习资源，如可供实地追寻的空间，东郊记忆、东郊工业博物馆、中车共享城、二仙桥机车厂等，以及影视作品（《二十四城记》《钢的琴》等）。初步设想了一个目标：学生的成果形式可以是纪录片、Vlog、宣传广告、导游词、访谈、调研报告、课题报告、实物制作、建模、文学、书画、音乐等艺术作品和信息技术作品等。

3 项目式学习的推进

3.1 班级确定与分组

初一共有13个班，在对各个班级各门学科老师教学任务和教学经验进行

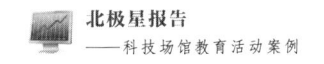

筛选后，决定选择11班作为试点的班级。2022届11班共有53人，全体学生都参与该项目，4~5人一组，共分成13个小组。

3.2 讲解项目式学习的思路与任务

2020年5月29日启动了馆校课程。为了使学生认识到，学习过程即认识问题、解决问题的过程[2]，更好地促进课程的开展，跟学生分享了研究东郊工业文明发展的3个不同视角，包括成都东郊工业发展变迁视角、工匠精神视角和新时代背景视角。这些概念性的知识怎样才能有效地植入孩子的脑海中，我们进行了"前置学习"。首先，分别邀请工一代、工二代、工三代讲述自己关于成都东郊工业文明的见闻感受，从不同的视角看东郊的发展、变迁及其对工业文明的理解。其次，家长、老师和孩子一起观看《二十四城记》，从纪录片本身的真实性出发，让学生了解在时代变迁中东郊记忆的风采。最后，鼓励和要求同学们查阅资料，了解成都东郊工业的过去、现在，并思考未来。通过这些活动，项目的总目标呼之欲出：从东郊工业的角度出发，联系整个成都的发展，最终延伸到家国情怀。

接下来学生要做的就是选定项目、制定计划，进行场馆体验、作品制作、成果交流以及活动评价。整个流程都需融入这些学习的环节：聆听、追寻、见证、传承和创新东郊工业记忆。

3.3 以案例分析来展示项目的推进

本次活动11班共分成13个小组，本文以第6组4位同学的项目式学习为案例进行分析。

制定计划。为了有效地契合项目式学习的主题，6组根据老师的建议，制定了详细的学习计划：首先，初次参观东郊记忆，体会工业文明，并且讨论工一代、工二代的展出形式。其次，二次参观成都博物馆，了解成都的现代及未来，讨论工三代以及畅想有关的交通作品。再次，寻找老物件。最后，制作展望作品。

场馆体验与主题确定。关于"交通"主题的确定是在第二次参观成都博物馆后，经过激烈的讨论以及严重的分歧后确定的。当时分成了"美食组"和"交通组"。孩子们没法说服对方，曾一度互相置气，形成了两派联盟。率先打破沉寂的组长在把这次活动的目标跟组员分析后，大家渐渐形成了一致意见,仍然以"交通"为主题。对每个组员的启发是,凡事要以解决问题为目标,不能固执己见,听不进其他人的意见,大家能够心平气和的时候,就是能够有效促进问题解决的时候。

创作阶段的分工与合作。组员想通过交通主题来展示工业 5.0 时代的特点,经过讨论后决定用 5 幅图来展现对未来交通的畅想,并配上文字说明。为了高效地完成展示作品,小组成员进行了分工:谢同学主要负责上色和改写文稿;黎同学主要负责起稿和绘画;唐同学主要负责寻找老物件并且展出;成同学主要负责编写文稿。组员相约 6 月 13 日周六一起创作组图,从早晨 9:00 到下午 2:00 才完成了两幅画,文字还没有动工。组长心急如焚,便不停催促组员们加快速度,尽管知道催促的速成品质量堪忧。在组员的提醒下,小组决定变换分工——成同学从绘画改为写作,谢同学负责上色,这样便实现了"事事有人做"的目标,整体效率大大提高,晚上 7:00 便完成了所有工作。在后来的反思中,大家一致认为,如果感到做一件事的效率太低,千万不能急于求成,而是要学会变通,尝试着变换一种思路,一个问题总能找得出 3 个以上的解决方案。

成果交流。在此阶段,项目成果展示分成了两个展示场所,一个是在荣誉馆内的老物件展陈区和教学楼前面的小组展示区,一个是学校的多功能演播厅。所以,后期分工也很明确,黎同学和成同学负责在展厅和展台前讲解;谢同学和唐同学则负责在多功能演播厅里汇报小组项目式学习的整个活动过程。其间,小组成员一起准备讲解稿、修改 PPT,提高了大家的电脑操作能力、讲解能力、沟通能力和演讲能力。

活动评价。同学们根据项目式学习目标和要求,对整个活动进行了自我评价。优点主要表现为:作品题材新颖,想象力丰富;小组团结协作,凝聚力强;小组分工明确,执行力强。缺点主要包括:小组效率不高,完成时间过长,工作不够详尽,介绍不够清楚,作品思考不够全面。

4 成都工业文明的传承与创新成果

4.1 一座博物馆

经过一个月既紧张又充满乐趣的项目式学习,利用学生收集的老物件、创

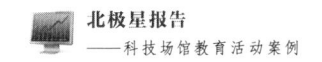

作的作品、布置的展览，把学校原来的荣誉展馆变成了"成都东郊工业记忆博物馆"。原来的 5 个展厅也成为"工业记忆""东郊科技""东郊军工""东郊生活""东郊荣誉"5 个展区，同时，教学楼前的广场也分别由 13 个小组布置了他们的主题单元展览。

4.2 成果汇报展

在学校的多功能演播厅，13 个小组分别派出了 PPT 汇报人员为到场的领导、专家、老师、家长和同学汇报了整个项目式学习的过程、成果以及心得感受等。为了站在多功能演播厅讲台上那短短的几分钟，学生花费了很多时间和精力，修改演讲稿内容的同时修改 PPT 的内容，还得克服心理上的一些障碍，如担心、害怕、紧张、逃跑等，正所谓"台上一分钟，台下十年功"，学生也真实地体验到了这些情绪和情感在团队中的激荡和升华。

4.3 历经岁月磨炼的家国情怀

曾经流行的"东穷南富"是对 20 世纪 90 年代成都市东部和南部经济状态的描述。目前在校的大多数学生是生于斯长于斯的东郊三代甚至四代，他们不能理解为什么自己不能有一个"富爸爸"，这次"讲好东郊记忆的故事"的学习过程，让学生能够从历史的视角感受曾经东郊的荣耀和繁华，为自己的爷爷奶奶辈、父母辈曾经做出的卓越贡献而感到骄傲和自豪，尽管 20 世纪 90 年代很多工厂关停并转，我们仍然热爱这片热土。学生不仅理解了祖辈和父辈的艰辛与奉献，也理解了这片热土对自己的期待。从 2020 年 5 月到现在，家长和老师们能够感觉到学生身体内爆发出的那份对学习的精进要求和对亲人对家乡的热爱。

5 "讲好东郊记忆的故事"的经验与启示

5.1 项目式学习目标的达成

从学科目标达成情况来看，可以从以下几个方面考评。第一，语文学科目标方面，促进学生在阅读、调查、采访、写作等方面的发展；第二，历史学科目标方面，学生学会了查阅历史档案、历史资料，在通过采访、实地研学等方式获取、整理、学习、归纳总结史料方面有了较大的进步；第三，政治学科目标方面，学生通过历史资料、人物访谈、影视材料等了解了20世纪60年代至90年代国际国内的政治大事，对比当今的国际国内局势，尤其是在中国共产党即将迎来建党100周年的历史回顾中感受中国的强大；第四，数学学科目标方面，学生在统计、运算、分析等知识和能力方面有较大的进步；第五，艺术学科目标方面，学生通过研学实践等了解了更多的绘画、音乐、影视等知识。

通用素养目标的达成情况比较理想。学科知识与能力目标的实现是达成通用学科核心素养目标的途径。通过项目式学习，在数学素养方面，学生实现了逻辑推理、数学建模、数据分析、数学运算、科学思维；在语文素养方面，学生建构、学习和运用了自己的语言体系，对东郊工业文明和文化有了新的理解，并对工业4.0和5.0有了更多的畅想，既是继承传承，也是发扬光大；在历史素养方面，学生通过历史时空观念、史料时政的研读，在历史理解和解读方面有了自己的见解；在价值观、人生观和世界观方面，有了属于自己的政治认同，对公民属性有了进一步的认识和理解；在通用素养方面，学生通过项目式学习，实现了高阶认知，创造性地在过程中学会批判性思维与解决问题；在个人成长素养方面，学会了沟通与合作、自我认识与自我调控；在信息素养方面有明显的进步；在社会发展素养方面，具备了一定的责任担当、实践创新、公民责任和社会参与等素养。

5.2 项目式学习的评价

第一，始终坚持目标的指引。在课程目标以及通用核心素养目标的指导下，老师们在给学生打前站的时候，走到原来位于成华区SM广场旁边的"东郊工业博物馆"，发现博物馆竟然因为城市建设而隐没了自己的身影。所以，我们有了要设计一个属于学生自己的"东郊记忆博物馆"的构想。经过孩子们的努力，短短的1个月，我们在学校的荣誉馆内完全地呈现了构想。

第二，项目新鲜有趣，具有吸引力。过去的馆校课程时间比较短，一般是讲座或者观影，学生属于被动式参与。这次的馆校课程是全班全员参与，任课老师也全方位提供帮助，家长和老师全过程辅助式参与。学生作为项目式学习的主体，具有真实的主动性与探究性、冲突性与合作性、探索性与创新性。老

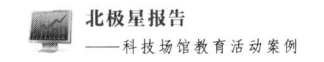

师是引领者、参与者和辅助者，老师能够在课堂中从课程核心素养出发来指导学生，对学生提出的问题进行点拨和升华，能够在很大程度上提升学生的研究敏感度，增强学生的研究能力。[3] 教师团队与学生团队的分工与良好合作，促成了本次项目式学习的顺利完成。

5.3 充分利用本土资源

每一片土地都有自己的故事，生于斯长于斯的人都有为自己的存在寻找基于土地的情感归属需求。成都市东郊片区曾经是祖国三线建设时期最重要的基地之一，在这里曾经有军工厂、电子管厂、生活产品生产厂等，这里的几代人贡献了青春、生命与梦想，曾经的老旧工厂在腾笼换鸟后重新焕发生命。怎样在历史的缝隙里找到曾经的踪迹，怎样理解个人命运与国家命运融合的意义，正是我们引领孩子们进行探究的根基。利用现有的资源就是最好的本土教育，也是最落地的家国情怀教育。与东郊工一代、工二代、工三代面对面交往、采访过程中的震撼，既激发了学生的爱家爱国情结，也鼓舞学生在工业4.0时代大胆畅想。

5.4 复盘与反思

此次活动的时间规划不够，原先规划为6周，后来由于学校教学的安排而缩减为4周。子项目设计过多，还有一半没有完成。根据项目开展情况来看，还需要迭代以便更加深入地开展研究。

5.5 资源开发与利用

此次活动还可以增加观看纪录片等影视作品的环节；去工厂原址探访，从历史的角度来看现状及未来；可以征集更多的历史亲历者、见证者；在档案资料、实物等方面还可以扩大搜集范围；可以鼓励学生使用摄影相机、手机、平板、电脑、建模材料等。

5.6 重建"东郊记忆博物馆"

这次活动中的"东郊记忆博物馆"吸引了社区的民众、附近的中小学师生、区政府和区教育局人士前来参观与观摩，通过记忆中的老物件、未来的物件等,大家既有惊喜又有感恩,惊喜在于能够与过去相遇并看到美好的未来,感恩在于能在美好的遇见中与自己有了新的和解。同时,透过展品可以感受到学生对过去有理解、有包容、有和谐、有接纳、有共情。所以,课题组打算向区政府建议,在临时的"东郊记忆博物馆"的基础上,为成都东郊人重新建造一座真正的"东郊记忆博物馆"。

6 结语

成都工业文明传承与创新的项目式学习作为项目本身已经结束,但却给我们带来了很多思考。工业革命的4.0时代已经来临,而教学3.0也在我们的手上创造着。教师作为一份职业,天然地具有未来属性,需要也希望教育的4.0引领工业的4.0。我们走在探索的路上,怎么让惊喜成为常态,让学校、教学、学习呈现它本来的样子,责任在每一位老师身上。不能仅仅在个别点上有行动,而是所有学校、所有学生都应该有这样的选择权和学习权,在过程中体验、创造、感悟、冒险、成长。在学生追求和探寻真理的路上,老师们要成为火焰,让那些富有探索探险精神的学生燃起把自己的家乡、祖国和世界变得更加美好的热情。

参考文献

[1] 苗雨昕:《贾樟柯电影的"时代记忆"建构方式——以〈二十四城记〉为例》,《视听》2020年第11期。
[2] 刘长铭:《我们为什么需要项目式学习?》,《中小学管理》2020年第8期。
[3] 曾文婕、黄甫全:《合作活动学习:教育硕士课程的教学样式创新》,《复旦教育论坛》2011年第5期。

篇五：为学生提供真实的科学探究和问题解决体验

如何充分利用科技场馆的资源开展科学教学活动，是很多致力于馆校结合工作的场馆一直在探索的议题。这不仅需要把展馆的资源搬到课堂中，还需要考虑如何借助馆外资源，如何为学生提供真实的科学探究和问题解决过程的体验。本篇的案例在这些方面进行了有益的探索，这里做简要分析。

在《"后视眼镜"教育活动案例》中，学生学习了光的传播特点，了解了这些特点在工程技术中的应用，并制作了"后视眼镜"。这个活动将科学探究与手工制作结合起来，让学生手脑结合。馆校结合科学教育工作者可以这个案例为基础思考什么是项目式学习，辨别项目式学习与一般的探究、制作活动的区别，以便掌握项目式学习的教学设计。

《生命的周期》旨在帮助学生通过制作小鸡的一生模型认识生命周期。这个活动以"如何制作小鸡的完整生命周期模型"为驱动问题，引导学生观察小鸡孵化过程、探究小鸡无壳孵化的条件及过程。在设计项目式学习时，明确怎样的问题是驱动性问题，结合具体的内容主题选择适当的驱动性问题驱动学生完成一系列任务，进而在获得项目学习体验的基础上理解相应的科学知识与观念，可能是进一步提升项目式学习设计水平必需的。

《红树林湿地保护区馆校结合活动设计》通过"认识红树林""辨识红树林""保护红树林"3个阶段帮助学生认识红树林的形态特征、形成原因以及生物治理，初步建立对植物与环境相互作用的认识。这一活动的设计以"知识整合"（Knowledge Integration）教学理论为指引，重视在学生既有想法的基础上通过一系列观察体验、探究实践、课堂对话等方式，帮助学生建立对红树林的相关认识。红树林所涉及的科学内容知识对4～6年级学生来说比较复杂艰深。我们可以考虑在整个活动之前，在观察、探究和研讨的过程中，以微型讲座、知识卡片等形式为学生提供相应的知识基础，引导学生更加深入地参与到红树林研究中。这样，学生不只是走马观花、蜻蜓点水地认识一些植物特征和学习一些科学概念，而是真正地经历像科学家一样的探究过程，学习科学家认识和改造自然世界的方式。

《大自然的恩赐》旨在让学生通过对向日葵结构的观察，了解裴波那契数列及其特点。在这个活动中，学生不只是单一地在展厅中看展品和听讲解，而是深入户外的向日葵花海进行实地观察，并在此基础上认识向日葵花瓣数量与裴波那契数列的关联，进而探究向日葵结构与功能的统一关系。整个案例比较明确地介绍了具体的教学活动。如果能更加具体地介绍教学活动中学生提出了哪些问题和想法，他们在得出结论的过程中经历了哪些流程、遇到了哪些困难，以及辅导员提供了哪些辅助和支持，那么其他场馆就能更好地借鉴这个案例的优秀经验。

《以"小球大世界"展示的宏观现象为驱动的科学探究课程设计》这一案例严谨地设计和实施了以现象为驱动的探究教学活动。学生在活动中探究"全球海水温度不同"这一现象的成因，经历了提出问题、作出假设、收集证据、得出结论等探究过程。这充分利用了北京科学中心"小球大世界"这一特色资源，将平时难以立体化展示的海洋温度数据展示了出来。值得注意的是，这种资源的利用不是单纯地展示给学生看而已，而是作为整节课学生要搞清楚的现象展示出来。这样，展馆的资源和教学过程非常紧密地联系在一起。另外，文章不只是简单地描述课堂中有哪些具体的教学活动，而是详细阐述了为什么要进行现象驱动的探究，以及如何设计这样的探究教学。这些设计背后的思考对其他场馆具有极高的借鉴价值。文章还提供了教学实施过程中的师生对话实录，并给予了一定的分析。这给其他场馆推广这一案例提供了极大方便。

北京科学中心的《水有多珍贵》案例以水资源为主题，引导学生经历发现缺水问题、找寻解决方案的过程。这样的教学设计旨在让学生认识我国水资源的现状，学会如何发现和解决实际问题。案例的真实性是学生学会发现和解决问题的基础。在这个案例中，学生参与解决的是南水北调工程中的真实案例。他们通过观看新闻报道、体验分水游戏等方式认识到了缺水问题的存在及其严重性，通过观察地图、分析数据等活动找寻解决方案，并在此基础上通过参观"南水北调"展项了解真实的解决方案。由于学生的现有能力远不能解决真实问题，我们需要系统地考虑提供哪些知识、工具、讨论提纲等脚手架，为他们解决问题提供帮助。

《科技馆里的"机械"课》向学生介绍了各种各样常见的工具和简单机械，包括杠杆、轮轴、滑轮等。在这一系列课程中，学生通过观察、使用和改进装置等活动逐步认识工具和简单机械的用途、结构、工作原理。每节课的设计都充分调动了学生的热情，让他们手脑并用参与到丰富的活动当中。如果能够将这几节内容以一个工程设计项目串起来，让学生为了解决某个工程设计问题而认识和使用工具与简单机械，就能够在帮助学生达成现有目标的基础上，获得项目学习的体验。

《一度电的意义》结合同名展品让学生认识电能产生的方式和原理。文章明确提出科技馆在小学科学教学中应当发挥的作用。针对文中所说的学生"科学素养""探究习惯""对知识的渴望"，能否通过单一的教学活动来培养，还是需要一系列馆校结合课程、学校课程循序渐进地培养，可能是需要我们进一步研究的课题。

在《以STSE教育理论探寻水足迹》案例中，学生依次经历了"了解京杭大运河""南水北调""调查什刹海地区水源水质情况"等活动。这些活动都为学生了解水资源情况、探寻水足迹提供了经验。这样的设计解决了以往馆校结合教育活动中多以参观讲解为主造成的活动单一的问题。如果从学生的角度考虑，为什么要进行每一个活动，后一个活动和前一个活动的联系是什么，这些活动放到一起是不是在解决同一个问题，那么学生可能会少一些这方面的困惑，获得对这一主题更完整的认识。

从这些典型案例的分析中，我们非常欣喜地看到各个场馆都非常强调突破以往展览加讲解的模式，转而有意识地将探究自然现象、解决实际问题、设计与工程实践作为馆校结合科学教育活动的主要形式。这充分体现了科技场馆从展览展示功能向教学功能转变的尝试，为进一步探索利用场馆资源培养学生的科学素养提供了宝贵的经验。同时，为了不断改进馆校结合科学教育工作，我们也期待更多的教育工作者加入进来，为科技馆辅导员提供教学设计、教学研究、案例撰写等方面的咨询服务，提升科技馆的教学和研究能力。

"后视眼镜"教育活动案例
——项目式学习教学设计

张亦舒[*]

(温州科技馆,温州,325000)

1 目标指向

1.1 项目概述

本项目基于温州科技馆视觉与色彩展区光线游戏、万花筒展品资源,学员围绕"光的传播路径是怎样的"和"光线的传播路径是否能被改变"两个驱动性问题,开展约160分钟的学习活动。项目主要涉及的学科有科学、技术、工程和数学。在有趣的学习过程中,引导学习者采用镜片、激光笔等工具,理解光的直线传播规律和光的反射定律,最终通过学习者相互合作,创造出结构不同、充分利用光学原理的"后视眼镜"装置,促进学习者对结构、功能、变化等大概念的理解。项目总体实施框架及时间安排如表1所示。

表1 项目总体实施框架及时间安排

类 目	环节	主要内容	时间
环节一	参观展品,聚焦问题	参观展品,学生与展品资源互动操作并观察思考游戏过程,开展头脑风暴,鼓励、引导学生提出各种问题,并逐步聚焦驱动性问题	30分钟

---

[*] 张亦舒,单位:温州科技馆,E-mail:768732826@qq.com。

续表

类　目	环节	主要内容	时间
环节二	探究原理,解释展品	开展与光学相关的学科知识回顾活动、探究性实践活动等,理解光的传播规律以及光的反射定律,并运用这些知识解释展品游戏现象;开展"后视眼镜"装备光路关系探究,进行知识建构与技能准备	40分钟
环节三	原理运用,制作实践	开展"后视眼镜"制品的工程性与技术实践活动,选用恰当的工具和材料,运用光的直线传播和光的反射原理,根据项目要求,制作"后视眼镜"	60分钟
环节四	成果展示,多元评价	分组展示"后视眼镜"作品,并对作品和学习过程开展评价	20分钟
环节五	目标反思,拓展延伸	对学习过程和作品成果进行反思,并拓展新的项目	10分钟

1.2　项目所涉及主要课程标准

(1)《义务教育小学科学课程标准》(2017年)

光在空气中沿直线传播,行进中的光遇到物体时会发生反射。

(2)《义务教育数学课程标准》(2011年版)

了解锐角、钝角、直角之间的大小关系,并用量角器测量指定角的度数。

1.3　项目总体目标

S(科学目标):能够设计实验体验光的直线传播规律;体验光碰到镜面会改变传播方向,形成反射现象。学会科学探究的一般过程,会通过模型开展规范的科学探究。

T(技术目标):学会简单工具的使用,绘制简单的设计图。感悟人们掌握了科学规律就能更好地生产和生活。

E(工程目标):经历设计-制作—测试—改进的工程设计与实施流程。培养团队合作解决问题的能力,提升工程素养,感知产品结构与功能的关系。

M(数学目标):学习角度、垂直等概念,学会数据记录与简单测量的方法;利用模型思维与逻辑推理。

1.4 项目涉及材料

激光笔 1 支、加湿器 1 个、平面镜片若干、小木条若干、A3 迷宫图 1 张、量角器 1 个。

2 实施过程

2.1 实施准备：破冰游戏，组建团队（时长：10 分钟）

学生：签到并领取彩色胸牌，按照颜色分类，4~5 人围坐成一组。相互介绍，了解特长。选出小组长 1 名并将分组结果记录到"后视眼镜"队长笔记中。

2.2 环节一：参观展品，聚焦问题（时长：30 分钟）

2.2.1 活动一：展品互动，激发兴趣

组织学生到"视觉与色彩展区"，为保证学生参观互动秩序与安全，每小组由 1 名志愿者或科技辅导员带队，走进展区循环参观与本项目相关的展品：光线游戏、万花筒，介绍并演示展品使用方法；各个小组积极与展品进行游戏互动。为充分体验展品的科学原理，在自由参观的基础上，按如下游戏化的任务要求操作。

任务一：光线游戏展品。要求学习者按下展品按钮，调整镜子的方向，让激光射中靶心。

任务二：万花筒展品。要求学习者站在展品中间，观察展品。

2.2.2 活动二：描述现象，聚焦驱动性问题

描述每个展品参观与互动时出现的现象，并提出自己感兴趣的问题，将看到的现象和想到的问题记录到学习任务单"挑战一"中。

完成展品参观后回到教学区，和小组内的同学讨论提出的问题。

教师询问学生看到的现象，鼓励学生提出问题，老师逐步引导并聚焦核心问题：关于光线的神奇现象，老师也和大家一样感兴趣。你们提出的问题都涉及以下两个驱动性问题：光线传播的路径是什么样的？光线传播的路径能

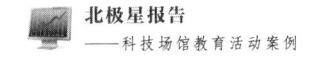

否被改变？

接下来，让我们一起像科学家一样来探究这些问题吧。

2.3 环节二 探究原理，解释展品（时长：40分钟）

2.3.1 活动一：热身挑战

每组派一位代表通过看不见的激光大阵，不碰到激光，结合展品光线游戏，提出问题：你有什么办法不碰到激光？

明确概念：激光碰到镜面会被反射。

2.3.2 活动二：问题探究

提出问题1：激光笔的传播路径是什么样的呢？

构建模型：用水雾检测激光笔发射出的光线的路径。

实验探究：第1步，每小组准备激光笔1支，将激光笔对准桌面，打开激光笔开关，观察桌面上是否接收到激光？想一想激光笔发射出的光线是按怎样的路径传到桌面上的呢？

第2步，将加湿器放置在激光笔和墙面之间的位置，开启加湿器，让加湿器持续喷出水雾，不断移动加湿器的位置，透过水雾，你观察到激光笔到达桌面的光线了吗？它是什么样子的？

记录数据：完成挑战二。激光的路线是什么样的？请你画出激光笔发射出的光线传播路线。

提出问题2：光线传播的路径能否被改变？

构建模型：每小组准备激光笔1支，平面镜1面。用水雾检测激光笔发射出的光线的路径。

实验探究：第1步，每小组准备激光笔1支，将激光笔对准镜面，打开激光笔开关，观察激光出现在哪里？将加湿器放置在激光笔和镜面之间的位置，开启加湿器，让加湿器持续喷出水雾，不断移动加湿器的位置，透过水雾，你观察到激光笔的光线了吗？它是什么样子的？想一想激光笔发射出的光线发生了什么变化？

第2步，改变平面镜的角度，观察激光笔光线的变化。

记录数据：完成挑战三。激光照射在镜子上，你观察到了什么？请你画出激光笔发射出的光线传播路线。

提出问题 3：你可以利用你所学的知识，让激光走出迷宫吗？

构建模型：准备激光笔 1 支，小木条若干，小镜子 3cm×4cm 若干，A3 迷宫图一张。

实验探究：激光笔对准镜面，"光线"会改变方向。将小镜子粘贴在小木条上，通过镜子让激光笔发出的激光从起点到达终点，并用加湿器观察光线行走轨迹。

记录数据：完成挑战四。利用你所学的知识，让激光走出迷宫。

根据探究结论，你能解释光线游戏、万花筒两个展品显现的现象了吗？回到展区，再次操作展品，回顾所学知识，观察现象，是否与之前得到的结论一致。

2.3.3 活动三：联系实际

在现实生活中，你观察到了哪些现象是采用光的直线传播与反射特性来解决问题的呢？

应用一：月球激光测距

利用激光直接测定月球距离的技术。1969 年 7 月，美国进行第一次载人登月飞行，宇航员在月面上安放了第一个后向反射器装置。它的基本原理是：通过望远镜从地面测站向月球发射一束脉冲激光，然后接收从月球表面反射回来的激光回波，通过测站上的计数器测定激光往返的时间间隔，便可推算出月球距离。

目前，在月球上共安放了 5 个后向反射器装置，地面测距系统也日趋完善。近年来测距精度已达到 8 厘米左右。

应用二：反射现象在光纤通信中的应用

随着科学技术的发展，光纤通信成为我们主流的通信技术之一，具有信息传递速度快、容量大、传输距离远、不易受到外界干扰等优良特性，为人们的生活提供了极大的便利。光纤即光导纤维，而光纤通信则利用的是光在光纤中的传播与反射而实现信号的传播，其属于有线通信的一种。光通过调变后可以携带资讯，而且通过高速度激光器与微电子的作用可以使光纤荷载信息的水平达到最大化（太比特/秒量级 1tb/s = 1000gb/s）。同时，因为光的传播速度很快所以在信息化的今天，光纤通信正成为最主要的有线通信方式。光纤技术就是利用了光的反射原理，具体来说是光的全反射现象，将信息搭载到光信号

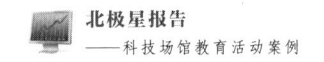

中，并在光纤中传递，由于光的传递速度极快，实现了信息的快速交流。尤其是现代光纤网络技术的普及，打破了传统拨号上网的局限，大大提高了上网速度，为信息全球化打下了基础，并且随着带宽的不断扩大，人们突破了距离的限制，实现足不出户就可以遍知天下事。

2.4 环节三：原理运用，制作实践（**60分钟**）

2.4.1 作品要求

我们已经知道了光线传播的秘密，接下来我们要像工程师一样利用光的传播原理来设计制作一个"后视眼镜"。要求如下：能够清晰地看得见身后景象；方便佩戴，并能节省材料。

2.4.2 作品设计

头脑风暴：开动脑筋，发挥想象，利用光线传播与可改变光路原理，小组讨论确定最终"后视眼镜"方案，并将方案草图画在"挑战五"中。

2.4.3 作品制作

引导学生在熟悉工具包中的工具后，根据方案设计和作品制作需要，发挥创造力，在材料包中寻找合适的工具，小组合作制作作品。主要制作步骤包括制作外壳和固定平面镜等。

2.4.4 测试与改进

将初步做好的作品，手持或佩戴后，尝试是否能清楚地看到身后的文字或者人物等。如果不能，找出问题，修改草图，然后重新制作，直到达到满意的效果。

最后需要加固与美化作品，完成最终作品，并选出代表准备展示作品。

2.5 环节四：成果展示，多元评价（**20分钟**）

请每个小组派代表展示自己的作品。说一说：在作品制作过程中小组是如何分工的？小组的后视眼镜光路是怎样的？在制作时碰到的主要困难是什么？如何解决的？你们制作的后视眼镜最具创意的部分是什么？根据活动评价量表为每组打分。

表 2 "后视眼镜" STEM 学习活动评价量表

评价内容	5★	3★	1★	得分
合作交流	小组分工明确,每个人任务明确;合作愉快	小组有分工与任务;合作基本愉快	小组分工不明确;合作不愉快,有争吵	
探究实践	记录了探究数据,结论正确	未记录数据,结论不明确	无探究记录,无明确结论	
制作成果	能看到两侧后 5 米,视野较大、清晰;走动不会滑落	能看到两侧后 3 米,视野中等、清晰;走动容易滑落	只能看到两侧后 1 米,视野较小、不清晰;走动会滑落	
小组展示	思路清晰,语言流畅;衣着得体,精神饱满;举止大方,自然协调	衣着得体,精神饱满;举止大方,自然协调	衣着得体,精神饱满	

2.6 环节五：目标反思，拓展延伸（10 分钟）

2.6.1 目标反思

通过今天"后视眼镜"项目的学习，你学会了什么科学概念？你是如何知道了光是如何传播的？怎样才能改变光路？在制作"后视眼镜"时你画草图了吗？制作时你主要应用了什么原理？用到了哪些工具材料？

2.6.2 拓展延伸

阅读材料，完成最后一项挑战。假如让你来当工程师，利用光的原理来设计产品，你会设计什么产品，解决什么问题呢？

请将你的创意写在"挑战六"中。

资料阅读

①汽车的后视镜运用了光的反射原理，汽车后视镜作出凹面，后面的景物反射回人眼时就缩小了，因此可以在很小的镜面中看到后面的大面积景物。

②高速公路上的标志牌都用反光膜制成，夜间行车时，它能把车灯射出的光逆向返回，所以标牌上的字特别醒目。

③各种曲面对光的不同反射作用可以使光汇集或发散，手电筒里的反射镜就是运用这个原理将从小灯泡发出的光反射后沿直线射出。

④打枪瞄准时要闭上一只眼。我们知道枪管前端有个瞄准用的准星，我们闭上一只眼观察到准星挡住了目标时，就说明准星、目标、眼睛处于

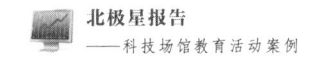

同一直线上。实际上，这就是应用光在同一种均匀介质中沿直线传播的道理。

3 创新性及价值性

3.1 创新性教学设计理念

本案例在教学设计上摒弃了传统的"一条线"式的教学设计理念，采用了一种"双线并进、以生为本"的设计理念。在课程设计上淡化了教师课前设计环节的绝对性地位，强化了学生课堂生成的动态学习资料的主导性作用。从馆内展品自主参观和记录开始，就不断地在教学设计中强调"问题"的出现，这种"问题"都是学生内生动机的一种体现。在教学设计的"问题解决"环节中以大板块"像科学家那样思考"和"像工程师那样设计"统一前后情境的关系，板块内部不再对学生进行更多程序性的经验更正，这种在设计上"大开大合"和"留白"是一种创新的体现，在教学设计上将科技馆课程的开放性与学校课程的科学性进行有机结合。

3.2 创新性课程评价方式

本案例在课程评价上有所创新，采用"三结合"评价模式：过程性评价和终结性评价相结合、自我评价和他人评价相结合、科学性评价和工程性评价以及人文性评价相结合。

3.3 馆校结合互促发展的内生价值体系——"学生导向、评价发展"

馆校结合的中心是学生，馆校结合课程的价值也体现在学生的发展上。在充分调研馆内展品和研究小学科学课程标准的基础上，本案例以学生发展为导向，选择"光"作为案例知识体系的中心，在"后视眼镜"设计评价中充分调动学生的内生动机，锻炼学生的工程设计思维，体现了本案例在学生发展上的价值。

课程评价是双向的，在案例教学的过程中，学生的反馈也是一种动态生成的科技馆发展资料。基于这些资料，科技馆的科普课程设计和研究也可以更加贴近当代学生，贴近当代社会发展。

生命的周期[*]

贺玉婷　袁倩茹[**]

(郑州师范学院，郑州，450000)

1　设计理念

新课标基本理念要求小学科学课要面向全体学生、倡导探究式学习、保护学生的好奇心和求知欲、在课程中突出学生的主体地位。本节课采用场馆教学形式、项目式学习方式，在科技馆内开展小鸡的孵化教学活动。通过小组合作开展STEAM项目设计制作小鸡一生模型，培养学生跨学科意识和综合素养，培养学生勤于思考、善于探究的学习习惯。

2　教材分析

本课选自大象版小学《科学》教材五年级上册第四单元"生命的旅程"中第三节课"生命的周期"，本单元以生命科学领域知识为主。在"生命的旅程"之前已经学习了"我从哪里来"和"我们在成长"这两节课，学生对人的成长过程有了进一步了解，本节课共分为两个课时，本课

---

[*] 本文系河南省教育科学"十四五"规划2021年度一般课题"馆校合作背景下小学科学教育项目开发与应用研究"（项目编号：2021YB0263）阶段性成果。本课题选自大象出版社五年级上册《科学》中第四单元"生命的旅程"中第3节"生命的周期"，本课所设计的是一节科技馆小学科学课。

[**] 贺玉婷，单位：郑州师范学院，E-mail：1621435706@qq.com；袁倩茹，单位：郑州师范学院。

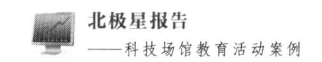

是第一课时借用前两节课的学习方法和科学思维加以拓展延伸，通过在科技馆中开展课程使学生对小鸡孵化以及生命的诞生过程有更加直观和完整的认识。

本课时通过场馆授课的方式探究小鸡出生的过程帮助学生形成"生命的周期"这一概念。

3　课程标准要求

根据《义务教育小学科学课程标准》，本节课从以下4个方面进行。

3.1　科学知识要求

了解动物的生活环境、生命周期，观察身边常见小动物的生活习性和生存条件等。

3.2　科学探究要求

①能够基于所学知识，制定比较完整的探究计划。
②能够基于所学知识，通过观察、实验、查阅资料、调查、案例分析等方式获取事物信息。
③能够基于所学知识，用科学语言、概念图、统计图等方式记录整理信息，表达探究结果。
④能够基于所学知识，采用不同表达方式呈现探究的过程与结论，能基于证据质疑评价别人的探究报告。

3.3　科学态度要求

在进行多人合作时，愿意沟通交流，综合考虑小组各成员的意见，形成集体观点。

3.4　科学、技术、社会与环境要求

了解在科学研究与技术应用中必须考虑伦理和道德的价值取向。

4 学情分析

4.1 知识基础

①在三年级上册《动物的特征》单元中,《动物的一生》让学生学习了一些常见动物的生命周期知识,但没有全面认识各种动植物,且学生不会用科学、准确的语言加以概括。

②学生在《我从哪里来》《我们在成长》前两课已经掌握了模型与解释的方法,本课还需让学生更加熟悉,并能选择合适的方法来表达相关的内容。

③在之前有关动植物的学习中绝大部分学生都能理解不同的生物,其生命周期是不同的,且动植物并没有因为它们的死亡而灭绝,进而帮助学生认识到生命的循环形成"生命周期"科学概念。

4.2 科学探究基础

在《生命的旅程》这一单元《我们在成长》一课中学生搜集自己成长过程中的信息为"生命的周期"。这一课提供了模型与解释,在此过程中对搜集到的证据进行处理与整合,提供了处理信息的基础技能。在《我从哪里来》这一课程中的讨论阶段,每位同学发表自己的想法为表达交流提供了基础。

4.3 心理特征分析

5年级学生组织能力增强,可以自发组织团体活动,并且具有明确的目的和行动方法,带有一些普通社会团体活动特点。5年级学生即将进入青春期,在进入青春期前,学习有关人体生长过程的特点有助于学生塑造健康的心理环境。

4.4 生活经验

学生在日常生活中经常见到小鸡,但对其生长过程和生长特点缺乏使用科学语言描述的机会。

5 教学目标

5.1 科学知识目标

①能详细讲解小鸡从幼体开始经过一系列变化,到新的幼体生成,完成一个生命周期的过程。

②通过本课时的学习能够讲解自然孵化与人工孵化的操作与意义。

5.2 科学探究目标

①通过分工与合作,制定合理的项目研究计划。

②能基于所学有关生命周期知识,采用模型、绘画等其他方式呈现探究的过程与结论。

③在学习过程中能基于搜集到的证据质疑评价别人的有关小鸡孵化与生长的探究报告。

5.3 科学态度目标

①培养珍爱生命的科学态度。

②能大胆质疑,从不同视角提出研究思路,采用新的想法,利用新的材料,完成探究、设计与制作,培养创新精神。

5.4 科学、技术、社会与环境目标

①说出小鸡的生长过程,认识到动物、环境之间相互影响和相互依存的关系。

②探索发现生命的奥秘、感受生命的神奇、知道人工孵化的条件与意义,并进行资料整理。

6 教学重难点

6.1 教学重点

完整描述小鸡的生命周期过程。

6.2 教学难点

学生通过用不同的模型来解释小鸡的生命周期,从而认识自然孵化与人工孵化的相同与不同之处,归纳出生命周期的特点。

7 教学准备

7.1 教师准备

小鸡孵化过程视频、小鸡的生长过程图片、场馆展区地图、彩笔、白纸、超轻粘土、布织布。

7.2 学生准备

每组一张场馆展区地图、项目研究计划书、记录单、蛋壳、画笔、超轻粘土、白纸。

7.3 教学场地

郑州科技馆三楼展厅——生命科学实验展区。

8 教学法分析

本节课使用了合作探究法、观察法、任务驱动法,围绕"生命的周期"展开,按照教学法主要分为以下3个主要环节。

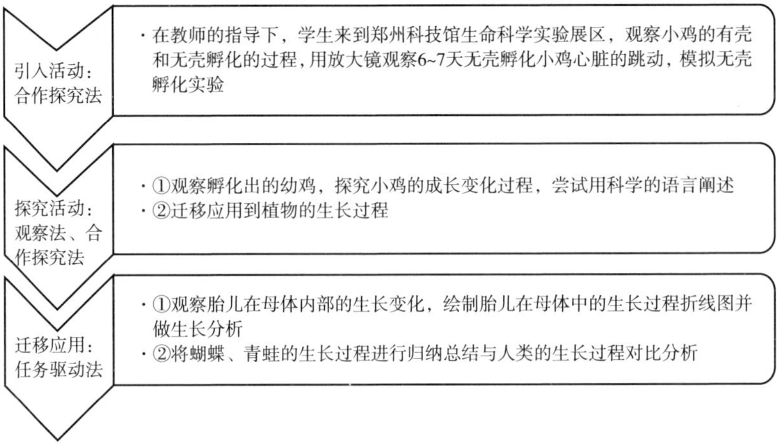

引入活动：合作探究法	·在教师的指导下，学生来到郑州科技馆生命科学实验展区，观察小鸡的有壳和无壳孵化的过程，用放大镜观察6~7天无壳孵化小鸡心脏的跳动，模拟无壳孵化实验
探究活动：观察法、合作探究法	·①观察孵化出的幼鸡，探究小鸡的成长变化过程，尝试用科学的语言阐述 ·②迁移应用到植物的生长过程
迁移应用：任务驱动法	·①观察胎儿在母体内部的生长变化，绘制胎儿在母体中的生长过程折线图并做生长分析 ·②将蝴蝶、青蛙的生长过程进行归纳总结与人类的生长过程对比分析

图1 教学法3个主要环节

9 教学过程

9.1 项目介绍

表1 项目介绍

项目名称	生命的周期
主要学科	科学、工程、技术、艺术、数学（STEAM）
项目背景	本项目利用"场馆教学+STEAM项目式学习"，尝试以增强学生直观感受的方式展开，与现实生活联系深入理解生命的周期。与此同时，通过单元项目式学习的方式促进学生核心素养、综合素质的培养
项目设计	提到"生命"，孩子们会惊奇于小鸡破壳而出的一瞬间，本项目通过科技馆展品"小鸡无卵孵化"，引发学生探究兴趣，通过让学生制作模型、模拟、表演等方式呈现小鸡的一生，对"生命的周期"有一个直观的经验认知，并为之后的学习奠定基础 结合孩子们的年龄特征、心理特点，将学生的分组命名为"萌鸡小队""小鸡总动员"等
本质问题	小鸡的生长过程以及完整生命周期是如何发展变化的

续表

项目名称	生命的周期
驱动性问题	为了将本质问题与学生的真实生活联系起来,创设了以下问题情境: 来到科技馆生命科学实验区,看到破壳而出的小鸡,在小鸡破壳而出之前小鸡的生长发生了什么变化?假如让你们通过无壳孵化的方式孵化一颗鸡蛋,你想怎样孵化它?并通过超轻粘土、彩绘、情景剧等制作模型,展示作品

9.2 项目实施准备

学生经历团队组建过程:表达工作意向→寻找工作伙伴→签订合作协议。

9.3 项目实施过程

以学生需求为核心,鼓励学生在项目中不断发现问题,借助教师提供的学习支架实现自主学习和深度学习。

创设情境 提出问题 ⇒ 参观展区 布置任务 ⇒ 头脑风暴 设计方案 ⇒ 制作作品 测试优化 ⇒ 作品展示 多元评价 ⇒ 迁移应用 总结提升

图 2 实施流程

9.3.1 第一阶段:创设情境,提出问题(3分钟)

表 2 第一阶段相关活动

教师提供的学习支撑	学生活动	设计意图
教师手拿一颗生鸡蛋,提问学生"如何孵化一只小鸡""小鸡在孵化的过程中身体发生了哪些变化"	学生独立思考小鸡孵化的条件,孵化过程中小鸡的身体变化,小组合作交流完成小鸡孵化过程的探究记录	导入课堂,引入活动在场馆中开展教学,体现了"玩中学,学中思"科学课程的基本理念

学生可能遇到的学习问题:该项目的入场事件是来到科技馆生命科学实验展区,观察自然孵化小鸡的生命过程。在一个新鲜的学习环境下学生聚焦以下问题。

思考①：鸡蛋是怎样破壳而出的？

思考②：鸡蛋破壳而出前经历了什么样的生长过程？

这一系列问题引导学生思考小鸡有壳孵化和无壳孵化的生命过程，提出驱动性问题：如何用超轻粘土制作小鸡的完整生命周期模型？并在汇报展示的过程中介绍小鸡完整生命周期及身体结构所发生的变化。

传统的课堂上学生无法置身于现实情境中感受无壳孵化小鸡血管的形成、心脏的跳动等一系列生命过程，在学生惊奇于生命的形成中寻找问题答案。

9.3.2 第二阶段：参观展区，布置任务（7分钟）

表3 第二阶段相关活动

教师提供的学习支撑	学生活动	设计意图
带领学生参观小鸡的有壳孵化与无壳孵化。 布置观察任务：独立思考，小组合作探究小鸡的孵化过程，小鸡生命发展历程。 播放小鸡孵化过程视频，展示小鸡的一生过程图。 布置项目任务：通过超轻粘土、彩绘、布织布任意一种方式制作小鸡的一生模型	学生参观生命科学实验展区。 独立思考，通过合作探究的方式完成小鸡的生命孵化过程。 小组汇报交流小鸡的孵化探究过程，分享小鸡的一生实验记录单。 6人一组通过合作的方式完成小鸡一生的模型制作	将要求学生了解的内容融合在合作活动中，活跃了课堂氛围，使学生在活动中认识了小鸡的出生及成长与变化。同时培养了信息收集能力、科学探究能力

学生可能遇到的学习问题：学生对相同信息的理解能力差异很大，水平高的孩子能用科学语言描绘小鸡孵化的生命过程并能够用模型解释，水平低的学生则是一知半解。针对这种认知情况可借助科技场馆的教学资源，以小组为单位来探索。

探究实验1：小鸡自然孵化的条件及过程。

探究实验2：小鸡无壳孵化的条件及过程。

探究实验3：对小鸡的一生进行猜想假设。

通过搜集证据、猜想与假设，学生建构了"生命的周期"这一概念，并能够对小鸡一生的生长变化做出解释。

生命的周期

9.3.3 第三阶段：头脑风暴，设计方案（3分钟）

表4 第三阶段相关活动

教师提供的学习支撑	学生活动	设计意图
适时引导学生	头脑风暴：小组全员参与，采纳可行性、创意性强的金点子。 设计方案：设计思维导图，制定可行的实验方案	引起学生的探究兴趣，并激发探究的欲望，及时调整自己的探究计划，愿意沟通交流、综合考虑小组意见、形成集体观点

学生可能遇到的学习问题：在决策的过程中会出现集中现象。

现象1：组内有人固执己见不愿妥协。

现象2：不能确定哪种方案好。

现象3：有组员完全没有想法或无法融入集体活动。

造成这些问题的根本原因在于缺乏有力的依据证明该设计是有效的，通过制定相应的交流规则：分散组员倾听其他小组成员的测评报告并记录后回到本组汇报。在交流规则的支持下，每个人都肩负起交流和报告的职责，学会了如何分工合作、客观看待结果，抓住共性问题为本组带来更大利益——共同完成小鸡的一生模型设计。

9.3.4 第四阶段：制作作品，测试优化（15分钟）

表5 第四阶段相关活动

教师提供的学习支撑	学生活动	设计意图
提供制作作品所需材料	小组通过合作的方式，任选一种方式制作小鸡成长过程模型，完善优化作品	提高学生的动手实践操作能力、审美能力

学生可能遇到的学习问题：组内分工不明确；产品优化过程目标不够清晰。

造成这两个问题的原因主要是设计方案不够具体详细，如果遇到这些问题学生应该及时解决，积极参与到制作环节中。

9.3.5 第五阶段：作品展示，多元评价（9分钟）

表6 第五阶段相关活动

教师提供的学习支撑	学生活动	设计意图
通过小组合作的方式汇报交流小鸡孵化的过程及完整的生命周期的作品展示	可以通过情景剧表演、彩泥制作、绘画、彩纸制作等方式展示"小鸡的一生"。小组自评量表、小组互评量表、现场综述评价	通过自评和互评，引起学生对小组作品的自我反思

学生可能遇到的学习问题：评价标准不一致，评价过程意见冲突。组内成员尊重彼此的意见，说出各自想法，达成一致。

9.3.6 第六阶段：迁移应用，总结提升（3分钟）

表7 第六阶段相关活动

教师提供的学习支撑	学生活动	设计意图
学生展示小鸡的一生模型，教师引出"生命的周期"概念，即"每种生物都经历一系列生长阶段"。引导学生来到"爱的结晶"展区参观婴儿的成长过程，进一步巩固"我从哪里来"这一课，直观感受婴儿生命的诞生过程	形成"生命的周期"这一科学概念。感受生命诞生的神奇。在教师的引导下来到"爱的结晶"展区	培养学生语言表达能力，总结和反思学习的能力，认识到小组合作与学习反思的重要性

学生可能遇到的问题："生命的周期"概念是否清晰地形成。教师展示学生制作的不同的小鸡的一生模型，便于学生直观地形成概念。

10 创新性及价值性

本节课采用场馆教学、项目式学习方式，在科技馆内开展小鸡的孵化教学活动。通过小组合作开展STEAM项目设计制作小鸡的一生模型，本案例突出特点。

开放性。本案例将小学科学课带到科技馆，充分利用科技馆的展品作为课程资源，体现了资源的开放性、场所的开放性、课时的开放性。

项目式。本案例利用STEAM项目式学习的方式，创设问题情境，教师主导、学生主体，在科技馆开展探究，这种项目式学习能充分激发学生的兴趣，培养学生跨学科意识和综合素养，培养学生勤于思考、善于探究的学习习惯。

分组方式。采取自愿分组的方式，让学生选择与自己研究内容相近的同学为一组，"表达工作意向→寻找工作伙伴→签订合作协议"，体现了以学生为主体。

评价方式。本案例采取多元、开放的评价方式，利用表现性评价，学生可以情景剧表演、彩泥制作、绘画等方式展示成果，表现小鸡的一生。制作多元评价量表，多维度进行评价。

预期效果：科技馆展品可以给学生带来更加直观的感受，比仅仅在教室里上课效果要好很多。预计通过本项目的体验学习，学生会对小鸡的一生有更加全面、直观的感受，尤其是通过现场观摩小鸡的无卵孵化，感受到生命的神奇，会对生命的诞生充满敬畏，更加尊敬父母，爱惜自己。

红树林湿地保护区馆校结合活动设计

胡张莹[*]

(北京师范大学,北京,100000)

1 馆校结合主题的选择

淇澳岛在广东省珠海市香洲区东北部 13 公里,全岛总面积 23.8 平方公里,林木覆盖率达 90%。岛上的红树林湿地不仅是珠海市的珍稀资源,也是珠江三角洲不可多得的一片红树林湿地,同时还是全国少有的紧靠大城市的红树林区之一。淇澳红树林是我国为数不多的集森林、野生动植物和湿地生态系统于一体的自然保护区。岛上红树林植物共 33 种,不仅有秋茄、桐花树等乡土红树林,也有高大的无瓣海桑,繁荣混生,成为独特风景。

淇澳红树林湿地公园的规划面积约 370.3 公顷,划分为缓冲保育区、湿地科普展示区、游赏度假区、山林漫步区 4 个功能分区,其中:缓冲保育区对公园范围内西部的水域周边进行改造,规划种植红树林,并将中心库塘区作为鸟类的主要栖息地和觅食场所进行严格保护。湿地科普展示区结合红树林湿地公园及湿地保护区内丰富的湿地景观特色,规划进行水域改造和浅陆地构造,进行科普基础设施建设。

湿地科普展示区将科普教育作为工作的核心,为公众提供多种多样的学习机会。本课程分为"认识红树林""辨识红树林""保卫红树林" 3 个阶段,包括多种形式的材料,使实地探索的学习效果得到提升。

---

[*] 胡张莹,单位:北京师范大学,E-mail:401627748@qq.com。

活动以淇澳岛红树林的形态特征、形成原因、生物治理的分析为主要线索，围绕作物生长的基本特征及相应的人与湿地的关系展开。生物与环境之间相互依赖和相互影响共同组成有机的整体，是小学科学课标生命科学领域重要的核心概念；植物作为重要的生物类群，其生存所需的必要条件是本领域内容的学习重点。湿地是生态系统的重要组成部分。

因此，本活动选择以植物与环境的相互作用这一话题，借助真实情境，将知识整合教学理论融入课程设计中，帮助学生了解最基本的生态系统知识，激发学生了解和认识自然界的兴趣，初步形成生物体的结构与功能、局部与整体、多样性与共同性相统一的观点，形成热爱大自然、爱护生物的情感。

2 活动对象分析

2.1 对象选择及原因

该活动是为小学 4~6 年级学生设计的。选择理由有两个：其一，本次选择的内容知识点比较简单。主要是期待通过红树林的科普提升学生对当地生态的兴趣，为学生之后的生物学习做有效铺垫。其二，就活动实施的可行程度而言，4~6 年级的小学生有了基础的科学知识储备，能够在湿地公园配合教师开展教学活动。

2.2 年龄特点及认知规律

4~6 年级的小学生在思维能力上正在从具体运算阶段向形式运算阶段过渡，记忆能力、表达能力、思维能力都不断增强。此阶段正是培养其学习能力的关键时期。因此教师在活动设计中要提供认知脚手架，进行启发式、探究式的活动设计，力求让学生自主发现并解决问题。

同时研究表明，该年龄段的学生处在培养合作学习、协作能力的关键时期，以小组为单位开展学习活动和协同论证，将对能力的培养有益。

2.3 学情分析

根据最新版小学科学课标的要求，4~6 年级的学生需在教师引导下，确

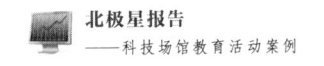

定研究问题、收集信息、进行探究实验设计，复述探究过程和结论，倾听别人的意见，并与之交流。

生命科学领域是小学科学课标中的重要组成部分，生命世界包含人、动物和植物等多种生物类群，其生存都需要一定的条件，例如营养物质、适宜的温度、水和空间等，在此基础上生物个体能够生长、发育和繁殖后代，从而使这些生物类群得以延续。植物能够制造营养物质，可供自身利用，生物之间以及生物与环境之间相互依赖和相互影响，它们组成一个有机的整体。

此阶段的学生已具备一些先验知识，在活动设计中可以倾向于探究类、协作论证类的活动设计。

3 活动内容及形式

3.1 活动组成

认识红树林、辨识红树林、保卫红树林。

3.2 活动设计原则

知识整合教学理论（KI）。

整体分为 4 步：诱出想法（教师把学生已有想法诱导出来）、增加想法（学生通过听课等增加新的想法，产生认知冲突）、辨分想法（学生进行辨分）、反思和梳理想法。知识整合教学理论尊重学习者的已有想法并将新旧想法进行对比，学习者能够获得更大的成功。

3.3 活动内容

表 1 具体活动内容

	认识红树林
场馆资源	淇澳岛红树林湿地
教学目标	一、科学知识目标 1. 了解红树林的主要特征,知道红树林的生命活动和生命周期。 2. 认识树木与生态链的关系,知道树木是生态链中必不可少的一环

续表

认识红树林				
场馆资源	淇澳岛红树林湿地			
教学目标	二、科学探究目标 1. 了解科学探究是获取科学知识的主要途径,并通过评价与交流等方式形成共识的过程。 2. 经过推理得出结论,并通过有效表达与别人交流自己的探究结果与想法。 三、科学态度目标 对红树林及其湿地生态系统保持好奇心和探究热情。 四、科学、技术、社会与环境目标 能将学到的科学知识和日常生活相联系			
教学环节	教师活动	学生活动	设计意图	活动材料
创设情境	想法诱出：让学生分小组寻找树林里有没有红色的树木	了解任务背景；思考：没有红色的树林，为什么要叫红树林呢？红树林的生长环境有没有什么特点呢	以真实的问题导入情境，引出项目任务	红树林的介绍展板
参观湿地	观察记录参观行为；辅助答疑解惑	自主参观；小组合作；完成学习单	观察学习；小组协作学习	学习单；行为观察记录表
小组讨论	组织讨论；修改学习单；答疑修正	小组讨论参观过程中发现的问题；进一步完善学习单；提出小组疑问，班级讨论答疑。 答案：红树林是生长在热带、亚热带海岸潮间带的木本植物群落。相传多年前,马来人利用木榄的树皮提取红色染料,红树林也因此得名。红树植物富含单宁酸,尤其是树皮里的含量高,单宁酸遇空气被氧化便呈现为红色	小组合作提问答疑，巩固问题答案，加深理解	学习单；行为观察记录表

续表

教学环节	教师活动	学生活动	设计意图	活动材料
小结	红树林的外观在学生头脑中产生认知冲突,有助于后续教学活动的开展;红树林的名称由来典故与树皮下的化学反应			

辨识红树林

场馆资源	淇澳岛红树林湿地
教学目标	一、科学知识目标 了解红树林代表性树种的主要特征。 二、科学探究目标 通过分析、比较、概括、类比等思维方法,发展学习能力、思维能力、实践能力和创新能力,以及运用科学语言与他人交流和沟通的能力。 三、科学态度目标 1. 对湿地生态系统保持好奇心和探究热情,乐于参加观察、调查等科学活动,并能在活动中克服困难,完成预定的任务。 2. 在科学探究活动中主动与他人合作,积极参与交流和讨论,尊重他人的情感和态度。 四、科学、技术、社会与环境目标 能将学到的科学知识和日常生活相联系

教学环节	教师活动	学生活动	设计意图	活动材料
问题情境导入	上个活动我们知道了红树林的来历,那么红树林和普通的树有什么区别呢?这片沿海滩涂区还有其他的植物吗	回顾上次活动成果;增加想法:红树林的生存环境有什么特殊的地方呢?为了适应这样的环境,红树林形成了怎样独特的特点	设计情境;引导思考	学习单
参观湿地	观察记录学生的行为;辅助答疑解惑	观察红树林及非红树林的外形特征;拍照记录;绘制外形图	通过直观观察,总结红树林的外形特点	画笔;照相机;学习单
测量数据	观察记录学生的行为;辅助答疑解惑	记录红树林和非红树林的根系区别;测量宽度,与自己的手掌进行对比	通过与人体特征的对比,获得直接经验	尺子;照相机;学习单

续表

教学环节	教师活动	学生活动	设计意图	活动材料
小组探究	观察记录学生的行为；辅助答疑解惑	辨分想法：小组对于参观过程中发现的问题开展探究；对红树林发达的根系、树皮上的皮孔与其作用作出假设和解释；组间展示与比较、展示评价；优化改善	总结生物适应环境的特征	学习单
教师总结	辅助答疑解惑	提出小组疑问；班级讨论答疑。答案：红树林需要抵御潮水冲刷和获取氧气。法宝之一是奇特且庞大的根系，有支柱固着的作用。例如红海榄和正红树的支柱根，银叶树和秋茄的板状根等。 另一个法宝是通气组织。根据生活经验，水生植物都具有这样的结构，比如水稻的茎是中空的，莲藕也是中空的。红树植物的呼吸根系也一样，内部有发达的通气组织，不仅在根上，尖瓣海莲等红树植物的树皮上也密布皮孔	巩固问题答案，加深理解	学习单；行为观察记录表
小结		学生增加想法、辨分想法；红树林为了适应潮水冲刷、获取更多氧气，有了更多独特的生物特征，与非红树林植物形成了对比		

续表

保卫红树林

场馆资源	淇澳岛红树林湿地			
教学目标	一、科学知识目标 1. 认识人类与环境的关系，知道湿地是人类应该珍惜的天然财富。 2. 了解技术是人类能力的延伸，技术是改变世界的物质力量，技术推动着人类社会的发展和文明进程。 二、科学探究目标 1. 了解科学探究是获取科学知识的主要途径，是科学家通过多种方法寻找证据、运用创造性思维和逻辑推理解决问题，并通过评价与交流等方式形成共识的过程。 2. 理解科学探究需要围绕已提出和聚焦的问题设计研究方案，通过收集和分析信息获取证据，经过推理得出结论。 3. 了解通过科学探究形成共识的科学知识在一定阶段是正确的，但是随着新证据的增加，会不断完善、深入和发展。 4. 理解探究不是模式化的线性过程，而是循环往复、相互交叉的过程。 三、科学态度目标 1. 具有基于证据和推理发表自己见解的意识；乐于倾听不同的意见和理解别人的想法，不迷信权威；实事求是，勇于修正与完善自己的观点。 2. 在科学论证活动中积极参与交流和讨论，尊重他人的情感和态度。 3. 热爱自然，珍爱生命，具有保护环境的意识和社会责任感。 四、科学、技术、社会与环境目标 1. 了解人类活动对湿地保护区的影响。 2. 认识到自己在保护环境方面的责任			
教学环节	教师活动	学生活动	设计意图	活动材料
情境导入	带领学生参观外围滩涂的无瓣海桑与本土红树植物的复层林	观察复层林的结构特点	基于真实问题情境的学习	红树林湿地保护区
故事铺陈	讲述红树林生态治理的过程	倾听，梳理生态治理的步骤，思考总结为何生态治理是如此漫长又复杂的过程	引导学生思考	学习单
抛出问题	小组讨论为何生态治理不能一次解决所有问题	科学论证，每位小组成员发表自己的观点，并寻找论据证明观点，得出结论	论证思维	学习单

续表

教学环节	教师活动	学生活动	设计意图	活动材料
交流分享	引导各组分享想法；观察评价	小组展示意见；组间论证评价	以论证形式激发学生思考；培养语言表达、论证能力和分析应变能力	学习单；评价表
延伸拓展	发放资料；引导思考	反思和梳理想法；讨论有什么更好的办法可以解决当时科研工作人员遇到的难题；设计解决方案	激发学生的创造力和想象力，聚焦问题，搜集分析信息获取证据，通过推理得到结论	资料；学习单
小结	学生反思和梳理想法，完成知识整合的过程。生物入侵带来了许多危害；解决生物入侵有化学除草、物理割除、生物替代等方法；阳光是植物生长、进行光合作用必不可少的条件。维护生态系统稳定是人类共同的责任			
附录	淇澳岛红树林生态治理的过程： 无瓣海桑是海桑科，海桑属乔木，于孟加拉国引进，对海水浸淹适应能力强，生长迅速。 互花米草是禾本科，米草属禾本植物，列入我国首批外来入侵植物。根茎发达、生长繁殖迅速。带来的生态和环境问题非常严重，可威胁本地海岸生态系统、堵塞航道、影响水质、引发赤潮。 1998年，淇澳岛仅余32公顷原生红树林（相当于45个标准足球场的大小）。外围滩涂被260公顷的互花米草入侵占领，是原生红树林的8倍有余。互花米草繁殖能力极强，科研工作者和居民们尝试过物理割除、化学除草试剂、用多种本地红树植物替代等办法，无一奏效。 为了治理互花米草，2001～2012年，工作人员通过引进孟加拉国的速生先锋树种无瓣海桑，与互花米草进行光资源竞争。 2～3年后，随着无瓣海桑林长高长密，互花米草失去林下光源，逐渐消亡。但无瓣海桑也是外来物种，由于速生属性也对本土红树造成一定的威胁。因此保护区采取了修枝透光、林下种植本土红树等控制措施，限制其生长速度。 目前红树林面积增加至约500公顷，互花米草下降至1公顷。在原生红树林里也已逐渐更替了无瓣海桑，只在外围滩涂留下了无瓣海桑与本土红树植物的复层林，形成较为稳定的红树林生态系统。从互花米草到无瓣海桑纯林再到复层红树林的转变过程，花费了10余年的时间，也蕴含了淇澳人的智慧和汗水			
	项目结束			

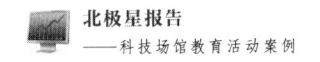

4 评价方式

对于活动实施效果的评价,主要基于学习单与合作表现两部分。

4.1 学习单

完成度、正确率、意见反馈。

4.2 合作表现

活动过程中,学生在小组内的参与积极性、论证表现、成果产出。

5 可行性

5.1 环境

红树林设有湿地科普展示区,方便科普活动开展;湿地科普展示区全年大部分时间正常开放,具备学习的基本条件。

5.2 操作可行性

活动材料:学习单的设计资源简单易得;
理论技术:活动所需的理论和技术支持均已具备,具有可操作性。

6 项目实施的难点及创新点

6.1 项目实施的难点

6.1.1 活动内容

湿地系统涉及的知识基础庞杂,需要层次丰富的活动设计和专业的理论知识基础。

6.1.2 活动范围

红树林湿地保护区范围较大，给活动组织带来了难度。

6.2 创新点

基于户外保护区开展的科普活动，丰富了传统意义中"场馆"的定义。

在馆校结合的背景下，基于学生现有的知识经验，在科学课标的指导下开展活动。

我国北回归线附近的沿海滩涂地区有大量红树林湿地保护区，活动可以应用于各地的活动实践指导中。

展示人与自然和谐相处、当地居民和科研工作者治理生物入侵的生动案例，影响深远。

7 解决技术难点和实现创新点的措施

7.1 解决技术难点措施

7.1.1 活动内容

充分查阅各类资料，咨询相关领域专家，并做好预实施和修改调整工作，力争打下坚实的理论基础。

7.1.2 活动范围

湿地保护区较大，通过以班级为单位有组织有计划地开展教育活动，可以确保活动有序开展；且通过指向性明确的学习单，也可以帮助管理学生。

7.2 实现创新点措施

在前期进行充分的湿地科普现状调研，分析其特点及可行性，基于核心概念优选典型的科普内容，保证活动的科普性。

结合学生的先验经验，分析受众的认知规律，确定最近发展区，力求在活动过程中展开真实探究，让科学论证有效发生。

不断修改完善活动细节，做好科学分析评估，基于现实开展情况迭代优化。
在活动设计时，注重人与自然关系的逻辑联系，融合和谐发展观。

大自然的恩赐

于 舰 孙 龙[*]

（苏州科技馆，苏州，215000）

（辽宁省交通高等专科学校，沈阳，110122）

1 项目介绍

大自然的恩赐是辽宁省科技馆馆校结合项目中的科普教育活动。活动以亲近自然为主题，培养学生实践能力。活动的亮点在于注重综合运用科技馆展厅资源、实验室资源、户外资源，实现多学科交叉、多场景互动的教学模式。该教育活动源自辽宁省科技馆于2017年开展的馆校合作教育活动研发，并于当年得到中国青少年科技辅导员协会的项目支持，2018年，该活动获得第四届全国科普场馆教育活动展评一等奖。

在科技馆工作中我们发现，城市养育模式越来越呈现"工业化、圈养化"特点，儿童在成长关键期对自然的渴望和认知无法在传统教育机构中获取，辽宁省科技馆探索发现展厅内有一个专门区域对自然界中的数学奥秘进行解释，但是观众和学生在参观过程中反映这些展品的道理可以理解，但总是和自然界有所距离。恰好，辽宁省科技馆周边的自然资源丰富，我们便依据观众和学生需要开发了"大自然的恩赐"系列科普活动，将大自然、科技馆展厅展品和科学实验室课程有机结合。我们力求把自然教育目标与科学知识传播目标相结合，不是单一地围绕某一情境展开教育活动，而是有机链接多种学习空间。

---

[*] 于舰，单位：苏州科技馆，E-mail：yujian53719@qq.com；孙龙，单位：辽宁省交通高等专科学校。

当代中小学生以"00后""10后"为主,物质条件相对优越,就像温室里的花朵很少接触外面的世界,我们可以利用"大自然的恩赐"这一项目让学生多亲近大自然,融入大自然,了解大自然中植物的多样性(认识植物中的食物、植物中的药物),了解其净化空气(植物的光合作用和呼吸作用)、涵养水源(植物根系不仅可以作为吸收营养的器官,还有涵养水源、防止水土流失的作用)等功能。只有让孩子们认识到人与自然应该和谐相处,才能保护我们共同的家园——地球。

小学生对自然植物的生长特点处于感性认知阶段,虽然具备一定的生物常识,但对自然现象的本质认识不足。因此在教育活动开展过程中,应当尽量增加理性认识,逐步深化认识过程,帮助学生搭建自然科学的知识体系。

知识与技能:让学生了解斐波那契数列及其特点;了解向日葵形态结构,初步发现向日葵所含斐波那契数列;了解向日葵的功能与其结构相适应的规律。

过程与方法:初步学会查找、搜集、整理资料的技能;在实践中培养学生观察能力和分析能力;培养学生在实践中发现规律、验证规律的能力。

情感、态度与价值观:在研究向日葵的实践活动中,培养学生探究精神、合作精神,培养学生热爱自然、感恩自然的情感态度。

2 本项目主要教育特色

教学场地多样化:科技馆探索发现展厅、户外向日葵花海(本场地选择遵循教育活动与环境相适应原则,科技馆南侧属公共事业用地,市政府为美化区域环境选择适应本地气候的植物,建设向日葵花海,辽宁省科技馆与此地直线距离30米,较适宜进行教育活动)、实验室(辽宁省科技馆在建馆之初按照"科学家、工程师、能工巧匠"的目标建设14间科学工作室,涵盖物理、化学、生物、机器人、数学等门类,设备设施齐全,空间独立,适合学生进行动手操作类活动)。

教学方法丰富:本活动包括场馆内探究式学习、小组采集、成果研讨、实验室求证等环节,最终引导学生得出结论。

教学活动易复制:在"大自然的恩赐"项目设计之初,我们就注重教学活动的可复制性,为此我们编写了相应的教案、教学手册、学生手册和资料

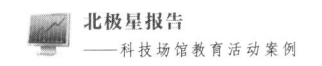

箱，共同组成教学资源包。我们也鼓励各地区参与者结合当地地理气候等自然情况，改变教学对象和教学环境。在对自然的探究过程中，了解区域族群的生存发展逻辑。

教学准备：提前 1 小时准备白纸板、水彩笔、学习单、相机、扩音器、笔记本、PPT 教案等教学设备，隔离展厅相关区域。

3 项目实施过程

活动时间：1.5 小时（包含户外观察）。

3.1 第一阶段：通过对展品与向日葵的实地观察发现规律

3.1.1 展厅展品的直观学习

阶段目标：通过展品"大自然的几何学"了解裴波那契数列，发现向日葵中的秘密。

学情分析：学生对裴波那契数列及其规律尚不了解，需要教师引导。

设计意图：利用游戏的互动性与趣味性，调动其观察思考的积极性，并尝试通过自己已有的知识储备进行解答。

教学策略：辅导员了解观众的初始想法和现有的认知水平，设置疑问，激发观众的探究欲望。利用互动游戏吸引观众，提出问题，激发探究欲望。

教师活动：①设计数学游戏，引出课题。首先，随机分发数字卡片，要求学生按由小到大的顺序排列（相等的数可自由排列）引导学生观察，从左右相邻同学的数字卡片与你的卡片中发现了什么规律？②从学生的探究结果中揭示裴波那契数列的本质：从第三项起，裴波那契数列的后一项等于前两项之和。③以裴波那契数列为边长组成正方形，然后码着圈的排列在一起，引导学生连接每个正方形的对角。④与展品中鹦鹉海螺壳作对比（见图1）。

学生活动：①参与互动游戏，按卡片上数字由小到大排序，与教师互动，发现其中规律。②以裴波那契数列为边长拼接组成正方形。③绘制裴波那契螺旋形，并与展品对比发现规律。

3.1.2 深入向日葵花海观察

阶段目标：了解向日葵的生长特点及其蕴含的裴波那契数列。

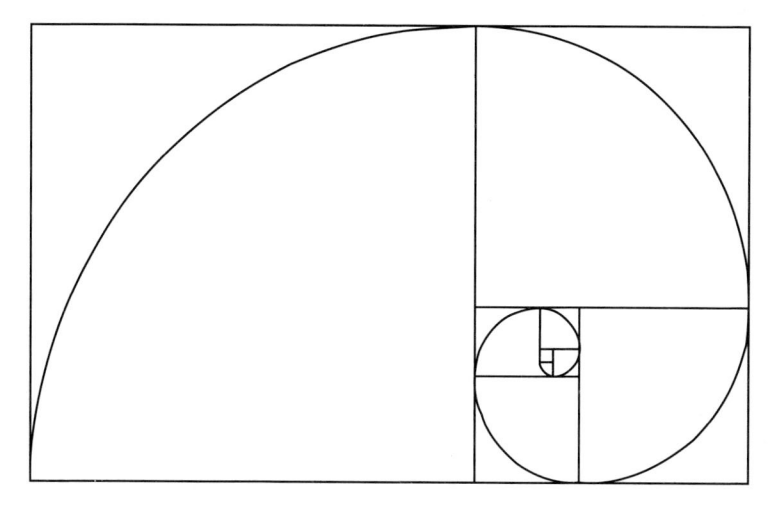

图 1　相关图形

学情分析：学生对裴波那契数列有了初步认知，但不易发现在向日葵中隐藏的裴波那契数列，需要教师引导观察。

设计意图：利用实地考察，调动学生感官，并尝试通过发现、观察来解答问题。

教学策略：辅导员帮助学生完成感性认知，为后面的理性认知做准备。

教师活动：①引导学生观察向日葵的花瓣，并数出花瓣的数量。②引导学生发现自己所数的花瓣数量与裴波那契数列的联系。并得出结论：向日葵的花瓣数量刚好是裴波那契数列中的数字。③引导学生发现向日葵花盘中有顺时针、逆时针的排布。④引导学生数出顺时针、逆时针排布曲线的线条数目，并与裴波那契数列作比较。⑤引导学生发现结论：顺时针、逆时针排布的数量刚好是裴波那契数列中一组相邻的数。

学生活动：①与教师互动，发现其中规律。②自主发现顺逆时针排布规律。③分析裴波那契数列与顺逆时针排布线条数的关系。

3.2　第二阶段：探讨、诠释生命体结构为什么会出现裴波那契数列

阶段目标：了解向日葵蕴含的裴波那契数列的本质，理解生命体结构与功能具有统一性。

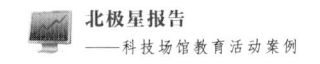

学情分析：学生对向日葵中裴波那契数列有了初步认知，但向日葵中隐藏裴波那契数列的原因尚不清楚，需要教师引导。

设计意图：利用实地考察，调动学生感官，并尝试通过发现、观察来解答问题。

教学策略：辅导员帮助学生完成理性认知。

教师活动：①引导学生进一步发现裴波那契数列中各组数的比值关系，通过前项与后项对比，得出结论（比值越来越接近0.618）。②简介0.618与黄金分割比例。③引导学生思考花对植物的功能是什么？④引导学生得出结论：花是植物的繁殖器官，为了最大化地得出种子，所以呈现裴波那契数列分布。体现其结构与功能相适应的特点。⑤引导学生观察：小雏菊、波斯菊等植物是否与向日葵有相似的特点。为什么？⑥提问学生，你还能发现自然界中哪些现象仍然遵循裴波那契数列规律？

学生活动：①与教师互动，发现其中规律。②比较发现向日葵与其他植物结构相似的联系。③分析裴波那契数列与顺逆时针排布线条数的关系。

3.3 第三阶段：介入生活，拓展延伸

阶段目标：大自然中还有哪些生命体具有裴波那契数列的规律。

真实的植物往往没有完美的裴波那契螺旋，环境会影响大自然中生命体的裴波那契螺旋结构。

教育学生敬畏大自然，保护大自然。

学情分析：学生学习了裴波那契数列，但不知如何在实际生活中发现它并且运用它。

设计意图：以兔子的繁殖为例设计活动，学会运用裴波那契数列，解决生活中的实际问题。

教学策略：教师通过PPT展示教学。

教师活动：①PPT展示除向日葵之外，也具有裴波那契数列规律的生命体图片，对比学习加以论证裴波那契数列的存在。②贴图活动，解决实际生活中兔子繁殖问题的推算。③教师总结，裴波那契数列遵循生命体结构与功能具有统一性的规律。气候或虫害等环境因素会影响生命体的裴波那契数列特征，因此我们要敬畏大自然，保护大自然。

本项目是首次将科技馆展厅资源、实验室资源与户外自然资源互相融合的教育活动，首次在对接课标、区别课堂的维度进行馆校结合教育活动探索，我们充分研究 2017 年发布的小学科学课程标准并结合科技馆教育资源实际，在保证安全的前提下，转换多种场景利用多种资源开展馆校结合教育活动。

4 本项目教育效果评估

4.1 受众反馈

通过对学生的随机提问，前后对比，发现学生对课堂知识基本掌握，采访中学生表示有些知识是之前不了解的，经过课程学习有很多收获。参与学生普遍反映这样的学习体验非常新奇，对科技馆的展品过去只是单纯体验或者好奇，并未完全了解其中的奥秘，也并未想到数学在自然界植物中的反映。通过视觉、听觉、触觉、嗅觉、味觉的全感官体验对裴波那契数列及向日葵的生长特点都有了深刻印象，对本次秋季科技馆教育活动留下深刻记忆。

4.2 教师反馈

根据学校教师反馈，本课与数学课、科学课相衔接，本项教育活动充分发挥公共教育场馆教育手段灵活、教育资源丰富、教育方法多样的优势，注重培养学生自主探究的能力。教学中，除了对知识点的传授，更重视科学精神的培养、好奇心的鼓励、探究意识的养成。教师普遍反映该教育活动很好地把展厅参观、户外考察等资源有机结合，打破学校传统教育模式，弥补了学校教学资源的不足。该活动深受广大在校教师的好评。

以"小球大世界"展示的宏观现象为驱动的科学探究课程设计

——以"海水温度知多少"课程为例

宋男迪[*]

(北京科学中心,北京,100000)

以现象为驱动设计探究性课程是 NGSS 的 STEM 课程设计的重要内容之一。这里的现象包括科学探究中的现象,就是那些在宇宙中可以被观察到的自然现象,这些自然现象可以用我们现有的科学认知解释或预测。在科学探究的范畴内研究这些现象就是为了基于证据完善理论,用于解释现象的原因、预测现象的发展。同时,其还包括工程设计中的现象,即这些现象会产生一系列问题,针对这些问题开展工程设计寻求解决方案。所以,无论是科学探究类还是工程设计类,都是从现象出发寻找问题,开展课程设计。我们这一系列课程的目标是:像科学家一样去思考,像工程师一样去创造;用科学理解世界,用工程美化生活。

1 为什么要以"小球大世界"展示的宏观现象为驱动

1.1 为什么要以现象为驱动

在过往的科学教育中,现象常常是缺失的一个环节。科学教育更加重视科学知识而忽略了学生们如何将这些知识用在现实生活中。在解释现象的过

---

[*] 宋男迪,单位:北京科学中心,E-mail:songnandi@bjsc.net.cn。

程中使用锚定现象学习（Anchoring Learning）可以帮助学生们构建一个科学工程知识体系。在学生们知道"这个知识点"是什么之前，可以先找到为什么要学习"这个知识点"的理由；而不是教师或者课程设计者们告诉他们，这个知识点非常重要，而学生们根本不知道这个知识点是从现实生活中的哪里获取的。

在科学教育中，以现象为驱动可以让学生们学会如何解释现象背后的原因，学习的重点从"学习"知识点转变为"探究"事情发生背后的原因和过程。比如说，我们不去教学生什么是光合作用和细胞分裂，而是让他们自己提出猜想、寻找证据去研究为什么树木会生长。

解释现象背后的原因和设计解决问题的方案都可以让学生们从生活中常见的现象入手建立科学思维，进一步探索更易于传达的科学知识。当学生们看到科学思维可以帮助阐释自然现象，为自然现象建立模型，就学会用科学思维来解释生活中的种种问题。他们遇到问题的时候就会用科学方法来理解事物并且提出让世界更加美好的对策。

1.2 "小球大世界"展示的宏观现象

在以现象为驱动的科学教育课程中，找到一个合适的现象是重中之重。这个现象最好是与学生们的生活息息相关，与学生个人相关、生活周边相关或者整个社会相关。"小球大世界"是一个360度的球面展示系统，特别适合从宇宙视角展示地球的宏观现象，如大气状况、全球地貌、全球水文、人类对于地球的影响等。这些现象可以与身边观察到的局部现象相结合，培养学生们看世界的视角。世界上不单单只有一个人或者一个国家，而是一个地球村。

在"海水温度知多少"这门课程中，"小球大世界"展示的是从太空中用特殊仪器拍摄并记录的全球12个月海水的温度变化，分别用红橙黄绿青蓝紫的颜色来表示不同区域的海水温度。这种没有办法从日常生活中测量到的数据，通过"小球大世界"可以生动地、直接地展示给学生们，解决了观察现象的局限性问题。

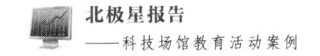

2 如何设计一堂以现象为驱动的科学探究课程

2.1 寻找合适的现象

在这里的现象并不是单纯指现象本身,而是包括由现象引发的一系列问题和可以让学生参与其中的一系列猜想。例如,我们看到"小球大世界"上展示的全球海水温度图,发现虽然全球的海水是连在一起的,可是不同地区温度并不相同。赤道地区明显全年温度都偏高,两极地区全年温度都偏低。全球海水温度不同、赤道地区海水温度高、两极地区海水温度低是一个现象。从这个现象出发可以引申出很多问题,比较有代表性的问题是"为什么赤道地区海水温度高、两极地区温度低""为什么1月份的时候赤道地区的海水突然有一个区域温度降低了""为什么温度分布得如此不均匀"等。"这个现象+这些问题"共同构成了驱动我们开展探究的现象。

2.2 同一个现象中分出了如此多的问题探究线

如果是在校内科学教育的课堂中就可以针对不同年级的学生开展不同的问题探究,比如说低年级的学生探究太阳辐射对于温度的影响,高年级的学生可以从太阳辐射、大气层保温作用、海水储热效果、洋流影响等方面开展探究。在校内科学教育中,可以设计长期的系列科学教育课程。每一个现象所用的时间权重是不同的,需要根据年级、兴趣、开展难易程度来设置。

而在校外教育中,由于来科学中心/科技馆参加活动的学生年龄不一,教育背景和水平不一,来的时间不固定,在场馆中的课程设计不能选取过于个性化的问题,一般来说需要选取与学生们的生活最相关,或者最能被学生理解的问题开展探究。在下面的案例中,从现象中选取的问题就是最为常见的——"为什么赤道地区海水温度高,两极地区海水温度低",开展40分钟的探究课程。

2.3 课程设计

课程设计从学生的视角出发选取现象，并且为这些现象准备可能会提出的猜想，为这些猜想准备相关的验证方法。要注意探究的逻辑关系，并不是以课程设计者的逻辑为中心，而是要以学生的科学逻辑为中心，让学生们感觉每一步的探究都是为了回答自己提出的问题，而不是教师指派的任务。

3 案例教案——海水温度知多少

3.1 课程概况

3.1.1 课程主题

从全球海水温度不同这一宏观现象出发，以学生为中心探究现象背后的原因。学生们提出不同的猜想，并且在教师的协助下设计实验验证是否有证据可以证明提出的猜想是否正确，从而探究现象背后的科学原理。课程时长40分钟，学生人数不超过15人。

3.1.2 教学内容

导入环节：通过"小球大世界"展示画面导入全球表层海水温度图，不同区域海水温度不同。

提出问题：地球上的海洋都是连接在一起的，为什么有的地方温度高有的地方温度低呢？

学生提出自己的猜想和证据。

在教师的协助下学生设计实验，验证上面的证据是否可以支持猜想。

总结。

3.1.3 教学理念

本课程从宏观现象出发，探究其背后的原因。以学生为主体，让整个探究过程从学生的视角形成一个完美的逻辑闭环。不再以教师的事先预埋逻辑为基础，从"我知道"向"我想知道"的探究进化。

3.1.4 教学形式与方法

从"小球大世界"上观看宏观现象。

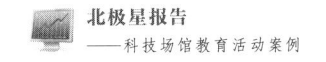

从现象中提出问题。

对问题提出自己的猜想和证据。

通过设计实验/观察法，验证自己的证据是否可以证明自己提出的猜想。

得到结论并总结。

3.2 课标分析

本课程与小学科学课程标准结合情况：本课程结合了课标物质科学中的"热是一种常见的能量表现形式，以不同的方式传递"。

3.3 教学对象与受众分析

教学对象：8～12岁儿童。

受众分析：这个年纪的学生可以用摄氏度来表示温度，会识别温度高低的图例，一般来说知道地球上的热和温度来自太阳，但是对于太阳到地球的距离、不同地区的照射时长没有准确的概念。懂得提出自己的证据来证明自己的猜想，但是对于设计实验的部分还不是非常熟练。

3.4 教学目标

科学知识：用摄氏度来表示温度的高低，不同地区海水温度不同，海水的温度来自太阳，温度不同与太阳直射和斜射有关。

科学探究：从海水温度不同这一宏观现象出发，提出对其原因的猜想，摆出可以证明这个猜想的证据，在老师协助下设计实验验证证据是否能证明猜想，最终总结结论。

科学态度：像科学家一样去思考，看到现象会多想想为什么，勤思考，用证据来证明对错，用科学来理解世界。

3.5 教学重难点

教学重点：设计合适的实验来验证证据是否能证明猜想。

教学难点：自我总结，这个年纪的孩子自我总结能力欠缺，需要教师给予大量辅助。

3.6 教学准备

3.6.1 教具、器材准备

（1）为教师准备

电脑、投影设备、秒表、小球大世界（见表1）。

表1 教师教具列表

序号	物品名称	数量（单位）
1	电脑	1（台）
2	投影设备	1（台）
3	秒表	1（个）
4	小球大世界	1（个）

（2）为学生准备

烧杯、水、温度计、红外照射灯、直尺、抹布若干（见表2）。

表2 学生器材列表

序号	物品名称	数量（单位）
1	烧杯	7（个）
2	水	2100（ml）
3	温度计	5（根）
4	红外照射灯	2（台）
5	直尺	1（把）
6	抹布	若干

3.6.2 所结合的小球数据资源

蓝色星球＋表层海水温度图。

3.7 安全提示

使用红外照射灯时注意与学生们的距离，使用温度计时轻拿轻放。

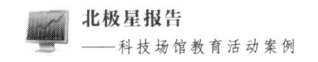

3.8 教学过程

3.8.1 第一阶段：引入阶段（10分钟）

（1）阶段目标

①观察海水温度，学会用摄氏度来表示不同的温度。

②提出问题。

（2）设计意图

教师通过展示普通的地球白天照和表层海水温度图，让大家看到一个不为人们熟知的地球的样子。看图例找出不同颜色代表的不同温度，发现不同地区的海水温度不同。

（3）师生活动

师：同学们好，欢迎来到"小球大世界"，我是今天的主讲教师XXX，今天我们的课程主题是"海水温度知多少"。

师：首先呢，大家看一下小球现在展示的是哪里（播放蓝色星球）？

生：地球。

师：大家都异口同声地认为这里是地球，那么，同学们是怎么知道这里是地球的呢？

（让2~3位同学说说他们觉得这里是地球的原因）

师：刚刚几位同学都说了因为我在书上看到的地球的照片就是这样的，所以我认为这里是地球。那么，我们来看看另外一张不一样的照片，你看看这里是哪里？（表层海水温度图）

生：这里还是地球。

师：这张照片的颜色和之前那张完全不一样，你怎么会觉得这里也是地球呢？

生：因为黑色的大陆形状和我们刚刚看到的地球大陆形状一样。

师：大家观察得非常仔细，那么，大家猜一下，这张色彩斑斓的图片中不同颜色都代表了什么？这些颜色有没有让大家觉得似曾相识呢？

教师展示一张红外测温的照片，和表层海水温度图的颜色非常类似。

请2位同学回答后，教师进行总结。

师：这张是我们的表层海水温度图，是NASA在太空通过特殊的仪器拍摄到的，在电脑上重新加工之后展示出来。

师：大家仔细观察一下这张温度图的图例，看一下不同颜色代表的温度是多少，在学习单上写下不同颜色代表的温度。

（带领同学们看小球上的图例信息，在学习单上记录不同颜色代表的温度）

师：大家继续观察这张温度图，有没有发现温度分布的规律。

（请3位同学说出自己发现的温度分布规律）

提出问题，我们的海洋是连成一体的，为什么不同地区的海水温度会不同呢？第一部分内容讲解完毕。

（4）教具、学具或多媒体辅助手段等

小球大世界"蓝色星球"和"表层海水温度图"。

3.8.2 第二阶段：针对上面的问题，提出自己的猜想和证据（10分钟）

（1）阶段目标

根据观察的现象，针对问题提出猜想，并且找到可以证明自己猜想的证据。

（2）设计意图

根据自己已有经验提出猜想和证据。

（3）师生活动

师：为什么全球的海水温度不同？为什么赤道地区海水温度会高，两极地区的海水温度低？

生1：因为照射时间不同，赤道照射时间长，两极地区短，所以赤道地区温度高。

生2：因为赤道离太阳比较近，两极比较远，所以赤道地区温度高。

生3：因为赤道地区接受的是太阳直射，两极地区是斜射，所以赤道地区温度高，两极低。

大家都已经提出了自己的猜想，那么我们来共同找一下，有没有证据能够证明你们的猜想。

（4）教具、学具或多媒体辅助手段等

PPT课件、小球大世界。

3.8.3 第三阶段：找证据验证猜想（20分钟）

（1）阶段目标

设计实验或观察来验证提出的猜想。

（2）设计意图

在教师的协助下，设计实验，进行下一步的探究，看看是否有证据能证明我们提出的猜想。

（3）师生活动

实验1：照射时间不同带来的温度差异。观察12月的表层海水温度图，对比赤道和北极的温度，发现赤道比北极温度高。

观察小球大世界12月某一天的"地球日与夜"，发现北极地区处于极夜，光照时长为0，赤道地区为12个小时。照射时间短的地区温度比照射时间长的地区温度低。证明提出的猜想是正确的。

但是，再次观察12月的表层海水温度图，对比赤道和南极的温度，发现赤道比南极温度高。

观察小球大世界12月某一天的"地球日与夜"，发现南极地区处于极昼，光照时长为24小时，赤道地区为12个小时。照射时间短的地区温度比照射时间长的地区温度高。证明提出的猜想是错误的。

图1　假设1

实验2：查找地球到太阳的距离以及地球的半径，将数字同比例缩小，将两台照射灯按照缩小后的距离照射两杯装满水的烧杯，分别记录两个烧杯的初始温度和照射后的温度，看看是否有差别。

如果没有差别，说明距离的差异不能带来温度的差异；如果有差别，说明距离的差异可以带来温度的差异。

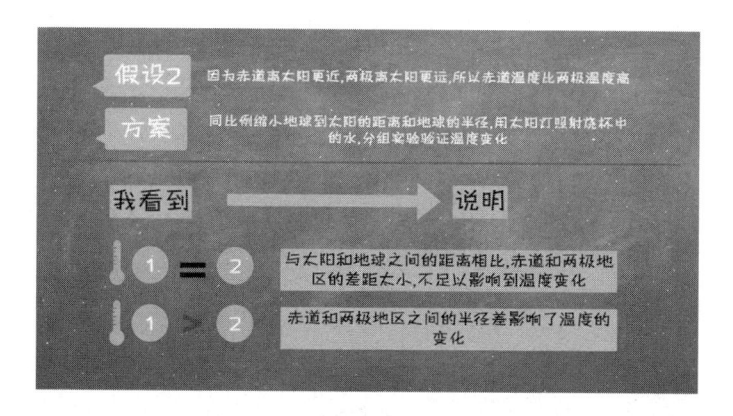

图 2　假设 2

实验 3：将烧杯编号 1、2、3、4、5，排成一排，1 号代表赤道地区，2 号、3 号代表温带地区，4 号、5 号代表两极地区。在照射灯的照射下，1 号烧杯被直射，2 号、3 号稍微倾斜，4 号、5 号完全倾斜。分别记录每一个烧杯初始温度和照射 5 分钟后的温度。

如果每个烧杯温度变化相同，证明直射或者斜射不影响温度；如果 1 号烧杯温度比其他高，证明直射让水升温更快温度更高，斜射相反。

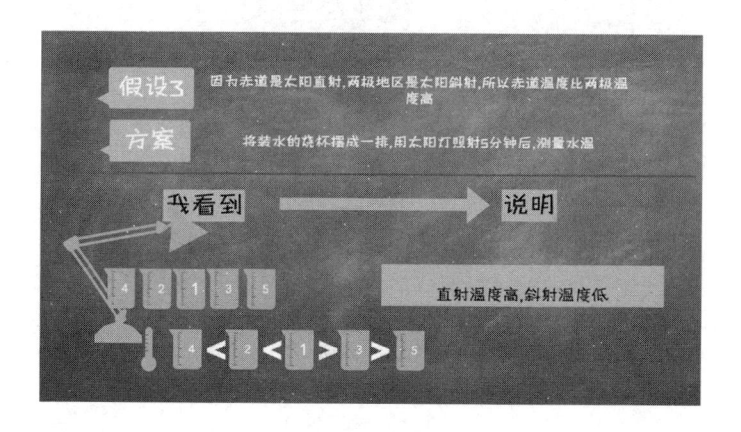

图 3　假设 3

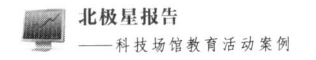

3.9 教学效果检测

我们知道了海水的不同温度与太阳直射和斜射有关,那么陆地上各个地区的温度不同是否也是同一个原因呢?大家有何猜想?

3.10 学习单设计

图4 学习单

水有多珍贵

赵 冉 苗秀杰[*]

(北京科学中心,北京,100000)

"水有多珍贵"项目以南水北调为背景,通过解决真实情境中的真实问题,完成缺水、找水、借水、引水的过程,帮助青少年提升运用多学科知识解决实际问题的能力。

1 教学对象与学情分析

1.1 教学对象

本教育活动对象为小学 5~6 年级学生,采用小组学习制,每次适合 15~20 人参与。

1.2 学情分析

该年龄段的学生已有校内科学学习的经历,独立做过一些科学小实验,能用比较科学的语言、统计方式记录整理信息,具备探究学习的基础。有河流、山川、湖泊等具象的地理常识,但对于如何正确使用地图、利用地图进行分析、如何加工信息还不太了解,具有数学运算能力,了解简单的生活物理常

---

[*] 赵冉,单位:北京科学中心,E-mail:275696662@qq.com;苗秀杰,单位:北京科学中心。

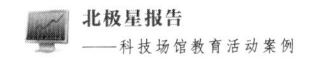

识，例如水从高往低流等，但各知识点是独立、分散的，未建立学科之间的联系。需要在辅导员的引导下提出可探究的科学问题，运用分析、比较、推理、概括等方法处理信息，得出结论，并对探究过程进行反思，体验科学的探究过程，学习运用多学科知识解决实际问题。

2 教学目标与教学重点难点

2.1 教学目标

科学知识：了解北京五大水系分布及用途，我国水资源南多北少的分布状况，南水北调3条线路，倒虹吸原理的应用。

科学探究：通过游戏体验提出如何解决缺水问题；通过分析数据、使用地图，了解观察、对比的学习方法，收集信息寻找解决问题的证据，确定南水北调的方案思路；通过实验，分析论证，交流表达，体验科学探究的过程。

科学态度：在科学学习过程中从不同角度思考问题，发表自己的见解，乐于倾听、分享、表达。

科学、技术、社会与环境：了解科学原理推动技术发展，技术手段进步满足社会发展需求，正确认识科学、技术与社会之间的关系。

2.2 教学重点难点

在南水北调过程中了解调水路线，同时体验科学技术在其中发挥的作用。采取的方法和对策：选取南水北调中线工程中一个真实的技术案例，引水过白河进行探究。活动要求两条水路不能交叉混流，引水时不能借助外力。学生利用倒虹吸实验装置，尝试通过控制变量，调整出入水口的高度差，改变引水路线上、下弯折的方向、角度，在不断试错中获得直接经验。之后，辅导员引导学生从降低技术难度、节省工程成本等角度，分析倒虹吸原理在应用中的优势，从而正确认识科学、技术与社会之间的关系。

在寻找借水思路过程中如何更直观地了解从南方借水的原因。采取的方法和对策：首先学生观察地图，认识图例；之后在覆有透明膜的中国地图上标记河流、水库的位置；最后揭下透明膜，可以清晰直观地对比出我国水资源分布南多北少的特点，引出从南方借水的解决思路。

3 教学场地、教学准备、活动时间

3.1 教学场地

"生命、生活、生存"主题展馆生存展厅。

3.2 教学准备

矿泉水瓶、量杯、小水桶、不同生活用水项目标签、中国平面地图、透明PVC膜、中国3D立体地图、可擦笔、干枯河流图片、缺水地貌图片、地面沉降图片、水污染图片、iPad、工程设计任务书、倒虹吸实验装置等。

3.3 活动时间

①学期内的周三至周五开展。
②以小组形式开展：每课时45分钟，共计2课时。

4 教学过程

4.1 第一部分：发现缺水问题

4.1.1 阶段目标

通过游戏体验，认识水的重要性，引发对缺水现状的思考，提出如何解决缺水的问题。

4.1.2 设计意图

通过有挑战性的分水游戏，让学生合理分配有限水源，体验缺水现状，建立危机意识，再通过展示北京缺水的现状，思考如何解决缺水的问题。

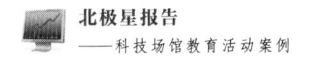

4.1.3 教学策略

采用提问和游戏的方法，快速与学生实际生活建立联系，引发学生兴趣，通过游戏中的直观感受，引发如何解决缺水问题的思考。

4.1.4 教师活动

提出问题：我们的生活中哪些地方能用到水？

从学生答案中挑选10个用水项目，用于分水游戏。

引导学生进行分水游戏。创设北京面临用水危机情境，用一瓶500ml的矿泉水代表全部可用水，用10个量杯代表不同用水项目，组织3次水的分配，第一次要求将全部可用水按需分入不同量杯，第二次因降水减少，地下水变少，要求倒出100ml的水，第三次因环境污染，可用水再次减少，要求倒出200ml的水。通过可分水量的逐渐减少，创设缺水的危机感，分配完毕，游戏结束，组织学生对分配结果进行讨论。

在游戏中，对学生的分歧点进行记录并加以引导，引导学生对不同用水项目的优先级、水的重复利用进行思考。

播放连续多年有关北京缺水的新闻报道视频，展示北京缺水的地貌变化图片，揭示北京缺水现状。

提出问题：如何解决北京缺水问题呢？

4.1.5 学生活动

说出生活中哪些地方能用到水。

根据游戏规则，通过小组内讨论、小组间建议，完成3次分水任务。

随着水量减少，逐渐产生缺水危机感，认识到水的重要性，同时对水的利用、缺水问题进行思考。

了解北京缺水现状，提出解决设想。

4.2 第二部分：寻找水源

4.2.1 阶段目标

通过参观、体验展品，观察、利用地图，收集证据，分析问题，做出判断的过程，培养学生处理信息的能力，认识向外借水的必要性，确定南水北调的方案思路。

4.2.2 设计意图

通过提供数据和观察地图活动，锻炼学生运用分析、对比等方法处理信息的能力，充分了解南水北调工程的背景。

4.2.3 教学策略

通过分析数据、使用地图，了解观察、对比的学习方法，引导学生通过收集信息寻找解决问题的证据。

4.2.4 教师活动

提出问题：刚才同学们提出了很多解决北京缺水问题的方案，那我们到底应该怎么办呢？

带领学生参观生存展厅展品"五大水系"，结合展品列举北京年均用水总量、年降水量、地下水开采量、地表水量等数据，同时展示因过度开采地下水地面沉降、因环境污染水质变差等图片。

引导学生对数据和资料进行分析、计算，得出结论。

提出问题：如果需要向外借水，我们该从哪里借呢？

引导学生以组为单位，在覆有透明PVC膜的中国地图上用蓝色可擦笔标出河流、水库的位置，揭下透明膜进行观察，按东西南北4个方位总结我国水资源分布特点，回答水从哪借的问题。

4.2.5 学生活动

参观并体验"五大水系"展品，了解北京水资源分布情况。

分组讨论，收集数据、资料，进行计算，发现北京水资源总量和北京年均用水总量之间的差距，得出需要向外借水的结论。

通过小组合作，在地图上对河流、水库进行标记，通过观察、对比，得出我国水资源分布南多北少的特点，明确南水北调的解决思路。

4.3 第三部分：设计借水方案

4.3.1 阶段目标

通过创设情境任务和实验探究，体验设计方案，分析论证，得出结论的过程，了解南水北调路线和倒虹吸技术的应用，正确认识科学、技术、社会与环境之间的关系。

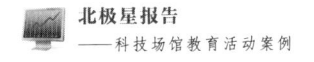

4.3.2 设计意图

创设情境，让学生体验设计、论证方案的过程，通过亲身参与，了解南水北调工程路线设计，同时了解工程中应用的科学原理。

4.3.3 教学策略

（1）任务驱动法

发布南水北调工程设计任务，激发学生积极性，进行自主探究，通过小组成员共同协作，培养学生合作精神。

（2）实验探究法

南水北调工程中应用了很多科学原理和技术手段，但专业性较高，不易被学生理解。活动选取倒虹吸原理并设计成操作简便、现象明显的科学实验，使学生在探究过程中获得直接经验，正确认识科学、技术、社会与环境之间的关系。

4.3.4 教师活动

组织学生参与"我是南水北调工程师"活动，以组为单位，领取工程任务书。任务一，为南水北调方案设计调水路线，任务起点为丹江口，任务终点为北京，要求将设计路线在平面地图上画出。任务二，因调水时会横穿白河，为了保证白河正常输水，同时保证调水的水质，需要使用实验工具，设计引调水过白河实验，要求不用外力使引调水自流过白河。总体任务要求：设计时要综合考虑工程周期、施工难度、周边环境等因素。

在学生完成任务过程中注意各组进度，给完成调水路线设计的小组提供3D立体中国地图，引导各组对方案进行优化。

带领学生参观"南水北调"展项，对3个小组的方案进行对比、论证，从路线长短、施工难度等多角度引导学生讨论各方案的特点。

组织各组演示引水过白河实验，引导学生对倒虹吸实验与虹吸实验现象进行对比，总结倒虹吸原理应用的特点和优势。

4.3.5 学生活动

根据任务完成调水路线的设计。

依据3D立体地图展示的地形地貌，对方案进行调整。

通过小组间分享，结合南水北调展项中的实际调水线路图对方案进行论证，尝试从多角度进行思考。

分组设计引水过白河实验，并对实验进行演示和说明。

在辅导员的引导下，了解倒虹吸原理的应用和优势，了解南水北调工程技术难度及工程的意义。

4.4 第四部分：分享、反思

4.4.1 阶段目标

通过回顾整体活动，培养学生表达交流、评价反思的能力，树立节约用水的意识。

4.4.2 设计意图

培养学生评价反思和表达交流的能力，引导学生树立节水意识，对活动效果进行评价。

4.4.3 教学策略

通过引导学生分享、反思活动感受，将活动体验转化为生活中的节水行为，树立节水意识，珍惜水资源。

4.4.4 教师活动

组织各小组对整体活动进行回顾。

引导各小组回答"哪个活动印象最深刻""下次分水你会怎么做""受到了哪些启示"3个问题，逐步引导学生树立节水意识。

布置拓展活动，与家人分享活动感悟，共同践行节水行动。

4.4.5 学生活动

回顾活动过程；分享活动感悟；表达节水办法及创意；与家人分享活动感受，倡导共同节水。

5 创新点与实施效果

5.1 创新点

"水有多珍贵"项目是对如何深度挖掘展项内涵的一次尝试，南水北调这类展项看似宏观，实际与我们的生活息息相关，但如果没有教育活动的引导，学生在参观时容易走马观花，希望本活动能为基于类似展项的教育活动研发提供一些参考和借鉴。

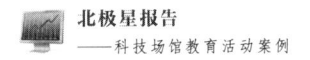

5.2 实施情况

"水有多珍贵"科学教育项目从 2019 年开始实施，已经累计开展 1 年多，并实施 35 场，参与 700 余人次。

5.3 受众反馈

5.3.1 学生反馈

主题与生活有密切联系，活动有趣、参与感强，能用到学校学到的数学知识、科学知识，还能像工程师一样解决实际问题，特别有成就感；分水游戏让人真实感受到平时没有注意到的水资源的珍贵，在"引水过白河"实验过程中，不但学习了控制变量的方法，更感受到科学技术在工程建设中发挥的作用。

5.3.2 教师反馈

学生在参与活动后，能积极与老师、同学们分享活动感受，在生活中更注重水资源的重复利用，浪费水的行为也大大减少，还能积极倡导他人共同节水。

5.4 活动实施效果

"水有多珍贵"科学教育项目受到学生们的欢迎，学校和老师对活动的满意度较高，活动能充分调动学生积极性，体现场馆教育的特色，结合展品运用了多种教具，有较好的体验感，对于提升青少年对科学学习的兴趣有着积极的促进作用。

科技馆里的"机械"课

范向花　张　卓　赵成龙*

(吉林省科技馆,吉林,130000)

1　教学对象与学情分析

科学概念:技术的核心是发明,是人们对自然的利用和改造。

教学对象:小学 5~6 年级学生,年龄 10~12 岁。

学情分析:该年龄段的学生处于具体运算阶段,他们观察、认知具体事物的能力逐渐增强,有了一定的抽象思维能力但较为有限,能根据模型或语言描述在脑中构建情境。学生好奇心强,表现欲强,希望有机会展现自我,具备提出猜想、设计实验、进行实验以及组内合作交流的能力。对于认识、使用、制作工具相关知识仍缺少自主学习和探究的能力,不能形成系统的认知。

2　教学目标

科学知识:知道完成某些任务需要特定的工具;知道杠杆、滑轮、轮轴等是常见的简单机械;使用杠杆、滑轮、轮轴等简单机械解决生活中的实际问题。

科学探究:了解科学探究是获取科学知识的主要途径,用科学语言记录整理信息,表述探究结果;知道运用分析、比较、推理、概括等方法得出结论,

---

* 范向花,单位:吉林省科技馆,E-mail:382534283@qq.com;张卓,单位:吉林省科技馆;赵成龙,单位:吉林省科技馆。

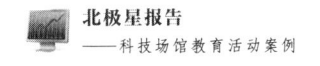

并运用科学语言与他人交流和沟通。

科学态度：产生对事物的结构、功能进行科学探究的兴趣；实事求是，修正和完善自己的观点；从不同视角提出研究思路，采用新的方法、利用新的材料完成探究、设计与制作，培养创新精神；综合小组成员意见，形成集体观点。

科学、技术、社会与环境：了解所学的科学知识在日常生活中的应用；了解社会需求是推动科学技术发展的动力；了解科学技术已成为社会与经济发展的重要推动力量。

3 教学场地

3.1 教学场地

吉林省科技馆"力学世界"展厅。

3.2 教学准备

表1 教学准备

课程名称		活动用具	活动时长
第一节	工具知多少	白色纸卡、格尺、圆规、剪子、木板、不同种类螺丝和对应工具	40分钟
第二节	杠杆的科学	桔槔小套组：桔槔组件（底座、Y形架、横杆、加长杆）、托物盘、砝码、细绳 拔河装置1套（真空吸盘、两边绳子高度与地面的距离呈2倍关系）	45分钟
第三节	奇妙的轮轴	生活中的轮轴结构图片、白板笔、大白板、科普剧道具、木方、绳子、自制展品替换大轮、实验记录单、笔、水龙头、方向盘、扳手等	45分钟
第四节	滑轮有意思	滑轮套件、砝码套、弹簧测力计、投石车	45分钟

4 教学过程

4.1 课程一 工具知多少

4.1.1 第一阶段：工具的重要性

阶段目标：通过制作圆形纸卡，让学生了解工具的重要性。

设计意图：通过制作纸卡，让学生在实际操作中感受到工具的重要性。

教师活动：同学们，欢迎大家来到吉林省科技馆参加系列课程，老师想先请大家帮一个忙，请大家帮我做几个直径10厘米的圆形纸卡。

学生活动：尝试。

教师活动：我看到同学们做的纸卡都不是很符合标准，大家在做的时候遇到了什么问题呢？

学生活动：需要格尺、圆规、剪子。

教师活动：老师为大家准备了需要的工具，请大家继续帮我做纸卡吧。

学生活动：制作纸卡。

教师活动：和上一次相比，这回大家的纸卡制作得不错。通过这两次制作纸卡，大家有什么样的感受呢？

学生活动：有了格尺、圆规、剪子这些工具之后，制作过程变得快速有效率了。

教师活动：这位同学说得非常好，在第一次制作纸卡的过程中，由于缺少必要工具，制作出来的纸卡大小、形状都不符合要求；但是利用工具之后，大家都可以制作出符合要求的圆形纸卡了。其实通过这一个小小的对比，我们就能知道，生活中经常使用的那些工具可以帮助我们轻松地做事情，我们把工作中为了省力或方便而使用的这些工具或装置叫作机械。

4.1.2 第二阶段：生活中的工具

阶段目标：通过对日常学习、生活的回忆与展厅参观，找到生活中的工具，了解不同工具的作用。

学情分析：此年龄段学生对于工具接触很多，但是没有仔细观察过工具。

设计意图：充分利用科技馆展厅内部的展教资源，相比于学校课程，会让学生接触到数量、品类更多的工具。

教师活动：现在大家回想一下日常生活中都接触过哪些工具呢？它们都具有哪些作用？把你们想到的工具填写在表格里面吧。

表 2　工具使用情况

我们使用的工具	如何使用的	工具的作用

学生活动：填表。

教师活动：没有思路的同学可以在展厅参观体验，找找灵感。

学生活动：参观展厅，寻找思路。

教师活动：现在请各小组同学对填表结果进行汇总整理。

学生活动：小组讨论。

教师活动：请每小组派出两名同学将填表结果分享给大家。

学生活动：分享各小组填表结果。

教师活动：通过大家的分享，我们不难看出，生活中处处都有工具的影子，这些工具可以帮助我们更加省力、方便地做事，这也是工具存在的意义。

4.1.3　第三阶段：科技馆中的工具

阶段目标：通过实践和观察，了解不同任务需要不同的工具。

教学策略：学生通过自己动手固定木板和观察维修师傅的工作日常，详细了解工具的使用方法和作用，收获直接经验。

学情分析：此年龄段的学生对维修工具、维修工作比较感兴趣，但是没有机会近距离观看；学生可以通过观察分析出工具的用法和作用。

教师活动：我们刚才找到了生活中的一些工具，这些工具给我们的生活带来了极大的便利，接下来，老师就要给大家布置任务啦，请同学们用老师分发的不同种类的螺丝和工具将这两个木板固定在一起。

学生活动：小组配合进行实践。

教师活动：老师发现，有些小组同学使用了提供给大家的机械工具，而有些同学则选择用手固定螺丝，为什么要这么做呢？

学生活动：有些工具用起来方便，有些不方便。

教师活动：引导所有同学将手里的工具放置在一起，尝试将螺丝与工具配对。

图 1　相关工具

学生活动：将螺丝与工具配对。

教师活动：同学们，工具确实可以让我们的工作生活更加方便，但是我们也要学会根据不同的需要及使用条件挑选合适的工具。

教师活动：现在，我们就去参观一下科技馆维修师傅的日常工作，看看他们是怎样使用机械工具的。

表 3　维修师傅工具使用情况

维修师傅使用的工具 （可以画图）	工具的使用方法	工具能做什么？

学生活动：观察，讨论，填表。

教师活动：通过参观维修师傅的工作，我们发现，每一个工具都有它特有的方法和功能，只有将工具用在合适的位置才能真正发挥它们的作用。

4.1.4　第四阶段：总结评价

阶段目标：总结活动，组织学生自评互评。

教师活动：今天这节课我们学习了工具的相关知识，哪位同学能帮老师总结一下都学会了哪些知识呢？

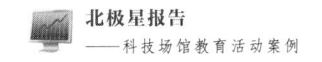

学生活动：使用工具的重要性、工具能帮助我们更轻松地做事情、不同任务需要不同的工具。

教师活动：这位同学说得特别好，他所说的这些内容都是大家在实践或观察中得到的，那大家觉得在这个过程中你和你的同学们表现得怎么样呢？

学生活动：自评和互评。

教师活动：其实大家表现得都非常好，今天学习的内容，在下一节课就可以用到啦，我们为大家设置情境，请大家找到并制作合适的工具。

4.2 课程二 杠杆的科学

4.2.1 第一阶段：引入

阶段目标：进入学习情境，将学生注意力吸引到课程中。

设计意图：通过故事创设教学情境，激发学生的好奇心和探索欲。

教学策略：通过讲故事的方式引起学生的兴趣，针对古文的理解由老师给予引导。

教师活动：欢迎大家来到科技馆参加"杠杆的科学"活动，上节课我们学习了工具的重要性和使用工具的方法，今天活动的主题是带领大家穿越回古代，了解一种延续到今天、发明最早、应用最广的简单机械。那就是阿基米德的"假如给我一个支点，我就能翘起地球"这句话所说的杠杆。

学生活动：积极参与，踊跃回答。

教师活动：①介绍杠杆的历史引出桔槔。在我国古代，聪明的农民利用杠杆原理发明了一种原始的汲水工具用作农业灌溉——桔槔。②讲述子贡帮助老翁省力取水的故事。传说，孔子的弟子子贡南游楚国，见一老翁抱瓮来回打水灌溉农田非常辛苦，于是子贡为老翁想到了一个容易取水的工具。用16字描述这个工具："凿木为机，后重前轻，挈水若抽，数如沃汤。"③设置情境，穿越到古代，完成今天活动的第一个任务。

学生活动：倾听，思考。

4.2.2 第二阶段：探究

阶段目标：以任务为导向，通过动手拼搭、比较观察、探究实验等环节制作和改进模型，引导学生经过多次尝试，在实践中找到规律。

设计意图：区别于学校学习的"间接经验"，通过观察、思考、设计和不断尝试,使学生自己得出结论,获得"直接经验"。让学生了解单一控制变量的方法,培养学生的逻辑思维能力、小组合作意识和动手制作能力,有效发挥学习共同体的作用。

学情分析:部分小组能够从对比实验现象中提出猜想,并自主设计实验总结出规律,但有些小组由于实验过程中数据测量误差较大,并未得出结论,需要教师引导多次测量。相比于教师讲授,学生更乐于自主设计实验找到规律,在整个过程中学生主动性较强。

教学策略:利用情境教学法引起学生的兴趣,利用模型法激发学生的想象力和创造力,培养学生开放性思维,激发学生主动学习的意愿。贯彻"做中学"的理念让学生自己选择材料、设计、制作、观察、体验、思考问题,由学生自主探究,突出学生的主体地位,教师仅作为观察者和引导者,形成过程性评价。

(1)初步搭建

教师活动:发布任务,"按照子贡的建议为老翁制作一个省力的取水工具。要求如下:①使用提供的道具制作取水工具;②取水工具要坚固耐用;③取水工具要有省力效果(1瓮水的质量=2块木方的质量,要用1块木方提起2块木方);④桌面上5厘米为水面,装水的容器必须可以下到水面以下;⑤将设计图纸画到学习单指定位置。"

学生活动:小组交流,讨论,动手绘制设计图纸。

教师活动:组织学生分享设计创意,介绍图纸,讲述取水工具使用原理。

学生活动:每小组选出1名学生进行分享。

教师活动:指导学生按照图纸选择材料,进行拼搭。

学生活动:按照设计图纸选择材料,小组合作完成取水工具的搭建。

教师活动:观察学生搭建过程,根据学生需要给予帮助,提示学生实验过程中注意安全。

学生活动:使用拼搭的取水工具模型进行取水尝试,使之完成规则要求,即用1块木方提起2块木方,装水的容器可以下到水面以下。

教师活动:为不能完成提水任务的小组提供帮助,引导他们改进提水装置。

学生活动:未成功的小组改进提水装置。

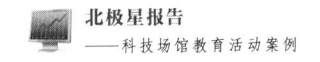

教师活动：介绍展品桔槔，讲述桔槔是古代水车发明的先驱，中国古代使用工具提水比西方国家早了近300年。

学生活动：观察桔槔模型，对比古代桔槔与小组制作模型的差异。

（2）改进装置

教师活动：设置情境，逢大旱，老翁浇灌田地需要的水量增加，请帮助老翁制作更省力的取水工具。提出要求，①改进后的取水工具达到省力效果（用1块木方提起3块木方）；②桌面上5厘米为水面，装水的容器必须可以下到水面以下；③将改进后的设计图纸画到学习单指定位置。

学生活动：①小组讨论改进取水工具的方法；②绘制改进后图纸；③按照图纸改进提水装置并尝试提水。

教师活动：①总结学生之前的活动表现，给予肯定或鼓励。点明每种工具从无到有、从简单到复杂都不是某一个人的成绩，而是很多人共同智慧的结晶，各地区相互交流，使工具得到传播发展，并经历制作－使用－改造－再制作的过程，取长补短使工具变得更加实用。所以为了使各小组的成品变得更好更完备，大家也要与其他小组分享、交流活动中遇到的困难和解决办法，其他小组成员要认真听取别人的想法，给予好的建议和意见。②让学生了解大家制作的取水工具利用了杠杆原理，介绍杠杆的五要素及分类。

学生活动：①学生总结，分享交流。各小组分享取水工具的设计思路，并说说在尝试取水、改进取水工具的过程中遇到了哪些困难及解决困难的方法。②举例回答生活中常见的杠杆应用问题，如指甲刀、钓鱼竿、筷子等。

（3）拔河游戏

教师活动：展示拔河道具，组织学生进行拔河游戏，在游戏中找到胜利的秘密。通过游戏加深学生对杠杆原理的理解。

学生活动：学生进行互动游戏。

教师活动：引导学生思考，获胜组为什么都产生在右边？是右边的同学力气大么？

学生活动：学生通过观察、思考，得出结论并阐述自己的观点。

教师活动：对学生的观点给予肯定，并揭秘游戏中蕴藏的科学原理，拔河游戏的道具利用的是杠杆原理，右侧力臂长，所以获胜组都在右边。

(4) 根据实验数据，得出杠杆的平衡条件

教师活动：引导学生对比两次提水装置的设计图纸。

学生活动：对比两次设计图纸，小组讨论，找出不同，取水工具两端悬挂物体质量不同，取水杆两端长度也不同。

教师活动：总结学生发言，引导学生设计实验进行规律验证。

学生活动：小组设计实验，找到取水工具两端悬挂物体质量和取水杆长度的关系，填写表格，验证发现的规律。

教师活动：引导各小组学生进行交流分享。

学生活动：各小组选出 1 名同学针对实验方案设计、实验过程、得出结论等方面进行分享。

教师活动：总结学生发言，取水工具两端悬挂物体质量和取水杆两端长度成反比，即杠杆的平衡条件是"动力×动力臂＝阻力×阻力臂"。

4.2.3 第三阶段：拓展

阶段目标：通过投石车比赛让学生将理论应用到实际生活中。

教学策略：通过竞赛的形式，提高学生的参与度和活动的趣味性。

教师活动：介绍古代人民利用杠杆原理制作了战争中使用的工具——投石车，讲述投石车的历史。

学生活动：倾听。

教师活动：组织学生动手搭建投石车并进行小组赛。

学生活动：制作投石车并进行小组赛，将杠杆原理应用在活动中，体会到工具的使用和发展是劳动人民智慧的结晶。

4.2.4 第四阶段：评价

阶段目标：对活动做整体总结，让学生通过交流、发言的方式进行自评互评。

设计意图：通过交流、分享回顾活动内容，让学生了解科学知识在日常生活中的应用。通过自我评价和相互评价了解自己的优势和不足，并根据自身情况做出调整。通过调查问卷评估活动效果。

教师活动：今天我们设计、制作、改良了取水工具模型，并找到杠杆原理和平衡规律，还体验了展品桔槔，了解了桔槔帮助古人从一瓮一瓮地抱着取水发展到压重物就可以取水，杠杆的使用使人们的生活变得更方便快捷。通过今

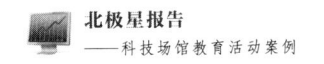

天的活动，同学们有哪些感想呢？

学生活动：讨论、交流、分享、自评、互评。

4.3 课程三 奇妙的轮轴

4.3.1 第一阶段：温故知新

阶段目标：帮助学生巩固上节课学过的杠杆相关知识，并导入新课——轮轴。

设计意图：更好地帮助学生建立系统的机械知识结构，让旧知识和新知识之间产生联系。

教师活动：通过提问的方式带领学生回顾上节课学习的杠杆相关知识。例如，杠杆的五要素分别是什么？杠杆的平衡条件是什么？

学生活动：回答问题。

教师活动：在生活中，除了杠杆还有很多机械结构可以帮助我们省力，大家可以说一说，自己身边有哪些省力的工具。

学生活动：回答问题。

4.3.2 第二阶段：认识轮轴

阶段目标：利用生活中常见的机械装置，让学生知道什么是轮轴，轮轴的结构特点。

设计意图：通过"看图说话"的方式，激发学生兴趣，了解什么是轮轴，清楚认识轮轴的结构特点。

学情分析：学生在日常生活中见过很多机械结构，但不一定清楚这些机械结构的分类；这个年龄段的学生描述事物时，不会使用科学语言。

教学策略：组织学生看图片结合生活经验，说一说生活中的轮轴是如何使用的，鼓励学生观察轮轴，尝试说一说轮轴结构组成并从中了解什么是轮轴。

教师活动：现在我们来看看老师给大家准备的一些图片（门把手、辘轳、扳手等），看一看它们能不能帮助我们省力。请学生说一说，这些装置是如何使用的？在使用的过程中有哪些相同之处？

学生活动：积极发言。

教师活动：总结学生发言，引导学生初步认识到轮子和轴固定在一起转动的机械，叫作轮轴。

4.3.3 第三阶段：探究轮轴的作用和轮轴省力的规律

阶段目标：让学生通过实验，掌握轮轴的作用和轮轴中轮的大小对轮轴省力作用的影响，总结出轮轴的省力规律。

设计意图：利用展品进行实验，锻炼学生动手能力，让学生在动手实验中了解轮轴的相关知识。通过游戏激发学生兴趣，让学生在快乐中边做边学。

学情分析：本年龄段的学生，具有一定的动手能力，能够自主进行实验，能通过分析数据得出简单的结论。

教学策略：利用展区资源，让学生在做中学。通过实验，获得直接经验，配合游戏，充分激发学生兴趣。

（1）轮轴有什么作用

教师活动：组织学生观察科技馆二楼力学世界展区展品——比扭力，找到展品中的轮与轴。

学生活动：回答问题。

教师活动：组织学生利用展品——比扭力来研究轮轴的作用。把一定数量的木方，挂在轴上（由于轴不容易挂东西，所以将比扭力小轮一侧看成轴），让学生试一试，大轮上挂几个木方能把轴上的木方提起来，改变轴上的木方数量，再做几次，提问学生发现了什么规律。

学生活动：进行实验，并填写实验记录表，小组讨论找寻规律，并记录。

表4 轮轴作用实验记录表

轴上的木方个数	大轮上的木方个数	我们的发现

（2）轮的大小对轮轴作用的影响

教师活动：组织学生，体验展品——比扭力，让学生两两对抗。在学生体验后，询问学生发现了什么有趣的地方。

学生活动：大轮的一侧更容易获胜。

教师活动：将比扭力的大轮换成一个更大的轮，在这个新的轮轴上再做一做刚才的实验。

表5　轮大小对轮轴作用的影响实验记录表

轴上的木方个数	更大轮上的木方个数	我们的发现

学生活动：进行实验，填写实验记录表。

教师活动：引导学生从之前两份实验记录表中找规律，轴上的木方个数相同时，哪一次轮上的木方更少？

学生活动：更大的轮轴，轮上的木方个数更少，代表更省力。

教师活动：帮助学生掌握重要概念"在轮轴的轮上用力可以省力，轮越大越省力"。

教师活动：既然轮轴和之前学过的杠杆一样可以省力，那么在杠杆和轮轴之间有没有相同之处呢？

学生活动：杠杆中，动力臂长于阻力臂就会省力。轮轴中，轮越大越省力。

教师活动：通过画图法，让学生知道轮轴是变了形的杠杆。轴心等同于支点，大轮半径等同于动力臂，轴半径等同于阻力臂。

4.3.4　第四阶段：巩固强化

阶段目标：加深学生对于轮轴知识的了解，锻炼学生的表达能力。

设计意图：通过案例讲解帮助学生巩固轮轴的相关知识，锻炼其表达能力。

教师活动：组织分享会，请学生说一说，在生活中，还有哪些轮轴的应用，并要求学生说出哪里是轮，哪里是轴（可以利用白板，画图说明）。

学生活动：积极发言。

教师活动：组织学生观看科普剧新曹冲称象，进一步了解轮轴。

4.3.5 第五阶段：总结评价

教师活动：今天我们学习了一种新的机械——轮轴，明白了什么是轮轴，影响轮轴省力效果的因素有哪些，知道了轮轴是一种变形的杠杆。最后我们还一起观看了科普剧表演，希望大家今后能够灵活运用我们学过的轮轴知识解决生活中遇到的一些问题。最后请大家认真填写调查问卷。

通过问卷，调查学生对课程的满意程度、感兴趣程度，以及对课程提出的建议。

4.4 课程四 滑轮有意思

4.4.1 第一阶段：引入

阶段目标：通过讲故事，引入活动主题。

设计意图：通过引入科学家的故事，激发学生的好奇心，为引出杠杆和滑轮之间的关系做铺垫。

教师活动：欢迎大家来到科技馆参加活动，通过讲述阿基米德一只手推动三桅货船的故事引入今天的课程。向学生提问，在故事中，一共提到了几种工具？

学生活动：听故事，回答问题（杠杆、滑轮）。

教师活动：前面的课程中已经学习了杠杆，今天学习的主要内容就是另外一种工具——滑轮。

4.4.2 第二阶段：探究

阶段目标：以任务为导向，通过展品体验、比较观察、设计实验等环节探究滑轮的特点，引导学生经过多次尝试，在实践中找到规律。

教学策略：贯彻"做中学"的理念，让学生在体验展品中发现问题，提出猜想，自主探究，得出结论，突出学生的主体地位。

学情分析：相比于教师讲授，学生更乐于自主设计实验找到规律，在整个过程中学生主动性较强。

设计意图：区别于学校的讲授式教学，充分发挥科技馆寓教于乐的开放式学习优势，给予学生更多的想象空间和创造空间。

（1）体验展品，给滑轮分类

教师活动：在科技馆里也有一件展品是介绍滑轮的，大家找到它了吗？

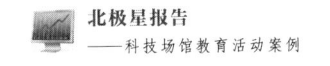

学生活动：自己拉自己。

教师活动：请同学体验展品，观察滑轮。回答问题，①两个滑轮装置分别有多少滑轮？②根据滑轮的不同特点给滑轮分类。③说说你分类的依据。

学生活动：体验展品，认真观察，小组讨论，回答问题。

教师活动：总结学生回答，在展示滑轮特点的同时讲解动滑轮和定滑轮的概念。

学生活动：倾听，思考。

（2）设计实验，探究动滑轮和定滑轮的作用

教师活动：请学生再次体验展品，猜想动滑轮和定滑轮分别有什么作用。

学生活动：小组讨论，猜想。

教师活动：①向学生展示所提供的实验道具，强调在实验过程中要遵守实验规则，注意安全。②通过提问的方式让学生复习弹簧测力计的使用方法和注意事项，并说明弹簧测力计是一种测量力的工具。

学生活动：思考，回答，设计实验。

教师活动：组织各小组同学交流、发言。

学生活动：各小组向其他小组分享设计思路，展示设计实验，并用数据说明得出的结论。

教师活动：总结学生发言，修正学生的结论，得出结论，动滑轮省一半的力；定滑轮改变力的方向。提出滑轮组的概念和作用。

学生活动：倾听，思考。

教师活动：通过提问引导学生思考，对比杠杆、轮轴、滑轮省力的不同特点，你发现了什么？

学生活动：认真思考，回顾3种工具的相同点和不同点，归纳总结，定滑轮是等臂杠杆，动滑轮是动力臂为阻力臂2倍的省力杠杆。

教师活动：总结学生发言，引导学生找到一种特殊杠杆，动滑轮和定滑轮的杠杆五要素。

学生活动：观察，思考，展示，描述。

（3）体验展品找灵感，自己动手做

教师活动：组织学生第三次体验展品，感受两个滑轮装置的省力程度是否相同。

学生活动：体验展品，通过体验感受两个滑轮装置的不同省力程度。

教师活动：引导学生找到原因。

学生活动：对比两个滑轮装置中动滑轮的数量，发现不同。

教师活动：通过提问引导学生思考，除了动滑轮的数量会影响滑轮装置的省力效果，还可能和哪些因素有关？

学生活动：小组讨论，猜想。

教师活动：挑战新任务，用两个动滑轮、两个定滑轮组成的滑轮组提重物。能设计出多少种方法？画出设计图，并说明每种方法能省多少力？思考，动滑轮的数量越多越好吗？

学生活动：通过挑战新任务，完成学习单，验证猜想。

学生活动：各小组展示，并说明自己的发现。

教师活动：总结学生发言，绳子的缠绕方式，影响滑轮组的省力效果。

4.4.3 第三阶段：拓展

阶段目标：让学生运用总结的规律，解决实际问题，达到学以致用的目的。

教学策略：巧用游戏的活动方式，让学生在游戏中巩固知识，加深记忆。

设计意图：将理论知识应用到生活中，进一步加深学生对于滑轮的认识，以便更好地解决问题。

（1）绕绳游戏——比比谁的力气大

教师活动：讲述游戏规则，组织游戏。

学生活动：游戏中学科学。

教师活动：引导学生思考游戏中发生的现象。

学生活动：解释现象。

教师活动：总结学生发言。

（2）解决生活中的实际问题

教师活动：滑轮在我们的生活中应用非常广泛，请学生发言说说自己了解的滑轮。

学生活动：发言，举例，如滑轮组、可拉式窗帘、电梯等。

教师活动：观察图片，利用所学知识解决生活中的实际问题，已知牛的重量为500千克，学生的体重为50千克。思考，图片展示的现象是否合理，说

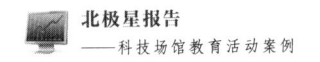

明理由。如果不合理，要怎样改正？

学生活动：小组讨论，发言。

教师活动：总结。

4.4.4 第四阶段：评价

阶段目标：评价学生各方面的能力，了解"滑轮有意思"课程所学效果。

教师活动：今天我们认识学习了生活中常见的工具——滑轮，通过基于展品的观察、体验、思考，了解了滑轮的分类及各自的特点，知道滑轮其实也是一种变形的杠杆，在展品的启发下我们还设计了具有不同省力效果的滑轮组，并通过解决实际问题切身感受到滑轮在我们生产生活中起到的重要作用。通过今天的活动，同学们有哪些感想和收获？

学生活动：讨论、交流、分享、自评、互评。

5 活动特色

本活动突出学生的主体地位，辅导员负责引导和辅助，每一个结论的得出都是基于学生操作体验的真实感受，突出直接经验的获取，让学生体验科学家进行科学研究的过程，更好地领悟科学家精神。

内容上，本活动对接课标，结合展品，与传统学校教育"合而不同"，使学生认识到工程技术的需求来源于生活，工具在实际生活中起到很重要的作用，可以解决生活中的实际问题。

学校教学受时间、场地等因素的限制，教学方式较为单一。本活动通过故事引入、模型设计、对比实验、动手制作、展品参观、分组游戏等，多种活动方式紧密衔接，提高了学生的参与热情和积极性。

一度电的意义[*]

贺玉婷　胡心艳[**]

（郑州师范学院，郑州，450044）

近几年来，科技馆场馆教学作为新兴的教育方式出现在人们的眼前，得到了社会各界的认可，全国各地着手于研究科技馆与小学科学课程结合的教育方式，取得了较大的进展。然而，在实施过程中也存在一些问题，例如有些教学人员只是走马观花、流于形式地将科技馆的展品介绍给学生，并没有深入地剖析其中的原理、拓展知识，也没能让学生深入体验某一展品。

科技馆资源是小学科学课程中一项重要的校外学习资源。科技馆教学是一种重视动手操作、亲身体验，以直接经验为主的学习方式，不同于学校课堂上重视理论学习、内容抽象，以间接学习为主的方式。科技馆展品资源可以为学生带来丰富的学习体验，可以将科学知识拓展到生活中去，让学生了解到科学是为我们的生活所服务的，它与我们的生活息息相关。同时，科学研究可以丰富和方便我们的生活，让学生能够从生活中寻找科学，也可以让他们通过亲身体验将抽象变为具体、将间接变为直接。通过体验科技馆展品，有效提高科学课堂的参与感，激发学生想象力和创造力，利用科学学习的情境式教学，促进

---

[*]　本文系河南省教育科学"十四五"规划2021年度一般课题"馆校合作背景下小学科学教育项目开发与应用研究"阶段性成果（项目编号：2021YB0263）。

[**]　贺玉婷，单位：郑州师范学院，E-mail：1621435706@qq.com；胡心艳，单位：郑州师范学院。

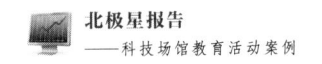

科学课堂对小学科学素养的培养与提升。在学习过程中，开展小组合作，培养学生的团队合作精神等核心素养。

笔者通过理论研究与教学实践，设计出"一度电的意义"这一场馆学习案例，将小学课程与科技馆展品结合开展项目式学习，不仅充分体现场馆教学特点，而且对提升学生科学素养起到重要作用。本文将此案例的具体教学设计展示出来，为一线科学教师开展场馆教学提供参考。

1 课程介绍

"一度电的意义"是郑州科技馆磁电展区的一个展品，通过脚蹬踏车来电让灯亮起来，体验产生电的奇妙。可以与六年级科学课程（教科版）"电能从哪里来"结合起来。"电能从哪里来"课程主要教导学生了解电的来源、各种发电原理和方式。

1.1 课程要求

根据《义务教育阶段小学科学课程标准》，小学科学课程要面向全体学生，为每一位学生提供合适的学习和发展的机会；探究式教学是学生学习科学的重要方式，让学生参与到课堂中来，动手动脑，经历科学探究的全过程，学习良好的科学方法，拥有发现问题、提出问题、解决问题的能力，同时其担负保护学生好奇心和求知欲的责任，为学生创造动手条件，增强课程的趣味性。

1.2 课程目标

我们生活中总是离不开电，"一度电的意义"就是要结合发电的展品，教学生探究电产生的原理；掌握电产生的各种方式；学会团结协作、乐于分享的科学精神；学会对查找的资料进行整合分析、讲解；学会安全用电，懂得节约用电；培养学生的科学探究能力、科学思考习惯。

1.3 教学方法

搜集资料、自主探究学习、汇总、展示、讨论、教师评价、课后拓展。

1.4 教学准备

PPT 资料、场馆展区地图、记录单、科技制作零件、纸和笔等。

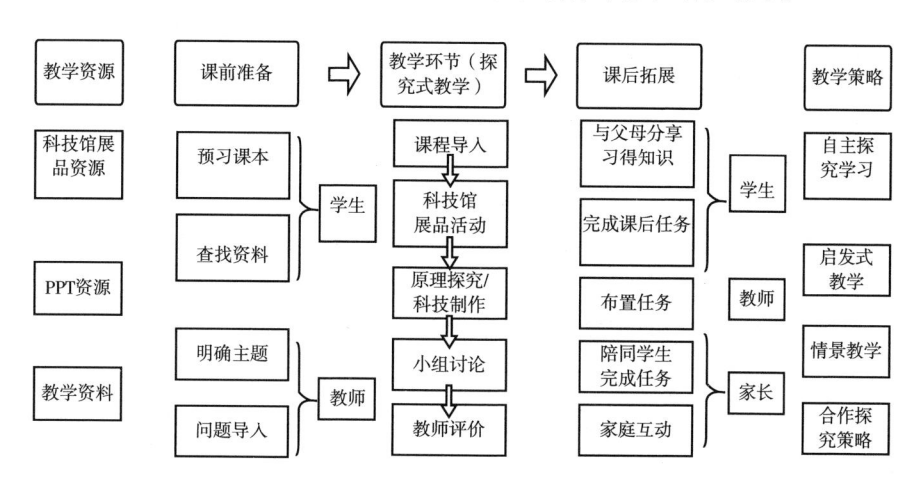

图 1　课程教学设计流程

2 课程教学设计

2.1 课程教学基本信息

课程主题：一度电的意义（3~4 年级发电机原理探究，5~6 年级"小小发电机"制作）。

课程对象：3~6 年级的学生。

课程时长：180 分钟（第一节课在教师及馆员的带领下进行科技馆展品自主探究活动，第二节课 3~4 年级学生进行发电原理的探究，5~6 年级学生分组进行科技制作，第三节课学生之间进行交流，第四节课教师进行汇总，布置课后任务）。

课程导师：教师为主、场馆馆员为辅。

教学地点：科技馆磁电展区与教室。

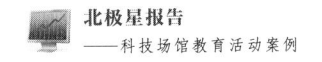

2.2 课前准备

学生通过阅读课本内容，查找有关电的资料。小组分享自己收集的电力知识。教师首先进行主题的明确和问题的导入，从而使学生带着问题来参与实验，而不是盲目地跟从教师的步伐，成为灌输式教学。同时，课程的导入可以使学生更好地进入活动中，在头脑中形成一个明确的课程学习印象，提升学生的学习兴趣，更有利于进行探究学习。

2.3 教学环节

"一度电的意义"教学分为课程导入、科技馆展品活动、原理探究（3~4年级）、科技制作（5~6年级）、学生互动、教师评价、课后拓展7个环节，在教师及馆员的引导与帮助下，学生通过自主探究实践和相互协作完成课堂及课后任务。

2.3.1 教学环节一：课程导入

教师通过向学生展示一组图片，图片中电视机、洗衣机、风扇都在工作，让学生回答是什么让这些电器运转的，同时引入本课需要探究的问题：电能从哪里来？即了解电能的来源。在教师的引领下学生能够迅速地进入课堂学习，同时能够培养学生自主思考的习惯。

2.3.2 教学环节二：科技馆展品活动

学生两两分组在科技馆中自己进行脚踏发电，通过踏动自行车，带动发电机转动发电，同时墙面上的仪表和电子屏将显示出发电机发电功率，让学生两两分组进行记录并处理数据，通过多次的实验得出使灯泡发光所需要的功率，感受一度电的产生，通过自己的脚踏发电体会到电产生的不易。

完成展品"一度电的意义"活动之后，学生可以在教师的带领下在磁电展区感受其他展品例如水力发电展品，学生可以通过自己动手操作了解水力发电的原理和过程，掌握水力发电的基本知识。这一环节，可以培养学生的科学素养，让学生形成良好的科学探究习惯，有利于引起学生对知识的渴望。教师和馆员对学生实践起引导作用，引导学生发挥自己的主观能动性，在实践中对自己的理论进行修改和完善，而不是直接灌输经验理论。

2.3.3 教学环节三:原理探究(3~4年级)

了解能源的转化(电池、电器、静电等),清楚能源的发展历程,通过对发电展品的实践探究电能的基本原理,掌握发电的基本知识。在这一环节中学生也可以制作风能小车、太阳能小车,比一比谁的小车跑得更快?教师引导学生思考为什么不同的小车跑的速度不同,为什么有的小车跑得特别快,找出其中的原因,培养科学探究能力。

2.3.4 教学环节四:科技制作(5~6年级)

学生两两一组制作小小发电机,根据各组分工合理使用各种道具,按照步骤制作小小发电机,学生也可以增加自己的想法,通过科学实践来证实自己的想法是否正确,要求学生掌握发电机制作的基础原理。最后学生展出本组制作的小小发电机,介绍本组的设计理念,大家选出最好的作品进行展示、分享、介绍。在该环节中,教师要对学生的制作活动进行引导,主要制作过程由学生自主完成。通过制作小小发电机培养学生设计与实践的能力、团结协作的精神。

2.3.5 教学环节五:学生互动

每组发言人对本组在课前查找的有关电的资料以及展品活动记录数据进行分享,学生分享过后其他组的学生进行提问、补充,在这一环节中教师成为聆听者,关注每一组学生发言的内容并进行记录,在下一环节中进行评价。通过这一环节让学生更好地参与到课堂中来,通过自己的讲解、同学的补充说明,对所学内容记忆更加深刻,同时学生们的互动能够增强他们之间的感情,形成互帮互助、团结友爱的学习氛围,也能够培养学生的信息加工、语言表达能力。

2.3.6 教学环节六:教师评价

教师对学生所讲内容、制作成品进行评价以及指出问题,让学生了解到自己自主学习内容的可取之处以及不足之处,从而为以后的学习提供帮助,之后教师讲解电产生的原理、电的各种产生方式(例如风力发电、火力发电、潮汐发电等),以及一些有关安全用电方面的知识。同时教师要告诉学生节约用电,珍惜我们来之不易的电,通过这一环节让学生对电力有更加详细的认识,在生活中能够安全用电、节约用电。

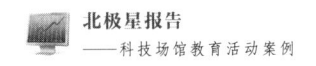

2.3.7 教学环节七：课后拓展

教师布置课后作业，让学生在家长的陪同下探究生活中各种电器的功率并列出表格，和爸爸妈妈分享自己所知道的发电基本知识和安全用电知识。这一环节能够让学生将自己所学的知识有效地运用到生活中去，同时也可以加强学生和父母之间的互动，有利于学生形成分享的习惯。

3 创新性及价值性

随着时代的进步，科技馆的教育属性越发凸显，成为小学科学教育的重要场所，补充了学校教具资源的不足，改变了教学形式单一的劣势。为学生提供科学探究的条件，让学生在自主学习中探索科学，从而促进其个性化发展，培养其创新意识、良好的科学素养以及合作能力。本案例教学在对学生的科学教育中主要体现了以下优势。

3.1 让学生在真实情境下探究学习

在传统课堂中，科学教师讲到"电"这一部分时，往往觉得这部分内容比较抽象，学生很难理解，而且在课堂中只能通过 PPT、图片、视频的形式教授学习内容，学生的感受形式单一，思考能力受到限制，不利于自主科学能力的形成。本案例是在科技馆进行教学，结合科技馆磁电展区的展品、实物、PPT 展示等多种形式让学生在真实情境中学习知识，从而提高学生的想象力、创造能力和动手能力，有利于学生形成良好的科学素养。

3.2 激发学生探究积极性

开展科技馆小学科学课，让学生体验科技馆展品，开展相关活动，从而激发学生学习兴趣，能够更加自主地学习，提出自己的看法，增强探究的积极性。

3.3 让学生充分互动、交流学习

普通课堂刻板的教学中，学生都坐在自己的座位上，很难和教师以及同学

交流互动，而本案例的科技馆教学能够让学生更好地分享知识经验，互相协作完成任务，也能够促进学生之间的友情。

3.4 有利于学生核心素养的发展

本案例教学能够将科学性、系统性、知识性和趣味性相结合，突出创新意识、综合素质培养，促进学生核心素养的发展。

4 结语

传统的学科教育已经不能满足学生的全面发展需求，无论是科学学习还是提升学生的实践能力，科技馆教学对青少年来说都是极为重要的。目前馆校结合已经走进全国各地中小学，学生自主探究学习也成为教育者们广泛采取的方式，教育者如何更好地教学生学习科学知识还有很长的一段路要走，其中科学课程的设计尤为重要，一节好的科学课不仅在于让学生学会多少知识，还在于能够让学生亲身感受科学的奥妙、获得启发，更在于让学生能够将学习内容运用到生活实践中去。本文通过对展品"一度电的意义"的教学，让学生在实践中认识电，了解电的来源和安全用电知识，学会制作"小小发电机"，提高学生的科学探究能力，培养学生良好的科学素养和探究精神。

以 STSE 教育理论探寻水足迹

赵 茜*

(北京学生活动管理中心，北京，100061)

水是生命之源。自古以来，北京深受缺水问题的困扰，北京城择水而居。1291年郭守敬贯通了京杭大运河"最后一公里"，如今的南水北调工程也是水利工程的典范。虚拟水（virtual water），1993年由英国学者约翰·安东尼·艾伦提出，指在生产产品和服务过程中所需要的水资源数量，用于计算食品和消费品在生产及销售过程中的用水量。而于2002年由荷兰学者阿尔杰恩·胡克斯特拉提出的水足迹（water footprint），则是指在一定的物质生活标准下，生产一定人群消费的产品和服务所需要的水资源数量，它表征的是维持人类产品和服务消费所需要的真实水资源数量。形象地说，就是水在生产和消费过程中踏过的脚印。[1]本活动旨在通过实践探究活动的开展，使学生理解水足迹和虚拟水的概念，寻找身边的水足迹，关注北京本地水资源现状，降低和循环利用水足迹，提升个人节约用水的意识和行动力，保护水资源。

1 活动背景及理论依据

1.1 STSE 教育理念

STSE 是科学（Science）、技术（Technology）、社会（Society）、环境

---

* 赵茜，单位：北京学生活动管理中心，E-mail：zhaoqianwinter@126.com。

(Environment)的缩写,其中的"科学"指静态的科学知识,是基础;"技术"指对科学知识的应用,是知识的物化表现形式;"社会"则是指一种正确对待科学、技术、环境的价值观念和为社会做出贡献的责任感;"环境"是一种在发展科技的同时对生存环境产生影响的意识。[2]STSE 教育注重探究科学、技术、社会、环境四者之间的关系,注重学科间知识的交叉互补,注重培养学生分析和解决现实社会中的问题及决策的能力,培养学生的科学素养和批判性思维,帮助学生树立正确的价值观。[3]STSE 教育理念对学生科学素养的提升和核心素养的培养都起着举足轻重的作用。

1.2 理念依据

本活动以习近平新时代中国特色社会主义思想为指导,全面贯彻党的十九大精神,贯彻落实环保部、中共中央宣传部、教育部《关于做好新形势下环境宣传教育工作的意见》及教育部颁布的《中小学环境教育实施指南(试行)》精神,坚持节水优先方针,按照"以水定城、以水定地、以水定人、以水定产"的城市发展原则,认真落实《北京城市总体规划(2016 年~2035 年)》。全面发展学生核心素养、落实立德树人的根本任务,加强节水教育引导,强化校园节水文化培育,创新学校综合节水模式。

1.3 资源分析

2020 年 3 月 22 日是第 28 个"世界水日",3 月 22~28 日是第 33 届"中国水周"。2020 年"世界水日"的主题为"Water and climate change"(水与气候变化)。"中国水周"的活动主题是"坚持节水优先,建设幸福河湖"。

北京郭守敬纪念馆位于积水潭北岸的汇通祠内,馆内展陈通过对元大都水利建设和京杭大运河贯通的展示,介绍了郭守敬北京引水、治水的功绩,诠释了大运河在凝聚民族文化、承载中华传统方面的巨大成就。本次活动充分利用北京郭守敬纪念馆展教资源和什刹海地区地域资源优势,借"世界水日"和"中国水周"的契机,了解北京水系变迁,探索大运河水文化,追寻水足迹,知水节水,保护水资源,应对全球气候变化。

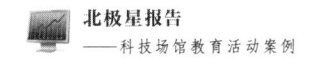

2 活动目标及重难点

2.1 活动目标

2.1.1 知识与技能

了解水足迹和虚拟水的概念，了解北京本地水资源现状，了解生活行为、日常用品与水足迹之间的关系。

2.1.2 过程与方法

通过计算水足迹的方法来控制日常生活用水。小组自主探究并设计开发水足迹小程序。关注科学、技术、社会、环境的关系。

2.1.3 情感态度与价值观

培养学生参与实践、主动合作、信息加工、创新创造的能力，反思如何控制水足迹，培养节水意识，保护水资源。

2.2 重点

引导学生由浅入深地思考、探究、解决问题，开展合作探究学习，展示研究成果。

2.3 难点

利用计算机语言，设计开发水足迹可视化计算程序。

3 活动对象及学情分析

参加本次活动的学生来自7年级，年龄在13～14岁，共计50人。此年龄段学生身心发展进入青春期，具备观察、分析、总结的能力，善于提问，有竞争意识，乐于迎接挑战、组织及参与活动，渴望得到同伴支持。学生处于快速适应阶段，需关注学生对学习环境及学习方法的适应性。此阶段学生独立性得到很大发展，自尊心强，在遇到困难时，希望得到师长的帮助。教学中需重视基础知识与基本概念的学习、剖析和应用，重视沟通，重视学习和思维习惯的养成。

4 活动实施

4.1 活动主题

探寻水足迹,保护水环境。

4.2 设计思路

了解大运河水文化和建造历史,结合北京郭守敬纪念馆资源,从京杭大运河的贯通、积水潭至通惠河段水闸的修造到元代的水利工程迁移,了解北京城缺水引水的历史,调查什刹海地区水源水质情况,追寻日常生活中的水足迹。访谈人们对水足迹的认识,理解节水的意义,促发节水护水的行为。利用计算机语言,设计开发可视化水足迹计算程序,从日常行为中了解水资源的使用,培养学生爱护水资源、保护水环境的习惯。

```
大运河水文化和建造
  │
  南水北调工程
    │
    北京市水资源现状
      │
      什刹海地区水质调查
        │
        水足迹定义和内涵
          │
          水足迹意识访谈
            │
            年夜饭里的水足迹
              │
              水足迹小程序开发
```

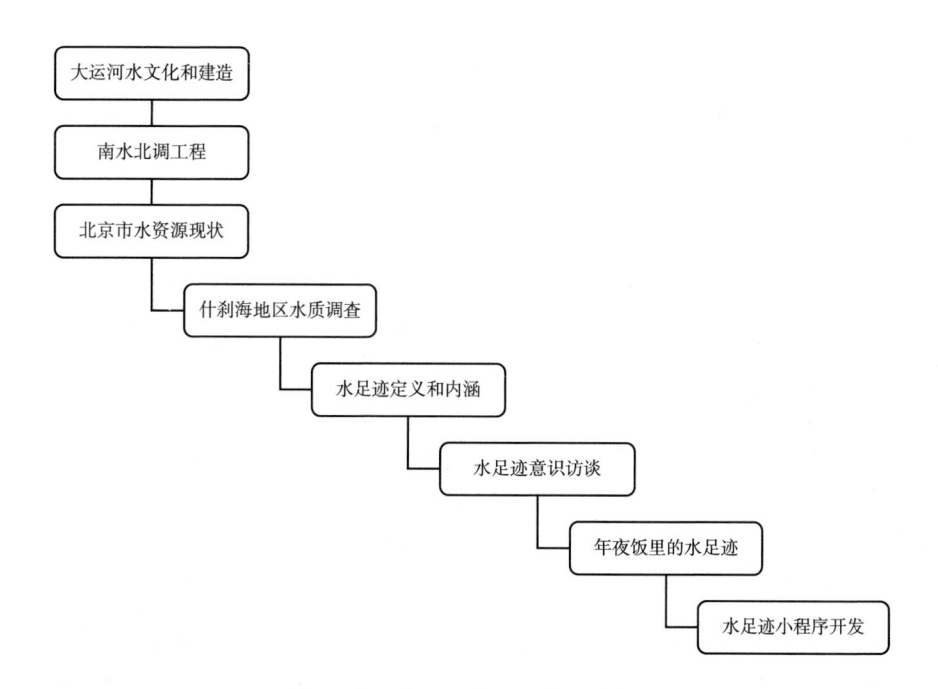

图 1　探寻水足迹主题活动设计思路

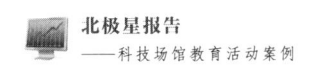

4.3 活动过程

表1 探寻水足迹活动实施过程

学生活动	教师活动	设计意图	参考时长
一、带着学习任务单，了解郭守敬的成就与京杭大运河的贯通。北京城一直缺水，2014年6月22日，中国大运河获准列入世界遗产名录，郭守敬为将京杭大运河全线贯通第一人。回答问题： 郭守敬如何打通京杭大运河"最后一公里"？ 对比隋唐南北大运河和元代京杭大运河有哪些相同点和不同点？ 大运河贯通后，元大都的人们都有哪些生活上的变化	引导学生根据学习任务单内容，在北京郭守敬纪念馆内开展探究活动，完成学习任务	通过探究学习任务，了解郭守敬与京杭大运河的密切关系，了解北京水资源现状和郭守敬水利工程的伟大成就	10分钟
二、南水北调 1. 南水北调的意义 北京是水资源严重短缺的特大型城市，南水北调已经成为北京的主力水源。南水北调中线工程跨流域向北京市提供生活、工业用水，从根本上解决北京水资源的供需矛盾，保障首都供水安全。南水北调全长及北京段里程。[4] 2. 南水北调工程时间及标志性时间。 3. 南水北调十大工程解决了北京城缺水的现实问题[6]	南水北调事关首都水资源的可持续利用、生态环境的可持续维护和经济社会的可持续发展，事关首都安全稳定和发展全局[5]	了解南水北调工程的意义和历程。对北京水资源现状有个清醒的认识。引导学生珍惜身边的水资源	5分钟
三、调查什刹海地区水源水质情况 1. 成立小组，确定组长和组员。 2. 制定采集线路，选取采样点。 3. 采集水样。 4. 对水样进行水质监测。 5. 完成水质调查记录	指导学生科学制定采样路线，选取采样点，对水质监测方法进行必要的讲解和引导	对什刹海周边水质的现状进行了解。以点带面对北京水资源现状有直观认识	15分钟
四、探寻水足迹 1. 谈话导入 寻找水足迹图片，询问：你今天喝水了吗？每天喝多少水？日常生活中哪些地方需要水	引导学生认识水足迹和虚拟水概念，引起学生学习兴趣。教师进行适时的引导和归纳	初步了解水足迹的概念。知道日常物品不仅有直接用水还有间接用水。树立节约用水的意识	15分钟

续表

学生活动	教师活动	设计意图	参考时长
2. 水足迹定义 2002年Hoekstra提出的水足迹的概念,定义为一定区域内人口消费的商品和服务所耗用的水资源数量。[7] 虚拟水由John Anthony Allan在1993年提出,指产品和服务的生产过程中所使用的水。 3. 学生交流搜集到的水足迹的资料,讨论日常生活中经常使用的物品、食物、喝的东西中哪种水多,哪种水少。 4. 观看水足迹的资料片《WWF水管理创新之一杯牛奶的故事》:一杯牛奶大约消耗了1020杯水的水足迹。[8] 5. 通过每种物品的水足迹列表,计算自己日常生活的水足迹,进一步了解水足迹。 引出主题:探寻水足迹,保护水环境	以一杯牛奶为例,分析它的水足迹。告诉学生除了奶牛生长过程以外,生产环节的原材料、运输、包装等环节也需要水	通过视频,直观地了解水足迹的含义,增强学生节水意识,让学生关注自己的水足迹	
五、访谈什刹海周边居民对水足迹的认识 1. 北京本地水资源现状 北京天然河道自西向东的五大水系及水库,北京市地下水多年平均补给量。[9] 2. 个体访谈 制定访谈提纲:受访者年龄、性别、受教育程度,对北京水资源现状的了解程度,对什刹海地区水质的了解程度,对水足迹的了解程度	通过对北京五大水系的认识,了解淡水资源的短缺情况。 引导学生通过访谈,了解受访人群对水足迹的认识情况	通过对北京水系的了解和对居民的探访,懂得只有了解水足迹才能从水足迹的角度出发节约水资源	15分钟
六、讨论:年夜饭里的水足迹 创设情境:春节,家家户户欢聚一堂欢度春节,吃年夜饭。 1. 以小组为一个家庭,通过食物图片的组合,搭配出一桌年夜饭。 2. 通过物品的用水量卡片,列表计算出一桌年夜饭的实际用水量。 3. 计算食物的水足迹并进行对比	通过创设情境,指导学生计算一桌年夜饭的水足迹。 询问学生在组合菜单时考虑的因素,如口感、营养等,是否有水足迹	通过学生对高水足迹产品的认识,反思自身的日常行为习惯,促使学生关注自己的水足迹	10分钟
七、利用编程语言设计水足迹计算小程序 1. 背景介绍 荷兰的科学家设计计算水足迹的网站(www.waterfootprint.org)。 2. 设置目标,设计开发水足迹计算程序 (1)搭建框架 (2)编写语句 (3)输入相关水足迹数据 (4)美化可视化界面 (5)使用小程序计算水足迹	引导学生利用所学的计算机语言,完成可视化小程序的设计和开发,测试日常生活中的行为和产品的水足迹	利用计算机语言,将所学科学知识转化成可视化产品,激发学生关注身边的水足迹,自觉产生节水意识	20分钟

5 活动经验及反思

5.1 以多元形式开展 STSE 教育

以 STSE 教育理念为指导，结合科学课标和"世界水日"主题，充分利用场馆展教资源，采用参观访问、调查等多元形式开展教育教学实践活动，增加师生间、学生与社会人群间的互动。水足迹引导学生将科学、技术、社会与环境相结合，促使学生了解人类对生物圈尤其是对水圈的影响，使学生了解到日常生活中的行为无不使用大量水资源，认识到通过改变自身行为习惯可以减少水足迹。[10]在活动中渗透 STSE 教育，突出活动的素质能力提升功能。

5.2 探寻水足迹，培养科学素养

当今国际科学教育关注每个学生科学素养的培养，如国际学生评价项目（PISA）着重对科学概念、科学过程、科学境况进行考察。科学境况方面主要了解日常生活中涉及的科技问题或科技事务与人们的关系。[11]水足迹概念正是着力于这一维度的培养。水足迹不仅使学生切身体会到科学技术对现代社会的广泛影响，而且以学生自身的参与将其生活方式与环保节水意识紧密结合，并对环境产生进一步影响。

5.3 充分利用周边资源，培养学生生态观

充分利用北京郭守敬纪念馆的优势展教资源及什刹海地区的环境资源开展活动。将京杭大运河贯通的发展历史、积水潭地区变迁、南水北调工程北京段、什刹海水域水质等资源有机结合起来，将水环境教育和水足迹串联起来，通过探究式学习，引导学生理解科学、技术与社会的相互关系，理解科学本质，形成科学的态度和价值观，培养学生环保意识以及人与自然和谐生态观。

5.4 使用科学技术手段将学习成果可视化

水足迹概念前沿新颖，生动具象化，易于挖掘知识魅力，引起学生的好奇心和学习兴趣。[12]探寻水足迹活动能引导学生自主探索日常生活中的水足迹，

利用计算机语言设计开发可视化的水足迹计算程序，自己动手计算所消耗的水足迹，为学生架设由未知到已知、将已知转化为能力的桥梁，满足学生的求知欲。通过这种亲身尝试，将学生的学习成果可视化，使学生深刻地体会到合理规划水足迹及节约水资源的重要意义，从而使环保节水意识内化为学生的行为习惯。

6 结论

探寻水足迹活动以科学课标为基准，结合北京郭守敬纪念馆及什刹海地区资源优势，将"世界水日"主题融入探究实践活动，将科学、技术、社会与环境多学科内容相结合探寻水足迹，以多元形式开展 STSE 教育。通过日常生活中水足迹的探究、京杭大运河和南水北调工程的古今对比，理解水足迹概念，掌握水足迹计算方法，利用计算机语言设计开发水足迹小程序，将学习成果可视化，关注水资源问题。培养学生科学素养，促进学生关注人类、水资源、环境与发展问题，养成人与自然和谐共处的生活态度，提高学生节水意识，养成保护水资源的习惯，增强其社会责任感。

参考文献

［1］马晶、彭建：《水足迹研究进展》，《生态学报》2013 年第 18 期。
［2］牙茹梦：《STSE 视野下的中美高中物理教材比较研究》，华中师范大学硕士学位论文，2018。
［3］徐融：《人教版与北师大版高中生物学教材中 STSE 教育内容的比较研究》，陕西师范大学硕士学位论文，2015。
［4］本刊编辑部：《江水润京华 南水北调·北京 80 公里》，《城市管理与科技》2014 年第 5 期。
［5］王丽川、侯保灯、周毓彦、陈晓清、王欣：《基于水足迹理论的北京市水资源利用评价》，《南水北调与水利科技（中英文）》2021 年第 4 期。
［6］徐华山、赵磊等：《南水北调中线北京段水质状况分析》，《环境科学》2017 年第 4 期。
［7］高国军：《南水北调中线工程北京段水质分析及其预测研究》，北京林业大学博

士学位论文，2016。
[8] 上海市师资培训中心：《气候变化与环境保护》，上海教育出版社，2020。
[9] 黄林楠、张伟新、姜翠玲、范晓秋：《水资源生态足迹计算方法》，《生态学报》2008年第3期。
[10] 陈冲、谭晓明：《我国现阶段中学生物学科STSE教育研究现状》，《赣南师范学院学报》2014年第3期。
[11] 李梁辉：《基于水资源调查的地理实践力培养》，《地理教育》2020年第3期。
[12] 王佳丽、陈铭德：《将荷兰"水足迹"概念引入中学生物课堂》，《中学生物学》2011年第8期。

图书在版编目(CIP)数据

北极星报告：科技场馆教育活动案例 / 李秀菊，高宏斌主编 . -- 北京：社会科学文献出版社，2021.11
ISBN 978-7-5201-9192-0

Ⅰ.①北⋯ Ⅱ.①李⋯ ②高⋯ Ⅲ.①科学馆-社会教育-教育活动-研究-中国 Ⅳ.①G311

中国版本图书馆 CIP 数据核字（2021）第 214498 号

北极星报告
——科技场馆教育活动案例

主　编 / 李秀菊　高宏斌
副主编 / 李　萌　曹　金

出 版 人 / 王利民
责任编辑 / 张　媛
责任印制 / 王京美

出　　版 / 社会科学文献出版社·皮书出版分社（010）59367127
　　　　　　地址：北京市北三环中路甲29号华龙大厦　邮编：100029
　　　　　　网址：www.ssap.com.cn

发　　行 / 市场营销中心（010）59367081　59367083
印　　装 / 三河市龙林印务有限公司

规　　格 / 开　本：787mm×1092mm　1/16
　　　　　　印　张：30.75　字　数：517千字

版　　次 / 2021年11月第1版　2021年11月第1次印刷
书　　号 / ISBN 978-7-5201-9192-0
定　　价 / 158.00元

本书如有印装质量问题，请与读者服务中心（010-59367028）联系

版权所有 翻印必究